中国机械工程学科教程配套系列教材

教育部高等学校机械类专业教学指导委员会规划教材

机械制造技术基础

（第2版）

袁军堂 主编

胡小秋 副主编

丁武学 程寓 孙中圣 参编

清华大学出版社

北京

内 容 简 介

《机械制造技术基础》是"十三五"江苏省高等学校重点教材,也是教育部高等学校机械类专业教学指导委员会规划教材。本教材在 2013 年第 1 版的基础上,参照《中国机械工程学科教程(2017 年)》中的机械制造工程原理与技术知识领域、知识单元和知识点,对教材内容、结构等进行了修订、补充和完善。第 2 章增加了复合材料、工程陶瓷等非金属材料的切削加工,第 5 章补充了目前广泛使用的数控机床夹具的设计,第 8 章增加了智能制造、3D 打印等现代制造新技术。教材共分 8 章,依次为:机械制造技术概述、切削原理与刀具、金属切削机床与加工方法、机械加工工艺规程的制定、机床夹具设计、机械加工质量、机器的装配工艺、现代制造技术。

本书可作为高等学校机械类及相近专业的基础课教材,也可以作为职业技术学院、高等专科学校、继续教育及自学考试等的教材或参考书,还可以供机械制造企业工程技术人员和管理人员学习参考。

图书在版编目(CIP)数据

机械制造技术基础/袁军堂主编.—2 版.—北京:清华大学出版社,2018(2020.1 重印)
　(中国机械工程学科教程配套系列教材　教育部高等学校机械类专业教学指导委员会规划教材)
ISBN 978-7-302-51548-7

Ⅰ.①机…　Ⅱ.①袁…　Ⅲ.①机械制造工艺－高等学校－教材　Ⅳ.①TH16

中国版本图书馆 CIP 数据核字(2018)第 249553 号

责任编辑:许　龙
封面设计:常雪影
责任校对:刘玉霞
责任印制:宋　林

出版发行:清华大学出版社
　　　网　　址:http://www.tup.com.cn,http://www.wqbook.com
　　　地　　址:北京清华大学学研大厦 A 座　　　　　　邮　　编:100084
　　　社 总 机:010-62770175　　　　　　　　　　　　邮　　购:010-62786544
　　　投稿与读者服务:010-62776969,c-service@tup.tsinghua.edu.cn
　　　质量反馈:010-62772015,zhiliang@tup.tsinghua.edu.cn
印 装 者:三河市铭诚印务有限公司
经　　销:全国新华书店
开　　本:185mm×260mm　　印　　张:23.75　　　　字　　数:578 千字
版　　次:2013 年 5 月第 1 版　　2018 年 10 月第 2 版　　印　　次:2020 年 1 月第 2 次印刷
定　　价:59.80 元

产品编号:078289-01

　　我曾提出过高等工程教育边界再设计的想法,这个想法源于社会的反应。常听到工业界人士提出这样的话题:大学能否为他们进行人才的订单式培养。这种要求看似简单、直白,却反映了当前学校人才培养工作的一种尴尬:大学培养的人才还不是很适应企业的需求,或者说毕业生的知识结构还难以很快适应企业的工作。

　　当今世界,科技发展日新月异,业界需求千变万化。为了适应工业界和人才市场的这种需求,也即是适应科技发展的需求,工程教学应该适时地进行某些调整或变化。一个专业的知识体系、一门课程的教学内容都需要不断变化,此乃客观规律。我所主张的边界再设计即是这种调整或变化的体现。边界再设计的内涵之一即是课程体系及课程内容边界的再设计。

　　技术的快速进步,使得企业的工作内容有了很大变化。如从20世纪90年代以来,信息技术相继成为很多企业进一步发展的瓶颈,因此不少企业纷纷把信息化作为一项具有战略意义的工作。但是业界人士很快发现,在毕业生中很难找到这样的专门人才。计算机专业的学生并不熟悉企业信息化的内容、流程等,管理专业的学生不熟悉信息技术,工程专业的学生可能既不熟悉管理,也不熟悉信息技术。我们不难发现,制造业信息化其实就处在某些专业的边缘地带。那么对那些专业而言,其课程体系的边界是否要变?某些课程内容的边界是否有可能变?目前不少课程的内容不仅未跟上科学研究的发展,也未跟上技术的实际应用。极端情况甚至存在有些地方个别课程还在讲授已多年弃之不用的技术。若课程内容滞后于新技术的实际应用好多年,则是高等工程教育的落后甚至是悲哀。

　　课程体系的边界在哪里?某一门课程内容的边界又在哪里?这些实际上是业界或人才市场对高等工程教育提出的我们必须面对的问题。因此可以说,真正驱动工程教育边界再设计的是业界或人才市场,当然更重要的是大学如何主动响应业界的驱动。

　　当然,教育理想和社会需求是有矛盾的,对通才和专才的需求是有矛盾的。高等学校既不能丧失教育理想、丧失自己应有的价值观,又不能无视社会需求。明智的学校或教师都应该而且能够通过合适的边界再设计找到适合自己的平衡点。

　　我认为,长期以来,我们的高等教育其实是"以教师为中心"的。几乎所有的教育活动都是由教师设计或制定的。然而,更好的教育应该是"以学生为中心"的,即充分挖掘、启发学生的潜能。尽管教材的编写完全是由教师完成的,但是真正好的教材需要教师在编写时常怀"以学生为中心"的教育理念。如此,方得以产生真正的"精品教材"。

　　教育部高等学校机械设计制造及其自动化专业教学指导分委员会、中国机械工程学会与清华大学出版社合作编写、出版了《中国机械工程学科教程》,规划机械专业乃至相关课程的内容。但是"教程"绝不应该成为教师们编写教材的束缚。从适应科技和教育发展的需求而言,这项工作应该不是一时的,而是长期的,不是静止的,而是动态的。《中国机械工程学科教程》只是提供一个平台。我很高兴地看到,已经有多位教授努力地进行了探索,推出了新的、有创新思维的教材。希望有志于此的人们更多地利用这个平台,持续、有效地展开专业的、课程的边界再设计,使得我们的教学内容总能跟上技术的发展,使得我们培养的人才更能为社会所认可,为业界所欢迎。

　　是以为序。

2009 年 7 月

《机械制造技术基础》第 1 版由清华大学出版社于 2013 年出版。5 年来的教学实践表明,教材符合教学大纲要求,满足机械类专业教学需要,教学效果良好,并被多所高校选作"机械制造基础"课程的参考教材。随着时代的发展,近年来机械制造学科也取得了许多新的进展,教材内容也需要与时俱进、不断更新,许多同仁也对教材的修订提出了宝贵的意见和建议。

本次修订是按照江苏省重点教材建设总体目标和建设要求,反映国内外机械制造学科近年来的最新发展成就,总结过去 5 年教学实践的基础上而进行的。在强调机械制造基础知识的同时,注重吸收反映本学科发展的新理论、新知识、新技术、新工艺、新方法。教材第 2 版总体上保持了第 1 版的结构及主要内容的稳定性,对部分内容进行适当修改或增删。

本次主要修订以下内容:

(1) 增加了"智能制造"内容。智能制造是《中国制造 2025》的核心内容之一,是信息化与工业化深度融合,是实现我国从制造大国走向制造强国的关键技术。教材修订时将"智能制造"列入第 8 章,单独编为 1 节,并对"机械制造自动化""计算机集成制造系统""柔性制造系统"等内容进行了整合。

(2) 增材制造(3D 打印)是近年来制造领域发展迅速的一项颠覆性技术。教材修改原"8.2 快速原型技术"小节标题及内容,更加突出"3D 打印技术",规范、统一名称并与第 1 章有关内容相呼应。对原有内容进行修改、拓展及系统化,增加了最新成果的介绍和发展展望。

(3) 适当删减冗余内容。对第 1 版中"刀具磨损和寿命"和"螺纹加工"等内容进行了适当精简;对"成形表面加工"等内容进行了合并。

(4) 考虑到兵器类专业学生对常规武器典型零件生产过程及其工艺过程的了解需求,第 4 章增加了"武器类产品典型零件加工工艺"内容,可供兵器类专业学生选学。

(5) 对各章的习题与思考题进行筛选,淘汰部分偏题,增加了习题的灵活性。

(6) 对教材中涉及的专业名词进行全面普查、规范,对部分名词在工程中的习惯称呼进行了备注说明,纠正了教材第 1 版中的个别叙述错误及印刷错误,进一步提高了教材撰写的规范性。

本次修订工作由南京理工大学袁军堂教授主持完成。教材第 1 章、第 7 章由袁军堂负责修订,第 6 章、第 8 章由胡小秋负责修订,第 2 章、第 3 章由丁武学负责修订,第5章由程寓负责修订,第4章由孙中圣负责修订。袁军堂、胡小秋负责统稿。

本教材的修订得到了江苏省教育厅重点教材建设项目的资助,修订过程中参考了许多兄弟院校的相关教材,在此表示衷心的感谢!

由于编者水平所限,教材中难免出现错误或不妥之处,恳请广大师生和读者批评指正,以求不断完善。

编著者

2018 年 7 月

机械制造技术基础是机械类、武器类等专业的一门主干学科基础课。通过本课程的学习,学生能对机械制造有一个总体的、全貌的了解与把握;掌握金属切削过程的基本规律;掌握机械加工的基本知识;能根据零件的加工要求选择加工方法与机床、刀具、夹具并确定加工工艺参数;具备中等复杂零件的机械加工工艺规程设计能力;掌握机械加工精度和表面质量分析的基本理论、基本知识和基本方法;初步具备分析解决机械加工工艺实际问题的能力;了解目前先进制造技术的发展现状和发展趋势。

本教材是在对金属切削原理与刀具、金属切削机床、机械制造工艺及机床夹具设计等课程内容进行提炼的基础上,结合学科的最新发展成果编写而成的。本教材侧重于让学生掌握机械制造技术的基础知识、基本理论和基本方法,培养学生分析和解决机械制造工程问题的基本能力,构建与现代制造业发展相适应的知识体系。本书基于系统论,以机械加工工艺过程为主线,将金属切削理论、机械加工方法与装备、机械制造工艺等课程内容进行了有机整合,按切削基本原理—工艺规程设计—零件加工质量—装配的顺序编排。在保证体系完整的同时,突出重点内容和知识要点,强调理论联系实际;在注重传统知识教学的同时,对相关内容进行了精简与压缩。在教材编写过程中注重融入编著者近年来的科研成果,与同类教材相比,本书具有以下特色:

(1) 增加了常用非金属材料(工程塑料、复合材料、橡胶及工程陶瓷)切削加工技术;

(2) 增加了高速切削与高速磨削等知识,包括军工产品的制造工艺及设备;

(3) 鉴于数控技术的广泛应用,压缩了普通机床结构、传动系统分析及夹具等内容,增加了数控机床、数控加工工艺规程设计、夹具设计的内容;

(4) 紧跟学科最新发展,增加了"云制造""变批量生产"等先进制造模式内容。

全书共 8 章,第 1 章介绍了机械制造业在国民经济中的地位及其作用、机械制造过程的基本概念、课程的性质、课程特点和学习方法等内容;第 2 章阐明了切削过程中的基本理论和基本规律、切削刀具等内容;第 3 章论述了机床(车、铣、刨、磨及数控机床等)工作原理、工艺范围、零件表面加工方法等;第 4 章给出零件加工工艺规程的相关知识;第 5 章说明夹具定位原理、定位误差分析、专用夹具设计等内容；第 6 章讨论零件的加工精度和表面质量；第 7 章分析装配方法及装配工艺规程设计；第 8 章阐述机械制造学科的最新发展。每章均附有内容提要、学习要求、习题与思考题。

本教材由南京理工大学机械制造基础课程组编著完成，袁军堂教授任主编。具体分工如下：袁军堂（第 1 章、第 7 章）、胡小秋（第 6 章、第 8 章）、丁武学（第 2 章、第 3 章），程寓（第 5 章）、王栓虎（第 4 章）。全书由袁军堂、胡小秋统稿。

在本书编写过程中，得到了江苏省教育厅精品教材建设项目的资助，课程组其他老师也给予了大力支持；此外，我们还参考了许多同行编著的教材，在此我们谨对项目资助方、给予支持的老师和参考文献的作者一并表示衷心感谢。

限于编著者的水平，教材中难免出现错误和不妥之处，请读者批评指正。

编著者

2013 年 2 月

目　录

CONTENTS

机械制造技术概述

内容提要：现代制造业，特别是机械制造业，是国民经济持续发展的基础。本章主要介绍机械制造业的发展过程、作用和地位，重点介绍机械制造系统、机械产品的生产类型和制造方法，以及本课程的特点及学习方法。

1.1 产业、制造业与机械制造业

根据国家统计局《三次产业划分规定》(国统字[2003]14 号)，三次产业划分范围如下：第一产业是指农、林、牧、渔业；第二产业是指采矿业，制造业，电力、燃气及水的生产和供应业，建筑业；第三产业是指除第一、二产业以外的其他行业，包括交通运输、仓储和邮政业，信息传输、计算机服务和软件业，批发和零售业，住宿和餐饮业，金融业，房地产业，租赁和商务服务业，科学研究、技术服务和地质勘查业，水利、环境和公共设施管理业，居民服务和其他服务业，教育，卫生、社会保障和社会福利业，文化、体育和娱乐业，公共管理和社会组织，国际组织。

制造业属于第二产业，是指对制造资源(物料、能源、设备、工具、资金、技术、信息和人力等)，按照市场要求，通过制造过程，转化为可供人们使用和利用的工业品与生活消费品的行业，包括农副食品加工业、金属制品业、通用设备制造业、专用设备制造业、通信设备制造业、计算机及其他电子设备制造业等大类，如图 1.1 所示。在先进的工业化国家，国民经济总收入的 60% 来源于制造业，约有 1/4 的就业人口从事制造业。制造业为现代工业提供物质基础，为信息社会提供先进平台，也为国家安全和国防现代化提供先进武器装备。制造业是国民经济的支柱产业，是国家创造力、竞争力和综合国力的重要体现。经过近 40 年的改革、开放和发展，中国制造业取得了举世瞩目的成就，装备制造业技术水平和生产能力大幅提升，国际竞争力显著增强。2010 年，世界制造业总产出达到 10 万亿美元，其中，中国占世界制造业产出的 19.8%，略高于美国的 19.4%，成为世界第一。在制造业行业分类的 30 多个大类中，我国已有半数以上行业生产规模居世界第一。但我们还不是制造强国，整体竞争力还处于第三梯队。

机械制造业是制造业的重要组成部分，是指从事各种动力机械、起重运输机械、农业机械、冶金矿山机械、化工机械、纺织机械、机床、工具、仪器、仪表及其他机械设备等生产的行业。机械制造业为整个国民经济提供技术装备，其发展水平是国家工业化程度的主要标志之一。

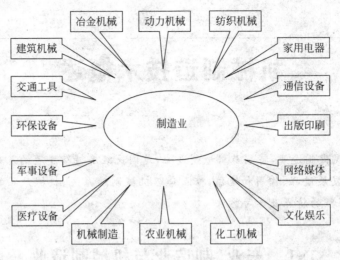

图 1.1　制造业的范畴

1.2　机械制造业的发展及其在国民经济中的地位和作用

在整个制造业中,机械制造业占有特别重要的地位。机械制造业是国民经济的装备部,国民经济各部门的生产水平、产品质量和经济效益等在很大程度上取决于机械制造业所提供的装备的技术性能、质量和可靠性。我国是世界上发展机械制造业最早的国家之一,机械工程技术不但历史悠久,而且成就十分辉煌,不仅对我国的物质文化和社会经济的发展起到了重要的促进作用,而且对世界技术文明的进步也做出了重大贡献。由于众所周知的原因,近代落后了,旧中国的机械制造工业基础十分薄弱,许多工业产品不能自己生产,完全依赖进口。比如,中华人民共和国成立前中国几乎没有机床制造业,只是零星生产几种简易机床,产量只有两千多台;中华人民共和国成立初期,只有上海、沈阳、昆明等地的一些机械修配厂兼产少量车床、刨床、冲床等简易机床。新中国成立近70年来,我国已建立了一个比较完整的机械工业体系。我国的机械工业,从修配到制造,从制造一般机械产品到高、精、尖产品,从制造单机到先进大型成套设备,门类逐步齐全,规模世界第一,技术水平和成套水平不断提高,为国民经济和国防建设提供了大量的机械装备,彰显了其在国民经济中的支柱产业地位。

"十二五"以来,我国机械工业综合实力大幅提升。产业结构调整取得积极进展,行业基础领域得到强化,一批高端装备研制成功,企业创新成果不断涌现,两化融合取得新进展,绿色发展理念日渐深入。

一是产业规模实现持续稳定增长。"十二五"期间,机械工业增加值年均增速9.9%;全行业资产规模由"十一五"末的10.97万亿元增至"十二五"末的19.27万亿元,年均增长11.91%;主营业务收入由13.96万亿元增至22.98万亿元,年均增长10.48%;利润总额由1.17万亿元增至1.6万亿元,年均增长6.45%;出口总额由2585亿美元增至3888亿美元,年均增长8.51%,实现贸易顺差由31.36亿美元增至1110亿美元,创历史新高。

二是适应市场变化能力不断增强。随着我国工业化由初中期向中后期阶段转变,机械工业增速进入平缓增长的新时期,同时,适应市场需求变化的能力不断增强。主要表现为:与民生、消费相关的产品或行业增长较快,运动型多用途汽车(SUV)、食品包装、农业、环保机械等主营业务收入和利润增速均高于行业平均水平。与智能、绿色相关的行业产销形势相对较好,仪器仪表行业保持了较快的增长速度。特高压输变电、抽水蓄能机组、风电和光伏发电设备等发展势头均好于常规产品。

三是实施创新战略取得显著成果。大型核电、水电、火电和风电设备,特高压交直流及柔性直流输变电设备,油气长输管线关键装备,大型煤化工关键设备等高端设备自主研发取得突破,燃用准东煤 350MW 超临界锅炉研制成功,并投入工程应用。长期受制于进口的流程工业用 DCS 控制系统国产化取得成效,国产 DCS 控制系统市场份额已超越外资产品,并已具备参与国际竞争的实力。“三基”领域中高压绝缘套管、变压器出线装置、优质冷轧矽钢片、大型电站锻件等一批长期依赖进口的关键基础件、核心零部件的国产化工作取得进展。大型压缩机、水轮模型与电站安全阀试验台等平台相继建成,部分领域已达世界同行先进水平。企业与用户、科研院所的协同创新步伐加快,合作模式推陈出新,成效日益显著。

四是产业结构调整步伐加快。机械工业固定资产投资增速由 2010 年增长 30.35% 回落至 2015 年的 9.7%,前期快速扩张的趋势明显趋缓。同时,投资结构有所改善,2015 年用于改建和技术改造投资同比增速高于行业平均增速 9.02 个百分点,而且其比重占行业投资总额的 27.9%,比 2010 年提高 7.43 个百分点。区域结构继续向政策预期方向调整。2015 年东、中、西部实现主营业务收入总额中,中西部地区比重较 2010 年提高 5.52 个百分点;利润总额中比重由 30.82% 增至 33.29%。对外贸易出口结构持续优化,一般贸易出口在出口总额中的比重由 2010 年的 52.3% 增至 2015 年的 60.51%,提高 8.21 个百分点;一般贸易差额由逆差 274.36 亿美元转变为顺差 505.64 亿美元。

五是行业转型发展迈出新步伐。智能制造、“互联网＋”开始起步。自动生产线、数字化车间、现代物流等已在长三角、珠三角等地区形成一定规模;传统工程机械和农业机械制造企业已开展了“互联网＋”的尝试。新业态、新模式不断出现。融资租赁营销模式在冶金、矿山等一批成套项目上开始探索,农机电子商务等新兴商业模式开始应用,传统企业向制造服务业的转型持续推进。

此外,多种所有制企业全面发展,民营企业对行业发展的贡献不断加大。2015 年民营企业实现主营业务收入 13.57 万亿元,同比增长 6.48%,高于全行业平均增速 3.16 个百分点,占全行业主营业务收入的比重达到 59.05%,与 2010 年相比提高 7.79 个百分点;实现利润总额为 8860 亿元,在全行业利润总额中的比重达 55.4%,比 2010 年提高 8.94 个百分点。

我国机械工业规模已连续多年稳居世界第一,初步具备了由世界机械制造大国向机械制造强国冲刺的基础和条件,但大而不强;还存在自主创新能力薄弱、共性技术支撑体系不健全、高端装备供给不足、核心技术与关键零部件对外依存度较高、服务型制造发展滞后、产能过剩矛盾凸显、市场环境不优等问题。

“十三五”时期,国家提出机械工业要以提高质量和效益为中心,以问题为导向,围绕“强基固本、奠定产业发展坚实基础；锤炼重器、提升重大技术装备水平；助推智造、加快智能制造装备研制；服务民生、切实提高人民生活质量"四大发展重点,努力实现我国机械工业"由大到强"的目标。为实现机械工业"十三五"发展纲要的各项目标,围绕提高行业创新能力,落实供给侧结构性改革战略重点,加快行业转型升级,实施"创新驱动、结构优化、质量兴业、融合发展、绿色低碳、国际合作、人才为本、文化提升"八大战略任务,解决长期制约行业发展的普遍性、基础性、体制性问题,努力提高发展质量和效益水平,提升我国机械工业的核心竞争力。

1.3　机械制造系统、生产过程与工艺过程

1. 机械制造系统

　　机械制造系统是指从机械产品的市场分析、经营决策、工程设计、加工装配、质量控制、生产指挥到售后服务等一系列过程的总和。如图 1.2 所示,在制造系统中,包含了物质流、信息流和能量流,3 种流必须畅通、协调方能保证整个制造系统有效地运行。广义地理解机械制造系统,体现的是"大制造"的概念,它涉及从产品概念到形成最终产品的各个方面和生产的全过程。由于本课程的内容和性质,本教材涉及的内容主要是从"小制造"的概念出发,狭义地理解制造技术,侧重于零件的机械加工和装配工艺,即从原材料或半成品经加工和装配后形成最终产品的过程,研究在保证产品设计要求和质量的前提下,如何高效率、低成本、低能耗、轻污染地把产品制造出来。

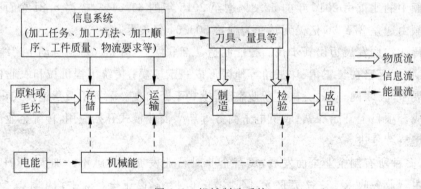

图 1.2　机械制造系统

　　在物质子系统中,把毛坯、刀具、夹具、量具及其他辅助物料作为原材料输入,经过存储、运输、加工、检验等环节最后以成品输出。这个流程是物质的流动,故称为物质流。而负责物料存储、运输、加工、检验的各元件可总称为物质系统。

　　在信息子系统中,加工任务、加工顺序、加工方法及物质流所要确定的作业计划、调度和管理指令属于信息范畴,称之为信息流。而负责这些信息存储、处理和交换的有关软硬件资源可称为信息系统。

　　在能量子系统中,制造过程中的能量(电能、水能、气能、资金)转换、消耗及其流程称为

能量流。而负责能量传递、转换的有关元件称为能量系统。

在常规制造系统中,物质子系统和能量子系统是较普遍地存在的,而信息子系统则往往缺乏。如由一台普通车床构成的制造系统就只存在物质系统和能量系统,加工信息的输入与传递是由人工完成的。但在现代制造系统中,则较普遍地增加了信息系统,如数控机床中的计算机数字控制系统(CNC)就是典型的信息系统,它能通过其内部的计算机进行零件加工信息的存储,并发送加工指令,控制加工过程。

2. 生产过程

生产过程是机械制造系统的一个子系统,一般是指从原材料(或半成品)进厂,一直到把产品制造出来的各有关过程的总和,它包括从原材料→毛坯→零件加工(外购件采购)→部件装配→整机装配→检验→试车→油漆→包装等环节。企业的生产过程又可按产品的生产阶段分为若干车间(分厂)的生产过程,如铸造车间或锻造车间的成品是机械加工车间的原材料(或半成品),而机械加工车间的成品又是装配车间的原材料等。

3. 工艺过程

工艺过程是生产过程的一部分,凡是直接改变生产对象的尺寸、形状、物理化学性能以及相对位置关系的过程,统称为工艺过程。其他过程称为辅助过程,如动力供应、原材料采购、运输、保管、工具制造、修理等。把工艺过程从生产过程划分出来是有条件的,不是绝对的。通常把与加工过程密切相关的、很难分割的工作,如在机床上加工一个零件,工件的装夹、测量等虽然不直接改变加工件的尺寸、形状、物理化学性能以及相对位置关系,也列入工艺过程的范畴。工艺过程又可分为铸造、锻压、冲压、焊接、机械加工、热处理、装配等工艺过程。"机械制造技术基础"课程主要涉及机械加工工艺和装配工艺过程,其余工艺过程在其他课程中学习。

4. 切削加工工艺

总的来说,零件的成形有增材制造、减材制造和变形制造三种基本形式。

机械制造系统中,切削和磨削是传统的机械加工方法,材料的切削是制造过程的主要内容,几乎占全部工艺劳动量的 1/3 以上。切削与磨削加工是用刀具或砂轮在工件表层切去一层余量,使工件达到要求的尺寸精度、形状精度、位置精度和表面质量的加工方法。由于生产效率高,加工成本低,能量消耗少,可以加工各种不同形状、尺寸和精度要求的工件。因此,切削和磨削一直是工件精加工和最后成形的最重要手段。该类工艺由于采用去除多余材料的方法,加工后零件的质量小于毛坯的质量,属典型的减材制造。切削加工具有如下主要特点:

(1) 切削加工的精度和表面粗糙度的范围广泛,可获得很高的加工精度和很低的表面粗糙度。目前切削加工的尺寸公差等级可达 IT2～IT3,甚至更高;表面粗糙度值 Ra 为 $25～0.008\mu m$,其范围之广,精密程度之高,是目前其他加工方法难以达到的。

(2) 切削加工零件的材料、形状、尺寸和质量的范围较大。切削加工多用于金属材料的加工,如各种碳钢、合金钢、铸铁、有色金属及其合金等,也可用于某些非金属材料的加工,如石材、木材、塑料和橡胶等。对于零件的形状和尺寸一般不受限制,只要能在机床上实现装夹,都可进行切削加工,且可加工常见的各种型面,如外圆、内圆、锥面、平面、螺纹、齿形及空间曲面等。切削加工零件质量的范围很大,重的可达数百吨,如葛洲坝一号船闸的闸门,高30 余米,重达 600 吨;轻的只有几克,如微型仪表零件。

(3) 切削加工的生产率较高。在常规条件下,切削加工的生产率一般高于其他加工方法。只是在少数特殊场合下,其生产率低于精密铸造、精密锻造和粉末冶金等方法。

(4) 切削过程中存在切削力。切削过程中刀具与工件直接接触,存在切削力,这就要求刀具和工件均具有一定的刚度和强度,且刀具材料的硬度必须大于工件材料的硬度。

因为前 3 个特点和生产批量等因素的制约,在现代机械制造中,目前除少数采用精密铸造、精密锻造以及粉末冶金和工程塑料压制成形等方法直接获得零件外,绝大多数机械零件制造要靠切削加工成形。因此,切削加工在机械制造业中占有十分重要的地位,目前占机械制造总工作量的 40%~60%。切削加工与国家整个工业的发展紧密相连,起着举足轻重的作用。完全可以说,没有切削加工,就没有机械制造业。

上述第 4 个特点,限制了切削加工在细微结构和高硬度等材料加工方面的应用,从而给特种加工留下了产生和发展的空间。

5. 机械加工工艺系统及工艺装备

在机械加工中,由机床、刀具、夹具与被加工工件构成了实现某种加工方法的整体系统,称为机械加工工艺系统。对应不同的加工方法,有不同的机械加工工艺系统,比如车削工艺系统、磨削工艺系统。

生产中,为实现工艺规程,保证加工质量,提高劳动生产率以及改善劳动条件,需要各种刀具、夹具、量具、模具、辅具、工位器具等,这些器具通称为工艺装备,简称工装。

1.4　生产类型与工艺特点

社会对机械产品的需求是多种多样的,根据加工零件的年生产纲领和零件本身的特点(轻重、大小、结构复杂程度、精密程度等),参照表 1.1、表 1.2 所列数据,将零件的生产类型划分为单件生产、成批生产和大量生产 3 种。产品种类很多,同一种产品的数量不多,生产很少重复,此种生产称为单件生产,如大型/重型装备、专用设备、模具、新产品试制等。产品的数量很大,大多数工作为经常重复进行某一个零件的某一道工序的加工,此种生产称为大量生产,民用产品如小汽车、发动机、轴承、家用电器、标准件,军工产品如枪械、子弹等都属于大量生产。一年中分批地制造相同的产品,称为成批生产,民用产品机床和军工产品坦克、火炮的制造属于典型的成批生产。按照批量大小和被加工零件自身的特性,成批生产又可以进一步划分为小批生产、中批生产、大批生产。小批生产的工艺特点接近单件生产,大批生产的工艺特点接近大量生产,中批生产介于单件生产和大量生产之间。各种生产类型的工艺特点见表 1.3。

表 1.1　加工零件的生产纲领和生产类型

生产类型		零件的年生产纲领/(件/年)		
		重型零件	中型零件	轻型零件
单件生产		<5	<20	<100
成批生产	小批	5~100	20~200	100~500
	中批	100~300	200~500	500~5000
	大批	300~1000	500~5000	5000~50 000
大量生产		>1000	>5000	>50 000

表 1.2　不同机械产品各种类型零件的质量范围

产品类别	加工零件的质量/kg		
	轻型零件	中型零件	重型零件
电子工业机械	<4	4~30	>30
机床	<15	15~50	>50
重型机械	<100	100~2000	>2000

表 1.3　各种生产类型的工艺特点

名　　称	大量生产	成批生产	单件生产
毛坯制造	广泛采用金属模机器造型和模锻。毛坯精度高,加工余量小	部分采用金属模和模锻,部分采用木模手工造型和自由锻造。毛坯精度和余量中等	广泛采用木模手工造型和自由锻造。毛坯精度低、加工余量大
机床设备及其布置	采用高效专用机床、组合机床、数控机床。采用流水线、自动生产线生产方式	部分采用通用机床,部分采用数控机床、加工中心、柔性制造单元。机床按零件类别分工段布置	广泛采用通用机床,重要零件采用数控机床或加工中心。机床按机群布置
零件的互换性	具有广泛的互换性。部分高精度配合件采用分组选配法装配	大部分零件具有互换性,少数采用钳工修配装配	一般是配对制造,广泛采用钳工修配
获得加工精度的方法	调整法	一般采用调整法加工,也有采用试切法	试切法
工艺装备	广泛采用高效率夹具、量具或自动检测装置,高效复合刀具	广泛采用夹具、通用刀具、万能量具,部分采用专用刀具、专用量具	广泛采用通用夹具、量具和刀具
对工人的技术要求	对调整工技术水平要求高,操作工技术水平要求一般	技术水平要求较高	技术水平要求高
工艺文件	工艺过程、工序和检验卡片齐全、详细	一般有工艺过程卡片,重要工序有工序卡片	工艺文件简单,只有工艺过程卡片

加工零件的年生产纲领 N 可按下式计算

$$N = Q \times n \times (1 + a\%) \times (1 + b\%)$$

式中,Q——产品的年产量,台/年;

　　　　n——每台产品中该零件的数量,件/台;

　　　　$a\%$——备品率;

　　　　$b\%$——废品率。

1.5　本课程的主要内容、学习要求和学习方法

机械制造技术基础是机械类专业的一门主干学科基础课,通过本课程的学习,使学生掌握有关机械制造技术的基础知识、基本理论和基本方法。本课程主要内容有机械制造技术概论、切削与磨削加工基本原理、金属切削机床与加工方法、机械加工工艺规程的制订、机床夹具设计原理、机械加工质量、现代制造技术概述等。

通过本课程的学习,要求学生能对机械制造有一个总体的、全貌的了解与把握,掌握金属切削过程的基本规律;掌握机械加工的基本知识;能根据零件的加工要求选择加工方法、机床、刀具、夹具和加工工艺参数;具备中等复杂零件的机械加工工艺规程设计能力;掌握机械加工精度和表面质量分析的基本理论、基本知识和基本方法;初步具备分析解决现场机械加工工艺问题的能力;了解目前先进制造技术的发展现状和发展趋势。

机械制造技术基础是一门实践性很强的课程,只靠课堂听课和自学教材是远远不够的,必须理论联系实际,通过实验、工艺课程设计、生产实习等环节加深对书本知识的理解和应用。只有在不断的理论—实践—理论—实践的循环中善于总结、思考、分析和应用,才能达到真正掌握的程度。

本章小结及学习要求

机械制造业属于第二产业,是国民经济的基础。生产过程是制造系统的子系统之一,不同生产类型具有不同的工艺特性。切削加工拥有加工精度高、适应材料广、生产效率高等优点,应用广泛。本课程具有综合性、实践性强,涉及面广、内容丰富、灵活多变等特点。

通过本章学习,了解机械制造的发展过程、作用和地位,熟悉机械制造系统的组成,掌握机械产品的生产类型和工艺特征,掌握机械加工特别是切削加工的特点。

习题与思考题

1-1　简述机械制造业在国民经济中的地位和作用以及我国机械制造业的现状及发展战略。

1-2　机械制造系统一般可划分为哪些子系统? 分别存在哪些载体?

1-3 零件的成形方式有哪三大类？对应的典型工艺方法是什么？

1-4 切削加工有何特点？

1-5 何谓生产过程？何为工艺过程？它们之间有何关系？

1-6 生产类型划分为哪三类？划分的依据是什么？

1-7 不同生产类型的工艺特点是什么？

2

切削原理与刀具

内容提要：切削加工的形式多样，但它们在切削运动、切削刀具、切削用量及切削过程中产生的许多物理现象等方面却有着共同规律，这些现象和规律揭示了切削加工的实质。本章重点介绍切削加工的基本运动和切削要素、切削加工所用刀具的结构和材料、切削过程及产生的物理现象、材料的加工性和切削液的应用、磨削原理和砂轮结构以及非金属材料加工特点等内容。

2.1 切削加工的运动分析及切削要素

2.1.1 零件表面与成形运动

构成机械产品的零件形状虽然多种多样，但其几何表面都是由回转体表面(含外圆面、内圆面即孔、圆锥面等)、平面和曲面等组成。回转体表面是以一直线为母线、作旋转运动所形成的表面，如图 2.1(a)所示圆柱面和图 2.1(b)圆锥面。平面是以一直线为母线，作直线平移运动所形成的表面，如图 2.1(c)所示。曲面是以一曲线为母线，作旋转、平移或曲线运动所形成的表面，如图 2.1(d)中直齿圆柱齿轮的齿形面是渐开线母线沿直线导线运动而形成的；图 2.1(e)中的回转曲面是一条曲线为母线，作旋转而形成的；图 2.1(f)中的普通螺纹的螺旋面是由"∧"形母线沿螺旋导线运动而形成的。总之，机械零件的大多数表面都可以看作是一条母线(直线、折线或曲线)沿导线(直线、圆或曲线)运动而形成的。

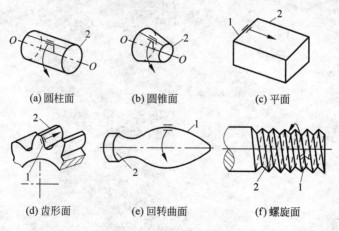

(a) 圆柱面　　　(b) 圆锥面　　　(c) 平面

(d) 齿形面　　　(e) 回转曲面　　　(f) 螺旋面

图 2.1　零件典型表面的形成

1—母线；2—导线

2.1.2　切削运动

1. 切削运动的基本概念

机械零件的表面多数是由切削加工形成的。所谓切削加工是通过刀具和工件间的相对运动从工件毛坯上切除多余材料,以得到一定尺寸精度、形状精度、位置精度和表面质量的零件表面。图 2.2 所示为常用刀具和工件作不同的相对运动来完成各种表面加工的方法。在切削加工过程中,刀具和工件按一定的规律作相对运动,通过刀具对工件毛坯的切削作用,切除毛坯上多余材料,从而得到符合技术要求的零件表面。切削加工时刀具和工件之间的相对运动就是切削运动。如图 2.2(a)中车削外圆时,工件的旋转运动是切除多余材料的基本运动,车刀沿工件轴线的直线运动,保证了切削的连续进行。

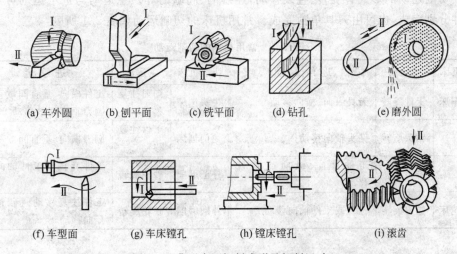

(a) 车外圆　　(b) 刨平面　　(c) 铣平面　　(d) 钻孔　　(e) 磨外圆

(f) 车型面　　(g) 车床镗孔　　(h) 镗床镗孔　　(i) 滚齿

图 2.2　典型表面切削成形及切削运动

2. 切削运动分类

切削运动通常由两个或两个以上的运动组成,按其在切削加工中所起作用不同分为:主运动、进给运动和其他运动。

1) 主运动

主运动是使刀具和工件之间产生相对运动,从而切下切屑所必需的最基本的运动。主运动是切削加工中速度最高、消耗功率最大的运动,通常主运动只有一个。如图 2.2 中 I 所表示的运动,即车削中工件的旋转、磨削中砂轮的旋转、钻削加工时钻头的旋转、镗孔加工时的镗刀旋转、刨削中刀具的往复直线运动、铣削中刀具的旋转、滚齿加工中的滚刀旋转等都是主运动。

2) 进给运动

进给运动是使刀具与工件之间产生附加的相对运动,不断地将多余金属层投入切削,使金属层连续被切下形成切屑,从而加工出完整表面所需的运动。一般进给运动是切削加工中速度较低、消耗功率较小的运动,可有一个或几个。如图2.2中Ⅱ所表示的运动,即车削外圆和内孔时刀具沿轴线的直线移动、磨削外圆时工件的旋转运动及其往复直线运动、钻孔时钻头的轴向移动、镗床镗孔时镗刀的轴向移动、刨削时工件的间歇直线运动、铣削时工件的直线运动、滚齿加工时齿坯的旋转和滚刀的移动等都是进给运动。

3) 其他运动

在切削加工中除了主运动和进给运动,有时还包括吃刀运动、分度运动等其他运动,这些运动通常不是切削加工必需的运动。

吃刀运动是用来调整刀具切入切削层深度的运动。如车削外圆时通过刀具相对工件径向的吃刀运动来调整一次切除量的大小,从而保证外圆尺寸的大小。

分度运动通常指圆周角度等分运动。如在铣齿加工中每铣完一个齿,工件需按齿数多少转过一定角度铣下一齿形,以此类推,完成所有齿形的加工。

各种切削加工,都具有特定的切削运动,主运动和进给运动通常是切削加工必需的切削运动。切削运动的形式有旋转、直线移动,连续的、间歇的等。主运动与进给运动可由刀具和工件分别完成,也可由刀具单独完成。常用机床的切削运动如表2.1所列。

表 2.1　常用机床的切削运动

切削机床	主运动	进给运动	切削机床	主运动	进给运动
卧式车床	工件旋转	刀具纵向、横向移动	牛头刨床	刨刀往复移动	工件横向、垂直间歇移动或刨刀垂直间歇移动
钻床	钻头旋转	钻头轴向移动	龙门刨床	工件往复移动	刨刀横向、垂直间歇移动
铣床	铣刀旋转	工件横向、纵向或垂直移动	外圆磨削	砂轮旋转	工件旋转时工件轴向往复移动
卧式镗床	镗刀旋转	镗刀或工件轴向移动	外圆磨削	砂轮旋转	工件往复移动时砂轮间歇径向移动

2.1.3　切削要素

在切削过程中,工件表面多余材料不断被切除形成新的表面,在此过程中工件上形成3个不断变化的表面:待加工表面、加工表面和已加工表面。以车外圆为例(见图2.3):

(1) 待加工表面:指工件上即将被切去金属层的表面。

(2) 已加工表面:指工件上切去一层金属后形成的新的表面。

(3) 加工表面又称过渡表面:指工件上正在被切削的表面。

切削要素包括切削用量三要素和切削层尺寸平面要素,如图2.4所示。

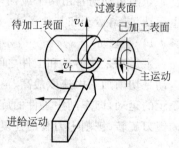

图 2.3　车外圆加工表面

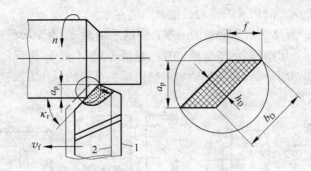

图 2.4　车削外圆时的切削要素

1. 切削用量三要素

切削用量三要素是指切削速度、进给量和背吃刀量,是金属切削过程中的 3 个重要参数,总称为切削用量。切削用量三要素体现了刀具与工件之间的相互作用条件和相互关系,切削用量的大小不仅关系到刀具的寿命,而且直接影响到加工质量和生产率,所以,在生产中应正确合理地选用。

(1) 切削速度 v_c:主运动的线速度称为切削速度,即单位时间内工件和刀具沿主运动方向相对移动的距离。

若主运动为旋转运动时(如车、镗、钻、铣),其切削速度按下式计算:

$$v_c = \pi dn/1000 \quad (\text{m/min}) \tag{2-1}$$

式中,d——主运动工件待加工表面的直径或主运动刀具、砂轮的直径,mm;

　　　n——工件或刀具的主运动转速,r/min。

若主运动为往复直线运动时(如刨、插、拉削)则以平均速度为切削速度,其计算公式为

$$v_c = 2Ln_r/1000 \quad (\text{m/min}) \tag{2-2}$$

式中,L——主运动往复运动行程长度,mm;

　　　n_r——主运动每分钟的往复次数,str/min。

(2) 进给量 f:主运动一个周期,刀具和工件之间沿着进给运动方向的相对位移,用 f 表示。如车、钻、镗削的进给量 f,都为工件或刀具每转一转,刀具相对于工件沿进给运动方向移动的距离(mm/r);刨、插削的进给量 f,为刀具每往复一次,工件沿进给运动方向移动的距离(mm/str)。

有些切削加工中还用进给速度 v_f(mm/min)、每齿进给量 f_z(mm/z)来表示进给量的大小。进给运动采用独立驱动方式的机床常用进给速度,多齿刀具进给通常用每齿进给量。如铣削常用每齿进给量 f_z 和进给速度 v_f 表示进给量的大小,在铣削操作调整进给量时,一般以进给速度作为调整的主要切削参数。若铣刀转速为 n(r/min)、铣刀齿数为 z,则以上三者的关系为

$$v_f = f \cdot n = f_z \cdot z \cdot n \quad (\text{mm/min}) \tag{2-3}$$

(3) 背吃刀量 a_p:待加工表面和已加工表面之间的距离,即为背吃刀量,用 a_p 表示,单位为 mm。在切削原理中,通用的背吃刀量定义为:在垂直于主切削速度的平面内测量的

主切削刃在垂直于进给方向切入工件的长度。

车削外圆面的 a_p 为该次切除余量的一半；刨削平面的 a_p 为该次的刨削余量；钻孔的 a_p 为钻头直径的一半；切槽(包括车削槽、切断、刨槽等)加工的 a_p 为所切槽的宽度。

常见切削方法的切削运动、进给运动和切削用量三要素的标注方法见图 2.5。

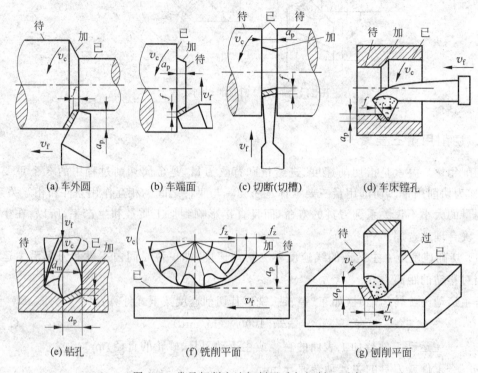

(a) 车外圆　　　(b) 车端面　　　(c) 切断(切槽)　　　(d) 车床镗孔

(e) 钻孔　　　(f) 铣削平面　　　(g) 刨削平面

图 2.5　常见切削方法切削运动与切削三要素

2. 切削层尺寸平面要素

切削层是指工件上正在被切削刃切削的一层材料,即两个相邻加工表面之间的那层材料。如图 2.4 所示,车削时,工件每转一转,车刀主切削刃移动一个 f 距离,车刀所切下来的金属层即为切削层。

为使问题简化,切削层的剖面形状和尺寸,通常规定在通过主切削刃基点(通常把它定在将作用切削刃分成两相等长度的点上)并垂直于该点主运动方向平面内观察和测量,该平面称为切削层尺寸平面,用符号 P_D 表示。测定的切削层尺寸几何参数,称为切削层平面要素,它包括以下几个:

(1) 切削层公称厚度 h_D:在 P_D 面内,垂直于切削刃方向所测得的切削层尺寸,用符号 h_D 表示,它的大小影响切削刃的工作负荷。

对于外圆车削及刨削(当刀尖圆弧半径 $r_\varepsilon = 0$ 及 $\lambda_s = 0$ 时),其切削层公称厚度为

$$h_D = f \cdot \sin\kappa_r \quad (\text{mm}) \tag{2-4}$$

(2) 切削层公称宽度 b_D:在 P_D 面内,沿着切削刃方向所测得的切削层尺寸,用符号 b_D 表示,通常反映切削刃与工件接触的长度(即工作长度)。

对于外圆车削及刨削(当刀尖圆弧半径 $r_\varepsilon = 0$ 及 $\lambda_s = 0$ 时),其切削层公称宽度为

$$b_D = a_p/\sin\kappa_r \quad (\text{mm}) \tag{2-5}$$

(3) 切削层公称横截面积 A_D。在给定瞬间,切削层在 P_D 面内的实际横截面积,用符号 A_D 表示。当切削速度一定时,切削层公称横截面积反映了切削加工的生产率。

对于外圆车削及刨削(当刀尖圆弧半径 $r_\varepsilon = 0$ 及 $\lambda_s = 0°$ 时),切削层的公称横截面积可按下式近似计算:

$$A_D \approx h_D \cdot b_D = f \cdot a_p \quad (\text{mm}^2) \tag{2-6}$$

显然,按上式计算的切削层公称横截面积略大于标准定义的切削层公称横截面积,因为它包括了极小部分未被刀具切下的残留面积 ΔA_D。残留面积 ΔA_D 是指副偏角 $\kappa_r' \neq 0°$ 时,切削刃移动一个进给量 f 后,残留在已加工表面上的凸出部分的剖面积(即刀花波纹剖面),如图 2.6(a) 中 ABC 和图 2.6(b) 中 ADC 的面积。残留面积的高度 H(即残留刀花的高度)反映了已加工表面粗糙度的状况。H 越大,表面粗糙度数值 Ra(或 Rz)越大。

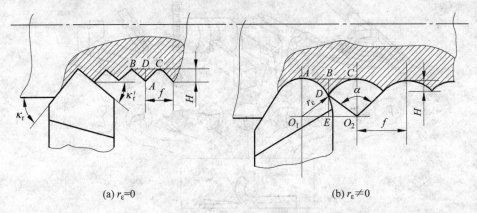

(a) $r_\varepsilon = 0$ (b) $r_\varepsilon \neq 0$

图 2.6 车削外圆时残留面积

车削外圆时的 H 与 ΔA_D 的计算公式(由图 2.6 可知)如下所述。

当刀具的刀尖圆弧半径 $r_\varepsilon = 0$,残留面积高度 H 和残留面积 ΔA_D 分别为

残留面积高度
$$H = \frac{BD + DC}{\cot\kappa_r + \cot\kappa_r'} = \frac{f}{\cot\kappa_r + \cot\kappa_r'} \quad (\text{mm}) \tag{2-7}$$

残留面积
$$\Delta A_D = H \cdot f/2 = \frac{f^2}{2(\cot\kappa_r + \cot\kappa_r')} \tag{2-8}$$

式中,f——进给量,mm/r;

a_p——背吃刀量,mm;

κ_r, κ_r'——车刀的主、副偏角,(°)。

在实际切削加工中,通常 $r_\varepsilon \neq 0$,如图 2.6(b) 所示,故有

残留面积高度

$$H = BD = BE - DE = r_\varepsilon - \sqrt{O_1 D^2 - O_1 E^2} = r_\varepsilon - \sqrt{r_\varepsilon^2 - \left(\frac{f}{2}\right)^2} \tag{2-9}$$

移项后两边平方,并忽略 H^2($H \ll r_\varepsilon$)得

残留面积高度

$$H = \frac{f^2}{8r_\varepsilon} \tag{2-10}$$

由此可见,在切削加工中,进给量 f、车刀的主偏角 κ_r、副偏角 κ_r' 越大,r_ε 越小时,残留面积高度 H 越大,加工表面就越粗糙。

<h1 style="text-align:center">2.2 切削加工刀具</h1>

在切削加工中,刀具虽然种类繁多,形状各异,如车刀、刨刀、铣刀和钻头等,但它们的切削部分、结构、几何形状与要素都具有许多共同的特征,其中车刀、刨刀是最常用、最基本、最简单的切削刀具,因而最具有代表性,其他刀具无论刀具结构如何复杂,都可以看作是由普通外圆车刀切削部分演变或组合而成的,如图 2.7 所示。

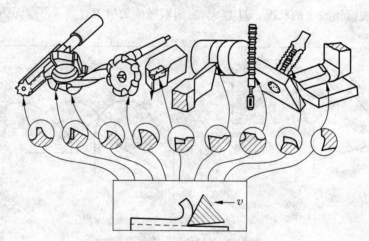

图 2.7 不同刀具的切削部分结构

在刀具结构的分析和研究中,通常以普通外圆车刀为范例进行研究,掌握外圆车刀分析方法之后,就可将这种方法推广到其他复杂刀具。本节将以外圆车刀切削部分为例,介绍刀具结构及几何参数的相关定义。

2.2.1 常用刀具类型及刀具结构

1. 刀具的分类

刀具的种类很多,常见的刀具如图 2.7 所示。

按工种和功能加工方式分为:车刀、铣刀、镗刀、刨刀、钻头、铰刀、螺纹刀具、齿轮刀具等。其中,车刀分为:外圆车刀、偏刀、切断刀、镗孔刀等;铣刀又分为:圆柱铣刀、盘铣刀、三面刃铣刀、立铣刀等。

按结构形式分为:整体式、焊接式、机夹式等,如图 2.8 所示。一般整体式刀具采用同一种材料制成,焊接式和机夹式的刀头部分与刀柄(刀体)部分采用不同的材料制造而成。

按刀具的刃形和数量分为:单刃刀具、多刃刀具和成形刀具等。

按国家标准分为:标准刀具(如标准螺距的螺纹丝锥、板牙,标准模数的齿轮滚刀、插齿刀等)和非标准刀具(如非标准螺距的螺纹丝锥,非标尺寸及精度的铰刀等)。

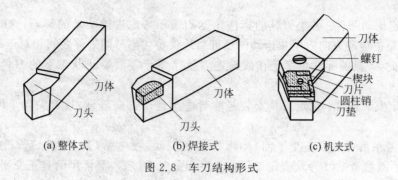

(a) 整体式　　　　　　(b) 焊接式　　　　　　(c) 机夹式

图 2.8　车刀结构形式

2. 刀具切削部分的组成

外圆车刀是最基本、最典型的刀具,其结构由切削部分和刀柄组成。刀具中起切削作用的部分称为切削部分(刀头),夹持部分称为刀柄(刀体)。

图 2.9 所示为外圆车刀的切削部分结构组成,即常被人们称为"三面两刃一尖"。

(1) 前刀面 A_γ:直接作用于被切金属层,并控制切屑经过时流出方向的刀面,简称前面。

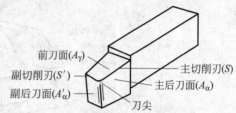

图 2.9　外圆车刀的切削部分结构组成

(2) 主后刀面 A_α:同工件的加工表面相互作用和相对着的刀面,简称后面。

(3) 副后刀面 A_α':与工件的已加工表面相互作用和相对着的刀面,简称副后面。

(4) 主切削刃 S:前刀面与主后刀面的交线,简称主刃。它担负着主要切削工作。

(5) 副切削刃 S':前刀面与副后刀面的交线,简称副刃。它配合主刃完成切削工作,并最终形成已加工表面。

(6) 刀尖:主切削刃与副切削刃的连接部位,或者是切削刃(刃段)之间转折的尖角过渡部分。它是切削负荷最重、条件最恶劣的位置,为了增加刀尖的强度与耐磨性,多数刀具都在刀尖处磨出直线或圆弧形的过渡刃。

上述定义也适用于其他刀具,需要说明的是,每个切削刃都可以有自己的前刀面和后刀面。为了设计、制造和刃磨简便,常常设计成多段切削刃在同一个公共前刀面上。如图 2.9 所示车刀的主切削刃与副切削刃具有公共前刀面。

2.2.2　刀具角度

为了确定刀具切削部分各表面和切削刃的空间位置,需要建立参考系,以组成坐标系的基准。参考系可分为刀具静止参考系和工作参考系。

1. 刀具静止参考系

在设计、制造、刃磨和测量时,用于定义刀具几何角度的参考系称为刀具静止参考系。它是刀具工作图上标注几何参数的基准,所以也称标注参考系,在该参考系中定义的角度称为刀具标注角度。

静止参考系的建立有两个前提(假定)条件。

（1）假定运动条件：各类刀具的标注角度均暂不考虑进给运动的影响，这时合成切削运动方向就是主运动方向。用主运动向量近似地代替切削刃同工件之间相对运动的合成速度向量。因此，刀具的标注角度是在假设走刀量 f 等于零时静止状态下的刀具角度，又称静止角度。

（2）假定安装条件：规定刀具安装基准与进给运动方向垂直，且刀尖与工件回转轴线等高。

静止参考系可分为：正交平面（旧国标叫主剖面）参考系（P_r-P_s-P_o 系）、法平面参考系（P_n）、背平面参考系（P_p）及假定工作参考平面参考系（P_f），最常用的是正交平面参考系，如图 2.10 所示。

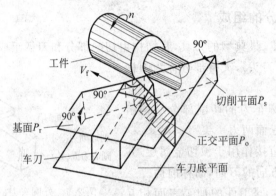

图 2.10　正交平面参考系的构成

正交平面参考系（P_r-P_s-P_o 系）由以下 3 个在空间互相垂直的平面组成。

（1）切削平面 P_s：通过切削刃上某一选定点，切于工件加工表面的平面，即这点的主运动速度与该点的切削刃的切线构成的平面。

（2）基面 P_r：通过切削刃上的同一点，并与该点主运动方向相垂直的平面。

（3）正交平面 P_o：通过切削刃上的同一点，并与切削刃在基面上的投影相垂直的平面。

由基面、切削平面、正交平面这 3 个辅助平面构成的刀具静止参考系（P_r-P_s-P_o 系）（见图 2.10）用于确定刀具构造的几何要素面与面、面与刃和刃与刃之间的夹角。

2. 刀具标注角度的定义

刀具的标注角度就是刀具设计工程图上所标注的角度，是刀具进给速度为零时的角度。刀具静止角度是在刀具静止参考系上进行定义的。

1）在正交平面 P_o 内标注（测量）的角度

（1）前角 γ_o：在正交平面 P_o 内测量的前刀面 A_γ 与基面 P_r 之间的夹角。根据前刀面与基面相对位置的不同，可分为正前角、零度前角和负前角（见图 2.11）。γ_o 越大则刀刃越锋利，切削变形和切削力越小，刃口强

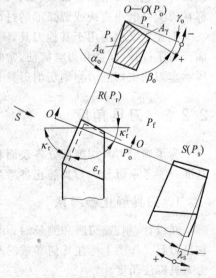

图 2.11　车刀标注角度的标注方法

度越低，导热面积越小，故应在满足刀刃强度要求的前提下选用大的 γ_o。

具体选择考虑以下几方面：

① 工件材料：加工塑性材料时，在保证强度的前提下前角尽可能大<u>些</u>；加工脆性材料时，由于切屑呈崩碎切屑，γ_o 作用不显著，应选用较小的前角；加工高硬度、高强度材料时，为提高刃口强度，应选用负前角。

② 刀具材料：强度和韧性高的刀具材料应选择较大的 γ_o。

③ 加工性质：粗加工时，a_p、f 大，切削力大，应选用较小的 γ_o；精加工时 a_p、f 较小，γ_o 可取大值。

④ 切削条件：断续切削或有冲击时应选用较小的 γ_o，以提高刀刃强度。

（2）后角 α_o：在正交平面 P_o 内测量的后刀面 A_α 与切削平面 P_s 之间的夹角 α_o，标注如图 2.11 所示。后角 α_o 影响后刀面 A_α 与工件切削表面之间的摩擦、刀刃强度及锋利程度、散热体积等，通常主要根据切削层厚度 h_D 选取，粗加工或切削较硬材料，取小 α_o；精加工或切削塑性好的材料，取大 α_o。为保证刃口强度，实际选用时还与前角相对应，即大前角时选小后角，小前角时选大后角。

2）在基面 P_r 上标注（测量）的角度

（1）主偏角 κ_r：主切削刃在基面上的投影与进给方向之间所夹的角度，标注如图 2.11 所示。κ_r 的大小决定了切削层截面形状、切削分力的比例、刀尖强度和散热条件，从而影响刀具的寿命。如 κ_r 取大值，使 b_D 减小，h_D 增大，背向力 F_p 减小，进给力 F_f 增大，刀尖强度削弱，参与切削的刃口长度减小，散热条件恶化，寿命下降，主偏角对切削过程的影响如图 2.12(a)、(b) 所示。κ_r 的选取主要依据系统刚度，在系统刚度较好时，减少 κ_r 可提高刀具寿命；刚度差，一般选用 $60°\sim75°$，为避免振动，也可选用 $90°$。

(a) 主偏角对切削宽度、厚度的影响　　　　(b) 主偏角对径向力的影响

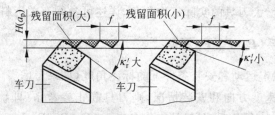

(c) 副偏角对残留面积的影响

图 2.12　主偏角、副偏角对切削过程的影响

（2）副偏角 κ_r'：副切削刃在基面上的投影与进给运动反方向之间的夹角，标注如图 2.11 所示。κ_r' 越小，已加工表面残留面积的最大高度 H 越小，降低表面粗糙度，副偏角对切削过

程的影响如图 2.12(c)所示。但 κ_r' 太小,会增大副刀刃参与切削的长度、使副后刀面 A_a' 与已加工表面摩擦磨损和背向力增大,使刀具寿命下降,而 κ_r' 太大,会使刀尖强度下降。因此,当系统刚度较好时,κ_r' 宜小不宜大。一般精车时选取 $5°\sim10°$,粗车时选取 $10°\sim15°$,切断和切槽刀取 $1°\sim3°$。

3) 在切削平面 P_s 内测量的角度

刃倾角 λ_s:在切削平面 P_s 内测量的主切削刃 S 与基面 P_r 之间的夹角,如图 2.11 所示。根据主切削刃与基面相对位置的不同,刃倾角可分为正刃倾角、零度刃倾角和负刃倾角。其主要作用为:

(1) 控制切屑的流向(见图 2.13)。当 $\lambda_s=0°$ 时,切屑垂直于 S 流出;当 λ_s 为负时,切屑流向已加工表面而会刮伤已加工表面;当 λ_s 为正时,切屑流向待加工表面。因此,精加工时应选用正的 λ_s。

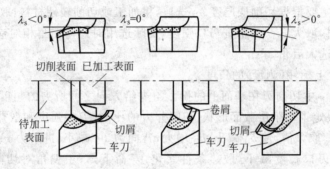

图 2.13　车刀主切削刃刃倾角 λ_s 对排屑方向的影响

(2) 控制切削刃切入时首先与工件接触的位置。λ_s 为正时,刀尖首先与工件接触,可能引起崩刃或打刀;$\lambda_s=0°$ 时,整个主刀刃 S 与工件同时接触会引起较大冲击力;λ_s 为负时,S 上远离刀尖的点先与工件接触而保护刀尖免受冲击。因此,在断续切削或有冲击切削时应选用负的 λ_s。

(3) 控制切削刃在切入和切出时的平稳性。具有正的或负的 λ_s 在切入或切出时,S 上各点对工件是依次接触或离开,使切削力增大或减小逐渐变化。因此,切削过程平稳。

(4) 控制背向力 F_p 和进给力 F_f 的比值。正的 λ_s 使 F_p 减小,F_f 增大。因此,工艺系统刚度差(如车削细长轴)的精加工应选用正的 λ_s。

除上述以外,λ_s 尚能增大刀具的实际工作前角,详述可参阅有关资料。

3. 刀具工作参考系(P_{re}-P_{se}-P_{oe}系)

上述刀具角度是在假定运动和安装条件下的标注角度,如果考虑实际切削运动(包括主运动和进给运动)的合成速度方向和安装情况,则刀具静止参考系(即辅助平面)将发生变化。按照实际切削工作中的参考系,即刀具工作参考系(P_{re}-P_{se}-P_{oe}系)所确定的刀具角度,称为工作角度(或切削角度)。

刀具的工作角度是刀具在同工件和切削运动相联系的状态下确定的角度,因此刀具的工作参考系应该相对于刀具合成切削速度向量 v_e 来说明。这是因为刃磨角度相同的刀具在切削过程中,由于刀具与工件相对运动关系改变或在安装刀具时由于刀具安装的位置改变,致使切削条件也随之改变的缘故。

构成刀具工作参考系(P_{re}-P_{se}-P_{oe}系)的 3 个辅助的坐标平面定义如下:

(1) 工作切削平面 P_{se}:通过切削刃上某一选定点,切于工件加工表面的平面,也就是合成切削速度向量 v_e 与切削刃的切线组成的平面。

(2) 工作基面 P_{re}:通过切削刃上同一选定点,垂直于合成切削速度向量 v_e 的平面。

(3) 工作正交平面 P_{oe}:通过切削刃上同一选定点,同时垂直于工作切削平面和工作基面的平面。

由于通常的进给速度远小于主运动速度,因此在一般的安装条件下,刀具的工作角度近似地等于标注角度,如普通车削、镗孔、端铣、周铣等。但当进给速度 v_f 较高、刀具安装误差较大时,必须考虑工作角度对加工的影响,并且在切削加工时要使刀具工作角度具有最佳值,则必须知道刀具工作角度与标注角度之间的关系。根据刀具工作角度最佳值,求出刀具标注角度,以供设计制造。如车削大螺距的螺纹或多头螺纹、铲背加工、钻头的钻心附近的切削或刀具安装特殊时刀具的工作角度相对于标注角度均有较大变化。

4. 刀具工作角度

1) 进给运动对工作角度的影响

(1) 径向进给时工作角度的变化

以切断刀径向进给运动为例(见图 2.14),在 $f=0$ 时,车刀切削刃某一选定点相对于工件的运动轨迹为一圆周,通过切削刃上该点切于圆周的平面为切削平面 P_s,基面 P_r 平行于刀杆底面,此时的 γ_o 与 α_o 为标注前角和后角。当考虑进给运动后,切削刃上选定点相对于工件的运动轨迹为一阿基米德螺旋线,工作切削平面 P_{se} 为通过切削刃上选定点与阿基米德螺旋线相切的平面,工作基面 P_{re} 也相应地垂直于此时的工作切削平面($P_{re} \perp P_{se}$)。可见,P_{se} 与 P_{re} 相对于标注参考系 P_s 与 P_r 分别同步的倾斜 μ 角。工作正交平面 P_{oe} 仍为图上剖面,在工作参考系(P_{re}-P_{se}-P_{oe})内的工作角度 γ_{oe},α_{oe} 为

$$\gamma_{oe} = \gamma_o + \mu \qquad (2\text{-}11)$$
$$\alpha_{oe} = \alpha_o - \mu \qquad (2\text{-}12)$$

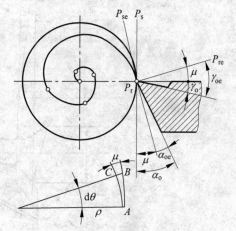

图 2.14　横向进给对刀具工作角度的影响

由图 2.14 可知(当 $d\theta$ 很小时 $\overset{\frown}{AB} \approx \overline{AB}$)

$$\tan \mu = \frac{\overline{BC}}{\overline{AB}} = \frac{d\rho}{\rho \cdot d\theta} \qquad (2\text{-}13)$$

工件每转一转(2π),刀具进给量为 f;若工件每转一个微分的 $d\theta$ 角度时,刀具横向移动量为 $d\rho$,则有

$$\frac{d\rho}{d\theta} = \frac{f}{2\pi} \qquad (2\text{-}14)$$

将式(2-14)代入式(2-13)得

$$\tan\mu = \frac{\mathrm{d}\rho}{\rho \cdot \mathrm{d}\theta} = \frac{f}{2\pi \cdot \rho} = \frac{f}{\pi d} \tag{2-15}$$

式中 $d=2\rho$，说明 μ 值是随着切削刃趋近工件中心而增大。在常用进给量下，当切削刃距离工件中心 1mm 时，$\mu=1°40'$，再靠近中心，μ 值急剧增大，工作后角变为负值。切断工件时剩下直径 1mm 左右时就被挤断，切断面中心留下一个小凸起，就是这个道理。例如在铲背加工，μ 值很大，不可忽视。

(2) 纵向进给时工作角度的变化

道理同上，也是由于工作中基面和切削平面的变化，引起了工作角度的变化。如图 2.15 所示，假定 $\lambda_s=0$，在不考虑纵向进给运动时，切削平面 P_s 垂直于刀杆底面，基面 P_r 平行于刀杆底面，标注角度为 γ_o、α_o；考虑进给运动后，工作切削平面 P_{se} 为切于螺旋面的平面，刀具工作角度的参考系 (P_{se}, P_{re}) 倾斜了一个 μ 角，则工作正交平面内的工作角度计算同式(2-11)、式(2-12)，其中倾斜角 μ 的计算如下所述。

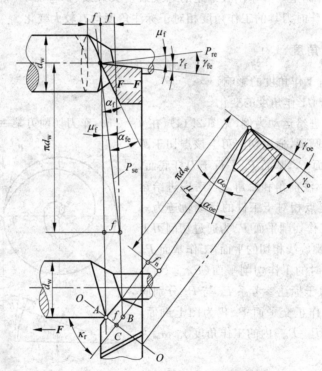

图 2.15 纵向进给对刀具工作角度的影响

在图 2.15 $F—F$ 横剖面中，由螺旋线之螺旋升角可知

$$\tan\mu_f = f/\pi d_w \tag{2-16}$$

式中，f——进给量；

d_w——工件待加工表面直径。

换算至工作正交平面 $O—O$ 内得

$$\tan\mu = \frac{f_n}{\pi \cdot d_w} = \frac{f \cdot \sin\kappa_r}{\pi \cdot d_w} \tag{2-17}$$

由上式可知：μ 值不仅与进给量 f 有关，也同工件直径 d_w 有关；d_w 越小，角度变化值

越大。实际上,一般外圆车刀的 μ 值仅为 $30'\sim40'$,因此可以忽略不计。但在车螺纹,尤其是大导程螺纹、多头螺纹时,μ 的数值很大,必须计算工作角度,并注意螺纹车刀左右两侧刃 μ 值对工作角度影响(正负号)相反。

2) 刀尖安装高低对工作角度的影响

如图 2.16 所示,当刀尖安装高于工件中心线时,切削平面将变为 P_{se}、基面变到 P_{re} 位置。纵向工作前角 γ_{pe} 增大,后角 α_{pe} 减小。在横向剖面($P-P$)内角度的变化值为 θ_p:

$$\tan\theta_p = \frac{h}{\sqrt{(d_w/2)^2 - h^2}} \tag{2-18}$$

式中,h——刀尖高于中心线的数值,mm;

　　　　d_w——工件待加工表面直径,mm。

在纵向剖面内的工作角度为

$$\gamma_{pe} = \gamma_p + \theta_p \tag{2-19}$$

$$\alpha_{pe} = \alpha_p - \theta_p \tag{2-20}$$

换算至工作正交平面内的工作角度为

$$\tan\mu = \frac{h \cdot \cos\kappa_r}{\sqrt{(d_w/2)^2 - h^2}} \tag{2-21}$$

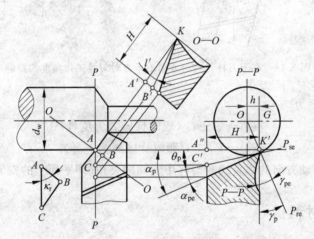

图 2.16　外圆车刀刀尖安装位置对刀具工作角度的影响

当车刀刀尖安装高于工件中心线时,有

$$\gamma_{oe} = \gamma_o + \mu \tag{2-22}$$

$$\alpha_{oe} = \alpha_o - \mu \tag{2-23}$$

当车刀刀尖低于工件中心线时,上述公式符号相反。

图 2.17 为镗刀杆上小刀头安装位置对工作角度的影响,其纵向剖面($P-P$)内的工作角度,与车外圆刀尖安装偏高时的变化规律正好相反,计算公式为

$$\gamma_{pe} = \gamma_p - \theta_p \tag{2-24}$$

$$\alpha_{pe} = \alpha_p + \theta_p \tag{2-25}$$

换算到工作正交平面内的工作角度也与车外圆刀尖安装偏高时的变化规律相反。

3) 刀杆中心线与进给方向不垂直时工作角度的变化

如图 2.18 所示,车刀刀杆与进给方向不垂直时,标注角度的主偏角 κ_r 与副偏角 κ_r' 将发

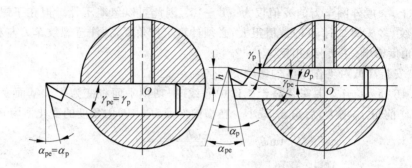

图 2.17　镗刀刀尖安装位置对刀具工作角度的影响

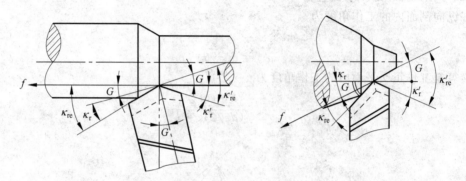

图 2.18　车刀刀杆与进给方向不垂直对刀具工作角度的影响

生变化,其工作角度为

$$\kappa_{re} = \kappa_r \pm G \text{(顺时针倾斜为负号)} \qquad (2\text{-}26)$$

$$\kappa'_{re} = k'_r \mp G \text{(顺时针倾斜为正号)} \qquad (2\text{-}27)$$

式中,G——进给运动方向的垂直线与刀杆中线间的夹角(即平面上的安装角)。

2.2.3　刀具材料

在切削过程中,刀具能否胜任切削工作,不仅直接与刀具切削部分的合理几何参数、刀具结构有关,而且还取决于刀具切削部分的材料性能。因为刀具在切削过程中要承受很大的载荷、较高的切削温度、剧烈的摩擦和磨损,生产实践证明,刀具材料的切削性能,直接影响刀具的寿命和生产率;刀具材料的工艺性,将影响着刀具本身的制造与刃磨质量。

1. 刀具材料的基本性能

刀具材料通常是指刀具切削部分的材料。刀具在加工过程中要承受很大的压力,同时由于切削时产生金属塑性变形以及在刀具、切屑、工件间相互接触表面产生剧烈的摩擦和冲击等,使刀具切削刃上产生很高的温度,受到很大的应力,为了适应这样恶劣的工作条件,刀具材料必须具备相应的性能。刀具材料的基本性能要求如下所述:

(1) 高的硬度:刀具材料的硬度必须高于工件材料的硬度(通常常温下硬度应在 60HRC 以上),以便切下工件表面的切削层,所以硬度是刀具材料应具备的基本特征。

（2）足够的强度和韧性：刀具材料承受切削力而不变形，承受冲击载荷或振动而不断裂及崩刃，通常用抗弯强度（σ_b）和冲击值（a_k）来衡量强度和韧性的高低或大小。

（3）高的耐磨性：刀具材料抵抗摩擦和磨损的能力，是决定刀具寿命的主要因素。这是反映刀具材料机械性能和组织结构等因素的综合指标。一般来说，硬度越高，耐磨性越好，同时耐磨性的好坏还取决于材料的强度、化学成分和组织结构。材料组织中硬质点（碳化物、氮化物等）的硬度越高、数量越多、晶粒越细、分布越均匀，则耐磨性就越好。

（4）高的耐热性和化学稳定性：耐热性是指刀具材料在高温下仍能保持刀具正常切削的性能（即在高温状态下保持硬度、耐磨性、强度和韧性的性能）。高温机械性能好，则刀具耐热性好，刀具材料耐热性越好，允许的切削速度也就越高，抵抗塑性变形的能力也越强。耐热性是评定刀具切削部分材料性能好坏的最重要标志。

化学稳定性是指刀具材料在高温下不易与工件材料和周围介质发生化学反应的能力。化学稳定性越好，刀具磨损就越慢。

（5）工艺性好：刀具材料应具有良好的高温可塑性、可加工性、可磨性、可焊接性和热处理的性能，方便刀具的制造和角度刃磨。

上述性能是作为刀具材料不可缺少的基本性能，它们之间不是孤立的，而是相互联系和制约的。往往硬度高、耐磨性好的材料，韧性与工艺性差；而韧性与工艺性好的材料，耐热性和耐磨性差；应根据具体加工条件，抓主要性能，兼顾其他。实际应用时还必须考虑刀具材料的经济性，取材资源要丰富、价格低廉，最大限度降低刀具制造和使用成本。

2. 常用刀具材料的种类、特点及应用

目前，我国常用的刀具材料有 3 大类：工具钢类、硬质合金类和高性能刀具材料。常用刀具材料性能如表 2.2 所示。

表 2.2　常用刀具材料性能

类型	性能	硬度	抗弯强度 /GPa	冲击韧性 /(kJ/m²)	热导率 /[W/(m·K)]	耐热性 /℃	应用
工具钢类	碳素工具钢	60～64HRC	2.45～2.74		67.2	200～250	手工刀具
	合金工具钢	61～65HRC	2.4		41.8	350～400	低速刀具
	高速钢	62～70HRC	1.96～5.88	180～400	1.67～25	550～700	复杂刀具
硬质合金类	钨钴类 YG	89～90HRA	1.45	25～35	79.6	800～850	加工短切屑的黑金属、有色金属和非金属材料
	钨钛钴类 YT	90～93HRA	1.2	5～10	33.5	900～1000	切削塑性材料，不宜加工脆性材料
	通用类 YW	90～92HRA	1.18～1.32	15～20	52	900～1000	加工黑金属、有色金属和非金属材料
高性能刀具材料	陶瓷	91～93HRA	0.45～0.85	4～5	19.2～38.2	1200～1450	连续切削塑性材料
	立方氮化硼 CBN	7300～9000HV	1～1.5		41.8	1300～1500	连续切削塑性材料，常用于精密加工
	人造金刚石 PCD	6500～10 000HV	0.28		100～108	700～800	连续切削有色金属及非材料，不宜加工铁族元素金属
	天然金刚石	10 000HV	0.21～0.49		146.5	700～800	

1) 工具钢类

工具钢类包括碳素工具钢、合金工具钢、高速钢。

(1) 碳素工具钢是碳的质量分数较高(一般为0.75%～1.3%)的优质碳素钢。淬火硬度为60～64HRC,但耐热性差,在200～250℃时即开始失去原来的硬度,丧失切削性能,并且淬火后易生裂纹和变形。常用于制造低速($v<0.12\text{m/s}$)、简单的手工工具(如锉刀、刮刀、手用锯条等)。常用的牌号有T10,T10A,T12A等。

(2) 合金工具钢(又称低合金钢)是在碳素工具钢中加入适量的合金元素Cr、W、Mn等的合金钢,这些合金元素明显地提高了耐磨性、耐热性(350～400℃)和韧性,同时减少了热处理变形,淬火后硬度为61～65HRC。一般用来制造丝锥、板牙和机用铰刀等形状较为复杂、切削速度不高($v<0.15\text{m/s}$)的刀具。常用牌号有9CrSi,CrWMn等。

(3) 高速钢(又称高合金工具钢)是一种含Cr、W、Mo、V等合金元素较多的高合金工具钢,又称白钢或锋钢,热处理后的硬度为62～70HRC,在550～600℃仍能保持其切削性能,有较高的抗弯强度和冲击韧性。高速钢具有较好的可加工性及热处理性能,并易刃磨出锋利刃口。因此,特别适宜制造形状复杂、切削速度较高($v<0.5\text{m/s}$)的刀具,如钻头、丝锥、铣刀、拉刀和齿轮加工刀具等。常用的牌号有W18Cr4V,W9Cr4V2等。

2) 硬质合金类(又称钨钢)

硬质合金是采用粉末冶金技术,将高硬度难熔金属碳化物(WC、TiC等)微米数量级的粉末作为基体,以钴作粘结剂,经高压成形后置于真空或氢气还原炉中高温(1300～1500℃)焙烧而成的非铁合金。它的性能特点是硬度与耐热性高,常温硬度为89～93HRA,即使在800～1000℃高温下仍能保持良好的切削性能。切削速度比普通高速钢提高4～10倍(可达$v=1.65～5\text{m/s}$)。其缺点是"性脆怕振、工艺性差",因而复杂刀具尚不能大量用它。当前常用的硬质合金有以下三种:

(1) 钨钴类硬质合金(YG):对应于国标K类,它由WC和Co组成。其硬度与耐热性不如YT类好(一般为800～850℃),但韧性与抗冲击性能比YT类好。因此,适合于加工短切屑的黑金属即脆性合金材料(如铸铁、有色金属合金等)或冲击性大的工件和淬硬钢、有色金属和非金属材料等。

根据含钴量不同,YG类硬质合金有下列牌号:YG8,YG6,YG3等,依次分别用于粗加工、半精加工和精加工。还有用于加工奥氏体不锈钢、耐热合金和冷硬铸铁等的YG6X,以及脆性、塑性合金(铁与钢)和有色金属及淬硬钢等都能加工的硬质合金YA6(相当于ISO中的K10)。

(2) 钨钛钴类硬质合金(YT):对应于国标P类,它是由WC、TiC作基体,以Co作黏结剂组成的机械混合物。硬度与耐热性比YG类高(一般在1000℃),但韧性与抗冲击性能不好。由于它抗黏附性较好,能耐高温切削,适合加工长切屑的黑金属即塑性金属(如钢及合金钢等),不宜加工铸铁等脆性材料。

根据含碳化钛的百分比不同,YT类硬质合金有以下牌号:YT5,YT15和YT30,它们依次分别适用于粗加工、半精加工和精加工。

(3) 通用类硬质合金(YW):对应于国标M类,在硬质合金中添加少量TaC(NbC),可明显改善其性能。在YG类中添加TaC(NbC)可显著提高高温强度与硬度以及耐磨性,抗弯强度略有下降,总的看利多弊少,如YA6;在YT类中添加TaC(NbC),可提高韧性和抗黏附性,而耐磨性也比 YT 类好,既可加工铸铁、有色金属,又可加工碳钢、合金钢,也适合加工高温合金、不锈钢等难加工钢材,从而有"通用合金"之称,如 YW1,YW2 属于这种合金。

3) 高性能刀具材料

(1) 陶瓷材料:作为刀具的陶瓷材料主要是金属陶瓷复合材料,是在氧化铝(Al_2O_3)、氮化硅(Si_3N_4)基体中加入耐高温的金属碳化物(如 TiC,WC)和金属添加剂(如 Ni,Fe)制成的。硬度可达 91~93HRA,有足够的抗压强度,耐热温度高达 1200~1450℃。但抗弯强度低、冲击韧性差,不如硬质合金。主要牌号有 T2,AMF 等。目前主要用于半精加工和精加工高硬度、高强度钢及冷硬铸铁等材料。

(2) 立方氮化硼(CBN):立方氮化硼是人工合成的又一种高硬度材料,硬度为 7300~9000HV,耐热性可达 1300~1500℃的高温,并且与铁族亲和力小。由于它耐热性和化学稳定性好,不仅适用于非铁族金属难加工材料的加工,也适用于高强度淬火钢和耐热合金的半精加工及精加工(尺寸公差等级可达 IT5、表面粗糙度 $Ra=0.4\sim0.2\mu m$),还可以加工有色金属及其合金,但加工设备刚性要好,且要连续切削。

(3) 金刚石:金刚石包括人造聚晶金刚石、复合聚晶金刚石和天然金刚石。人造金刚石是在高压、高温气氛和其他条件配合下由石墨转化而成的,是目前人工制成的硬度最高的刀具材料(其硬度接近 10000HV,硬质合金仅为 1000~2000HV)。它不但可以加工硬度高的硬质合金、陶瓷、玻璃等材料,还可以加工有色金属及其合金和不锈钢,但不适宜加工铁族材料。这是由于铁和碳原子亲和力强,易产生黏结作用而加速刀具磨损。由于金刚石高温条件下易氧化,故其耐热温度只有 700~800℃。它是磨削硬质合金的特效工具,用金刚石进行高速精车有色金属时,表面粗糙度可达 $Ra=0.1\sim0.025\mu m$。

由于高性能刀具材料均为硬度高、韧性差的材料,因此要求加工设备要刚性好、精度高、速度高,且加工工艺系统刚性要高,振动小,常用于连续精密切削。

4) 新型刀具材料

(1) 高性能高速钢:为了满足高强度钢、高温合金及钛合金等难加工材料的需要,通过调整化学成分和添加适量其他合金元素,并改进冶炼技术及热处理工艺,而出现了适合于加工难加工材料的高性能高速钢,如钴高速钢、钒高速钢和铝高速钢等。

低钴超硬高速钢(W12Mo3Cr4V3Co5Si),代号 Co5Si,其淬火硬度为 69~70HRC,耐热性与耐磨性较高,其缺点是韧性与刃磨性差;适用于加工超硬高强度钢及高温合金等。

高碳高钒特种高速钢(W6Mo5Cr4V5SiNbAl),代号 B201,其淬火硬度为 66~68HRC,解决了我国钴少钒多的资源问题,耐磨性有了显著提高,而韧性是高性能高速钢中较好的一种,适用于制造钻头、铣刀和丝锥等复杂刀具。

超硬铝高速钢(W6Mo5Cr4V2Al),代号 501,其淬火硬度为 68~69HRC。其寿命比普通高速钢高 2~10 倍,性能优越,价格便宜,为我国独创以铝代钴的高性能高速钢的应用开辟了前途。它适用制造各种拉刀、铣刀、齿轮刀具和钻头等复杂刀具。

(2) 超微粒硬质合金:硬质合金 Co 含量和 WC 等硬质粒子的颗粒大小等决定了其性能。硬质合金 Co 含量越少,硬质合金的硬度、抗压缩强度、刚性越高,但抗冲击性能越低;硬质合金 WC 等硬质粒子颗粒越小,则其硬度、抗弯曲强度越高,同时其抗冲击性能也越高。

超微粒硬质合金是高硬度、高抗弯曲强度和高韧性的合金材料,与普通的硬质合金相比,在硬度相同时具有强度高、韧性好的特点。普通硬质合金的 WC 颗粒为 $1\sim6\mu m$,超微粒硬质合金的 WC 颗粒为 $0.6\mu m$ 以下。微小 WC 颗粒周围起黏结作用 Co 的厚度薄,同时折断起始尺寸小,抗弯曲强度高,抗塑性变形性能也好。

超微粒硬质合金主要在制造小钻头、立铣刀等整体硬质合金刀具时使用,最近也开始用于可转位刀片。虽然超微粒硬质合金在低温下显示优异的特性,可在高温状态下容易出现慢性变形;在切削速度高的情况下使用时,有时会产生塑性变形、磨损增大等现象。

随着微细 WC 粉末制造技术及合金制造相关的微粒化技术的突飞猛进,颗粒大小为 $0.4\mu m$ 以下的 WC 超细微硬质合金也研制出来并得到应用。

(3) 涂层刀具:新型涂层刀具近年发展的趋势,涂层刀具是在硬质合金或高速钢基体刀具涂一层或多层高硬度、高耐磨性的金属化合物(TiC,TiN,Al_2O_3,CBN 等)而构成的,以提高其表层的耐磨性和硬度。TiC 的硬度比 TiN 高,耐磨性好,对于会产生剧烈磨损的刀具,采用 TiC 涂层较好。TiN 与铁基金属间的摩擦系数小,且允许涂层较厚,在容易产生黏结的条件下,采用 TiN 涂层较好。在高速切削产生大量热量的场合,以采用 Al_2O_3 涂层为好,因为 Al_2O_3 在高温下有良好的热稳定性能。涂层厚度一般在 $2\sim12\mu m$ 之间。

涂层刀具的制造,主要是通过现代化学气相沉积法(CVD)或物理气相沉积法(PVD)在刀片上涂敷一层材料。涂层技术已经是一个成熟的自动化过程,涂层是均匀一致的,而且在涂层和基体之间的附着力也非常好,所以涂层硬质合金刀具的寿命比不涂层的至少可提高 $1\sim3$ 倍,涂层高速钢刀具的寿命比不涂层的可提高 $2\sim20$ 倍。新型涂层刀具已经发展到为加工不同材料的工件而使用不同的涂层刀具,而涂层刀具最大的不足即不能重新刃磨,磨钝刀具重新刃磨后需重新涂层。

2.3　切削过程的物理现象

2.3.1　切削过程

1. 切屑的形成

金属切削过程就是利用刀具从工件上切下切屑的过程,也就是切屑形成的过程,其实质是一种挤压变形过程。切削中切屑实际形成过程见图 2.19。

切削加工时,当刀具接触工件后,工件上被切层受到挤压而产生弹性变形;随着刀具继续切入,应力不断增大,当应力达到工件材料的屈服点时,切削层开始塑性变形,沿滑移角 β_1 的方向滑移;刀具再继续切入,应力达到材料的断裂强度,被切层就沿着挤裂角 β_2 的方向产生裂纹,形成切屑。当刀具继续前进时,新的循环又重新开始,直到整个被切层切完为止。所以切削过程就是切削层材料在刀具切削刃和前刀面的作用下,经挤压产生弹性变形、塑性变形、挤裂和切离而成为切屑的过程。由于工件材料、刀具的几何角度、切削用量等不同,将会形成不同形态的切屑。

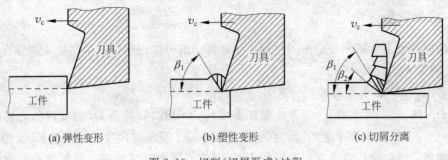

(a) 弹性变形　　　　(b) 塑性变形　　　　(c) 切屑分离

图 2.19　切削（切屑形成）过程

2. 切屑的种类

切屑的类型是由应力-应变特性和塑性变形程度决定的。金属加工中切屑种类多种多样，若不考虑刀具断屑槽的影响，切屑有 4 种基本形态，如图 2.20 所示。

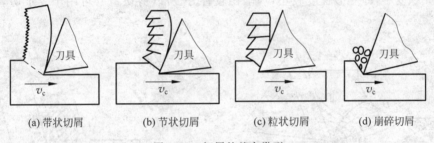

(a) 带状切屑　　　(b) 节状切屑　　　(c) 粒状切屑　　　(d) 崩碎切屑

图 2.20　切屑的基本类型

（1）带状切屑：内表面光滑，外表面毛茸。用较大的 γ_o、较高的 v_c、较小的 f 和 a_p，加工塑性好的金属（如碳素钢、合金钢、铜和铝合金）时易获得这类切屑。带状切屑的变形小，切削力较平稳，已加工表面粗糙度低，但切屑会连绵不断地缠在工件上，应采取断屑措施。

（2）节状切屑：又称挤裂切屑，是外表面可见明显裂纹的连续带状切屑。切屑所受剪应力在局部超过了工件材料的强度极限，使切屑外表面产生了明显的裂纹。用较低的 v_c、较大的 f 和 a_p，刀具前角较小，加工中等硬度的金属材料时易得到这类切屑，切削过程有轻微振动，切削力波动较大，工件表面较粗糙。

（3）粒状切屑：又称单元切屑，切屑呈规则的颗粒状，用很低的速度切削高硬度钢时易得到。切屑所受剪应力超过了工件材料的强度极限，裂纹贯穿了整个切屑，振动较大，工件表面可见明显波纹。

（4）崩碎切屑：加工铸铁、青铜等脆性材料，切削层几乎不经过塑性变形就产生脆性崩裂，从而形成不规则的屑片。此时，切削过程具有较大的冲击振动，已加工表面粗糙。

认识各类切屑形成的规律，生产中就可以通过改变切削条件主动控制切屑的形成，使其向着有利于生产的方向转化。如在加工塑性材料时，容易形成带状切屑，切屑连绵不断缠绕在零件或刀具上，使零件已加工的表面拉伤，甚至危及操作者的安全，这时改变刀具前角、切削速度、切屑厚度就可以改变切屑状态。因此，在切削加工中，控制切屑的形状、流向、卷曲和折断，对于保证正常生产秩序和操作者的安全都有十分重要的意义。

3. 切削变形

切削过程也是金属不断变形的过程。通常将切削刃作用部位的切削区域划分为3个变形区(见图2.21)。

1) 第Ⅰ变形区(剪切区)

从 OA 线(称始剪切线)开始发生塑性变形,到 OE 线(称终剪切线)晶粒的剪切滑移基本完成,这一区域称为第Ⅰ变形区。切削层金属在第Ⅰ变形区内发生晶粒伸长、剪切滑移转变成为切屑。随切削层金属变形程度的不同,形成不同类型的切屑。晶粒伸长的方向即纤维化的方向,是与滑移方向即剪切面方向不重合的,它们成一夹角 ϕ(见图2.22)。在一般切削速度范围内,第Ⅰ变形区的宽度仅为 $0.02\sim0.2\mathrm{mm}$,所以可以用一剪切面来表示。剪切面和切削速度方向的夹角称为剪切角,以 ϕ 表示。实验证明,剪切角 ϕ 的大小和切削力的大小有直接联系。对于同一工件材料,用同样的刀具,切削同样大小的切削层,如剪切角 ϕ 较大,剪切面积变小,即变形程度较小,切削比较省力,所以剪切角 ϕ 可用于表示切屑变形的程度。

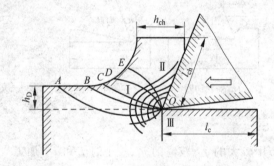

图2.21　切削变形区

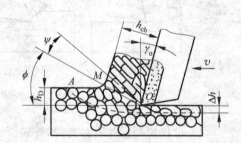

图2.22　晶粒伸长、剪切滑移

切屑变形还表现为切屑收缩现象($h_{ch}>h_{D}$, $l_{ch}<l_{c}$),其变形量的大小用变形系数 ξ 来定量表示

$$\xi = \frac{h_{ch}}{h_D} = \frac{l_c}{l_{ch}} > 1 \tag{2-28}$$

式中, h_D , l_c ——切削前切削层金属的厚度和长度;

　　h_{ch} , l_{ch} ——切削后切屑的厚度和长度。

ξ 也反映了切削变形的程度,切屑变形系数 ξ 越大,表示切屑变形越大,则切削时消耗在变形方面的切削力越大,切削温度越高,并恶化工件表面质量。

切屑变形系数 ξ 可以用剪切角 ϕ 表示,即

$$\xi = \frac{h_{ch}}{h_D} = \frac{OM\sin(90° - \phi + \gamma_o)}{OM\sin\phi} = \frac{\cos(\phi - \gamma_o)}{\sin\phi} \tag{2-29}$$

也可以写成

$$\tan\phi = \frac{\cos\gamma_o}{\xi - \sin\gamma_o} \tag{2-30}$$

剪切角 ϕ 和切屑变形系数 ξ 均可用来衡量切屑变形的大小,其中变形系数 ξ 可直观反映切屑的变形程度,并且容易测量,而剪切角 ϕ 测量比较麻烦。

生产中根据具体情况,可采用增大前角、提高切削速度或通过热处理降低工件材料的塑性等措施,控制切削变形,以保证切削加工顺利进行。

2) 第Ⅱ变形区(摩擦区)

切屑沿前刀面排出时进一步受到前刀面的挤压和摩擦,使靠近前刀面处的金属纤维化,纤维化方向基本上和前刀面平行,这一区域称为第Ⅱ变形区。中等切削速度切削塑性金属材料时,由于切屑底面与刀具前刀面间的挤压和剧烈摩擦,使切屑底层金属流速减缓,形成滞流层。在这种高温高压下,当滞流层金属与前刀面之间的摩擦力超过切屑本身分子间结合力时,滞流层部分金属就黏附在前刀面接近切削刃的地方,产生"冷焊现象",形成积屑瘤(见图 2.23)。

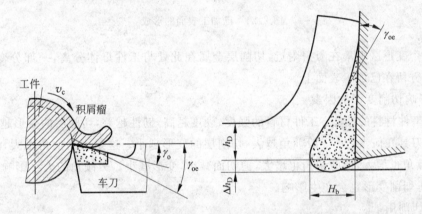

图 2.23 车削积屑瘤形成过程及其对切削过程的影响

由于强烈的塑性变形,积屑瘤硬度很高,为工件材料的 2～3 倍,可以代替切削刃切削,起到保护刀刃的作用;积屑瘤的存在增大了刀具的实际工作前角,即 $\gamma_{oe} > \gamma_o$,使切屑变形减小,切削力减小。因此,粗加工时可利用它。

但积屑瘤长到一定高度后会破裂而突然脱落,影响加工过程的平稳性和切削层金属厚度,降低了加工精度;积屑瘤会在工件表面上切出沟痕,甚至黏附上积屑瘤碎片,影响工件加工质量。因此,精加工时要防止积屑瘤的产生。

积屑瘤的产生主要取决于切削条件。一般在低速或高速切削时,或在良好的润滑条件下(如使用润滑性好的切削液)切削时,不易产生积屑瘤。当采用中等切削速度(如一般钢料 $v_c = 0.33～0.5\,\text{m/s}$)、切削温度为 300℃ 左右时最易产生积屑瘤。

3) 第Ⅲ变形区(挤压区)

已加工表面受到刀刃钝圆部分和后刀面的挤压与摩擦,产生变形与回弹,造成纤维化与加工硬化,这部分称为第Ⅲ变形区。如图 2.24 所示,切削塑性金属材料时,被切削金属由于受刀具切削刃钝圆半径 r_ε 的影响,在 O 点以上的金属变成切屑,O 点以下的金属层 ΔH 则受到刀具圆角部分的挤压,再经过刀具磨损后面 VB 和弹性回跳接触后刀面的摩擦,最后厚度变为 Δh,使已加工表层金属发生剧烈的塑性变形,导致晶格扭曲、晶粒破碎,硬度大为提高,并产生残余应力和细微裂纹,从而降低了材料的疲劳强度,这种现象称为形变强化(加工硬化)。形变强化是第Ⅲ变形区变形和摩擦的结果。凡是减小切屑变形与摩擦的措施,都可减轻加工硬化,如增大 γ_o、和 α_o、增大 v_c、限制后刀面磨损高度、采用合适的切削液等。

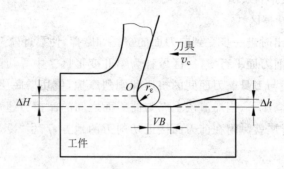

图 2.24　已加工表面的形成

这 3 个变形区汇集在刀刃附近,切削层金属在此处与工件母体分离,一部分变成切屑,很小一部分留在已加工表面上。

4)影响切削变形的因素

(1)工件材料的性能:工件材料的强度、硬度越高,韧性越差,切削层的变形越小。

(2)刀具几何参数:一般前角越大,切削层的变形越小。这是因为前角增大,虽然摩擦系数、摩擦角也增大,但剪切角也增大,剪切面减小,变形减小。刃倾角的大小影响到实际工作前角,对切削变形也会产生影响。

(3)切削用量。

背吃刀量:背吃刀量越大,挤压变形区越大,产生切削力大,切削变形增大。

切削速度:在无积屑瘤的切削速度范围内,切削速度越高,切削厚度压缩比越小。因为塑性变形的传播速度较弹性变形慢。另外,切削速度对摩擦系数也有影响。除在低速区外,速度增大,摩擦系数减小,因此变形减小。在有积屑瘤的切削速度范围内,切削速度是通过积屑瘤所形成的实际前角来影响切屑变形的。

进给量:进给量增大,切削变形减小。

2.3.2　切削力和切削功率

1. 切削力的来源与分解

1)切削力的来源

刀具总切削力是刀具上所有参与切削的各切削部分所产生的切削力的合力。而一个切削部分的总切削力 F 是一个切削部分切削工件时所产生的全部切削力,它来源于两个方面:3 个变形区内产生的弹、塑性变形抗力和切屑、工件与刀具之间的摩擦力。切削时刀具需克服来自工件和切屑两方面的力,即工件材料被切过程中所发生的弹性变形和塑性变形的抗力,以及切屑对刀具前刀面的摩擦力和加工表面对刀具后刀面的摩擦力。图 2.25 表明金属切削时刀具的受力情况。

前刀面受法向力 $F_{n\gamma}$ 及切屑流动时产生的摩擦力 $F_{f\gamma}$，两者的合力为 $F_{r\gamma}$。后刀面受法向力 $F_{n\alpha}$ 及切削运动产生的摩擦力 $F_{f\alpha}$，两者的合力为 $F_{r\alpha}$。再将 $F_{r\gamma}$ 和 $F_{r\alpha}$ 合成，其合力 F_r 即为刀具所受的总切削力，根据作用与反作用原理，工件受到来自刀具的总切削力的大小也是 F_r，方向与之相反。

2）总切削力的几何分力

刀具总切削力是大小、方向多变，不易测量的力。为便于分析，常将总切削力沿选定轴系作矢量分解来推导出各分力，即总切削力的几何分力。图 2.26 为外圆车削时力的分解。

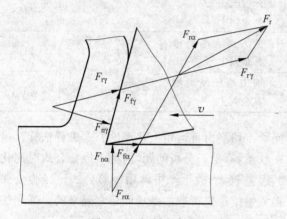

图 2.25　切削力合成

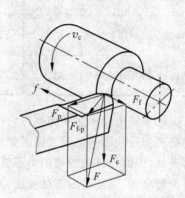

图 2.26　切削力分解

（1）主切削力 F_c：切削力 F 在主运动方向上的正投影。在各分力中它最大，要消耗机床功率的 95% 以上。它是计算机床功率和主传动系统零件强度和刚度的主要依据。

（2）进给力 F_f：F 在进给运动方向上的正投影，是设计或校核进给系统零件强度和刚度的依据。

（3）背向力 F_p：F 在垂直于工作平面上的分力。背向力不做功，具有将工件顶弯的趋势，并引起振动，从而影响工件加工质量。用增大 κ_r 的方法可使 F_p 减小。

F 与各分力的关系为

$$F = \sqrt{F_c^2 + F_p^2 + F_f^2} \tag{2-31}$$

2. 切削力的估算与切削功率

1）单位切削力 k_c

生产中，需用单位切削力来估算切削力的大小。

单位切削力 k_c 就是切削力与切削层公称横截面积之比：

$$k_c = \frac{F_c}{A_D} = \frac{F_c}{h_D \cdot b_D} = \frac{F_c}{a_p \cdot f} \quad (N/mm^2) \tag{2-32}$$

$$F_c = k_c \cdot A_D = k_c \cdot a_p \cdot f \quad (N) \tag{2-33}$$

表 2.3 提供了部分单位切削力 k_c 的数据。

表 2.3　硬质合金外圆车刀切削常用金属时单位切削力($f=0.3$mm/r)

工件材料				实验条件		单位切削力
类型	牌号	热处理状态	硬度(HB)	车刀几何参数	切削用量	$k_c/(N/mm^2)$
结构钢	Q235	热轧或正火	134~137	$\gamma_o=15°,\kappa_r=75°$ $\lambda_s=0°,b_n=0$ 前刀面有断屑槽 $b\gamma_1=-20°$ $\gamma_{o1}=-20°$ 其余同上	$a_p=1\sim5$mm $f=0.1\sim0.5$mm/r $v_c=1.5\sim1.7$m/s	1884
	45		187			1962
	40Cr		212			1962
	45	调质	229			2305
	40Cr		285			2305
不锈钢	1Cr18Ni12Ti	淬火回火	170~179	$\gamma_o=-20°$ 其余同上		2453
灰铸铁	HT200	退火	170	前刀面无断屑槽 其余同上	$a_p=2\sim10$mm $f=0.1\sim0.5$mm/r $v_c=1.17\sim1.33$m/s	1118
可锻铸铁	KTH300-60	退火	170	前刀面无断屑槽 其余同上		1344

生产实践中经常遇到切削力的计算问题。切削力可运用上述理论公式进行估算。虽然理论公式能反映影响切削力诸因素的内在联系,有助于分析问题,但由于推导公式时简化了许多条件,因而计算出的切削力不够精确,误差较大,故生产中常用经验公式。经验公式是通过大量实验,采用单因素试验法,对所得测量结果进行数据处理而建立起来的。通用切削力的指数形式经验计算公式如下式所示:

进给抗力　　　　　　　　$F_x=C_{Fx}a_p^{x_{Fx}}f^{y_{Fx}}v^{n_{Fx}}k_{Fx}$　　　　　　　　(2-34)

背向力　　　　　　　　$F_y=C_{Fy}a_p^{x_{Fy}}f^{y_{Fy}}v^{n_{Fy}}k_{Fy}$　　　　　　　　(2-35)

主切削力　　　　　　　　$F_z=C_{Fz}a_p^{x_{Fz}}f^{y_{Fz}}v^{n_{Fz}}k_{Fz}$　　　　　　　　(2-36)

式中,C_{Fx},C_{Fy},C_{Fz}——取决于被加工材料和切削条件的系数;

x_{Fx},y_{Fx},n_{Fx},x_{Fy},y_{Fy},n_{Fy},x_{Fz},y_{Fz},n_{Fz}——3个分力中a_p,f和v的指数;

k_{Fx},k_{Fy},k_{Fz}——3个分力的总修正系数,是当实际加工条件与所求得经验公式的条件不符时的各种修正系数的总乘积。所有系数、指数和修正系数均可在有关金属切削手册中查得。

2) 切削功率 P_c

切削功率 P_c 就是消耗在切削过程中的功率,应是3个切削分力消耗功率的总和。但车外圆时背向力 F_p 不消耗功率,进给力 F_f 消耗功率很少($<1\%\sim2\%$),可以忽略。因此有

$$P_c=F_c \cdot v_c \times 10^{-3} \quad (kW) \quad (2-37)$$

式中,F_c——主切削力,N;

v_c——切削速度,m/s。

3. 影响切削力的因素

1) 工件材料

工件材料的成分、组织和性能是影响切削力的主要因素。工件材料的强度、硬度越高,

则变形抗力越大,切削力越大。工件材料的塑性、韧性较好,则切屑变形较严重,需要的切削力就较大。

2) 切削用量

切削用量中对切削力影响最大的是 a_p,其次是 f。实践证明,a_p 增大一倍,F_c 几乎增加一倍;f 增大一倍,F_c 只增加 $70\%\sim80\%$。所以,从切削力和能量消耗的观点来看,用大的 f 切削比用大的 a_p 切削更有利。

普通切削时,切削速度 v_c 对切削力的影响较小。切削塑性金属时,切削速度对切削力的影响要分为两个阶段。第一阶段为有积屑瘤阶段,切削速度从低速逐渐增加时,切削力先是逐渐减小,达到最低点后又逐渐增加至最大。这是由于切削速度影响积屑瘤的大小所致,切削速度从低速开始逐渐增加时,积屑瘤逐渐增大,使刀具的实际前角也逐渐增大,从而使切削力相应地逐渐减小,切削力为最小值时,相当于积屑瘤达到最大值。切削速度继续增加,积屑瘤又逐渐减小,故切削力逐渐增大。第二阶段为积屑瘤消失阶段,随着切削速度的增加,由于切削温度逐渐升高,摩擦系数逐渐减小,因此使切削力又重新缓慢下降,而渐趋稳定,图 2.27 为切削 45 钢时切削力随切削速度变化的曲线。其切削条件:工件材料为 45 钢(正火),HB187;刀具为 YT15 外圆车刀;刀具几何参数为 $\gamma_o=18°,\alpha_o=6°\sim8°,\alpha_o'=4°\sim6°,\kappa_r=75°,\kappa_r'=10°\sim12°,r_\varepsilon=0.2$;切削用量为 $a_p=3mm,f=0.25mm/r$。

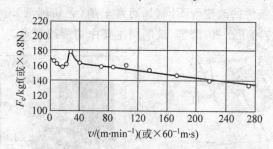

图 2.27　切削速度对切削力的影响

切削脆性金属时,由于其塑性变形较小、切屑与前刀面的摩擦也很小,因此切削速度对切削力的影响较小。

3) 刀具几何角度与刀具材料

γ_o 增大,刀刃锋利,切屑变形减小,同时摩擦减小,切削力减小。α_o 增大,刀具后面与工件间的摩擦减小,切削力减小。改变 κ_r 的大小,可以改变 F_f 和 F_p 的比例。当加工细长工件时增大 κ_r 可减小 F_p,从而避免工件的弯曲变形,这时通常 κ_r 取 $90°\sim93°$。

刀具材料与被加工材料间的摩擦系数,影响到摩擦力的变化,直接影响着切削力的变化。如在同样的切削条件下,陶瓷刀的切削力最小,硬质合金刀次之,高速钢刀具的切削力最大。

4) 其他因素

使用切削液可减小摩擦,减小切削力;后刀面磨损加剧时摩擦增大,切削力增大,因此要及时刃磨或更换刀具。

2.3.3　切削热和切削温度

1. 切削热的来源与传散

1) 切削热的来源

切削过程中所消耗的切削功绝大部分转变为切削热。单位时间内产生的切削热可由下式算出

$$Q = F_c v_c \tag{2-38}$$

式中，Q——每秒钟内产生的切削热，J/s；

　　　F_c——主切削力，N；

　　　v_c——切削速度，m/s。

切削热的主要来源是切削层材料的弹、塑性变形($Q_{变形}$)以及切屑与刀具前刀面之间的摩擦($Q_{前摩}$)、工件与刀具后面之间的摩擦($Q_{后摩}$)，因而3个变形区也是产生切削热的3个热源区。

2) 切削热的传散

切削热通过切屑、工件、刀具和周围介质(如空气、切削液)等传散(见图2.28(a))。各部分传散的比例随切削条件的改变而不同，如通常车削(无切削液)时切屑会带走大多数热量，而钻孔多数热量则传给了工件，磨削、铣削则主要由切削液带走。

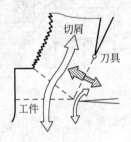

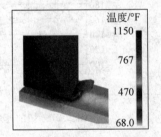

(a) 切削热的传散　　　　(b) 加工区表面温度场的分布模拟图

图 2.28　切削热的产生与传散

切削热产生与传散的综合结果影响着切削区域的温度。过高的温度不仅使工件产生热变形，影响加工精度，还影响刀具的寿命。因此，在切削加工中应采取措施，减少切削热的产生，改善散热条件以减少切削高温对刀具和工件的不良影响。图2.28(b)为计算机模拟切削镁合金材料时加工区表面温度场的分布图，最高温度在刀尖处。

2. 切削温度及其影响因素

切削区域的平均温度称为切削温度，其高低取决于切削热产生的多少及散热条件的好坏，影响切削温度的主要因素有以下几个：

1) 切削用量

切削用量 v_c、f 和 a_p 增大，切削功率增加，产生的切削热相应增多，切削温度相应升高。但它们对切削温度的影响程度是不同的，v_c 的影响最大，f 次之，a_p 影响最小。这是因为随

着 v_c 的提高,单位时间内金属切除量增多,功耗大,热量增加;同时,使摩擦热来不及向切屑内部传导,而是大量积聚在切屑底层,从而使切削温度升高;而 a_p 增加,参加工作的刀刃长度增加,散热条件得到改善,所以切削温度升高并不多。

切削温度与切削速度之间的经验公式为

$$\theta = C_{0v} v^x \tag{2-39}$$

式中,θ——切削温度;

$\quad C_{0v}$——系数,与切削条件有关;

$\quad v$——切削速度;

$\quad x$——v 的指数,反映 v 对 θ 的影响程度。一般,$x = 0.26 \sim 0.41$。

切削温度与进给量之间的经验公式为

$$\theta = C_{0f} f^{0.14} \tag{2-40}$$

切削温度与背吃刀量之间的经验公式为

$$\theta = C_{0a_p} a_p^{0.04} \tag{2-41}$$

式中,C_{0f}、C_{0a_p}——系数,与切削条件有关。

2) 工件材料

工件材料的强度、硬度越高或塑性越好,切削中消耗的功也越大,切削热产生得越多,切削温度越高。热导性好的工件材料,因传热快,切削温度较低。

3) 刀具几何角度与刀具材料

γ_o 和 κ_r 对切削温度的影响较大。γ_o 增大,切屑变形和摩擦减小,产生的切削热少,切削温度低;但 γ_o 过大,反而因刀具导热体积减小而使切削温度升高。κ_r 减小,切削刃工作长度增加,散热条件变好,使切削温度降低;但 κ_r 过小又会引起振动。导热性好的刀具材料传热快,切削温度也较低。

此外,使用切削液与否和刀具的磨损等都会对切削温度产生一定的影响。

2.3.4　刀具磨损和寿命

切削过程中,刀具从工件上切下切屑的同时,刀具前、后刀面都处在摩擦和切削热的作用下,从而也造成了刀具本身的磨损。

1. 刀具磨损的过程及形式

1) 刀具的磨损过程

刀具的磨损过程可分为 3 个阶段(见图 2.29,其中 VB 为后刀面磨损量):

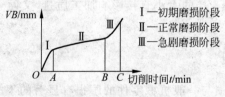

Ⅰ—初期磨损阶段
Ⅱ—正常磨损阶段
Ⅲ—急剧磨损阶段

图 2.29　刀具磨损过程

（1）初期磨损阶段：发生在刀具开始切削的短时间内。因为刃磨后的刀具表面微观粗糙不平，高点磨损较快，初期磨损快。刀具刃磨后通过采用油石抛磨可有效减少初期磨损。

（2）正常磨损阶段：经初期磨损后，刀具粗糙表面逐渐磨平，刀面上单位面积压力减小，磨损比较缓慢且均匀，进入正常磨损阶段。这阶段磨损量与切削时间近似呈线性增加。

（3）急剧磨损阶段：当磨损量增加到一定限度后，刀具已磨损变钝，切削力与切削温度迅速升高，磨损量急剧增加，刀具失去正常的切削能力。因此，在这阶段到来之前，就要及时换刀。

2）刀具的磨损形式

刀具正常磨损时，不同的切削条件，刀具磨损发生的主要部位不同，通常可分为以下3种形式（见图2.30）：

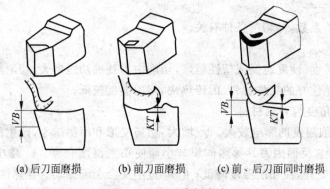

(a) 后刀面磨损　　　(b) 前刀面磨损　　　(c) 前、后刀面同时磨损

图2.30　刀具磨损形式

（1）后刀面磨损：其磨损程度通常用后刀面平均磨损宽度 VB 来表示。切削脆性材料，或者切削塑性材料 $h_D < 0.1\text{mm}$ 时，易发生这种磨损。

（2）前刀面磨损：又称月牙磨损，磨损后在切削刃口后方出现月牙洼，磨损程度用月牙洼的最大深度 KT 表示。切削塑性材料，$h_D > 0.5\text{mm}$ 时易发生这种磨损。

（3）前、后刀面同时磨损：又称边界磨损，常在主切削刃靠近工件外皮处以及副切削刃靠近刀尖处的后刀面上，磨出较深的沟纹。在常规条件下切削塑性材料 $h_D = 0.1 \sim 0.5\text{mm}$ 时，会发生前、后刀面同时磨损。

刀具的磨损形式随切削条件不同可以互相转化。在大多数情况下，刀具正常磨损情况如图2.31所示，表现为前刀面、主后刀面、副后刀面及刀尖和切削刃的磨损。故刀具正常磨损时前、后面都有磨损。因 VB 的大小直接影响加工质量，又便于测量，所以常用 VB 表示刀具磨损程度。

2. 刀具磨损的原因

切削过程中刀具的磨损与一般机械零件的磨损有显著的不同：刀具与切屑、工件间的接触表面经常是新鲜表面；前、后刀面上的接触压力很大，有时超过被切材料的屈服强度；接触面的温度很高。因此，刀具磨损是机械磨损（如磨粒磨损、粘结磨损等）、热效应磨损（如

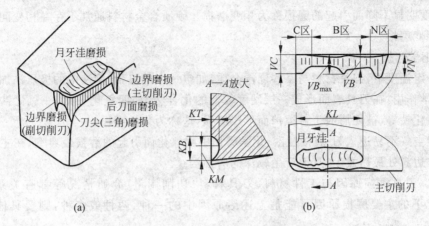

图 2.31　刀具正常磨损状态

扩散磨损、相变磨损等)和化学磨损(如氧化磨损等)等多种因素综合结果。

1) 磨粒磨损(又称硬质点磨损)

切削时,切屑、工件材料中含有如碳化物、氮化物和氧化物等硬质粒子,以及积屑瘤碎片等,其硬度超过了刀具材料,可在刀具表面刻划出沟纹,造成磨粒磨损。

磨粒磨损在毛坯粗加工及各种切削速度下较常见,是低速刀具(如拉刀、板牙等)磨损的主要原因。因为此时切削温度较低,其他形式的磨损还不显著。高速钢及工具钢刀具的磨粒磨损比较显著,硬质合金刀具硬度高,发生这种磨损较少。

2) 粘结磨损

切削时,切屑、工件与前、后刀面之间,存在着很大的压力和强烈的摩擦,形成新鲜表面接触而发生冷焊粘结现象。由于摩擦面之间的相对运动,冷焊处破裂一般在结合强度较弱的部位。一般说来,工件材料或切屑的硬度低,冷焊粘结的破裂往往发生在工件或切屑上,即在刀具表面形成积屑瘤。但由于交变应力、热应力以及刀具表层结构缺陷等原因,冷焊粘结的破裂也可能发生在刀具表面,刀具表面上的微粒逐渐被切屑或工件粘走,从而造成刀具的粘结磨损。

高速钢、硬质合金、陶瓷、立方氮化硼和金刚石刀具都可能因粘结而发生磨损。硬质合金刀具虽有较高的硬度,但在中等偏低的切削速度下切削塑性金属时,粘结磨损仍然比较严重。高速钢刀具有较高的抗剪和抗拉强度,抗粘结磨损能力强,粘结磨损速度较慢。

3) 扩散磨损

在切削高温下,刀具表面与切出的工件、切屑新鲜表面接触,刀具和工件、切屑双方的化学元素互相扩散到对方表面,改变了表面原来材料的成分与结构,削弱了刀具材料的性能,加速了刀具磨损。通常用硬质合金刀具切钢时,从 800℃ 开始,硬质合金中的钴会扩散到切屑、工件中去,碳化钨分解为钨和碳后扩散到钢中;而切屑中的铁会向硬质合金中扩散,形成低硬度、高脆性的复合碳化物。由于钴的扩散,降低了硬质相碳化钨、碳化钴的粘结强度,从而使刀具磨损加剧。此外,随着切削速度(温度)的提高,元素的扩散速率增加,扩散磨损程度加剧。

4) 相变磨损

用高速钢、工具钢刀具切削,当切削温度超过相变温度时,刀具材料中的金相组织发生变化,硬度明显下降而引起的磨损称为相变磨损。硬质合金材料通常不存在相变问题,故不会发生相变磨损。

5) 化学磨损

在一定温度下,刀具材料与某些周围介质(如空气中的氧,切削液中的极压添加剂硫、氯等)起化学作用,在刀具表面形成一层硬度较低的化合物,如四氧化三钴、一氧化钴、三氧化钨和二氧化钛等,被切屑或工件擦掉而形成磨损,这称为化学磨损。

一般空气不易进入刀-屑接触区,化学磨损中因氧化而引起的磨损最典型,在主、副切削刃的工作边界处最易发生,从而产生较深的磨损沟纹。

总之,刀具磨损原因与工件材料、刀具材料、切削用量、介质情况等都有关系。某一具体工况下的主要磨损原因可能是上述诸原因中的一种、两种或多种,则要具体情况具体分析。

3. 刀具寿命及其影响因素

1) 刀具寿命的概念

刀具允许的最大磨损限度称为磨钝标准,通常以正常磨损终了点的后面磨损宽度 VB 作为标准。但实际生产中,经常停机检测 VB 不方便,因而采用达到磨钝标准所能切削的时间 T 作为间接限定刀具磨损量的衡量标准,由此提出刀具寿命的概念。

刀具寿命是刀具刃磨后开始切削,一直到磨损量达到刀具磨钝标准所经历的总切削时间,用 T 表示,单位 min。它也是刀具两次刃磨之间实际进行切削的时间。通用机床刀具的寿命为:硬质合金焊接车刀 60～90min,高速钢钻头 80～120min,硬质合金端铣刀 120～180min,齿轮刀具 200～300min。

刀具寿命的高低反映了刀具磨损的快慢。因此,凡是影响刀具磨损的因素,必然影响刀具寿命。

2) 影响刀具寿命的因素

(1) 切削用量

切削用量 v_c、f、a_p 增大,切削力、摩擦和切削热增加,切削温度升高,将加速刀具的磨损,从而使刀具寿命下降。其中以 v_c 影响最显著,f 次之,a_p 影响最小。这是由它们对切削温度的影响顺序所决定的。其他影响切削温度的因素同样也影响刀具寿命。

切削用量三要素与刀具寿命的关系式

$$T = \frac{C_v}{v^{\frac{1}{m}} f^{\frac{1}{n}} a_p^{\frac{1}{p}}} \tag{2-42}$$

式中,C_v——与工件材料、刀具材料和其他切削条件有关的常数。

　　m——切削速度对刀具寿命的影响程度。对于高速钢刀具,一般 $m=0.1～0.125$,硬质合金刀具 $m=0.2～0.3$;陶瓷刀具 m 值约为 0.4。m 值较小,表示切削速度对刀具寿命影响大;m 值较大,表明切削速度对寿命的影响小,即刀具材料的切削性能较好。

　　n、p——进给量和背吃刀量对刀具寿命的影响程度。

(2) 工件材料

工件材料强度、硬度越高,塑性越好,热导性越差,切削温度越高,则刀具磨损加快,寿命降低。

（3）刀具材料及几何角度

刀具材料的热硬性和耐磨性好，刀具不容易磨损，寿命高。刀具的 $\gamma_。$、$\alpha_。$ 增大，切削时的变形、摩擦减小，磨损也减小，使寿命提高；但 $\gamma_。$、$\alpha_。$ 太大时，刀刃强度削弱，导热体积减小，反而会加快磨损，寿命下降。

（4）其他因素

正确使用切削液，可吸收大量切削热，降低切削温度，改善切削条件，减小刀具磨损，提高寿命。

4. 刀具寿命的选用

实际生产中，刀具寿命同生产效率和加工成本之间的关系比较复杂。刀具寿命并不是越长越好。如果把刀具寿命选得过高，则切削用量势必被限制在很低的水平，虽然此时刀具的消耗及其费用较少，但过低的加工效率导致加工成本增加。若刀具寿命选得过低，虽可采用较高的切削用量使金属切除量增多，但由于刀具磨损加快而使换刀、刃磨的工时和费用显著增加，同样达不到高效率、低成本的要求。

选择刀具时通常可采用最大生产率寿命 T_p 和最低成本寿命 T_c。最大生产率寿命 T_p 是根据单件工时（含切削加工工时、换刀工时和其他辅助工时）最短的观点来制定的。最低成本寿命 T_c 是从工序成本（由切削工时费、换刀工时费、辅助工时费及与刀具消耗费 4 部分组成）最低的观点出发而制定的。通常应采用最低成本寿命，当任务紧迫或生产中出现不平衡环节时，可采用最大生产率寿命。

在选择刀具寿命时，还应考虑以下几点：

（1）应考虑刀具的复杂程度和制造、重磨的费用。简单的刀具如车刀、钻头等，寿命选得低些；结构复杂和精度高的刀具，如拉刀、齿轮刀具等，寿命选得高些。同一类刀具，尺寸越大，制造和刃磨成本越高，寿命选得也越高。

（2）对于装卡、调整比较复杂的刀具，如多刀车床上的车刀，组合机床上的钻头、丝锥、铣刀以及自动机及自动线上的刀具，寿命应选得高一些，一般为通用机床上同类刀具寿命的 2～4 倍。

（3）生产线上的刀具寿命应规定为一个班或两个班，以便能在换班时间内换刀。如有特殊快速换刀装置时，可将刀具寿命减少到正常数值。

（4）精加工尺寸很大的工件时，刀具寿命应根据零件精度和表面粗糙度要求决定。为避免在加工同一表面时中途换刀，应规定刀具寿命至少能完成一次走刀。

5. 刀具破损

刀具破损和磨损一样，也是刀具的主要失效形式之一。用陶瓷、超硬刀具材料制成的刀具进行断续切削，或者加工高硬度材料时，刀具的脆性破损是经常发生的失效形式。

硬质合金和陶瓷刀具，在机械应力和热应力冲击作用下，经常发生脆性破坏；高速钢刀具材料与工件材料的硬度比低，耐热性较差，常发生塑性破损。硬度比越高，越不容易发生塑性破损，硬质合金、陶瓷刀具的高温硬度高，一般不容易发生塑性破损。刀具破损的形式如表 2.4 所列。

表 2.4　刀具破损形式

破损形式		特 点	刀具材料	经常出现的加工状态
脆性破损	崩刃	在切削刃上产生小的缺口	陶瓷、硬质合金	陶瓷刀切削及断续切削
	碎断	在切削刃上的刀具材料发生小块碎裂或大块断裂	陶瓷、硬质合金	断续切削
	剥落	在前、后刀面上几乎平行于切削刃而剥下一层碎片	陶瓷	端铣
	裂纹	较长时间连续切削后,使切削刃产生疲劳裂纹并导致刀具破损	陶瓷、硬质合金	热冲击引起的热裂纹、机械冲击和机械疲劳裂纹
塑性破损		高温和高压的作用发生塑性变形而丧失切削能力	高速钢	刀具材料与工件材料的硬度比低,耐热性较差

为减少刀具破损,要尽可能地保证工艺系统有较好的刚性,以减小切削时的振动,提高刀具材料的强度和抗热冲击性能。此外还可以采取以下措施防止或减少刀具破损:

(1) 合理选择刀具材料的牌号。对于断续切削刀具,必须选用具有较高冲击韧度、疲劳强度和热疲劳抗力的刀具材料。

(2) 选择合理的刀具角度。通过调整前角、后角、刃倾角和主、副偏角,增加切削刃和刀尖的强度,或者在主切削刃上磨出倒棱,可以有效地防止崩刃。

(3) 选择合适的切削用量。硬质合金较脆,要避免切削速度过低时因切削力过大而崩刃,也要防止切削速度过高时因温度太高而产生热裂纹。

(4) 尽量采用可转位刀具。若采用焊接刀具时,要避免焊接、刃磨不当所产生的各种弊病。

2.4　工件材料切削加工性及切削用量选择

2.4.1　材料切削加工性

切削加工性是指工件材料被切削加工的难易程度。某种材料切削加工的难易,要按具体的加工要求和切削条件来定。例如,不锈钢在普通机床上加工时困难并不大,而在自动机床上加工,则因难断屑而属于难加工材料。因此,切削加工性是一个相对的概念。

总的说来,加工某种材料时,若刀具寿命较高,或许用切削速度较高,或达到磨钝标准前切除的切屑体积较大,或加工表面质量易于保证,或断屑比较容易,或切削力较小,即可认为它的切削加工性好;反之,切削加工性就差。可见,材料的切削加工性是一个综合指标,因而很难找出一个简单的物理量来精确地规定和测量它。生产实践中,常用某一标志来衡量工件材料切削加工性的某一方面。例如,以 v_t 作为工件材料切削加工性的指标。

v_t 的含义是:当刀具寿命为 T 时,切削某种材料所允许的切削速度。v_t 越高,则材料的切削加工性越好。通常取 $T = 60\text{min}$,v_t 可写成 v_{60};对一些难加工材料,也可取 $T = 30\text{min}$ 或 $T = 15\text{min}$,分别写作 v_{30} 和 v_{15}。

如果以 $\sigma_b = 735MPa$ 的 45 钢的 v_{60} 作为基准,写作$(v_{60})_j$,把其他材料的 v_{60} 与它相比,则得相对加工性 K_r,即

$$K_r = v_{60} / (v_{60})_j \tag{2-43}$$

常用材料的相对加工性可分为 8 级,如表 2.5 所列。

表 2.5 材料切削加工性分级

加工性等级	名称及种类		相对加工性 K_r	代表性材料
1	很容易切削材料	一般有色金属	>3.0	铜铅合金、铝铜合金、铝镁合金
2	容易切削材料	易切削钢	2.5~3.0	15Cr 退火 $\sigma_b = 380 \sim 450MPa$ Y12 钢 $\sigma_b = 400 \sim 500MPa$
3		较易切削钢	1.6~2.5	30 钢正火 $\sigma_b = 450 \sim 560MPa$
4	普通材料	一般钢及铸铁	1.0~1.6	45 钢、灰铸铁
5		稍难切削材料	0.65~1.0	2Cr13 调质 $\sigma_b = 850MPa$ 85 钢 $\sigma_b = 900MPa$
6	难切削材料	较难切削材料	0.5~0.65	45Cr 调质 $\sigma_b = 1050MPa$ 65Mn 调质 $\sigma_b = 950 \sim 1000MPa$
7		难切削材料	0.15~0.5	50CrV 调质、1Cr18Ni12Ti,某些钛合金
8		很难切削材料	<0.15	某些钛合金,铸造镍基高温合金

相对加工性 K_r,实际上反映了不同材料对刀具磨损和寿命的影响程度,K_r 越大,表示切削该材料时刀具磨损慢,寿命高。

2.4.2 影响切削加工性的因素及其改善措施

1. 影响切削加工性的基本因素

(1) 工件材料的硬度:工件材料的常温硬度和高温硬度越高,材料中的硬质点数量越多、形状越尖锐、分布越广,材料的冷变形强化程度越严重,切削加工性就越差。切削试验的结果表明:常温硬度为 140~250HBS 的材料切削加工性较好,而硬度为 180HBS 的材料切削加工性最好。

(2) 工件材料的塑性:一般说来,材料的塑性越好,切削加工性越差;但材料塑性很差时,切削加工性也变差。

(3) 工件材料的强度:在一般情况下,切削加工性随工件材料强度的提高而降低。材料的高温强度越高,切削加工性也越差。

(4) 工件材料的韧性:韧性大的材料,切削加工性比较差。

(5) 工件材料的弹性模量 E:材料的 E 越大,切削加工性越差;但 E 很小的材料,如软橡胶的 E 值仅为钢的十万分之一,切削加工性也不好。

(6) 工件材料的导热系数:一般情况下,导热系数小的材料切削加工性就差。例如,塑料导热系数很小,硬度又低,塑性差,切削加工性不好。

此外,还有很多因素影响工件材料的切削加工性。例如,切削气割件、铸件毛坯时,因工件不圆、夹砂、硬度不均匀而使切削加工性变差。

2. 改善材料切削加工性的措施

(1) 选用切削加工性好的材料或表面状态。在保证零件使用性能的前提下,设计时应选切削加工性好的材料,如选用含有 S、P、Se、Pb、Bi 等元素的易切削钢;含有促进石墨化的元素 Si、Al、Ni、Cu 等的铸铁切削加工性较好;含有阻碍石墨化的元素 Cr、Mo、Mn、V、Co、P、S 等的铸铁切削加工性较差。低碳钢切削加工性不好,而冷拔钢的切削加工性得到了改善。锻件余量不均匀,有硬皮,切削加工性较差;改用热轧钢可改善切削加工性。

(2) 通过热处理改善切削加工性。低碳钢通过正火,高碳钢通过球化退火,2Cr13 不锈钢通过调质等,均可改善切削加工性。

(3) 选择合适的刀具材料及合理的几何参数。不宜用金刚石刀具加工铁族材料;选择强度高、导热性好的硬质合金(如钨钴类)和小的主偏角 κ_r 以改善散热条件,选用大前角 γ_o 以减小切屑变形,仔细刃磨前、后刀面以减少粘结,采用断屑槽断屑等,都可使切削较易进行,且刀具有较高的寿命。

(4) 采用特种加工及其他加工方法。改进难加工材料切削加工性的一项有效措施是采用特种加工,以及振动切削、高温切削等加工方式。

2.4.3　选择切削用量的原则

选择合理的切削用量是切削加工中十分重要的环节,选择合理的切削用量必须联系合理的刀具寿命。所谓合理的切削用量是指使刀具的切削性能和机床的动力性能得到充分发挥,并在保证加工质量的前提下,获得高生产率和低加工成本的切削用量。

1. 切削用量同加工生产率的关系

外圆纵车时,按切削工时 t_m 计算的生产率为

$$P = 1/t_m \tag{2-44}$$

而切削工时为

$$t_m = \frac{L_w \Delta}{n_w a_p f} = \frac{\pi d_w L_w \Delta}{10^3 v a_p f} \tag{2-45}$$

式中,d_w——车削前的毛坯直径,mm;

L_w——工件切削部分长度,mm;

Δ——加工余量,mm;

n_w——工件转速,r/min。

由于 d_w、L_w、Δ 均为常数,令 $1000/(\pi d_w L_w \Delta) = A_0$,则 $P = A_0 v a_p f$。

切削用量三要素同生产率均保持线性关系,即提高切削速度、增大进给量和背吃刀量,都能同样地提高劳动生产率。在实际加工时还必须兼顾刀具寿命,由前面讨论的切削用量三要素与刀具寿命的关系式 $T = C_v/(v^{\frac{1}{m}} f^{\frac{1}{n}} a_p^{\frac{1}{p}})$ 可知,切削用量三要素对刀具寿命的影响程度各不相同。要保持刀具寿命,一个参数的调整会影响到另外两个参数。

如用 YT5 硬质合金车刀切削 $\sigma_b=0.63\text{GPa}$ 的碳钢时,切削用量与刀具寿命的关系为

$$T=\frac{C_v}{v^5 f^{2.25} a_p^{0.75}} \tag{2-46}$$

利用上式,选用一定刀具寿命下的切削条件进行计算,可以得到如下的结果:

(1) f 保持不变,a_p 增至 $3a_p$,如仍保持刀具合理的寿命,则 v_c 必须降低 15%,此时生产率 $P_{3a_p}\approx2.6P$,即生产率提高至 2.6 倍。

(2) a_p 保持不变,f 增至 $3f$,如仍保持刀具合理的寿命,则 v_c 必须降低 32%,此时生产率 $P_{3f}\approx1.8P$,即生产率提高至 1.8 倍。

由此可见,增大 a_p 比增大 f 更有利于提高生产率。

(3) 切削速度高过一定的临界值时,生产率反而会降低。由于受加工余量的限制 a_p 几乎为常值,进给量 f 不变,把切削速度 v_c 增至 $3v_c$ 时,$P_{3v_c}\approx0.13P$,生产率大为降低。

2. 选择切削用量

选择切削用量是要选择切削用量三要素的最佳组合,以便在保持合理刀具寿命的前提下,保证加工精度和表面质量的要求,并获得最高的生产率。

选择切削用量的原则是:首先,保证加工精度要求的条件下选取尽可能大的背吃刀量;其次,根据机床动力和刚性限制条件或加工表面粗糙度的要求,选取尽可能大的进给量;最后,利用切削用量手册选取或者用公式计算确定切削速度。

切削加工一般分为粗加工、半精加工和精加工,以下以车削为例简要说明一般切削类加工切削用量的选定方法。

1) 背吃刀量 a_p 的选定

粗加工精度要求低时,一次走刀应尽可能切除全部粗加工余量。在中等功率机床上,背吃刀量可达 8~10mm;半精加工(表面粗糙度 Ra 10~3μm,尺寸公差等级 IT9~10)时,背吃刀量取为 0.5~2mm;精加工(表面粗糙度 Ra 2.5~1.5μm,尺寸公差等级 IT7~8)时,背吃刀量取为 0.1~0.4mm。

切削表层有硬皮的铸锻件或切削不锈钢等加工硬化严重的材料时,应尽量使背吃刀量超过硬皮或冷硬层厚度,以防止刀尖过早磨损。

2) 进给量 f 的选定

粗加工时,工件表面质量要求不高,但切削力往往很大,合理进给量的大小主要受机床进给机构强度、刀具的强度与刚性、工件的装夹刚度等因素的限制。精加工时,合理进给量的大小则主要受加工精度和表面粗糙度的限制。

生产实际中多采用查表法确定合理的进给量。粗加工时,根据工件材料、车刀刀杆的尺寸、工件直径及已确定的背吃刀量来选择进给量。在半精加工和精加工时,则按加工表面粗糙度要求,根据工件材料、刀尖圆弧半径、切削速度来选择进给量(具体数值可查阅相关的机械加工工艺手册)。

3) 切削速度的选定

在 a_p、f 值选定后,根据合理的刀具寿命利用刀具寿命的经验公式进行计算获得切削速度,或通过查切削用量参数表来选定切削速度。

在生产中选择切削速度的一般原则是:

(1) 粗车时,a_p、f 较大,选择较低的 v_c;精车时,a_p、f 均较小,选择较高的 v_c;

(2) 工件材料强度、硬度高时,应选较低的 v_c;

(3) 切削合金钢比切削中碳钢切削速度应降低 20%～30%,切削调质状态的钢比正火、退火状态钢要降低 20%～30%,切削有色金属比切削中碳钢的切削速度可提高 100%～300%;

(4) 刀具材料的切削性能越好,切削速度也选得越高;

(5) 精加工时,应尽量避开积屑瘤和鳞刺产生的区域;

(6) 断续切削及加工大件、细长件和薄壁工件时,应适当降低切削速度;

(7) 在易发生振动的情况下,切削速度应避开自激振动的临界速度。

2.5　切　削　液

2.5.1　切削液的作用

合理地选用冷却润滑液,可以有效地减少切削过程中刀具与切屑、工件加工表面的摩擦,从而降低切削力和功率的消耗及由此而转化的切削热量;同时通过冷却润滑液的循环,及时地吸收并带走切削区域中释放的热量。因此,冷却润滑液从减少切削热量的产生和及时带走切削热量两个方面使切削区域平均温度降低,提高了刀具寿命和已加工表面质量,有效地提高了生产率;使用冷却润滑液,一般可使切削速度提高 5%～20%,表面粗糙度数值减小,可节省能源 5%～20%。冷却液的具体作用包括以下 4 个方面。

1. 切削液的冷却作用

切削液也称冷却润滑液。它的冷却作用可从两个方面来降低切削温度:一是减少切屑、工件与刀具之间的摩擦,使切削热"产得少";二是将已产生的切削热及时地从切削区域吸收并带走,使切削热"传得快"。从两方面起到降温冷却作用,进而提高了刀具寿命和加工质量。在刀具材料耐热性差、工件材料热膨胀系数较大以及两者导热性较差的情况下,切削液的冷却作用显得特别重要。

2. 切削液的润滑作用

从理论上讲,金属切削过程中刀具在切削区域中的摩擦可分为干摩擦、流体润滑摩擦和边界摩擦 3 类。当然,真正的干摩擦只发生在真空中,摩擦力很大(摩擦系数可达 10～100)。实际切削过程是在空气中进行的,虽然刚切下的新鲜金属与被切屑擦拭的前刀面十分洁净,但在空气中瞬间就被氧化形成氧化膜,降低了摩擦系数使切削顺利。切削液的润滑作用,只有在切屑、工件与刀具界面间存在油膜形成流体润滑摩擦时,才能产生较好的效果。而切削过程一般是在高温、高压下进行的,难以保持流体薄膜的稳定性,形成流体摩擦,所以,实际上刀具是处于边界摩擦状态。

在金属切削过程中,由于润滑剂的渗透性和吸附性极强,部分接触面间仍然存在着流体润滑吸附膜,起到减小摩擦系数的作用,这种状态下的摩擦,称为边界摩擦。

在边界摩擦状态下的润滑称为边界润滑。边界润滑又分为低温边界润滑、高温边界润滑、高压边界润滑和高温高压边界润滑 4 种。

边界润滑中,油膜的承载能力与油的黏度无关,而取决于润滑液中的"油性"。所谓"油性",是指在动、植物油脂中包含着对金属有强烈吸附性的原子团,能在切削、工件与刀具界面间形成强度很高的物理吸附膜(即润滑膜)的性能。在一般金属的低速精加工时,主要是在切削液中添加动植物油脂的油性添加剂(或直接使用动植物油),即可形成吸附润滑剂薄膜,减少刀具磨损与刀瘤,有效地降低表面粗糙度和提高刀具的寿命。

但是,大多数金属加工,特别是难加工材料的切削都属于极压润滑状态,此时的油性添加剂在接触表面上形成的油膜,也将被高温高压所破坏,这就必须依靠极压添加剂来维持润滑膜的强度与刚度。这层坚固的油膜是极压添加剂(常用的有含硫、磷、氯、碘等的有机化合物)在高温高压下进入切屑、工件与刀具界面间和金属发生化学反应,所生成的氯化铁、硫化铁(硫化铁熔点高达 1193℃,其吸附膜在 1000℃左右高温下不易破坏)等化学吸附膜,仍具有良好的润滑性。因此,采用恰当的切削油和添加剂,就可以改善切削过程的摩擦条件,达到提高切削效果的目的。切削液的润滑作用好坏,与润滑剂的渗透性、油性和活性成分(如硫、磷或氯的极压添加剂)所形成的润滑膜的能力和薄膜的强度密切相关。润滑作用最好的是动物油,植物油次之,天然矿物油最差。

3. 切削液的清洗作用

在金属切削过程中,为了防止碎屑(如铸铁屑)或磨料微粒黏附在工件、刀具或机床上,影响已加工表面质量、刀具寿命和机床精度,要求切削液具有良好的清洗作用。清洗性能的好坏,与切削液的渗透性、流动性和使用的压力有关。为了增强渗透性、流动性,往往加入剂量较大的表面活性剂(如油脂酸)和少量矿物油,用大的稀释比(水占 95%～98%)制成乳化液或水溶液,可大大提高清洗效果。为了提高其冲刷能力以及时冲走碎屑及磨粉等,在使用中往往给予一定的压力,并保持足够的流量。

4. 切削液的防锈作用

为了使工件、机床和刀具不受周围介质(如空气、水分、手汗等)的腐蚀,以及工件在工序间运行不生锈,要求切削液具有良好的防锈作用。防锈作用的好坏,取决于切削液本身的性能和加入防锈添加剂的作用。对某些行业(如轴承、钟表与仪表等)和地区(如潮湿地区)来说,是一项十分重要的技术指标。

对于一种切削液,要求具有上述 4 种性能均达到良好的程度是难以实现的。因此,只能根据具体切削条件与技术要求,解决主要矛盾,兼顾其他。切削液的选用除了要考虑上述作用外,还要求价廉、配制方便、稳定性好、不污染环境和对人体健康无害。

随着绿色制造技术的推广应用,一些新型冷却方法取代了传统冷却液的使用,如气体冷却、气雾冷却等,在生产中少用或不用切削液。

2.5.2　切削液的分类、特点及应用

1. 切削液的分类与特点

1) 以冷却为主的冷却润滑液——水溶液

水溶液的主要成分是水,冷却性能最好。但是不能直接使用天然水,否则金属易生锈,而且润滑性能太差。因此,必须在天然水中加入适量的添加剂,使其成为既有良好的防锈性能,又有一定润滑性能的水溶液。一般在水中加入 0.2%～0.25% 的亚硝酸钠和 0.25%～0.5% 的无水碳酸钠,配制成防锈水溶液。配制时要注意水质情况,若是硬水必须进行软化处理后方能使用。

离子冷却液是水溶液中的一种新型切削液,其母液是由阴离子表面活性剂(石油磺酸钠等)、非离子表面活性剂(聚氧乙烯脂肪醇醚)和无机盐配制而成。这些物质在水溶液里能分解成各种强度离子。在切削或磨削中,由于强烈摩擦所产生的静电荷,可通过这种冷却液的离子反应迅速消除,因而刀具和工件不产生高热,刀具寿命可提高一倍以上。

2) 以润滑为主的冷却润滑液——切削油

切削油的主要成分是矿物油,少数情况采用动植物油或复合油。纯矿物油不能在摩擦界面形成坚固的润滑膜,润滑效果差。生产实际中常在矿物油里加入油性极压添加剂和防锈剂等,以提高其润滑和防锈性能。润滑性能的好坏与添加剂的性能密切相关。可以说,切削液的研制与发展,首先是各种添加剂和乳化剂的研制与发展的结果。按润滑性能的强弱,切削油又分为以下几种。

(1) 矿物油:它由天然原油提炼而成。目前常用的有 5♯、7♯、10♯、20♯、30♯ 机油和轻柴油、煤油等。机油的号数是指它在 50℃ 时的黏度,号数越大,黏度越大。矿物油是切削油中润滑性能最差的油。

(2) 动、植物油:植物油有豆油、菜籽油、棉籽油和蓖麻油等;而动物油主要是猪油、牛油等。它们有良好的油性,适用于低速精加工。但它们是食用油,且易变质,因此最好少用或不用,一般用含硫、氯等极压添加剂的矿物油代替。其中动物油的润滑性在切削油中为最好。

(3) 极压切削油:它是以矿物油为基础,加入油性极压添加剂或防锈剂等配制而成。在高温高压下仍具有良好的润滑性,并且比动植物油有更好的稳定性和极压性能。

3) 乳化液——兼顾冷却与润滑的切削液

乳化液是将矿物油、乳化剂、防锈剂、防霉剂、稳定剂和抗泡沫剂等与 95%～98% 的水稀释而成的乳白色或半透明状的乳化液。它具有良好的冷却作用,但由于用水稀释的倍数太大,所以润滑、防锈性能较差。为了提高其润滑与防锈性能,再加入一定量的油性极压添加剂和防锈剂等,配制成极压乳化液或防锈乳化液,它具有冷却与润滑两种性能。

2. 切削液的选用

(1) 粗加工时,加工余量和切削用量较大,产生的切削热量多,刀具易磨损。这时的主要目的是降低切削温度,所以应选用以冷却作用为主的水溶液或乳化液。硬质合金刀具

耐高温性能好,一般不用切削液,如要用时可采用低浓度的乳化液或水溶液,但必须连续地、充足地浇注,不宜间断浇注,以免硬质合金刀片受热不均,产生内应力出现裂纹或破碎。

(2)精加工时,采用切削液的目的主要是改善加工表面质量,提高刀具寿命及稳定尺寸精度。中、低速切削时,应选用润滑性好的极压切削油或高浓度的极压乳化液。用硬质合金刀具高速切削时,可选用以冷却为主的低浓度乳化液或水溶液,但要大流量地连续加注。螺纹加工、铰削、拉削、刨削加工等刀具的导向部分与已加工表面的摩擦较为严重;螺纹和成形车刀要求保持形状,应尽可能减少磨损,以保持刀具的尺寸精度和形状精度。而这类刀具多用高速钢制成,切削速度一般较低,因此,精加工时应选用润滑性较好的切削油或浓度高的极压乳化液。

(3)切削高强度钢、高温合金钢等难加工材料时,由于含硬质点多、机械擦伤作用大、导热性低等原因,对切削液的冷却与润滑方面都有较高的要求。难加工材料的切削均处于极压润滑摩擦状态下,因此应选用极压切削油或极压乳化液。

(4)磨削加工时,磨削温度高,工件易烧伤,同时产生大量的细屑、砂末会划伤已加工表面,因而磨削时使用的切削液应具有良好的冷却和清洗作用,并有一定的润滑性能和防锈作用。故一般常用乳化液和离子型切削液。

(5)切削镁合金等易燃材料时,镁等无论固态还是液态均能与水发生化学反应,反应生成的氢气和热量有可能使切屑燃烧。镁合金是机械加工性能较好的结构材料之一,但其热容量小、燃点低,切削加工时细小切屑容易引燃,甚至爆炸。因而,切削镁合金时,不能使用水溶液和乳化液,一般用矿物油。常用切削液有 FD352 和 Stratus_204 镁合金切削液。

① FD352 切削液:FD352 属于半合成高性能镁合金切削液,适用于多种镁合金加工。它品质稳定,不受渗漏油的影响;具有极好的润滑和冷却性、防锈性、抗硬水性,减少屑末粘结与切屑瘤形成,可延长镁制刀具寿命,降低加工件表面粗糙度。

② Stratus_204 镁合金切削液:它以白油为基础油,适用于镁合金的车削、铣削以及一般性的加工操作,具有很高的润滑性。

加工镁合金材料时,除了选用合适的切削液外,在满足零件加工技术要求的前提下,可以适当增大每齿进给量和背吃刀量,以避免粉状切屑,使切屑块状化并及时清理,从而避免切屑的燃烧,保证安全生产。

3. 切削液的使用方法

切削液最普遍的使用方法是浇注法。切削液流速慢、压力低,难以直接渗透入最高温度区,影响其冷却润滑效果。

高压注入法是采用高压将冷却液以高压、高速注入切削区,可带走大量的热量,同时可帮助排屑。如深孔的钻削加工即采用该方法。

喷雾冷却法是以 $0.3\sim0.6$MPa 的压缩空气,通过喷雾装置使切削液雾化,从直径 $1.5\sim3$mm 的喷嘴,高速喷射到切削区。高速气流带着雾化成微小液滴的切削液,渗透到切削区,在高温下迅速汽化,吸收大量热,从而获得良好的冷却效果,且可减少大量的切削液的消耗。

切削液的使用方法的选用要与具体的加工条件相结合,对于有些对热冲击敏感的刀具材料如硬质合金、陶瓷等,切削液的加注要持续,慎防突加冷却液引起刀头产生裂纹或破碎。

2.6 磨具与磨削原理

磨削是用磨具以较高的线速度对零件表面进行加工的方法。通常把使用磨具进行加工的机床称为磨床。常用的磨具有固结磨具(如砂轮、油石等)和涂附磨具(如砂带、砂布等)。本节主要讨论用砂轮在磨床上加工零件的特点及其应用。

2.6.1 砂轮的特征要素

砂轮是由一定比例的硬度很高的粒状磨料和结合剂压制烧结而成的多孔物体。磨削时能否取得较高的加工质量和生产率,与砂轮的选择合理与否密切相关。砂轮的性能主要取决于砂轮的磨料、粒度、结合剂、硬度、组织及形状尺寸等因素,这些因素称为砂轮的特征要素。

1. 磨料

砂轮的磨料应具有很高的硬度、耐热性,适当的韧度和强度及边刃。常用磨粒主要有以下3种:

(1) 刚玉类:棕刚玉(A)、白刚玉(WA),适用于磨削各种钢材,如不锈钢、高强度合金钢,退了火的可锻铸铁和硬青铜。

(2) 碳化硅类:黑碳化硅(C)、绿碳化硅(GC),适用于磨削铸铁、激冷铸铁、黄铜、青铜、铝、硬表层合金和硬质合金。

(3) 高硬磨料类:氮化硼(CBN)、人造金刚石(MBD)。高硬磨料类具有高强度、高硬度,适用于磨削高速钢、硬质合金、宝石等。各种磨料的性能、代号和用途见表2.6。

表 2.6 磨料的性能、代号和用途

磨料名称		代号	主要成分	颜色	力学性能	热稳定性	适合磨削范围
刚玉类	棕刚玉	A	Al_2O_3 95% Ti_2O_2 3%	褐色	韧性好,硬度大	2100℃ 熔融	磨削碳钢、合金钢、可锻铸铁、硬青铜
	白刚玉	WA	Al_2O_3>99%	白色			淬火钢、高速钢
碳化硅类	黑碳化硅	C	SiC>95%	黑色	性脆而锋利,有良好的导热性和导电性	>1500℃ 氧化	铸铁、黄铜、非金属材料
	绿碳化硅	GC	SiC>99%	绿色			硬质合金、宝石、陶瓷等
高硬磨料类	氮化硼	CBN	立方氮化硼	黑色	硬度高,耐磨,韧性差	<1300℃	磨削硬质合金、高合金钢等难加工材料
	人造金刚石	MBD	碳结晶体	乳白色		>700℃	硬质合金、宝石、陶瓷等

2. 粒度

粒度表示磨粒的大小程度。根据 GB/T 2481.1—1998、GB/T 2481.2—2009,磨粒粒度分为粗磨粒和微粉。

磨粒粒度号越大,则磨料的颗粒越细。粒度号为 F4~F220 号的磨粒称为粗磨粒;粒度号为 F230~F2000 的磨粒称为微粉。

粒度的大小主要影响加工表面的粗糙度和生产率。一般来说,粒度号越大,则加工表面的粗糙度越小,生产率越低。所以粗加工宜选粒度号小(颗粒较粗)的砂轮,精加工则选用粒度号大(颗粒较细)的砂轮;而微粉则用于精磨、超精磨等加工。

此外,粒度的选择还与零件的材料、磨削接触面积的大小等因素有关。通常情况下,磨软的材料应选颗粒较粗的砂轮。

3. 结合剂

结合剂的作用是将磨料粘合成具有各种形状及尺寸的砂轮,并使砂轮具有一定的强度、硬度、气孔率和抗腐蚀、抗潮湿等性能。砂轮的强度、耐热性和耐磨性等重要指标,在很大程度上取决于结合剂的特性。

砂轮结合剂应具有的基本要求是:与磨粒不发生化学作用,能持久地保持其对磨粒的粘结强度,并保证所制砂轮在磨削时安全可靠。

目前砂轮常用的结合剂有陶瓷、树脂、橡胶。陶瓷应用最广泛,它能耐热、耐水、耐酸,价廉,但脆性高,不能承受较大冲击和振动。树脂和橡胶弹性好,能制成很薄的砂轮,但耐热性差,易受酸、碱切削液的侵蚀。常用结合剂的性能及适用范围见表 2.7。

表 2.7 常用结合剂的性能及适用范围

结合剂	代号	性　能	适　用　范　围
陶瓷	V	耐热性、耐腐蚀性好,气孔率大,易保持轮廓,弹性差	应用广泛,适用于 $v<35\text{m/s}$ 的各种成形磨削、磨齿轮、磨螺纹等
树脂	B	强度高、弹性大、耐冲击、坚固性和耐热性差、气孔率小	适用于 $v>50\text{m/s}$ 的高速磨削,可制成薄片砂轮,用于磨槽、切割等
橡胶	R	强度和弹性更高、气孔率小、耐热性差、磨粒易脱落	适用于无心磨的砂轮和导轮、开槽和切割的薄片砂轮,抛光砂轮等

4. 硬度

砂轮的硬度是指结合剂对磨料粘结能力的大小。砂轮的硬度是由结合剂的粘结强度决定的,而不是靠磨料的硬度。在同样的条件和一定外力作用下,若磨粒很容易从砂轮上脱落,砂轮的硬度就比较低(或称为软);反之,砂轮的硬度就比较高(或称为硬)。

砂轮上的磨粒钝化后,使作用于磨粒上的磨削力增大,从而促使砂轮表层磨粒自动脱落,里层新磨粒锋利的切削刃则投入切削,砂轮又恢复了原有的切削性能。砂轮的此种能力称为"自锐性"。

　　砂轮硬度的选择合理与否,对磨削加工质量和生产率影响很大。一般来说,零件材料越硬,则应选用越软的砂轮。这是因为零件硬度高,磨粒磨损快,选择较软的砂轮有利于磨钝砂轮的自锐。但硬度选得过低,则砂轮磨损快,也难以保证正确的砂轮廓形。若选用砂轮硬度过高,则难以实现砂轮的自锐,不仅生产率低,而且易产生零件表面的高温烧伤。

　　在机械加工中,常选用的砂轮硬度范围一般为 H~N。砂轮的硬度等级及其代号见表 2.8。

表 2.8　砂轮的硬度等级及其代号(摘自 GB/T 2484—2006)

硬度等级	代　　　　号			
极软	A	B	C	D
很软	E	F	G	—
软	H	—	J	K
中级	L	M	N	—
硬	P	Q	R	S
很硬	T	—	—	—
极硬	—	Y	—	—

5. 组织

　　砂轮的组织是指砂轮中磨料、结合剂和气孔三者体积的比例关系。磨料在砂轮总体积上所占的比例越大,则砂轮的组织越紧密;反之,则组织越疏松。砂轮的组织分为紧密、中等、疏松三大类,细分为 0~14 共 15 个组织号,其磨粒率依次降低 2%。组织号为 0 者,磨粒率 62%,组织最紧密;组织号为 14 者,磨粒率 34%,组织最疏松。

　　砂轮组织疏松,有利于排屑、冷却,但容易磨损和失去正确的廓形。组织紧密,则情况与之相反,并且可以获得较小的表面粗糙度。一般情况下采用中等组织的砂轮。精磨和成形磨用组织紧密的砂轮。磨削接触面积大和薄壁零件时,用组织疏松的砂轮。

6. 砂轮的形状及尺寸

　　为了适应不同的加工要求,砂轮制成不同的形状。同样形状的砂轮,还制成多种不同的尺寸。常用的砂轮形状、代号及用途见表 2.9。

表 2.9　常用的砂轮形状、代号及用途

砂轮名称	砂轮简图	代号	尺寸表示法	主要用途
平形砂轮		P	$P\,D \times H \times d$	用于磨外圆、内圆、平面和无心磨等

续表

砂轮名称	砂轮简图	代号	尺寸表示法	主要用途
双面凹砂轮		PSA	PSA $D \times H \times d - 2 - d_1 \times t_1 \times t_2$	用于磨外圆、无心磨和刃磨刀具
双斜边砂轮		PSX	PSX $D \times H \times d$	用于磨削齿轮和螺纹
筒形砂轮		N	N $D \times H \times d$	用于立轴端磨平面
碟形砂轮		D	D $D \times H \times d$	用于刃磨刀具前面
碗形砂轮		BW	BW $D \times H \times d$	用于导轨磨及刃磨刀具

7. 砂轮的特性要素及规格尺寸标志

在砂轮的端面上一般均印有砂轮的标志。标志的顺序是：形状代号，尺寸，磨料，粒度号，硬度，组织号，结合剂，线速度。例如，一砂轮标记为"砂轮 P-300×50×75-A F60-L5 V-35m/s"，其特性含义如下：

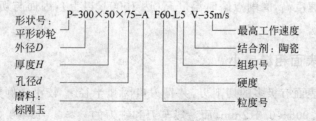

2.6.2 磨削过程

从本质上讲,磨削也是一种切削,砂轮表面上的每个磨粒,可以近似地看成一个微小刀齿,凸出的磨粒尖棱,可以认为是微小的切削刃。因此,砂轮可以看作是具有极多微小刀齿的铣刀,由于砂轮上的磨粒形状各异和分布的随机性,导致了它们在加工过程中以不同的前角进行切削,且它们各自的几何形状和切削角度差异很大,工作情况相差甚远。砂轮表面的磨粒在切入零件时,其作用大致可分为3个阶段,如图2.42所示。

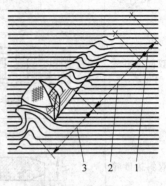

图2.32 磨削过程
1—滑擦;2—刻划;3—切削

(1) 滑擦阶段:磨粒开始与零件接触,切削厚度由零逐渐增大。由于切削厚度较小,而磨粒切削刃的钝圆半径及负前角又很大,磨粒沿零件表面滑行并发生强烈的挤压摩擦,使零件表面材料产生弹性及塑性变形,零件表层产生热应力。

(2) 刻划阶段:随着切削厚度的增大,磨粒与零件表面的摩擦和挤压作用加剧,磨粒开始切入零件,使零件材料因受挤压而向两侧隆起,在零件表面形成沟纹或划痕。此时除磨粒与零件间相互摩擦外,更主要的是材料内部发生摩擦,零件表层不仅有热应力,而且有由于弹、塑性变形所产生的变形应力。此阶段将影响零件表面粗糙度,易使零件表面产生烧伤、裂纹等缺陷。

(3) 切削阶段:当切削厚度继续增大至一定值时,磨削温度不断升高,挤压力大于零件材料的强度,使被切材料明显地沿剪切面滑移而形成切屑,并沿磨粒前刀面流出,零件表面产生热应力和变形应力。

由于砂轮表面砂粒高低分布不均,每个磨粒的切割厚度也不相同,故有些磨粒切削零件形成切屑,有些磨粒仅在零件表面上刻划、滑擦,从而产生很高的温度,引起零件表面的烧伤及裂纹。在强烈的挤压和高温作用下,磨屑的形状极为复杂,常见的磨屑形态有带状屑、节状屑和灰烬。

2.6.3 磨削工艺的特点

磨粒切削刃几何形状不确定(通常刃口前角为 $-60°\sim-85°$),磨粒及切削刃随机分布,磨削厚度小,磨削速度高,磨削点瞬时温度高(达1000℃以上),因而与切削工艺相比,磨削工艺具有以下特点。

1. 精度高、表面粗糙度小

磨削时,砂轮表面有极多的切削刃,并且刃口圆弧半径 $r_ε$ 较小。例如,粒度为46号的白刚玉磨粒,$r_ε\approx0.006\sim0.012mm$,而一般车刀和铣刀的 $r_ε\approx0.012\sim0.032mm$。磨粒上较锋利的切削刃,能够切下一层极薄的金属,切削厚度可以小到数微米,这是精密加工必须具备的条件之一。一般切削刀具的刃口圆弧半径虽然可以磨得小些,但不耐用,不能或难以进行经济的、稳定的精密加工。因此,磨削可以达到高的精度和低的粗糙度。一般磨削精度可达 IT7～IT6,表面粗糙度为 Ra 0.8～0.2μm,当采用小粗糙度磨削时,表面粗糙度可达 Ra 0.1～0.008μm。

2. 砂轮有自锐作用

磨削过程中,砂轮的自锐作用是其他切削刀具所没有的,一般刀具的切削刃,如果磨钝损坏,则切削不能继续进行,必须换刀或重磨,而砂轮由于本身的自锐性,使得磨粒能够以较锋利的刃口对零件进行切削。实际生产中,有时就利用这一原理进行强力连续磨削,以提高磨削加工的生产效率。

3. 背向磨削力 F_y 较大

与车外圆时切削力的分解类似,磨外圆时总磨削力 F 也可以分解为 3 个互相垂直的力(见图 2.33),其中 F_z 称为磨削力,F_y 称为背向磨削力,F_x 称为进给磨削力。磨削力 F_z 决定磨削时消耗功率的大小,在一般切削加工中,磨削力 F_z 比背向力 F_y 大得多;而在磨削时,由于背吃刀量较小,磨粒上的刃口圆弧半径相对较大,同时由于磨粒上的切削刃一般都具有负前角,砂轮与零件表面接触的宽度较大,致使背向磨削力 F_y 大于磨削力 F_z。一般情况下,$F_y \approx (1.5 \sim 3) F_z$,零件材料的塑性越小,$F_y/F_z$之值越大(见表 2.10)。

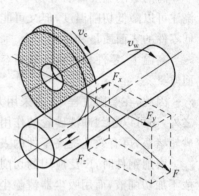

图 2.33　各向磨削力

表 2.10　磨削不同材料时 F_y/F_z 之值

零件材料	碳钢	淬硬钢	铸铁
F_y/F_z	1.6～1.8	1.9～2.6	2.7～3.2

虽然背向磨削力 F_y 不消耗功率,但它作用在工艺系统(机床—夹具—零件—刀具所组成的加工系统)刚度较差的方向上,容易使工艺系统产生变形,影响零件的加工精度。例如纵磨细长轴的外圆时,由于零件的弯曲而产生腰鼓形,如图 2.34 所示。进给磨削力 F_x 最小,一般可忽略不计。另外,由于工艺系统的变形,会使实际的背吃刀量比名义值小,这将增加磨削加工的走刀次数。一般在最后几次光磨走刀中,要少吃刀或不吃刀,以便逐步消除由于弹性变形而产生的加工误差,这就是常说的无进给有火花磨削。但是,这样将降低磨削加工的效率。

4. 磨削温度高

磨削时的切削速度为一般切削加工的 10～20 倍。在这样高的切削速度下,加上磨粒多为负前角切削,挤压和摩擦较严重,磨削时滑擦、刻划和切削 3 个阶段所消耗的能量绝大部分转化为热量。又因为砂轮本身的传热性很差,大量的磨削热在短时间内传散不出去,在磨

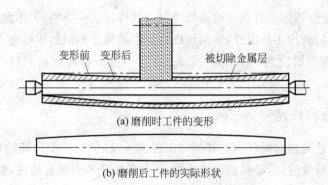

图 2.34　背向磨削力引起的加工误差

削区形成瞬时高温,有时高达 800~1000℃,并且大部分磨削热将传入零件。

高的磨削温度容易烧伤零件表面,使淬火钢件表面退火,硬度降低,即使由于切削液的浇注可以降低切削温度,但又可能发生二次淬火,会在零件表层产生拉应力及显微裂纹,降低零件的表面质量和使用寿命。

高温下,零件材料将变软而容易堵塞砂轮,这不仅影响砂轮的耐用度,也影响零件的表面质量。

因此,在磨削过程中,应采用大量的切削液。磨削时加注切削液,除了冷却和润滑作用之外,还可以起到冲洗砂轮的作用。切削液将细碎的切屑以及碎裂或脱落的磨粒冲走,避免砂轮堵塞,可有效地提高零件的表面质量和砂轮的耐用度。

磨削钢件时,广泛应用的切削液是苏打水或乳化液。磨削铸铁、青铜等脆性材料时,一般不加切削液,而用吸尘器清除尘屑。

5. 表面变形强化和残余应力严重

磨削与刀具切削相比,磨削的表面变形强化层和残余应力层要浅得多,但危害程度却更为严重,对零件的加工工艺、加工精度和使用性能均有一定的影响。例如,磨削后的机床导轨面,刮削修整比较困难。残余应力使零件磨削后变形,丧失已获得的加工精度,还可导致细微裂纹,影响零件的疲劳强度。及时修整砂轮,施加充足的切削液,增加光磨次数,都可在一定程度上减少表面变形强化和残余应力。

2.6.4　磨削的应用及发展

磨削过去一般常用于半精加工和精加工,随着机械制造业的发展,磨床、砂轮、磨削工艺和冷却技术等都有了较大的改进,磨削已能经济、高效地切除大量金属。又由于日益广泛地采用精密铸造、模锻、精密冷拔等先进的毛坯制造工艺,毛坯的加工余量较小,可不经车削、铣削等粗加工,直接利用磨削加工,达到较高的精度和表面质量要求。因此,磨削加工获得了越来越广泛的应用和迅速的发展,在工业发达国家中磨床占机床总数的 30%~40%,据推断,磨床所占比例今后还要增加。

近年来,磨削正朝着两个方向发展:一个是高精度、低粗糙度磨削;另一个是高效磨削。

（1）高精度、低粗糙度磨削：它包括精密磨削（Ra 为 $0.1\sim0.05\mu m$）、超精磨削（Ra 为 $0.025\sim0.012\mu m$）和镜面磨削（Ra 为 $0.008\mu m$ 以下），可以代替研磨加工，以便节省工时和减轻劳动强度。

进行高精度、低粗糙度磨削时，除对磨床精度和运动平稳性有较高要求外，还要合理地选用工艺参数，对所用砂轮要经过精细修整，以保证砂轮表面的磨粒具有等高的微刃。磨削时，磨粒的微刃在零件表面上切下微细切屑，同时在适当的磨削压力下，借助半钝状态的微刃，对零件表面产生摩擦抛光作用，从而获得高的精度和低的表面粗糙度。

（2）高效磨削：包括高速磨削、强力磨削和砂带磨削，主要目标是提高生产效率。

高速磨削是指磨削速度 v_c（即砂轮线速度 v_s）>50m/s 的磨削加工，即使维持与普通磨削相同的进给量，也会因提高砂轮速度而增加金属切除率，使生产率提高。由于磨削速度高，单位时间内通过磨削区的磨粒数增多，每个磨粒的切削层厚度将变薄，切削负荷减小，砂轮的耐用度可显著提高。由于每个磨粒的切削层厚度小，零件表面残留面积的高度小，并且高速磨削时磨粒刻划作用所形成的隆起高度也小，因此磨削表面的粗糙度较小。同时高速磨削的背向力 F_p 将相应减小，有利于保证零件（特别是刚度差的零件）的加工精度。

强力磨削就是以大的背吃刀量（可达十几毫米）和小的纵向进给速度（相当于普通磨削的 $1/100\sim1/10$）进行磨削，又称缓进深切磨削或深磨。强力磨削适用于加工各种成形面和沟槽，特别能有效地磨削难加工材料（如耐热合金等）。并且，它可以从铸、锻件毛坯直接磨出合乎要求的零件，生产率大大提高。

磨削可以加工的零件材料范围很广，既可以加工铸铁、碳钢、合金钢等一般结构材料，也能够加工高硬度的淬硬钢、硬质合金、陶瓷和玻璃等难切削的材料。但是，磨削不宜精加工塑性较大的有色金属零件。

砂带磨削是一种新的高效磨削方法，砂带磨削平面的原理如图 2.35 所示。砂带磨削的设备一般都比较简单。砂带回转为主运动，零件由传送带带动作进给运动，零件经过支承板上方的磨削区，即完成加工。砂带磨削的生产率高，加工质量好，能加工外圆、内孔、平面和成形面，有很强的适应性，不仅可以加工硬材料，还可用于砂轮无法磨削的软材料加工，是磨削加工的发展方向之一，其应用范围越来越广。

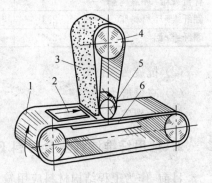

图 2.35　砂带磨削平面
1—传送带；2—零件；3—砂带；4—张紧轮；5—接触轮；6—支承板

2.7　非金属材料的切削加工

机械的种类很多，其构成材料也有多种，除了应用最多的金属材料外，还有橡胶、工程陶瓷、复合材料、工程塑料等非金属材料。这些非金属材料由于各自具有不同的特性，在各类机械中的应用日益广泛，对其形状、尺寸及精度等要求也不断提高，仅靠零件成形工艺难以满足要求，需要以切削加工的方式来实现。

2.7.1　纤维增强树脂基复合材料 FRP 加工

1. FRP 的性能特点

（1）具有高比强度和比刚度。

比强度＝抗拉强度/密度$[MPa/(g/cm^3)=(\times10^6 N/m^2)/(\times10^3 kg/cm^3)=\times10^3 m^2/s^2]$

比刚度(比弹性模量)＝弹性模量/密度$(\times10^6 m^2/s^2)$

表 2.11 给出了各种工程结构材料的性能比较情况。

表 2.11　各种工程结构材料的性能比较

工程结构材料	$\rho/(g\cdot cm^{-3})$	σ_b/MPa	$E\times10^3/MPa$	比强度$(\sigma_b/\rho)/$ $(10^3\cdot m^2\cdot s^{-2})$	比弹性模量(E/ρ) $/(10^6\cdot m^2\cdot s^{-2})$
钢	7.8	1010	206	129	26
铝合金	2.7	461	74	165	26
钛合金	4.5	942	112	209	25
玻璃钢	2.0	1040	39	520	20
玻璃纤维Ⅱ/环氧树脂	1.45	1472	137	1015	95
碳纤维Ⅰ/环氧树脂	1.6	1050	235	656	147
有机纤维/环氧树脂	1.4	1373	78	981	56
硼纤维/环氧树脂	2.1	1344	206	640	98
硼纤维/铝	2.65	981	196	370	74

（2）抗疲劳性能好。

（3）减振能力强。

（4）断裂安全性好。

2. 常用纤维增强复合材料 FRP

目前,作为工程结构材料应用较多的纤维增强复合材料有芳纶(Kevhr)纤维增强复合材料、玻璃纤维增强复合材料、碳纤维增强复合材料及硼纤维增强复合材料等,它们均属纤维增强树脂基复合材料,亦称纤维增强塑料 FRP。

1) 芳纶纤维增强复合材料(kevhr fiber reinforced plastics,KFRP)

KFRP 的增强纤维是芳香族聚酰胺纤维,是有机合成纤维(我国称芳纶纤维)。Kevhr 是美国杜邦(du pont)公司开发的一种商品名(德国恩卡公司的商品名为 Arenka),是由对苯二甲酰氯和对苯二胺经缩聚反应而得到的芳香族聚酰胺经抽丝制得的。

2) 玻璃纤维增强复合材料(glass fiber reinforced plastics,GFRP)

GFRP 亦称玻璃钢,它是第二次世界大战期间出现的,它的某些性能与钢相似,能代替钢使用,玻璃钢由此得名,玻璃钢质量小,比强度和比刚度高,现在已成为一种重要的工程结构材料。玻璃钢中的玻璃纤维主要是 SiO_2 玻璃熔体制成。

3) 碳纤维增强复合材料(carbon fiber reinforced plastics,CFRP)

CFRP 是 20 世纪 60 年代迅速发展起来的无机材料,它的基体可为环氧树脂和酚醛树脂等。碳纤维增强复合材料的性能可见表 2.11,其很多性能优越于玻璃钢,可用来做宇宙飞行器的外层材料、人造卫星和火箭的机架、壳体及天线构架,还可做齿轮、轴承等承载耐磨零件。

此外,还有硼纤维增强复合材料(BFRP)等,可见表 2.11。

3. FRP 的切削加工特点

(1) 切削温度高:FRP 切削层材料中的纤维有的是在拉伸作用下切除的,有的是在剪切弯曲联合作用下切除的。由于纤维的抗拉强度较高,要切断需要较大的切削功率,加之粗糙的纤维端面与刀具的摩擦严重,产生了大量的切削热,但是 FRP 的导热系数比金属要低 $1 \sim 2$ 个数量级,在切削区会形成高温。由于有关 FRP 切削温度的报道很少,加之不同测温方法测得的切削温度差别又很大,故在此很难给出比较确切的切削温度值。

(2) 刀具磨损严重与使用寿命低:切削区温度高且集中于切削刃附近很狭窄区域内,纤维的弹性恢复及粉末状的切屑剧烈地擦伤切削刃和后刀面,故刀具磨损严重、使用寿命低。

(3) 产生沟状磨损:用烧结材料(硬质合金、陶瓷、金属陶瓷)作为刀具切削 CFRP 时,后刀面有可能产生沟状磨损。

(4) 产生残余应力:加工表面的尺寸精度和表面粗糙度不易达到要求,容易产生残余应力,原因在于切削温度较高,增强纤维和基体树脂的热胀系数差别又太大。

(5) 要控制切削温度:切削纤维增强复合材料时,温度高会使基体树脂软化、烧焦、有机纤维变质,因此必须严格限制切削速度,即控制切削温度。使用切削液时要十分慎重,以免材料吸入液体影响其使用性能。

4. 钻孔与铣周边及切断加工

纤维增强复合材料最常见的切削加工是钻孔、铣周边及切断。

1) 钻孔

钻孔是 FRP 加工的主要工序,可选用高速钢钻头和硬质合金钻头。钻孔时应注意以下问题。

(1) 孔的入口、出口处有无分层和剥离现象,其程度如何;

(2) 孔壁的 FRP 有无熔化现象;

(3) 孔表面有无毛刺;

(4) 孔表面粗糙度和变质层深度应严加控制。

可分别采取以下措施。

(1) 应尽量采用硬质合金钻头(YG6X,YG6A),并对钻头进行修磨。

① 修磨钻心处的螺旋沟表面,以增大该处前角,缩短横刃长度 b_φ 为原来的 $1/2 \sim 1/4$,减小钻心厚度 d_c。降低钻尖高度,使钻头刃磨得锋利。

② 主切削刃修磨成顶角 $2\varphi = 100° \sim 120°$ 或双重顶角,以加大转角处的刀尖角 ε_r,改善该处的散热条件。

③ 后角加大至 $a_f = 15° \sim 35°$,在副后刀面(棱面)$3 \sim 5$mm 处加磨 $\alpha_0 = 3° \sim 5°$,以减小与孔壁间的摩擦。

④ 修磨成三尖两刃型式,以减小轴向力。

（2）切削用量的选择。

尽量提高切削速度($v_c=15\sim50\text{m/min}$),减小进给量($f=0.02\sim0.07\text{mm/r}$),特别要控制出口处的进给量以防止分层和剥离(见图 2.36),也可在出口端另加金属或塑料支承垫板。

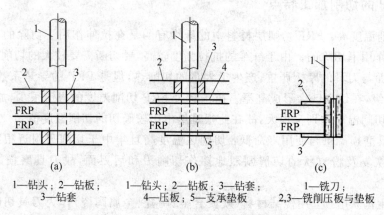

(a)   (b)   (c)

1—钻头；2—钻板； 1—钻头；2—钻板；3—钻套； 1—铣刀；
3—钻套   4—压板；5—支承垫板   2,3—铣削压板与垫板

图 2.36 防止层间剥离的措施

（3）采用三尖两刃钻头。

三尖两刃钻头亦称燕尾钻头(见图 2.37),更宜加工 KFRP。

（4）采用 FRP 专用钻头(见图 2.38(a)、(b)、(c))。

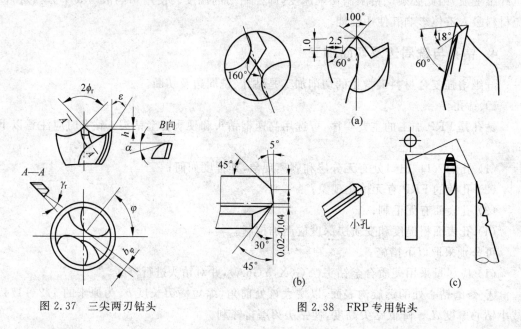

图 2.37 三尖两刃钻头   图 2.38 FRP 专用钻头

2) 铣周边

铣削在 FRP 的零部件生产中,主要是去除周边余量,进行边缘修整,加工各种内型槽切断,但相关资料报道很少。

铣削 FRP 存在的问题与其他切削加工相似,比如层间剥离、起毛刺、加工表面粗糙、刀

具表面严重磨损、刀具使用寿命低等。

有文献报道，国外加工 CFRP 时采用硬质合金上下左右螺旋立铣刀效果较好，其中一种是上左下右螺旋立铣刀（见图 2.39(a)），使得切屑向中部流出，可防止层间剥离；国内研制了修边用人造金刚砂轮。这种砂轮可装在 3800m/min 的手电钻上，可打磨复合材料的任何外形轮廓，砂轮周开有 4 条排屑槽（见图 2.39(b)），以利于散热和排屑。与前述硬质合金上下左右螺旋立铣刀比，使用寿命提高 10 倍以上，成本则降低 5/6。

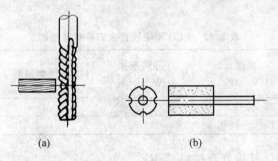

(a)　　　　　　　　　　(b)

图 2.39　FRP 周边铣刀

防止层间剥离的办法也同钻孔一样，加金属支承板（见图 2.36(c)）。也可采用硬质合金旋转锉，但重磨困难些。采用密齿硬质合金立铣刀也有较好效果，其齿数较多，能保证工作的平稳。

3）切断加工

FRP 零件的切断也是生产中的主要工序。为保证切出点 A 处纤维不被拉起，采用顺铣为宜，如图 2.40 所示。

如果用圆锯片进行 FRP 零件的切断，$n_s = 815r/min$，$v_w = 110 \sim 160mm/min$；若为普通砂轮片，$n_s \geqslant 1150r/min$，$v_w = 110mm/min$；若为人造金刚石砂轮片，$n_s = 1600r/min$，$v_w = 310mm/min$。

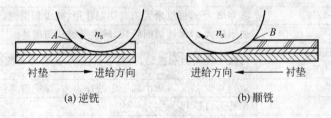

(a) 逆铣　　　　　　　　　　(b) 顺铣

图 2.40　KFRP 的切割

但在切割 KFRP 时要注意，必须防止纤维的碳化及与锯片的粘结。

近年来也多采用高压水射流或磨料水射流来切割 FRP，其优点是，因它用射流原理靠冲击力切割，不发热、无粉尘、非接触，可对任意复杂形状、任意部位切割，加工后无变形。高压水切割的表面粗糙度可达 $2.5\mu m$，磨料水切割的表面粗糙度可达 $2.5 \sim 6.3\mu m$，但设备的价格昂贵。此外，切断还可用超声波和激光，用涂覆金刚石的金属丝切断也是一种期待的好方法。

5. 金刚石刀具在 FRP 材料加工中的应用

如上所述,硬质合金是加工 FRP 材料的主要刀具材料。近年来,随着 FRP 材料的广泛应用,对 FRP 材料加工质量、加工效率和刀具耐用度有着越来越高的要求,金刚石刀具显示出了更加优越的性能。应用于 FRP 材料加工的金刚石刀具主要有涂层金刚石刀具、聚晶金刚石刀具(PCD)、烧结金刚石刀具等。表 2.12 为聚晶金刚石刀具(PCD)和硬质合金刀具的性能比较。

表 2.12　PCD 和硬质合金刀具材料性能

材料	硬度 HV/MPa	导热系数 W/m·K	摩擦系数	热膨胀系数/ $10^{-6} K^{-1}$
PCD	8000	700	0.1~0.3	0.9~1.18
硬质合金	1300~1650	35	0.4~1	4.0

1) PCD 刀具车削碳纤维复合材料 CFRP

在碳纤维复合材料加工领域,高速钢材料由于近年来晶粒细化,可增加刀具强度和耐磨性,仍可继续使用;硬质合金刀具由于晶粒超细化,结合界面增大,出现了整体硬质合金刀具群,改善了刀具的刚度和刀具寿命,因而获得广泛应用。聚晶金刚石刀具的出现,使碳纤维复合材料表面加工质量大幅提高。可以预料,聚晶金刚石刀具将作为首选刀具而在碳纤维复合材料加工中占有更大比重。

用人造聚晶金刚石刀具加工碳纤维复合材料时应采用低转速、中走刀量、大吃深度以及干法切削。刀具几何参数的选择是保证碳纤维复合材料表面加工质量的关键,车削时建议采用表 2.13 的刀具参数。

表 2.13　PCD 刀具加工碳纤维复合材料切削参数

角度名称	角度	作　用
前角 γ	15°~18°	适当增大 γ,可以增大刀具切割作用,减少切削热,提高刀具寿命
后角 α	6°~8°	适当增大 α,保证切削轻快,减少摩擦和切削热
主偏角 φ	75°~90° 45°~60°	可减小径向力和振动,提高刀具强度,改善刀具散热条件
刃倾角 λ	0°~5°	适当减少 λ,又可减小加工中的冲击力,保护刀具强度
刃口形状	锐刃	保持刃口锋利
刀尖形状	圆弧刃或修光刃 $r=0.2~0.5$ $c=1~1.5$	提高刀尖强度和耐用度

2) 金刚石钻头钻削碳纤维复合材料 CFRP

碳纤维复合材料大多采用叠层工艺制造,由于碳纤维脆性大、硬度高、表面光滑,与环氧树脂的结合力差,层间剪切强度低,抗剥离性能差。此外,其断裂应变小、抗冲击性能差,钻削 CFRP 时会产生多种缺陷。研究表明,钻削力特别是轴向力的大小直接影响钻孔质量,也是造成孔壁周围材料分层撕裂的最主要原因。金刚石刀具(包括金刚石涂层、聚晶金刚石 PCD 等)的使用有利于降低轴向力,减少钻孔缺陷的产生。

分别使用直径 ϕ10mm 的硬质合金 YG6X 钻头和 PCD 钻头对 CFRP 材料进行钻孔加工,主轴转速 2000r/min,轴向钻削力对比如图 2.41 所示,出口表面质量对比如图 2.42 所示。

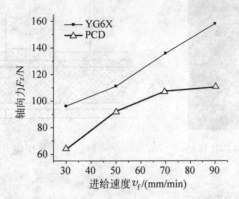

图 2.41　YG6X 与 PCD 钻头对轴向力的影响

(a) 使用YG6X钻头的出口表面

(b) 使用PCD钻头的出口表面

图 2.42　YG6X 与 PCD 钻头对出口表面的影响

通过上述分析,使用 PCD 钻头可以有效降低钻削轴向力,进而可以减少撕裂破坏,提高钻孔质量。

3) 金刚石烧结工具对 FRP 材料的套料钻孔

可以采用金刚石套料钻钻削 FRP 材料。套料钻的结构为环形金刚石烧结体焊接到中空的钢管上,焊接工艺为银焊,结构如图 2.43 所示。

在钻削 FRP 材料时,随着金刚石套料钻的旋转进给,钻头唇面上的磨粒微切削刃与纤维轴向的夹角呈周期性不断变化,切削区材料受到刀具的挤压、拉伸、弯曲和剪切的综合作用,切屑的形成为树脂破裂和纤维被切断的结果。图 2.44 为 KFRP 材料套料钻孔的样品,金刚石套料钻头直径为 ϕ24mm,主轴转速为 3200r/min,轴向恒定压力进给。

图 2.43　金刚石套料钻

采用金刚石套料钻钻削 FRP 材料时,需要如图 2.45 所示的预压应力工艺装置,其作用是提高复合材料的层间连接强度,防止孔口处的分层及外层材料隆起,并减轻纤维的回弹和退让,从而更为有效地实现刀具对纤维的快速切断,并防止孔壁纤维拔出、拉毛。

图 2.44　KFRP 材料套料钻孔样品

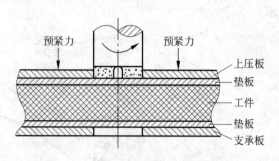

图 2.45　预压应力工艺装置示意图

2.7.2　工程陶瓷材料加工

常用工程陶瓷主要成分为 99.5% 的 Al_2O_3。工程陶瓷具有高强度(抗压)、高硬度、高耐磨性、耐高温、耐腐蚀、低密度、低线膨胀系数及低导热系数等优越性能,使其在工程上的用途越来越广。但由于工程陶瓷硬度高、脆性大,属难加工材料,其二次成型加工十分困难,特别是制孔加工,存在加工效率低、刀具磨损快、加工质量差等问题,因此工程陶瓷材料的加工存在很大难题。

1. 工程陶瓷材料的切削加工难点

由于工程陶瓷材料具有高的硬度和脆性,切削加工难点主要表现在:

1) 刀具的选择

用于切削工程陶瓷的刀具材料必须具备相当高的耐磨性和足够的强度、韧性,同时也要考虑刀具材料和工程陶瓷材料的亲和性及化学性质等。解决工程陶瓷切削加工问题的首要关键在于刀具材料。

2) 裂纹和崩豁

加工工程陶瓷时,由于材料是脆性材料,材质硬而脆,同时它在常温下几乎不呈现塑性变形,在钻孔加工时如果切削速度、轴向进给速度及轴向压力等参数选取的不合适,都会使钻头在钻入和钻出时,造成孔的入口和出口处出现裂纹和崩豁,且加工表面容易产生龟裂缺陷,影响孔的加工质量。

2. 工程陶瓷材料的钻孔加工工艺

1) 加工所用刀具

一般多采用金刚石套料钻钻削工程陶瓷孔,套料钻的结构如图 2.43 所示。当钻削工程陶瓷材料时,金刚石刀具高速旋转,利用端面的金刚石磨粒切削材料。

随着高温高压烧结技术的进步,多采用人工合成超硬刀具材料聚晶金刚石(PCD)和聚晶立方氮化硼(PCBN)加工工程陶瓷,可大大提高加工效率和经济性。一般 PCBN 刀具用于切削最难加工的氮化硅陶瓷,PCD 刀具加工三氧化二铝工程陶瓷。近年来,又出现了钎焊金刚石刀具、电镀金刚石刀具和烧结金刚石刀具加工工程陶瓷。

2) 装夹方式

为了改善陶瓷的钻削条件,防止出现微裂纹和崩豁,可采用专门装夹工艺,如图 2.45 即所用装置同前述 KFRP 纤维钻孔试验装置一样。在准备钻孔前将被钻陶瓷片的上下面都垫上压板,以便使工件受力均匀,并防滑、减振。开始钻削前就给陶瓷孔的入口周围施加预压力,平衡了切屑产生的拉应力,防止入口处微裂纹的扩展,避免入口处发生崩豁;当刀具逼近陶瓷孔的出口时,下压板使材料所受的拉应力减小,可防止孔出口处发生崩豁。

3) 切削液

通常工程陶瓷钻孔冷却采用乳化液、水溶液等,不仅可以降低切削温度、减少刀具磨损,提高加工质量,而且可以冲走切屑,成本低。

如果所加工的孔轴向尺寸较小,一般可用外冷却方式,就是直接注水冷却法;如果所加工孔的轴向尺寸较大,可采取内冷却方式,即在钻头的基体内开有通孔,切削液通过钻头的内部流到切削刃底部,使钻头得到充分的冷却。

4) 加工工艺参数

由于陶瓷材料硬度很高,在钻削过程中钻头磨损严重,所以在选择钻孔工艺参数时,必须考虑对刀具磨损的影响。所涉及的工艺参数主要是钻削速度 v(m/min)、背吃刀量 a_p(mm)和进给量 f(mm/r)。

(1) 钻削速度和进给量影响刀具耐用度:加工工程陶瓷时,刀具磨损严重。钻削速度 v 高,刀具磨损增大;背吃刀量 a_p 和进给量 f 增大,刀具磨损也增大。另外,切削工程陶瓷材料时的单位切削力比切削一般金属材料时大得多,刀具切入困难,刀具易于破损。所以切削深度和进给量应小些。

(2) 钻削速度和进给量影响轴向力:钻削速度 v 高,轴向力变化不大;进给量 f 增大,轴向力增大明显。

(3) 钻削速度和进给量影响表面粗糙度:钻削速度 v 越低,表面粗糙度值越小;a_p 和 f 的增加将使表面粗糙度值增大,加重了表面的恶化程度。

因此在钻削工程陶瓷时,不宜选用高的切削用量,加工时,要浇注切削液,以避免因切削温度高,金刚石颗粒的切削性能降低,特别要控制出口处的进给量以防止崩豁和碎裂。

2.7.3　工程塑料的切削加工

在机械制造业中,为了阻燃、绝缘、耐磨等需要,用到塑料材料的地方有很多。工程塑料是指被用做工业零件或外壳材料的工业用塑料,其强度、耐冲击性、耐热性、硬度及抗老化性均优于一般塑料。对于零件复杂多变、精度要求较高的塑料零件和批量小的塑料零件,多采用机械加工方法切削而成。

1. 工程塑料的性能特点

(1) 塑料的耐热性低。

(2) 热膨胀系数大。

(3) 导热性差。

（4）蠕变性。

（5）老化现象。

2. 塑料切削时的特点

（1）塑料的硬度和强度低，导热性和耐热性差，切削力小（相比切削金属小 1/7～1/6）。由于它的导热系数小，耐热性只有 100～250℃，因此不能采用较高的切削速度，以防止软化、粘刀而影响工件表面质量。

（2）组织、硬度、强度不均匀，回弹性强，尺寸精度不易控制。塑料是由多种成分组成的，组织极不均匀，特别是层压塑料更为严重。所以，在切削时刀具刃口要锋利、耐磨。

（3）刀具磨损严重，切削时易脆性开裂。很多塑料，如酚醛塑料、玻璃钢等，在切削时，玻璃织物填料难于切削，刀具很快被磨损，失去切削能力。在切削力作用下和刀具磨钝后，挤压作用增大，切入或切出处易产生开裂和崩边现象。

（4）热膨胀系数大。它的热膨胀系数是一般金属的 3～4 倍，影响尺寸的稳定性，给切削加工带来一定的困难。

（5）断屑困难。在车削和钻削热塑性塑料时，切屑呈带状，易缠绕在工件或刀具上，有时挤压成硬团，影响工作的顺利进行，破坏已加工表面质量。

3. 工程塑料切削加工工艺措施

基于工程塑料的切削特点，切削工程塑料时应采取的针对性技术措施如下：

（1）车削时一般车刀都选取较大的前角，装夹时夹紧力不宜过大。

（2）加工时要注意收缩量（一般为 0.03～0.05mm）对加工尺寸的影响。

（3）为避免车削过程中起毛、起层、开裂、剥离和崩豁等疵病，需注意增大主切削刃参加切削的长度，增大过渡刃和修光刃，车刀前面磨成大前角平面型和圆弧组成的卷屑槽。

（4）某些塑料是由多层物质或粉末状填料压制而成的。车削时，这些物质起磨料作用，促使车刀磨损加快。

（5）车削过程中，不宜使用切削液来降低切削温度，而只能进行"干车"。必要时可用压缩空气进行吹风冷却。

2.7.4　橡胶材料高速切削加工

橡胶材料多数属于软性材料，加工过程中容易出现退让和回弹，加工质量难以保证，并且由于切削温度较高，容易出现粘刀现象，使得加工无法顺利进行。

橡胶材料的主要成分是聚异丁烯（PIB），属于非晶态高聚物。当高聚物承受交变应力时，表现为黏弹性。其特点是应变落后于应力的滞后现象，这是由于在外力作用下，分子链构象的重排需要时间，使应变响应与应力之间出现相位差。因此在上一次变形还未来得及回复时,又施加了一次新的应力,而那部分未来得及释放的变形产生的弹性储能,只能通过内摩擦转换成热量放出,这种由力学滞后使机械能转变为热能的现象称为内耗。交变应力的频率要与松弛时间相匹配,才能出现滞后现象,若交变应力频率过小,链段运动调整构象能跟上其变化,则不出现滞后与内耗;若交变应力频率过大,链段根本无法运动,材料此时表现为刚性,也就不会出现滞后和内耗的现象。

图 2.46 所示为高聚物动态力学性能频率谱,反映了高聚物的储能模量 G'、损耗模量 G'' 和损耗因子 $\tan\delta$ 与频率的关系。在低频时,高聚物处于橡胶态,体现出高弹性,G' 较低,不随频率变化;在高频时,高聚物处于玻璃态,表现为刚性,G' 较高,同样也不随频率变化;介于高、低频率之间,高聚物呈黏弹性固体的行为 ,G' 随频率增加而增加。在此频率范围内,G'' 起初也增加,到 G' 变化最快的频率时,G'' 达到最大值,然后又降低,出现一个峰;损耗因子 $\tan\delta = G''/G'$,也出现一个峰,但 $\tan\delta$ 出现最大值的频率要比 G'' 出现最大值的频率低。

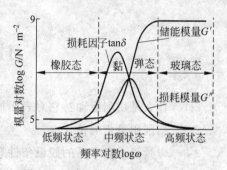

图 2.46　高聚物动态力学性能频率谱

由于橡胶具有明显的黏弹性特征,外力的作用频率对其滞后有较大的影响,当外力作用频率很高时,链段根本来不及重排,几乎无滞后和内耗现象,橡胶材料加工后几乎没有形变回复,切削温度也很低,基于上述原理,采用高速切削,可获得良好的加工效果。

在型号为 DMU 70V 的高速加工中心上进行了高速铣削开槽加工试验,工艺参数:主轴转速 $n = 12\,000\text{r/min}$,进给量 $f = 100\text{mm/min}$;刀具 $\phi10\text{mm}$ 的整体硬质合金立铣刀;逆铣方式加工。试验表明:在不采用任何工艺措施的条件下,高速铣削可得到令人满意的槽口形状和尺寸。

本章小结及学习要求

本章是机械制造技术基础课程学习的基础,也是学习的难点,主要学习内容如下。

(1) 金属切削的基本概念:切削运动、切削加工表面、切削用量三要素以及切削层参数。

(2) 刀具几何角度与材料:刀具切削部分的结构要素;刀具标注角度的参考系及标注角度、工作角度;刀具材料(其中主要是高速钢和硬质合金)。

(3) 金属切削过程:主要介绍切屑变形过程(重点是三个变形区)以及切屑的种类与控制。

(4) 金属切削过程中的物理现象:切削力、切削热和切削温度;刀具磨损和刀具使用寿命;材料的切削加工性以及改进措施。

(5) 切削条件的合理选择:刀具几何参数的选择;切削用量的优化;切削温度控制——切削液选择与使用。

（6）磨削与砂轮：磨削原理及磨削过程；砂轮的特性及结构组成，砂轮的种类及用途。

（7）非金属材料的切削方法、工艺要求与特点。

通过本章学习，掌握切削和磨削机理，熟悉刀具几何角度的作用，为保证切削加工质量和效率，能对切削液磨削过程进行适当控制，了解工程陶瓷等非金属材料的切削机理及加工特点。

习题与思考题

2-1　什么是切削运动？它对表面加工成形有什么作用？

2-2　切削用量指的是什么？

2-3　刀具静止参考系的假设条件有哪些？静止参考系由哪些平面构成？

2-4　何为刀具前角？在哪个平面中测量？何为刀具后角？在哪个平面中测量？后角能否取负值或零值？为什么？

2-5　外圆车刀有哪几个主要角度？如何定义的？主要作用是什么？

2-6　试述刀具材料的基本要求及常用刀具材料。

2-7　切屑是如何形成的？不同切屑对加工表面粗糙度有何影响？

2-8　在切削三要素中对切削力影响最大的是什么？对切削热影响最大的是什么？对刀具寿命影响最大的是什么？

2-9　积屑瘤产生的条件是什么？有何特点？对加工质量有何影响？

2-10　如何提高刀具寿命？提高零件加工精度和降低表面粗糙度参数值有几种方法？

2-11　车削外圆时，已知工件转速 $n=500$ r/min，车刀移动速度 $v_f=1.25$ mm/s，工件毛坯直径 $d_w=40$ mm，车削后工件外圆直径 $d=30$ mm，车刀主偏角 $\kappa_r=60°$，副偏角 $\kappa_r'=30°$。试求切削速度 v_c、进给量 f、背吃刀量 a_p 及切削层参数 h_D、b_D 和 A_D。

2-12　何谓刀具寿命？刀具磨损分为哪三个阶段？

2-13　切削液的作用有哪些？粗、精加工时，为何所选用的切削液不同？

2-14　切削热的两个主要来源是什么？切削热是怎样传出的？影响切削热传出的因素有哪些？

2-15　粗加工时选择切削用量的基本原则是什么？

2-16　砂轮的特征要素有哪些？磨削加工的特点是什么？磨削过程分为哪三个阶段？

2-17　高速切削加工有什么特点？主要应用场合有哪些？

2-18　何谓砂轮的自锐性？砂轮的自锐性与磨粒硬度、砂轮硬度有何关系？

2-19　磨削陶瓷材料时，切屑的形成分为哪四个阶段？

2-20　玻璃纤维增强复合材料的切削加工特点有哪些？

2-21　在选择车削加工刀具的刃倾角时，精加工取何值（正，零，负）？粗加工时取何值？为什么？

2-22　为什么加工橡胶材料时,刀具应选取较大的前角？假定切削力较小,后角应该大些还是小些？

2-23　加工塑性大、强度低的镁合金材料,与加工钢材比,刀具前角和后角是大些好,还是小些好？选用切削液时应注意什么问题？假定表面质量要求较高。给出结论,并简要说明理由。

2-24　车削刚性较差的细长轴时,车刀主偏角应取多大为宜？为什么？

3

金属切削机床与加工方法

内容提要： 金属切削机床是机械加工最主要的设备。本章主要介绍金属切削机床的分类及传动系统，车床、铣床、镗床、磨床等常用机床的结构及工艺范围，数控机床与加工中心的构成与应用；内外圆表面、平面及螺纹齿廓等成形面的加工方法、加工设备及刀具。简要介绍了高速切削与高速磨削的基本知识。

3.1　金属切削机床

机床是制造机器的机器，所以又称为工作母机或工具机。根据加工工艺方法的不同，机床可分为：金属切削机床、锻压机床、电加工机床、铸造机床、热处理机床（表面淬火机床）等。本章主要介绍金属切削机床，以下简称机床。

3.1.1　金属切削机床分类及型号编制方法

1. 机床分类

金属切削机床的种类、规格繁多，为便于区别、使用和管理，必须加以分类。通常机床是按照加工方式（如车、钻、刨、铣、磨、镗等）及某些辅助特征来进行分类，目前我国将机床分为12大类（见表3.1）。

表 3.1　机床的类别及代号

类别	车床	钻床	镗床	磨床			齿轮加工机床	螺纹加工机床	铣床	刨插床	拉床	电加工机床	切断机床	其他机床
代号	C	Z	T	M	2M	3M	Y	S	X	B	L	D	G	Q
读音	车	钻	镗	磨	2磨	3磨	牙	丝	铣	刨	拉	电	割	其

除了上述分类法外，还有以下几种分类方法。

1）按通用程度分类

（1）通用机床（万能机床）。这类机床可加工多种零件的不同工序，加工范围较广。例如普通车床、卧式镗床、万能升降台铣床等，都属于通用机床。此类机床由于通用性好，结构往往复杂，主要适用于单件、小批量生产。

（2）专门化机床（专能机床）。这类机床专门用于加工不同尺寸的一类或几类零件的某一种（或几种）特定工序。例如精密丝杠车床、凸轮轴车床、曲轴连杆颈车床等都属于专门化机床。

（3）专用机床。这类机床用于加工某一种（或几种）零件的特定工序。例如机床主轴箱的专用镗床、车床床身导轨的专用龙门磨床等都是专用机床。专用机床是根据特定的工艺要求专门设计制造的。它的生产率较高,自动化程度往往也较高。组合机床实质上也是专用机床。

2) 按加工精度分类

在同一种机床中,按其加工精度可分为普通精度、精密和高精度三种精度等级。

3) 按机床自动化程度分类

机床可分为手动、机动、半自动和自动机床。

此外,机床还可以按重量不同分为小型仪表机床、中型机床(一般机床)、大型机床和重型机床。按照机床主要部件的数目分为单轴、多轴、单刀、多刀机床等。

例如,多轴自动车床就是以车床为基本类型,再加上"多轴""自动"等辅助特征,以区别于其他种类车床。

2. 机床的技术参数与尺寸系列

机床的技术参数是表示机床的尺寸大小和加工能力的各种技术数据,一般包括:主参数、第二主参数、主要工作部件的结构尺寸、主要工作部件的移动行程范围、各种运动的速度范围和级数、各电机的功率、机床轮廓尺寸等。这些参数在每台机床的使用说明书中均详细列出,是用户选择、验收和使用机床的重要技术数据。

主参数是反映机床最大工作能力的一个主要参数,它直接影响机床的其他参数和基本结构的大小。主参数一般以机床加工的最大工件尺寸或与此有关的机床部件尺寸来表示。例如,普通车床的主参数为床身上最大工件回转直径,铣床的主参数为工作台工作面宽度,钻床的主参数为最大钻孔直径,外圆磨床的主参数为最大磨削直径,卧式镗床的主参数为镗轴直径,齿轮加工机床的主参数为最大工件直径等。还有些机床的主参数用力表示,例如拉床的主参数就为最大拉力。

对有些机床,为了更完整地表示其工作能力和尺寸大小,还规定有第二主参数。例如普通车床的第二主参数为最大工件长度,外圆磨床的第二主参数为最大磨削长度,齿轮加工机床的第二主参数则为最大加工模数。

在《金属切削机床型号编制方法》(GB/T 15375—2008)中,对各种机床的主参数、第二主参数及其表示方法都作了明确规定。

3. 金属切削机床型号编制方法

机床型号是用来表示机床的类型、主要技术参数和特征代号等,是机床产品的代号,用以简明地表示机床。目前,我国的机床型号是按 2008 年颁布的国家标准《金属切削机床型号编制方法》(GB/T 15375—2008)编制的。具体型号表示如表 3.2 所列。

表 3.2 机床型号表示及实例

项目	分类代号	类代号	特性代号	组代号	系代号	主参数或设计顺序号	主轴数或第二参数	重大改进顺序号	其他特性代号
形式	(△)	○	(○)	△	△	△	(×△)	(○)	(/◎)
实例		X	K	6	0	30			
		C	M	6	1	32			
		Y		7	1	32		A	
		M		1	4	32			
		C		2	1	40	×6		

注:(1) 表中"△"代表阿拉伯数字,"○"代表大写汉语拼音字母,"◎"代表阿拉伯数字、大写汉语拼音字母,或二者兼有;

(2) 带"( )"的数字或字母,没有代号时不表示,有代号时将"( )"去掉表示。

1) 机床类别的代号

按国家标准《金属切削机床型号编制方法》(GB/T 15375—2008)将机床分为 12 大类，其类别代号如表 3.1 所列。

2) 机床的特性代号

(1) 通用特性代号。当某类型机床除有普通形式外，还具有如表 3.3 中所列的各种通用特性时，则在类别代号字母之后加上相应的特性代号，如 CM6132 型精密普通车床型号中的"M"表示"精密"。如某类型机床仅有某种通用特性，而无普通形式时，则通用特性不必表示。如 C1312 型单轴六角自动车床，由于这类自动车床中没有"非自动"型，所以不必表示出"Z"的通用特性。

表 3.3 通用特性代号

通用特性	高精度	精密	自动	半自动	数控	加工中心(自动换刀)	仿形	轻型	加重型	简式或经济型	柔性加工单元	数显	高速
代号	G	M	Z	B	K	H	F	Q	C	J	R	X	S
读音	高	密	自	半	控	换	仿	轻	重	简	柔	显	速

(2) 结构特性代号。为了区别主要参数相同而结构不同的机床，在型号中用汉语拼音字母区分。例如，CA6140 型普通车床型号中的"A"，可理解为：CA6140 型普通车床在结构上区别于 C6140 型及 CY6140 型普通车床。结构特性的代号字母是根据各类机床的情况分别规定的，在不同型号中的意义可以不一样。当机床有通用特性代号时，结构特性代号应排在通用特性代号之后。为避免混淆，通用特性代号已用的字母及 I,O 都不能作为结构特性代号。

3) 机床的组别和型别代号

机床的组别和型别代号用两位阿拉伯数字表示，位于类代号或特性代号之后。每类机床按其结构性能及使用范围划分为 10 个组，用数字 0～9 表示。每组机床又分若干个型(型别)。凡主参数相同，并按一定公比排列，工件和刀具本身的和相对的运动特点基本相同，且基本结构及布局形式也相同的机床，即为同一型别。常用机床的组金属切削机床的类、组、型划分及其代号可看 GB/T 15375—2008 中"通用机床统一名称及类、组、型划分表"。

4) 主要参数的代号

主要参数是代表机床主要技术规格大小的一种参数，是用阿拉伯数字来表示的。通常小型机床采用主参数的折算值，普通机床为主参数折算值 1/10，大型机床为主参数的折算值 1/100 表示。在型号中组和型的两个数字后面的第三及第四位数字都是表示主参数的。

5) 机床重大改进的序号

当机床的性能和结构有重大改进时，按其设计改进的次序分别用字母 A,B,C,…表示，附加于机床型号的末尾，以示区别。例如表 3.2 中 Y7132A 表示最大工件直径为 320mm 的 Y7132 型锥形砂轮磨齿机的第一次重大改进。

此外，多轴机床的主轴数目要以阿拉伯数字表示在型号后面，并用"×"分开。例如表 3.2 中的 C2140×6 是加工最大棒料直径为 40mm 的卧式六轴自动车床的型号。

对于同一型号机床的变形设计代号用"/"分开，有些机床要表示第二参数，如最大跨距、最大工件长度、工作台长度等参数时用"×"分开。

3.1.2　机床的基本构造

图 3.1～图 3.5 分别为车床、铣床、刨床、钻床、磨床的构造示意图。

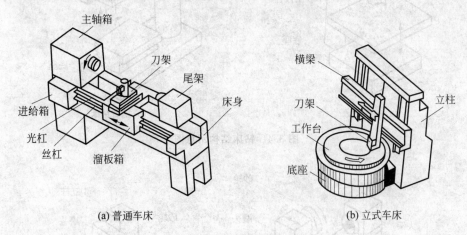

(a) 普通车床　　　　　　　　　　(b) 立式车床

图 3.1　车床结构示意图

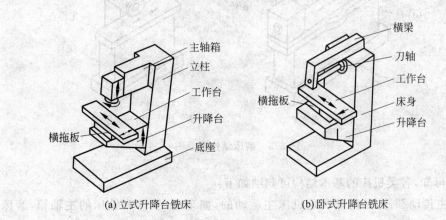

(a) 立式升降台铣床　　　　　　　(b) 卧式升降台铣床

图 3.2　铣床结构示意图

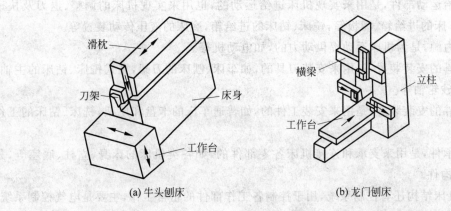

(a) 牛头刨床　　　　　　　　　　(b) 龙门刨床

图 3.3　刨床结构示意图

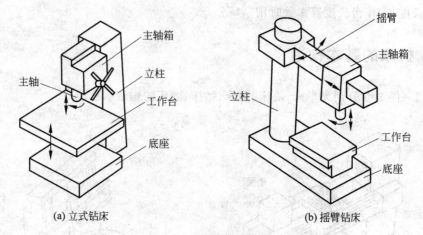

(a) 立式钻床 (b) 摇臂钻床

图 3.4 钻床结构示意图

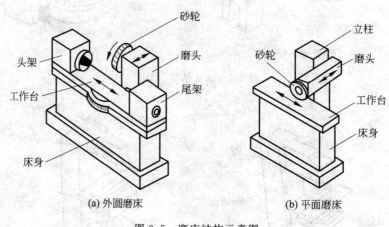

(a) 外圆磨床 (b) 平面磨床

图 3.5 磨床结构示意图

由图可知,各类机床的基本结构可归纳如下:

(1) 主传动部件,是用来实现机床主运动的,如车床、铣床和钻床的主轴箱,磨床的磨头等。

(2) 进给运动部件,是用来实现机床进给运动的,也用来实现机床的调整、退刀及快速运动等,如车床的进给箱、溜板箱,铣床、钻床的进给箱,磨床的液压传动装置等。

(3) 动力源,是为机床运动提供动力的,如电动机等。

(4) 刀具的安装装置,是用来安装刀具的,如车床、刨床的刀架,立式铣床、钻床的主轴,磨床磨头的砂轮轴等。

(5) 工件的安装装置,是用来安装工件的,如普通车床的卡盘和尾架,铣床、钻床的工作台等。

(6) 支承件,是用来支承和连接机床各零部件的,如各类机床的床身、立柱、底座等,是机床的基础构件。

此外,机床结构还有控制系统,用于控制各工作部件的正常工作,主要是电气控制系统,如数控机床则是数控系统,有些机床局部采用液压或气动控制系统。机床要正常工作还需有冷却系统、润滑系统、排屑装置和自动测量装置等其他装置。

3.1.3 常用机床传动系统

在机床上进行切削加工时,经常需要改变工件和刀具的运动方式。为了实现加工过程中所需的各种运动,机床通过机械、液压、气动、电气等多种传动机构把动力和运动传递给工件和刀具,其中最常见的是机械传动和液压传动。

1. 机床传动链

机床上常用带传动、链传动、齿轮啮合传动、蜗轮蜗杆和丝杠螺母等机械传动机构传递运动和动力。这些传动形式工作可靠,维修方便。除带传动外,都具有固定的传动比。

从一个元件到另一个元件之间的一系列传动件,称为机床的传动链。传动链两端的元件称为末端件。末端件可以是动力源、某个执行件,也可以是另一条传动链中间的某个环节。每一条传动链并不是都需要单独的动力源,有的传动链可以与其他传动链共用一个动力源。

传动链的两个末端件的转角或移动量(称为"计算位移")之间如果有严格的比例关系要求,这样的传动链称为内联系传动链。若没有这种要求,则为外联系传动链。例如,展成法加工齿轮时,单头滚刀转一转,工件也应匀速转过一个齿,才能形成准确的齿形。因此,连接工件与滚刀的传动链,即展成运动传动链,就是一条内联系传动链。同样,在车床上车螺纹时,刀具的移动与工件的转动之间,也应由内联系传动链相连。在内联系传动链中,不能用带传动、摩擦轮传动等传动比不稳定的传动装置。

传动链中通常包括两类传动机构:一类是传动比和传动方向固定不变的传动机构,如定比齿轮副、蜗杆蜗轮副、丝杠螺母副等,称为定比传动机构;另一类是根据加工要求可以变换传动比和传动方向的传动机构,如挂轮变速机构、滑移齿轮变速机构、离合器换向机构等,统称为换置机构。

2. 传动原理图

拟定或分析机床的传动原理时,常用传动原理图。传动原理图只用简单的符号表达各执行件、动力源之间的传动联系,并不表达实际传动机构的种类和数量。图 3.6 所示为车床的传动原理图。图中电机、工件、刀具、丝杠螺母等均以简单的符号表示,1-4 及 4-7 分别代表电机至主轴、主轴至丝杠的传动链。传动链中传动比不变的定比传动部分以虚线表示,如 1-2、3-4、4-5、6-7 之间均代表定比传动机构。2-3 及 5-6 之间的符号表示传动比可以改变的机构,即换置机构,其传动比分别为 u_v 和 u_x。

通用机床的工艺范围很广,因而其主运动的转速范围和进给运动的速度范围较大。例如,中型卧式车床主轴的最低转速 n_{min} 常为每分钟几转至十几转,而最高转

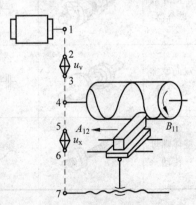

图 3.6 车床传动原理图

速 n_{max} 可达1500～2000r/min。在最低转速与最高转速之间,根据机床对传动的不同要求,主轴的转速可能有两种变化方式——无级变速和有级变速。

采用无级变速方式时,主轴转速可以选择 n_{min} 与 n_{max} 之间的任何数值。其优点是可以得到合理的转速,速度损失小,但无级变速机构的成本稍高。常用的无级变速机构有电机的无级变速和机械的无级变速机构。现在数控机床、加工中心的传动系统都普遍采用了无级变速。

采用有级变速方式时,主轴转速在 n_{min} 与 n_{max} 之间只有有限的若干级中间转速可供选用。

3. 传动系统图

分析机床的传动系统时经常使用的另一种技术资料是传动系统图。它是表示机床全部运动的传动关系的示意图,用表 3.4 中国家标准所规定的符号(GB 4460—2013 机械运动简图符号)代表的各种传动元件,按运动传递的顺序画在能反映机床外形和各主要部件相互位置的展开图中。传动系统图上应标明电机的转速和功率、轴的编号、齿轮和蜗轮的齿数、带轮直径、丝杠导程和头数等参数,字母 M 代表离合器。传动系统图只表示传动关系,而不表示各零件的实际尺寸和位置。有时为了将空间机构展开为平面图形,还必须做一些技术处理,如将一根轴断开绘成两部分,或将实际上啮合的齿轮分开来画(用大括号或虚线连接起来),看图时应加以注意。

表 3.4　常用机械传动系统元件简图符号

名　称	图　形	符　号	名　称	图　形	符　号
轴	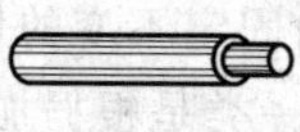		滑动轴承		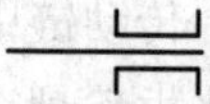
滚动轴承	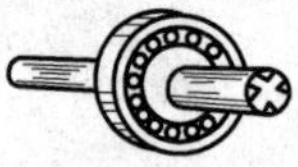	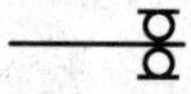	止推轴承		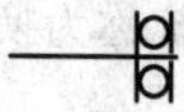
单向牙嵌离合器	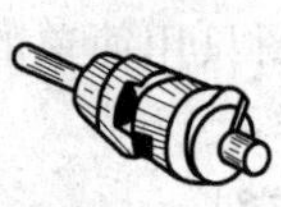	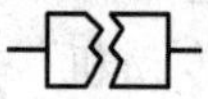	双向牙嵌离合器	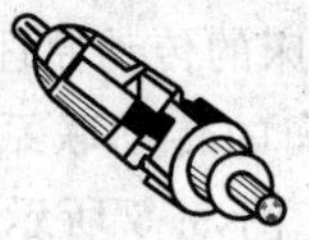	
双向摩擦离合器		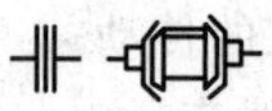	双向滑动齿轮		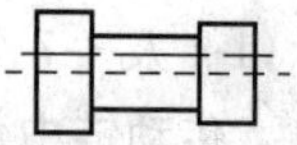
整体螺母传动			开合螺母传动		

续表

名　称	图　形	符　号	名　称	图　形	符　号
平型带传动			三角带传动		
齿轮传动			蜗轮蜗杆传动		
齿轮齿条传动			锥齿轮传动		

图 3.7 为 C616 型（相当于新编号 C6132 型）普通车床传动系统图，它示意地表示出机床运动和传动情况。

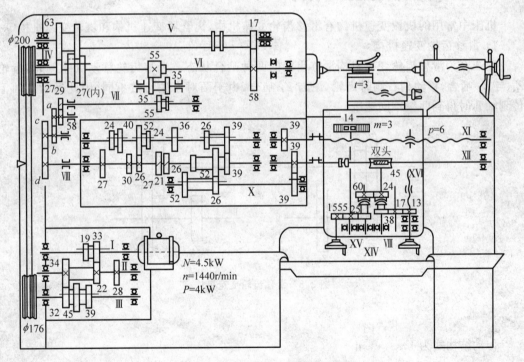

图 3.7　车床 C616 型传动系统图

4. 传动系统分析

复杂的传动系统看图、读图较困难，为了便于分析，常采用传动结构式将各种可能的传动路线全部列出来，就得出传动链的传动路线表达式。

传动结构式：按传动链次序用传动轴号和传动副的结构参数表示的传动关系式。

车床 C616 主传动系统的传动结构为

$$\text{电机} \atop 1440\text{r/min} - \text{I} - \begin{Bmatrix} \frac{33}{22} \\ \frac{19}{34} \end{Bmatrix} - \text{II} - \begin{Bmatrix} \frac{28}{39} \\ \frac{22}{45} \\ \frac{34}{32} \end{Bmatrix} - \text{III} - \frac{\phi 176}{\phi 200} - \text{IV} - \begin{Bmatrix} \text{M}_1 \\ \frac{27}{63} - \text{V} - \frac{17}{58} \end{Bmatrix} - \text{主轴 VI}$$

传动平衡式：用数字表达式排列的方程式来表示传动链"末端件"(起始和终了传动件)之间的传动关系。如图 3.7 所示状态主轴的转速计算平衡式为

$$1440\text{r/min} \times \frac{33}{22} \times \frac{34}{32} \times \frac{\phi 176}{\phi 200} \eta \times \frac{27}{63} \times \frac{17}{58} = 248.6\text{r/min} \quad (\eta = 0.98)$$

传动转速级数 n：传动系统输出转速不同的个数。如 C616 主传动转速级数 $n = 2 \times 3 \times 2 = 12$。

机床传动系统的分析方法"抓两头,连中间",逐级将所有传动关系列出,尤其要注意传动轴与传动件的联接关系。

5. 机床中常用的机械变速机构

机床中常用的机械变速机构有滑移齿轮变速机构、离合器变速机构和塔轮变速机构等。

1) 滑移齿轮变速机构

图 3.8 为滑移齿轮变速机构滑移齿轮的两种啮合状态。滑移齿轮移动到左侧时,齿轮 Z_1 与 Z_3 啮合,移动到右侧时齿轮 Z_2 与 Z_4 啮合,由于两对齿轮齿数不同,因此运动从轴 I 传到轴 II 时得到两级不同速度。

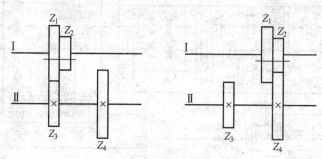

图 3.8　滑移齿轮变速机构

传动结构式为 $\text{I} - \begin{Bmatrix} \frac{Z_1}{Z_3} \\ \frac{Z_2}{Z_4} \end{Bmatrix} - \text{II}$

2) 离合器变速机构

图 3.9 为离合器变速机构离合器的两种啮合状态。离合器移动到左侧时将啮合齿轮 Z_1 与 Z_3 的运动传给轴 II,移动到右侧时将啮合齿轮 Z_2 与 Z_4 的运动传给轴 II,由于两对齿轮齿数不同,因此运动从轴 I 传到轴 II 时得到两级不同速度。其传动结构式与滑移齿轮变速机构的一样,不同的是离合器变速机构的两对齿轮始终处于啮合状态,缩短了齿轮的寿

命,优点是可以通过选用合适离合器实现不停机变速或换向。

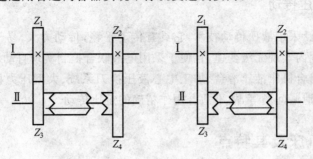

图 3.9 离合器变速机构

3）塔轮变速机构

图 3.10 为采用带传动和齿轮传动的两种塔轮变速机构。这种机构可以简单地实现多级变速,典型应用如台式钻床的变速机构,老式 C620 车床的进给变速机构等。对于齿轮传动机构要求两齿轮轴的中心距可变。

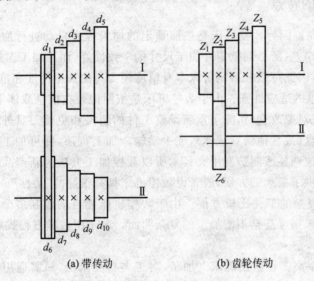

(a) 带传动   (b) 齿轮传动

图 3.10 塔轮变速机构

带传动和齿轮传动的两种塔轮变速机构的传动结构式分别为

$$\text{带传动塔轮变速机构} \quad \text{I} - \begin{cases} \dfrac{d_1}{d_6} \\[4pt] \dfrac{d_2}{d_7} \\[4pt] \dfrac{d_3}{d_8} \\[4pt] \dfrac{d_4}{d_9} \\[4pt] \dfrac{d_5}{d_{10}} \end{cases} - \text{II}; \quad \text{齿轮传动塔轮变速机构} \quad \text{I} - \begin{cases} \dfrac{Z_1}{Z_6} \\[4pt] \dfrac{Z_2}{Z_6} \\[4pt] \dfrac{Z_3}{Z_6} \\[4pt] \dfrac{Z_4}{Z_6} \\[4pt] \dfrac{Z_5}{Z_6} \end{cases} - \text{II}$$

6. 机床的液压传动

现代机床上广泛采用液压传动技术,它具有传动平稳,传动力大,易于实现自动化等优点,容易在较大范围内实现无级变速,且便于采用电液联合控制实现自动化,所以应用很广。如磨床进给系统、组合机床液压滑台、加工中心液压换刀系统、大型压力机等。由于油液有一定的可压缩性和泄漏问题等,故不适合用作精确的定比传动。

3.1.4　数控机床及其特点

数字控制机床(简称数控机床)是一种用数字化的代码作为指令,由数字控制系统进行处理而实现自动控制的机床。它是综合应用计算机、自动控制、精密测量和机械设计等领域的先进技术成就而发展起来的一种新型自动化机床。它的出现和发展有效地解决了多品种、小批量生产精密、复杂零件的自动化问题。

1. 数控机床的特点

(1) 加工精度高。因为数控机床是按照预定的加工程序自动进行加工的,加工过程消除了操作者的人为误差,所以同批零件加工尺寸的一致性好,而且加工误差还可以利用软件来进行校正及补偿,因此可以获得比机床本身精度还要高的加工精度和重复精度。

(2) 对加工对象的适应性强。由于数控机床是按照记录在信息载体上的指令信息自动进行加工的,当加工对象改变时,除了重新调整工件的装夹和更换刀具外,只需换上另一张载有加工程序的磁盘(或其他信息载体),或手动输入加工程序,便可加工出新的零件,而无需对机床作任何其他调整或制造专用夹具。所以数控加工方法为新产品的试制及单件、小批生产的自动化提供了极大的方便,或者说数控机床具有很好的"柔性"。

(3) 加工形状复杂的工件比较方便。由于数控机床能自动控制多个坐标联动,因此可以加工一般通用机床很难甚至不能加工的复杂曲面。对于用数学方程式成形值点表示的曲面加工尤为方便。

(4) 加工生产率高。在数控机床上加工,对工夹具要求低,只需通用的夹具,又免去划线等工作,所以加工准备时间大大缩短;数控机床有较高的重复精度,可以省去加工过程中对零件的多次测量和检验时间;对箱体类零件采用加工中心(可以自动换刀的数控机床)进行加工,可以实现一次装夹,多面加工,生产效率的提高更为明显。

(5) 易于建立计算机通信网络。由于数控机床是用数字信息的标准代码输入,有利于与数字计算机连接,形成计算机辅助设计与制造紧密结合的一体化系统,同时也为实现制造系统的快速重组及远程制造等先进制造模式创造了条件。

(6) 使用、维修技术要求高,机床价格较昂贵。

2. 数控机床的适用范围

根据以上特点,数控机床适合加工具有下列特点的零件:用普通机床难以加工的形状复杂的曲线、曲面零件;结构复杂、要求多部位、多工序加工的零件;价格昂贵、不允许报废的零件;要求精密复制或准备多次改变设计的零件。

图 3.11 给出了数控机床的适用范围。图中"工件复杂程度"的含义,不仅仅指那些形状复杂而难于加工的零件,还包括印刷线路板钻孔那种虽然操作简单,但需钻孔数量很大(多至几千个),人工操作容易出错的零件。

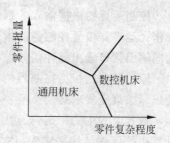

图 3.11　数控机床的适用范围

3. 数控机床的组成

数控机床通常由输入介质、数控装置、伺服系统和机床本体 4 个基本部分组成(见图 3.12)。

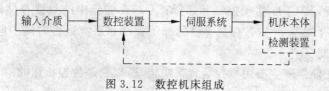

图 3.12　数控机床组成

数控机床的工作过程大致如下:机床加工过程中所需的全部指令信息,包括加工过程所需的各种操作(如主轴变速、主轴启动和停止、工件夹紧与松开、选择刀具与换刀、刀架或工作台转换、进刀与退刀、冷却液开关等)、机床各部件的动作顺序以及刀具与工件之间的相对位移量,都用数字化的代码来表示,由编程人员编制加工程序,通过输入介质送入数控装置。数控装置根据这些指令信息进行运算与处理,不断地发出各种指令,控制机床的伺服系统和其他执行元件(如电磁铁、液压缸等)动作,自动完成预定的工作循环,加工出所需的工件。

1) 输入介质

数控机床工作时,不需要人去直接操作机床,但又要执行人的意图,因此人和数控机床之间必须建立某种联系,这种联系的媒介称为输入介质或信息载体、控制介质。

输入介质上存储了加工零件所需要的全部操作信息和刀具相对工件的移动信息。输入介质按数控装置的类型而异,可以是磁盘、磁带,也可以是穿孔纸带或其他信息载体。

以数字化代码的形式存储在输入介质上的零件加工工艺过程,通过信息输入装置(如磁盘驱动器、键盘、磁带阅读机或光电阅读机等)输送到数控装置中。

2) 数控装置

数控装置是数控机床的运算和控制系统,一般由输入接口、存储器、控制运算器和输出接口等组成,如图 3.13 所示。

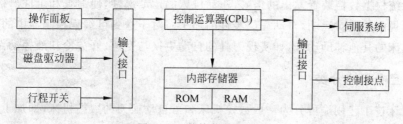

图 3.13　数控装置原理图

输入接口接受输入介质或操作面板上的信息,并对信息代码进行识别,经译码后送入相应的存储器,作为控制和运算的原始依据。

控制运算器根据输入的指令控制运算器和输出接口,使机床按规定的要求协调地进行工作。运算器接受控制器的指令,及时地对输入数据进行运算,并按控制器的控制信号不断地向输出接口输出脉冲信号。

输出接口则根据控制器的指令,接受运算器的输出脉冲,经过功率放大,驱动伺服系统使机床按规定要求运动。

数控装置中的译码、处理、计算和控制的步骤都是预先安排好的。这种安排可以用专用计算机的硬件结构来实现,称为硬件数控(numerical control,NC),也可以用通用微型计算机的系统控制程序来实现,称为软件控制(computer numerical control,CNC)。用微型计算机构成的数控装置,其 CPU 实现控制和运算;内部存储器中的只读存储器(ROM)存放系统控制程序,读写存储器(RAM)存放零件的加工程序和系统运行时的中间结果;I/O 接口实现输入/输出功能。

数控机床的功能强弱主要由数控装置来决定,所以它是数控机床的核心部分。

3) 伺服系统

伺服系统由伺服驱动装置和进给传动装置两部分组成。对于闭环控制系统,则还包括工作台等机床运动部件的位移检测装置。数控装置每发出一个脉冲,伺服系统驱动机床运动部件沿某一坐标轴进给一步,产生一定的位移量。这个位移量称为脉冲当量。常用的脉冲当量为每脉冲 $0.001\sim0.01$ mm。显然,数控装置发出的脉冲数量决定了机床移动部件的位移量,而单位时间内发出的脉冲数(即脉冲频率)则决定了部件的移动速度。

4) 机床本体

机床本体是在普通机床的基础上发展起来的,但也作了许多改进和提高,如采用轻巧的滚珠丝杠进行传动,采用滚动导轨或贴塑导轨消除爬行,采用带有刀库及机械手的自动换刀装置来实现自动快速换刀,以及采用高性能的主轴系统,并努力提高机械结构的动刚度和阻尼精度等。

4. 数控机床的工作原理

数控加工的工作过程,首先要将被加工零件图上的几何信息和工艺信息数字化,即将刀具与工件的相对运动轨迹、加工过程中主轴速度和进给速度的变换、冷却液的开关、工件和刀具的交换等控制和操作,都按规定的代码和格式编成加工程序;然后将该程序通过输入装置传输到数控系统。数控系统则按照程序的要求,先进行相应运算,如译码、刀补及插补等处理,然后发出一系列脉冲信号,这些信号分别被送到机床的伺服系统或可编程控制器中。

伺服系统根据数控装置发出的信号,驱动机床的运动部件,使刀具和工件严格执行零件加工程序所规定的相对运动,自动完成零件的加工。对于送到可编程控制器中的信号,用以顺序控制机床的其他辅助动作,如实现刀具的自动更换与变速、开关冷却液等动作。

5. 数控机床的分类

数控机床按工艺用途可分为一般数控机床和可自动换刀的数控机床(即加工中心)。

1) 一般数控机床

这类机床与传统的通用机床类型一样,有数控车、铣、钻、镗、磨和齿轮加工机床等。其加工方法、工艺范围也与传统的同类型通用机床相似,所不同的是,除装卸工件外,这类机床的加工过程是完全自动的,并且还可以加工形状复杂的表面。

2）可自动换刀的数控机床

这类机床通常又称加工中心（见图3.14），与一般数控机床相比，其主要特点是带有一个容量较大的刀库（可容纳的刀具数量一般为10～120把）和自动换刀装置，使工件能在一次装夹中完成大部分甚至全部加工工序。典型的加工中心有镗铣加工中心和车削加工中心。镗铣加工中心的加工对象主要为形状复杂、需进行多面多工序（如铣、钻、镗、铰和攻螺纹等）加工的箱体零件。车削加工中心则用于加工以回转体表面为主的工件，可加工内外圆、内外螺纹，还可铣削沟槽等。

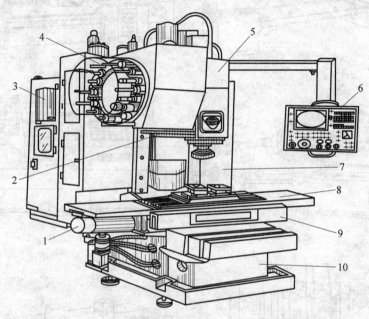

图3.14　JSC-018A立式加工中心

1—伺服电机；2—换刀机械手；3—数控柜；4—盘式刀库；5—主轴箱；
6—操作面板；7—电源柜；8—工作台；9—滑座；10—床身

3.2　外圆表面加工

外圆面是轴、套、盘等类零件的主要表面或辅助表面，这类零件在机器中占有相当大的比例。不同零件上的外圆面或同一零件上不同的外圆面，往往具有不同的技术要求，需要结合具体的生产条件，拟定较合理的加工方案。外圆加工的主要工艺方法有车削、磨削等。

3.2.1　车削加工

车削加工是在车床上利用工件的旋转运动和刀具的移动来加工工件的。

1. 车削加工机床

车削加工机床简称车床，车床的种类很多，按用途和结构的不同，可分为卧式车床、转塔车床、回轮车床、立式车床和数控车床等,如图 3.15 所示。此外还有单轴自动车床、多轴自动和半自动车床、仿形车床等,其中卧式车床的应用最为广泛,它的工艺范围广,加工尺寸范围大。

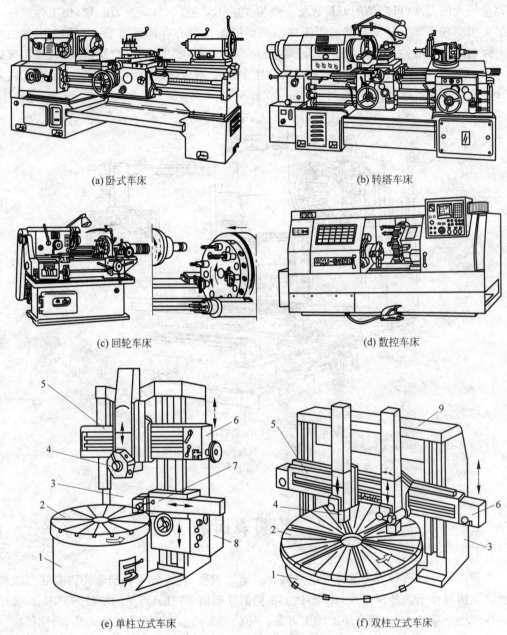

(a)卧式车床　　　　　　　　　　　　　　　(b)转塔车床

(c)回轮车床　　　　　　　　　　　　　　　(d)数控车床

(e)单柱立式车床　　　　　　　　　　　　　(f)双柱立式车床

图 3.15　常用车床
1—底座;2—工作台;3—立柱;4—垂直刀架;5—横梁;
6—垂直进给箱;7—侧刀架;8—侧刀架进给箱;9—顶梁

2. 工件的装夹

车床的通用夹具及附件如图 3.16 所示。

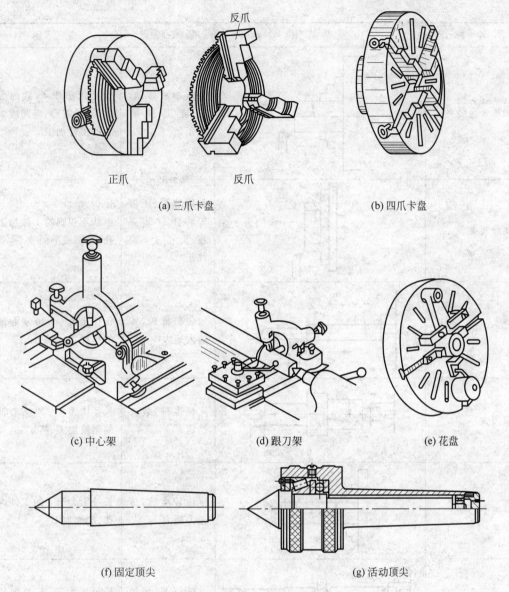

图 3.16　车床通用夹具及附件

车削加工时,最常见的工件装夹方法如表 3.5 所列。

表 3.5　常见的工件装夹方法

名　称	装夹简图	装夹特点	应　用
三爪卡盘装夹		三爪同步移动,自动对中	长径比小于 4、截面为圆形、六方形的中小型工件的加工

名　称	装夹简图	装夹特点	应　用
四爪卡盘装夹		各爪单独移动,安装工件要找正	长径比小于 4,截面为方形、长方形、椭圆或偏心的工件加工
花盘装夹		利用螺钉、压板等将工件装夹在盘面上,需找正	形状不规则的工件加工孔、外圆或平面
一夹一顶		定位较准确,传递力矩大	长径比为 4～20 实心轴的粗加工、半精加工
双顶尖		定位准确,装夹稳定	长径比为 4～20 实心轴的半精加工、精加工
一夹中心架		定位较准确,传递力矩大	长径比大于 4 的工件内孔、端面加工
双顶尖中心架		支爪可调,增加工件刚性	长径比大于 15 的细长轴粗加工
一夹一顶跟刀架		支爪随刀具一起运动,无接刀痕	长径比大于 15 的细长轴半精加工、精加工
心轴		保证外圆、端面与内孔的位置精度	以孔为定位基准的盘套类零件加工

3. 车削加工方法

车削加工方法既可用车刀对工件进行车削加工内外圆柱面、圆锥面、成形回转面、端平面和各种内外螺纹面等,又可用于钻孔、扩孔、铰孔、丝锥攻螺纹、板牙套螺纹、滚花等。车削工艺方法及所用车刀如图3.17所示。

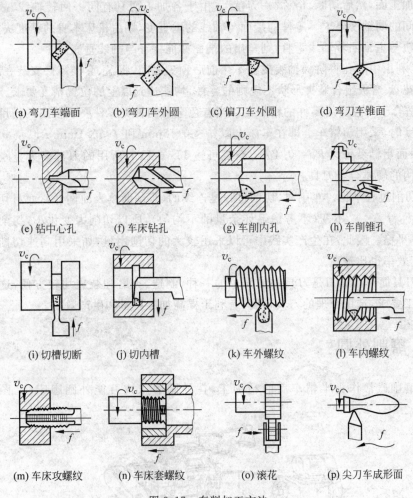

(a) 弯刀车端面　　(b) 弯刀车外圆　　(c) 偏刀车外圆　　(d) 弯刀车锥面

(e) 钻中心孔　　(f) 车床钻孔　　(g) 车削内孔　　(h) 车削锥孔

(i) 切槽切断　　(j) 切内槽　　(k) 车外螺纹　　(l) 车内螺纹

(m) 车床攻螺纹　　(n) 车床套螺纹　　(o) 滚花　　(p) 尖刀车成形面

图 3.17　车削加工方法

车削外圆是一种最常见、最基本的车削方法,可采用尖刀、弯刀、偏刀、切断刀、滚花刀等进行车削。车削外圆一般可分为粗车、半精车和精车。

(1) 粗车外圆:适用于毛坯件的加工,粗车后工件表面精度可达 IT13~IT11,表面粗糙度为 Ra 50~12.5μm。

(2) 半精车外圆:在粗车的基础上进行,其目的是提高工件的精度和降低表面粗糙度。通常作为只有中等精度要求的零件表面的终加工,也可作为精车或精磨工件之前的预加工。半精车工件表面的精度为 IT10~IT9,表面粗糙度为 Ra 6.3~3.2μm。

(3) 精车外圆:在半精车的基础上进行,其目的在于使工件获得较高的精度和较低的表面粗糙度。精车在高精度车床上进行,先用较小的切削深度切去一层金属,观察粗糙度情况,再调整切深,直至达到最后尺寸。精车后工件表面精度可达 IT7～IT6,表面粗糙度为 $Ra\,1.6～0.8\mu m$。

4. 车削的工艺特点

(1) 易于保证轴、套、盘等类零件各表面之间的位置精度。在一次装夹中车出短轴或套类零件各加工面,然后切断,俗称"一刀落"。由于各加工面具有同一回转轴线,故能保证各加工面之间的同轴度要求。零件的端面与轴线的垂直度,则由机床本身的精度决定,如果车床拖板导轨与主轴回转轴线垂直,则车出的端面亦能保证与轴线垂直。

此外,利用中心孔将阶梯轴装夹在车床前后顶尖之间,将盘、套类零件安装在心轴上,利用花盘或花盘-弯板组合装夹形状不规则的零件,均能达到以上的位置精度要求。

(2) 适合于有色金属零件的精加工。当有色金属的轴类零件要求较高的精度和较低的表面粗糙度时,采用超精车。即在车床上以 $a_p<0.15mm$ 和 $f<0.1mm/r$ 以及 $v=5m/s$ 进行加工,表面粗糙度可达 $Ra=0.4\mu m$,精度可达 IT6～IT5,所用的刀具多为金刚石车刀或细颗粒结构的硬质合金刀具。

(3) 切削过程平稳。车削时,切削过程是连续的(车削断续表面例外),而且切削层面积 $A_D=h_D\cdot b_D=f\cdot a_p$ 不变(不考虑毛坯余量的不均匀),所以切削力变化小,切削过程比刨削、铣削等平稳。因此,在生产实践中可以采用较大的切削用量,如采用高速切削和强力切削等,生产效率也比较高。

(4) 刀具简单。车刀是刀具中最简单的一种,制造、刃磨和装夹均较方便,这就便于根据具体加工要求,选用合理的刀具角度,有利于提高加工质量和生产效率。

3.2.2　磨削外圆

外圆磨削通常作为半精车后的精加工,在外圆磨床或万能外圆磨床(见图 3.18)上进行。

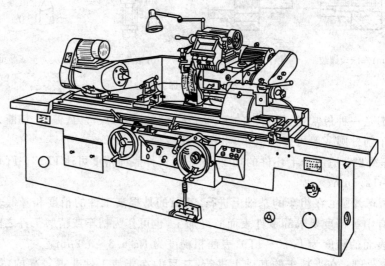

图 3.18　万能外圆磨床

1. 外圆磨床磨外圆

外圆磨床磨轴类零件常用顶尖装夹,其方法与车削时基本相同,但磨床顶尖不随工件一起转动。盘套类零件常用心轴和顶尖安装。

常见的磨削方法有以下几种:

(1) 纵磨法(见图 3.19(a))。砂轮高速旋转起切削作用,工件旋转(圆周进给)并与工作台一起作纵向进给运动。工作台每往复一次,砂轮沿磨削深度方向完成一次横向进给(磨削深度)。每次磨削深度很小,全部磨削余量是在多次往复行程中磨去的。由于每次磨削深度小,故切削力小,散热条件好,在工件接近最后尺寸(余量为 0.005~0.01mm)时,可作几次无横向进给的光磨行程,直到火花消失为止。因此,加工精度和表面质量较高。此外,纵磨法的适应性强,可以用一个砂轮加工不同直径和长度的工件,但其生产率低,故广泛用于单件、小批生产及精密生产,特别适用于细长轴的磨削。

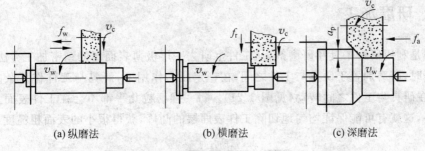

(a) 纵磨法　　　　(b) 横磨法　　　　(c) 深磨法

图 3.19　磨削工艺方法

(2) 横磨法(见图 3.19(b))。磨削外圆时,工件不作纵向往复运动,而砂轮以缓慢的速度连续或断续地向工件作横向进给运动,直到磨去全部余量。横磨时,工件与砂轮的接触面积大,磨削力大,发热量大,磨削温度高,工件易发生变形和烧伤,故仅适合加工表面不太宽且刚性较好的工件。横磨法生产率高,适用于成批或大量生产。若将砂轮修整成形,对于工件上的成形面,可直接磨去,较为简便。

(3) 深磨法(见图 3.19(c))。磨削时用较小的纵向进给量(一般取 1~2mm/r),在一次走刀中磨去全部磨削余量(余量一般为 0.3mm),是一种比较先进的方法。深磨法只适用于大批大量生产中,加工刚度较大的短轴。

2. 无心外圆磨床磨削外圆

无心外圆磨床磨削外圆如图 3.20 所示。磨削时,工件被安放在导轮、砂轮(磨削轮)和托板之间,不用顶针或卡盘支承,而依靠工件本身的外圆柱面定位,故称无心磨削。大轮为工作砂轮,旋转时起切削作用。小轮用橡胶结合剂制成,磨粒较粗,称为导轮。导轮为了既能带动工件作圆周进给运动,又能使工件作轴向进给运动,故其轴线相对于工件轴线倾斜一个 α 角(1°~5°)。导轮与工件接触点的线速度 $v_{导}$ 可分解为两个分速度,一个为工件的旋转分速度 $v_{工}$,一个为工件轴向进给运动的分速度 $v_{进}$。为了使工件与导轮能保持线接触,应当将导轮修整器沿磨削轮轴线方向移动修整成双曲面形。

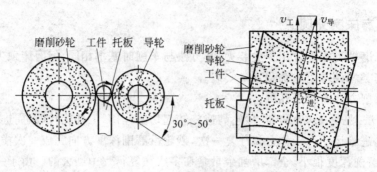

图 3.20   无心外圆磨床磨削外圆示意图

无心外圆磨削生产率高,但调整复杂,主要用于大批大量生产中磨削细长光轴、轴销和小套等,加工精度可达 IT6~IT5,表面粗糙度为 $Ra\ 0.8\sim0.2\mu m$。

3.2.3   研磨加工

研磨是利用研磨工具和研磨剂,从工件上研去一层极薄表面层的精密加工方法。

研磨时,研磨剂置于研具与工件之间,在一定压力作用下,研具与工件作复杂的相对运动,磨粒在研具与工件之间转动(见图 3.21)。每一颗磨粒几乎都不会在工件表面上重复自己的轨迹,这就有可能保证均匀地切除工件表面层的凸峰,获得很小的表面粗糙度。

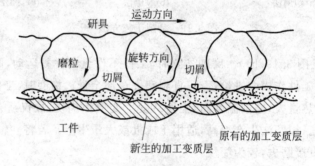

图 3.21   研磨加工原理

研具材料比工件材料软,部分磨粒能嵌入研具的表层,对工件表面进行微量切削。为使研具磨损均匀并保持形状准确,研具材料的组织应细密,而且耐磨。最常用的研具材料是硬度为 120~160HBS 的铸铁,它适用于加工各种工件材料,而且制造容易、成本低;也有使用铜、巴氏合金等材料制造研具的。

研磨剂由磨料、研磨液和表面活性物质等混合而成。磨料主要起切削作用,应具有较高的硬度,常用磨料有刚玉、碳化硅、碳化硼等微粒。研磨液有煤油、汽油、机油、工业甘油等,主要起冷却润滑作用。表面活性物质附着在工件表面,使其生成一层相当薄的易于切除的软化膜,常用的表面活性物质有油酸、硬脂酸等。

研磨分手工研磨和机械研磨两种。手工研磨是手持研具进行研磨,研磨外圆时,可将工件装夹在车床卡盘与顶尖上作低速旋转运动,研具套在工件上用手推动研具作往复运动(见

图 3.22)，研具通常为开口环,内孔开螺旋槽,便于研磨剂进入,外套研磨夹以便尺寸调节。

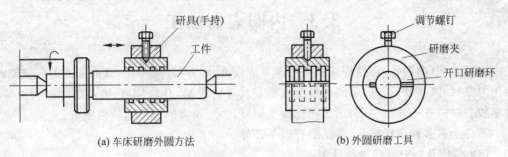

(a) 车床研磨外圆方法　　　　(b) 外圆研磨工具

图 3.22　外圆研磨方法

研磨加工的特点:

(1) 速度低、压力小,加工精度达 IT6～IT4,形状精度如圆度可达 0.001mm,表面粗糙度可达 Ra 0.2～0.008μm。

(2) 切削余量小,通常为 0.005～0.05mm,要求前道工序精度高,表面质量好。

(3) 可以纠正形状误差,但不能改变位置误差。

(4) 适应性广,可用于各种材料、不同批量的工件加工。

3.2.4　外圆表面加工方案的分析

对于一般钢铁零件,外圆表面加工的主要方法是车削和磨削。要求精度高、粗糙度小时,往往还要进行研磨、超级光磨等光整加工;对于某些精度要求不高,仅要求光亮的表面,可以通过抛光来获得,但在抛光前要达到较小的粗糙度。对于塑性较大的有色金属(如铜、铝合金等)零件,由于其精加工不宜用磨削,故常采用超精车削。表 3.6 给出了外圆表面的加工方案,可作为拟定加工方案的依据和参考。

表 3.6　外圆表面加工方法

序号	加工方案	经济精度等级	表面粗糙度值 Ra/μm	适用范围
1	粗车	IT11 以下	50～12.5	适用于淬火钢以外的各种金属
2	粗车—半精车	IT11～IT8	6.3～3.2	
3	粗车—半精车—精车	IT8～IT6	1.6～0.8	
4	粗车—半精车—精车—滚压(或抛光)	IT7～IT5	0.2～0.025	
5	粗车—半精车—磨削	IT8～IT6	0.8～0.4	主要用于淬火钢,也可用于未淬火钢,但不宜加工有色金属
6	粗车—半精车—粗磨—精磨	IT7～IT5	0.4～0.1	
7	粗车—半精车—粗磨—精磨—超精加工	IT5 以上	0.2～0.012	
8	粗车—半精车—精车—金刚石车	IT7～IT5	0.4～0.025	有色金属高精外圆加工
9	粗车—半精车—粗磨—精磨—超精磨或镜面磨	IT5 以上	0.025～0.006	高精度的外圆加工(非有色金属)
10	粗车—半精车—粗磨—精磨—研磨	IT7 以上	0.1～0.006	

3.3　内圆表面加工

内圆表面(即内孔)也是组成零件的基本表面之一。与外圆相比,孔的加工条件较差,如所用刀具尺寸(直径、长度)受到被加工孔本身尺寸的限制,孔内排屑、散热、冷却、润滑等条件都较差。故在一般情况下,加工孔比加工同样尺寸、精度的外圆面较为困难。

零件上有多种多样的孔,常见的有以下几种:

(1) 紧固孔,如螺钉、螺栓孔等;

(2) 回转体零件上的孔,如套筒、法兰盘及齿轮上的孔等;

(3) 箱体零件上的孔,如床头箱体上主轴及传动轴的轴承孔、阀块通油孔等;

(4) 深孔,一般 $L/D \geqslant 10$ 的孔,如炮筒、空心轴孔等;

(5) 圆锥孔,此类孔常用来保证零件间配合的准确性,如机床的锥孔等。

孔加工可以在车床、钻床、镗床、拉床、磨床等机床上进行。选择加工方法时,应考虑孔径大小、深度、精度、工件形状、尺寸、重量、材料、生产批量及设备等具体条件。常见的加工方法有钻孔、扩孔、铰孔、镗孔、拉孔、磨孔和光整加工等。

3.3.1　钻削加工

钻削通常是在实体材料上加工孔的方法,主要在钻床上进行。常用的钻床有台式钻床、立式钻床和摇臂钻床等,如图 3.23 所示。钻孔也可以在车床、镗床、铣床上进行。

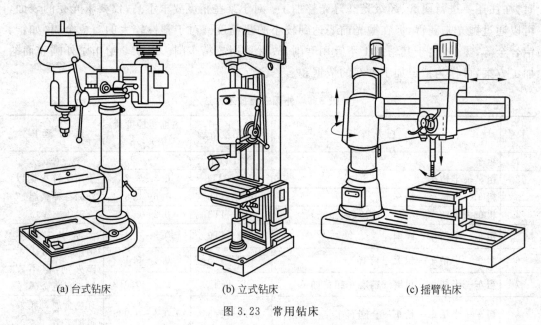

(a) 台式钻床　　　　　　　(b) 立式钻床　　　　　　　(c) 摇臂钻床

图 3.23　常用钻床

1. 钻孔

用钻头在实体材料上加工孔的方法称为钻孔,它是一种最基本的孔加工方法。钻孔的精度为 IT13～IT11，表面粗糙度为 $Ra\ 50\sim12.5\mu m$。

1）麻花钻

钻孔最常用的刀具是麻花钻，它由工作部分、颈部和柄部组成（见图 3.24），直径 0.25～20 为直柄麻花钻，直径 8～80 为锥柄麻花钻。麻花钻钻头切削部分如图 3.25 所示。

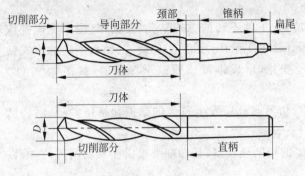

图 3.24　麻花钻头的结构

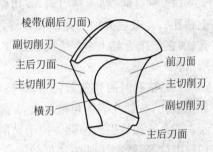

图 3.25　麻花钻头切削部分结构

麻花钻的主要角度有前角 γ_o、侧后角 α_f、顶角 2ϕ、横刃斜角 ψ 和螺旋角 β 等，如图 3.26 所示。

（1）前角 γ_o 是在正交平面中测量的前面与基面间的夹角。由于前面是螺旋面，故主切削刃上各点的前角是变化的，且变化值很大，从钻头外缘到钻心横刃处，前角由 +30° 减到 −30°。

（2）侧后角 α_f 是在平行于进给运动方向上的假定工作平面（以钻头为轴心的圆柱面的切平面）中测量的后面与切削平面间的夹角。主切削刃上各点的侧后角也是变化的，由钻头外缘向中心侧后角逐渐增大，外缘处侧后角为 4°～8°，靠近横刃处为 20°～25°。

（3）顶角 2ϕ 是两条主切削刃在与之平行的中心截面上的投影的夹角，一般为 118°。

（4）横刃斜角 ψ 是主切削刃与横刃在钻头端面上投影的夹角，一般为 55°。

（5）螺旋角 β 是螺旋槽最外缘螺旋线的切线与钻头轴线之间的夹角，一般为 18°～30°，直径小的取小值。

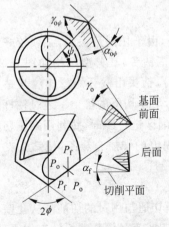

图 3.26　麻花钻的几何角度

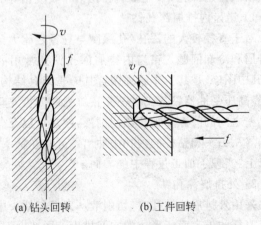

（a）钻头回转　　（b）工件回转

图 3.27　不同钻孔方式产生的误差

麻花钻在结构上存在着以下缺点：横刃处很大的负前角，加工时是在挤刮金属，造成很大的轴向抗力，钻孔时钻头易弯曲引偏；主切削刃上各点的前角不等，外缘处前角大，刃口很弱，容易磨损，近钻心处为负前角，切削条件差；主切削刃长，切削层公称宽度大，不易排屑等。

2) 钻孔的特点

(1) 钻孔时，钻头易引偏，采用钻头旋转、工件不转的方式钻孔(在钻床、镗床及镗铣床上钻孔)，会造成被加工孔轴线偏斜，如图 3.27(a)所示。采用工件旋转、钻头不转的方式钻孔(如在车床上钻孔)会造成被加工孔径变化，形成锥度或腰鼓形等误差，如图 3.27(b)所示。

(2) 钻孔时的切削条件差，排屑困难，切屑与孔壁发生较大的摩擦和挤压，容易刮伤已加工表面，故钻孔表面粗糙度大，且精度低。

(3) 钻孔的生产率低。由于钻削产生的切削热较多，且切削液难以注入切削部位，所以切削温度高，限制了切削速度的提高。

为了保证钻孔质量，应首先防止钻头引偏。其措施有：钻头刃磨时要使两个主切削刃长度相同且对称；钻孔前预先加工端面，以免钻头开始钻入时因端面凹凸不平而产生引偏；用短而粗的尖钻($2\phi=90°\sim100°$)或中心钻进行预钻，使钻头开始钻入时易对正中心；开始钻入时采用小的进给量，以减小钻削轴向力和钻头弯曲；使用钻套来引导钻头，以减少钻头的引偏等。可靠的装夹、合理选择切削用量和切削液等都对钻孔的质量起着重要的作用。

2. 深孔钻

深径比 $L/D\geqslant5$ 的孔即为深孔。其中，对于 $L/D=5\sim20$ 的孔称为普通深孔，其加工可用深孔刀具或接长麻花钻在车床或钻床上进行；对于 $L/D=20\sim100$ 的孔称为特殊深孔，则需用深孔刀具在深孔加工机床上进行加工。图 3.28 为一深孔加工示意图，由于零件较长，$L/D>20$，工件安装采用"一夹一托"方式，工件旋转，刀具直线进给。图 3.28(a)是一种内排屑方式深孔钻削示意图，图 3.28(b)是一种外排屑方式深孔钻削示意图。

对于深孔刀具要求可进行强制冷却，保证切屑能顺利排除。根据切削液输入方式不同，有错齿内排屑深孔钻、外排屑深孔钻和喷吸钻等。

1) 错齿内排屑深孔钻

对于直径较大的深孔(孔深度与直径之比大于 $5\sim10$)，由于切削量很大，必须较好地解决排屑和冷却问题。错齿内排屑深孔钻是常用的深孔加工钻头，其典型结构如图 3.29 所示，其中图(a)是其工作原理图，图(b)是刀具结构。工作时，钻头由浅牙矩形螺纹与钻杆连接，经高压受油器钻入工件。交错排列的刀齿实现了分屑，便于切屑的排出。通过钻杆与工件孔壁之间的间隙加入高压切削液，使之可以充分地对切削区进行冷却，并利用高压切削液把切屑从钻头和钻杆的内孔中冲出。分布在钻头前端圆周上的硬质合金条，使钻头支承在孔壁上，实现了加工过程中的导向。

2) 外排屑深孔钻

采用外排屑法钻孔时，切削液从刀杆与钻头中输入，而切屑与用过的切削液从孔壁与钻头及刀杆的外表面所形成的空间排出。图 3.30 是用于加工小直径深孔的枪钻工作原理图，工作时切削液由钻杆中注入，切屑由钻杆上的 V 形槽排出。

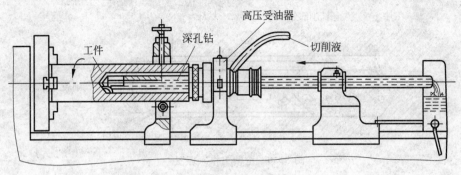

(a) 内排屑

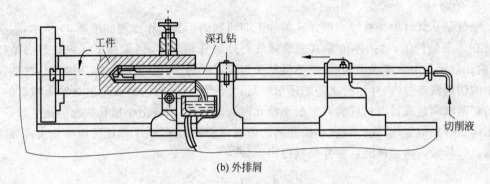

(b) 外排屑

图 3.28　深孔加工示意图

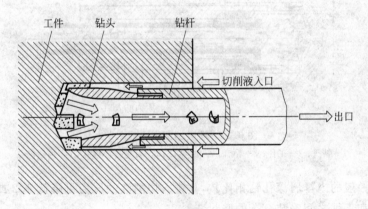

(a) 工作原理图

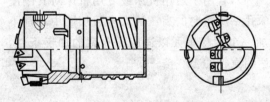

(b) 错齿内排屑深孔钻

图 3.29　内排屑深孔钻

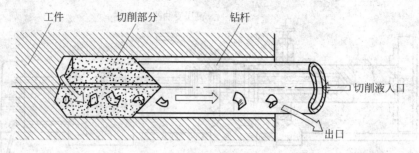

图 3.30　枪钻工作原理图

3）喷吸钻

喷吸钻是针对中等直径一般深孔的加工而研制的。其工作原理如图 3.31 所示，喷吸钻头装在两根钻杆上，钻头体依靠其上外螺纹与外钻杆相连接，钻头体下的内孔与内钻杆相配，内孔端面与内钻杆端面紧贴，使喷吸钻头与内、外钻杆组成一个整体。钻削时，由油泵输送来的切削液经过内、外钻杆之间的环形空间，大约有 60% 的切削液是通过钻头喷射的，剩余的切削液则是通过内钻杆的月牙形小槽孔回流，由于切削液由小槽孔喷出的速度较高，吸走了内钻杆中的空气，这样就在小槽孔附近造成一个低压区，这个低压区能将钻头前端的压力油及切屑吸入内钻杆的后部并顺利排出。

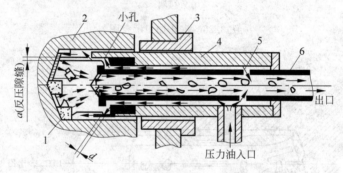

图 3.31　喷吸钻工作原理图

1—钻头；2—工件；3—钻套；4—外钻杆；5—月牙形小槽孔；6—内钻杆

喷吸钻与一般的内排屑深孔钻相比较，其输入切削液的压力可降低 1/2 或 1/3，同时也不需要在钻头和工件之间安装复杂的密封装置。

深孔钻通常用于加工中心，若用于通用机床或专用机床对其刚度和装夹就有一定的要求，深孔钻所需要的高压油大多数加工中心都不具备，因此一般都需要外加一个冷却单元以适应深孔钻的加工条件。深孔钻加工的孔，孔深可达到直径的 100 倍。

3. 扩孔

用扩孔工具扩大工件孔径的加工方法称为扩孔（见图 3.32）。扩孔属于孔的半精加工，也可作铰孔前的预加工，尺寸精度等级为 IT10～IT9，表面粗糙度为 $Ra\ 6.3\sim3.2\mu m$。

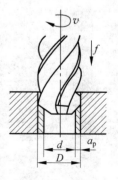

图 3.32　扩孔

小于 $\phi25mm$ 的扩孔,其扩孔余量为 $1\sim3mm$,孔径较大时余量为 $3\sim6mm$。当工件的孔径大于 $100mm$ 时,切削力矩大,刀具复杂笨重,常用镗孔。扩孔钻的结构型式随孔径的大小而有所不同,当扩孔直径较小时常用整体式锥柄扩孔钻,如图 3.33(a)所示;孔径较大时($\phi40\sim\phi80$)常用套式扩孔钻,如图 3.33(b)所示;整体式扩孔钻的切削部分如图 3.33(c)所示。

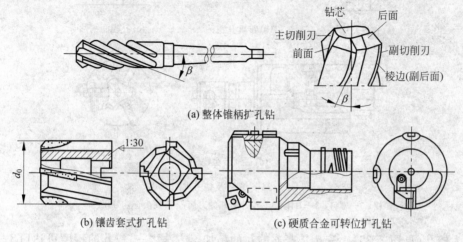

(a) 整体锥柄扩孔钻

(b) 镶齿套式扩孔钻　　(c) 硬质合金可转位扩孔钻

图 3.33　扩孔钻

扩孔的特点有:

(1) 扩孔钻的切削刃不需要延伸至中心,故无横刃,避免了横刃的不利影响;

(2) 扩孔余量比钻孔小,容屑槽浅,钻芯厚度大,刀体强度高,刚性好,能采用较大的进给量和较高的切削速度;

(3) 扩孔钻齿数比麻花钻多,一般有 $3\sim4$ 个刀齿,导向性好,切削平稳,并可校正原有孔的轴线偏斜。

由于以上原因,扩孔比钻孔质量高,且生产率高,故适用于成批和大量生产中。单件、小批量生产时,可用麻花钻代替扩孔钻,因扩孔时钻头的心部小前角刃口及横刃不参与切削,扩孔效率及质量均高于用同样尺寸的钻头直接钻孔。

4. 锪孔

用锪钻加工各种沉头螺钉孔、锥孔、凸台面等的方法称为锪孔。锪孔一般用锪钻在钻床上进行,如图 3.34 所示。

图 3.34(a)所示为带导柱平底锪钻,它适用于加工六角螺栓、带垫圈的六角螺母、圆柱头螺钉的沉头孔;图 3.34(b)、(c)是带导柱和不带导柱的锥面锪钻,用于加工锥面沉孔;图 3.34(d)为端面锪钻,用于加工凸台。锪钻带有的定位导柱是用来保证被锪孔或端面与原来孔的同轴度或垂直度。

5. 铰孔

用铰刀从工件孔壁上切除微量金属层,以提高其尺寸精度和降低表面粗糙度的加工方

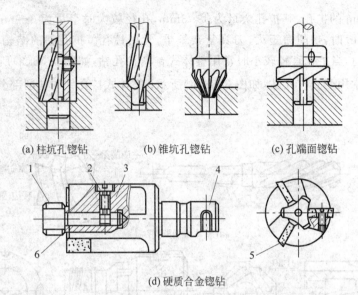

(a) 柱坑孔锪钻　　　　(b) 锥坑孔锪钻　　　　(c) 孔端面锪钻

(d) 硬质合金锪钻

图 3.34　锪钻及锪孔加工

1—导柱；2—螺钉；3—刀体；4—快速装卸的刀柄；5—硬质合金刀片；6—垫圈

法,称为铰孔(见图 3.35)。铰孔是普通的孔的精加工方法之一,铰孔的精度可达IT8~IT7,表面粗糙度为 $Ra\ 1.6\sim0.4\mu m$。

1) 铰刀

铰孔有手铰和机铰之分,机铰可在钻床、车床上进行。铰刀分为手铰刀(见图 3.36(a)、(b))和机铰刀(见图 3.36(c)和(d))两种,其中图(b)为锥度铰刀。手铰刀直径一般为 $\phi1\sim\phi50$,机铰刀直径为 $\phi10\sim\phi80$。铰刀的工作部分一般为直槽,圆周上一般有 6~12 个刀齿。工作部分包括切削部分和校准部分:切削部分为锥形,担负切除余量;校准部分又分为圆柱部分和倒锥部分,校准部分起校准孔径和修光孔壁的作用。

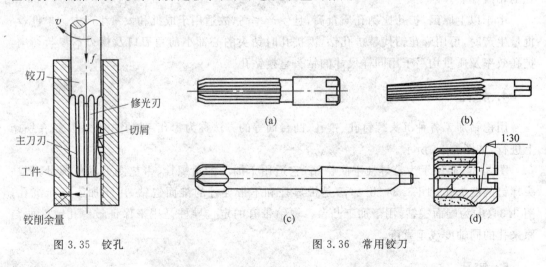

图 3.35　铰孔　　　　　　图 3.36　常用铰刀

铰刀与扩孔钻比较:由于铰削余量很小(粗铰加工余量为 $0.15\sim0.35mm$),排屑槽很浅,心部直径大,故铰刀的刚性好;由于铰削余量很小,铰刀刀齿可做得较多,同时铰刀半锥角很小(手铰刀为 0.5°~1.5°,机铰刀为 5°~15°),故铰刀的导向性好。

铰孔的精度主要取决于铰刀的精度、安装方式以及加工余量、切削用量和切削液等条件。因此,铰孔时应合理选择切削用量。一般粗铰时加工余量为 0.15~0.5mm,精铰时为 0.05~0.25mm,切削速度 $v_c < 0.083$m/s,以避免产生振动、积屑瘤和过多的切削热。

2) 铰削的特点

(1) 由于铰孔余量小,铰削速度低,因而铰孔的切削力小,切削热小;铰刀的刚件和导向性好,切削平稳,其修光部分可校正孔径及刮光孔壁。故铰孔的精度较高,表面粗糙度较小。

(2) 铰削的适应性差,一把铰刀只能加工一种尺寸和精度的孔,对非标准孔、台阶孔和盲孔不宜用铰削加工。

(3) 铰孔纠正位置误差的能力差,一般不能校正原有孔的轴线偏斜和位置误差。

铰孔的精度与表面粗糙度因受铰削过程中各种复杂因素的综合影响,通常产生孔径过大或过小、多边形孔、喇叭口、环形沟槽、纵向条纹等现象,因此必须采取措施来保证铰孔的加工质量。其措施有:

(1) 铰刀的直径及其精度等级,必须根据被加工孔的尺寸和公差来选择;

(2) 铰刀切削刃应锋利光洁,无缺口和裂纹,且不得残留切屑及毛刺等;

(3) 当机床主轴与工件轴线的同轴度有误差时,应采用非刚性连接的夹头来装夹铰刀,使铰刀能浮动;

(4) 合理选用切削液。

3.3.2 镗削加工

镗孔是镗刀在已加工孔的工件上使孔径扩大并达到精度、表面粗糙度要求的加工方法。

镗孔可在多种机床上进行,回转体零件上的孔,多用车床加工;而箱体类零件上的孔或孔系(即要求相互平行或垂直的若干孔),则常在镗床上加工。镗床包括卧式镗床、立式镗床、坐标镗床等,如图 3.37 所示。

镗刀是在镗床等机床上用以镗孔的刀具,如图 3.38(a)、(b)、(c)为单刃镗刀,(d)为多刃镗刀;图 3.39 为浮动镗刀。由于它们的结构和工作条件不同,它们的工艺特点和应用也有所不同。

1. 单刃镗刀镗孔

单刃镗刀刀头结构与车刀相似,刀头装于刀杆中,根据孔径大小,用螺钉固定其位置,由操作保证。用它镗孔时,有如下特点。

(1) 适应性广,灵活性大。可用来进行粗加工,也可进行半精加工或精加工。一把镗刀可加工直径不同的孔,孔的尺寸主要由操作者保证,故对工人操作的技术水平依赖性大。

(2) 可以校正原有孔的轴线歪斜或位置偏差。由于镗孔质量主要取决于机床精度和工人技术水平,预加工孔有轴线歪斜或有不大的位置偏差时,可用单刃镗刀镗孔予以校正。

(3) 生产率低。由于单刃镗刀刚性较低,只能用较小的切削用量切削,以减少镗孔时镗刀的变形和振动,加之仅有一个主切削刃参加工作,尺寸调整困难,故生产率较扩孔或铰孔低。

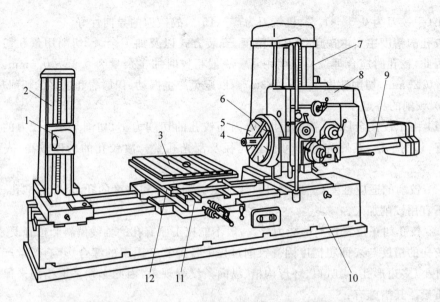

1—后支架；2—后立柱；3—工作台；4—镗轴；5—平旋盘；6—径向刀具溜板；
7—前立柱；8—主轴箱；9—后尾筒；10—床身；11—下滑座；12—上滑座

(a)卧式镗床

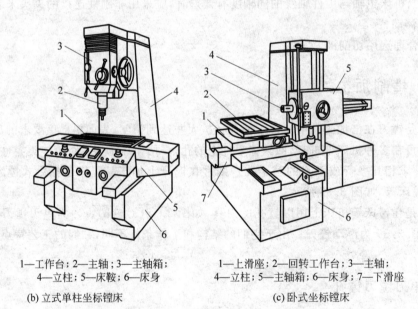

1—工作台；2—主轴；3—主轴箱；　　1—上滑座；2—回转工作台；3—主轴；
4—立柱；5—床鞍；6—床身　　　　　4—立柱；5—主轴箱；6—床身；7—下滑座

(b) 立式单柱坐标镗床　　　　　　　(c) 卧式坐标镗床

图 3.37　常用镗床

2. 浮动镗刀镗孔

用可调浮动镗刀片镗孔时,有如下特点:

(1) 加工质量高。由于镗刀片在加工过程中的浮动,可抵偿刀具安装误差或镗杆偏摆所引起的不良影响,提高了孔的加工精度。

(2) 生产效率高。由于浮动镗刀有两个主切削刃同时切削,且操作简便,故生产效率

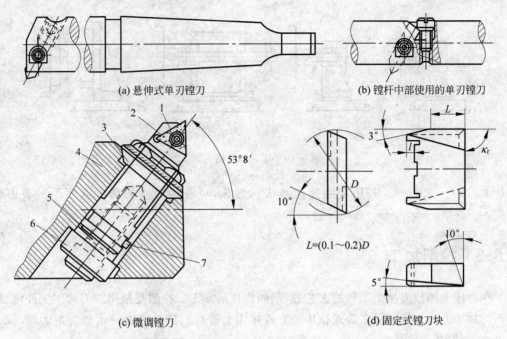

(a) 悬伸式单刃镗刀　　　　　　　　　　(b) 镗杆中部使用的单刃镗刀

(c) 微调镗刀　　　　　　　　　　　　　(d) 固定式镗刀块

$L=(0.1\sim0.2)D$

图 3.38　常用镗刀

1—镗刀头；2—可转位刀片；3—微调螺母；4—镗杆；5—锁紧螺钉；6—垫圈；7—导向销

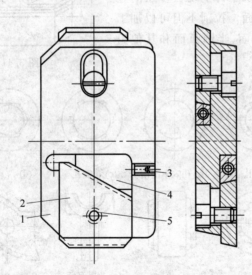

图 3.39　浮动镗刀

1—刀块；2—刀片；3—调节螺钉；4—斜面垫块；5—紧固螺钉

高。但浮动镗刀片结构较单刃镗刀复杂，刃磨要求高，故成本也较高。

浮动镗刀镗孔主要用于批量生产，精加工箱体类零件上直径较大的孔。

图 3.40(a) 为在卧式镗床上镗杆进给进行镗孔，图(b)、(c)、(d)为工作台进给方式的镗孔加工。

镗孔的质量主要取决于机床的精度，普通镗床的镗孔精度可达 IT8～IT7，表面粗糙度

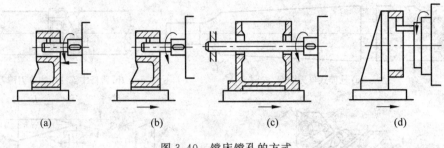

图 3.40　镗床镗孔的方式

可达 $Ra\ 1.6\sim0.8\mu m$。若用金刚镗床或坐标镗床,可获得更高的精度或更小的表面粗糙度。

3.3.3　拉削加工

在拉床上用拉刀加工工件的工艺过程,叫作拉削加工。拉削是指用拉刀加工工件内、外表面的加工方法。拉削可在卧式拉床或立式拉床上进行。拉刀的直线运动为主运动,拉刀无进给运动,其进给是由后一个刀齿高出前一个刀齿(齿升量 a_f)来完成的(见图 3.41),从而能在一次行程中,一层一层地从工件上切去多余的金属层,而获得所要求的表面。拉削不但可以加工各种型孔,还可以拉削平面、半圆弧面和其他组合表面(见图 3.42)。

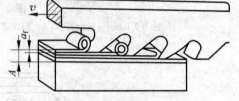

图 3.41　拉削运动

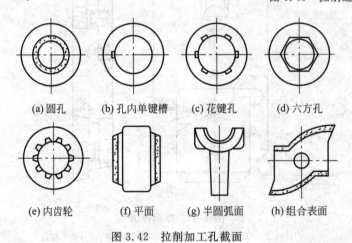

(a) 圆孔　　(b) 孔内单键槽　　(c) 花键孔　　(d) 六方孔

(e) 内齿轮　　(f) 平面　　(g) 半圆弧面　　(h) 组合表面

图 3.42　拉削加工孔截面

1. 拉刀

圆孔拉刀的结构如图 3.43 所示,拉刀是由许多刀齿组成的,后面的刀齿比前面的刀齿高出一个齿升量(一般为 0.02~0.1mm)。每一个刀齿只负担很小的切削量,加工时依次切去一层金属,所以拉刀的切削部分很长。图 3.44 所示为常用的几种拉刀。

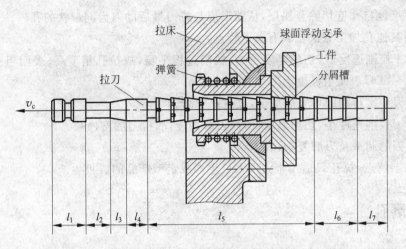

图 3.43　圆孔拉刀结构及拉削方法

l_1—拉刀柄部；l_2—颈部；l_3—过渡锥；l_4—前导部分；

l_5—切削部分；l_6—校准部分；l_7—后导部分

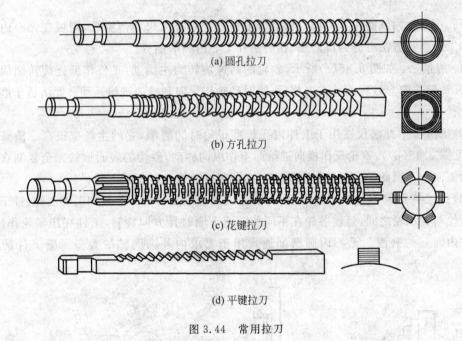

(a) 圆孔拉刀

(b) 方孔拉刀

(c) 花键拉刀

(d) 平键拉刀

图 3.44　常用拉刀

2. 拉孔

　　拉孔时，工件不需夹紧，而是以端面靠紧在拉床的支承板上，因此工件的端面应与孔垂直，否则容易损坏拉刀，将破坏拉削的正常进行。如果工件的端面与孔不垂直，则应采用球面自动定心的支承垫板来补偿，如图 3.43 所示。球形支承垫板的略微转动，可以使工件上的孔自动地调整到与拉刀轴线一致的方向。拉刀的头部先通过工件上已有的孔，然后由拉床的夹头将拉刀头部夹住，拉床的夹头将拉刀自工件孔中拉过，由拉刀上一圈圈不同尺寸的刀齿分别逐层地自孔壁切除金属层,从而形成与拉刀最后的刀齿同形状的孔。

拉孔与其他孔加工方法比较有以下特点:

(1) 由于拉削速度低,切削厚度很小,拉削过程平稳,故拉孔精度高、表面粗糙度小,精度可达 IT8～IT6,表面粗糙度为 Ra 1.6～0.4μm。

(2) 拉刀一次行程即可完成加工,故生产率高。

(3) 由于拉削速度小,切削温度低,拉刀磨损慢,故拉刀的寿命长。

(4) 拉刀的制造及刃磨复杂,成本高。

由于以上特点,拉孔只适用于大批大量生产或定型产品的成批生产。

3.3.4　磨孔

磨孔是用磨削方法加工工件的孔,它是精加工孔的一种方法。磨孔精度可达 IT8～IT6,表面粗糙度为 Ra 0.8～0.4μm。

1. 磨孔方法

磨孔一般在内圆磨床和万能外圆磨床上进行。对于大尺寸薄壁孔,则可在无心内圆磨床上加工。磨孔方法可分为纵磨法、横磨法和无心内圆磨削等。

(1) 纵磨法:如图 3.45(a)所示,砂轮的高速旋转为主运动,工件作低速旋转圆周进给运动,其旋转方向与砂轮旋转方向相反,同时砂轮作纵向和横向进给运动。此法适于磨较长的内孔。

(2) 横磨法:此法仅适用于工件内孔长度很短时的磨削,它的生产率很高。横磨法磨孔时(见图 3.45(b)),砂轮只作横向进给而不作纵向移动,砂轮的表面形状完全复制在工件内孔的表面上。因此,采用横磨法磨孔时,必须很好地修整砂轮的形状。

(3) 无心内圆磨削:如图 3.46 所示,无心内圆磨削是将外圆经精加工的工件,置于导轮和压紧轮与支承轮之间,且使各轮在不同的转速下顺时针方向旋转,工件在压紧轮作用下,完成对内圆面的磨削。无心内圆磨削通常用于要求内外圆同轴的大型薄壁工件的内圆加工。

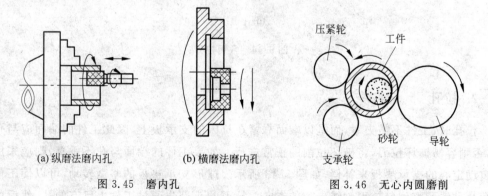

(a) 纵磨法磨内孔　　　　(b) 横磨法磨内孔

图 3.45　磨内孔　　　　　　　　　　图 3.46　无心内圆磨削

2. 磨孔的特点

与外圆磨削比较,内圆磨削有以下特点:

(1) 砂轮直径小,线速度低,磨削加工的生产率低。

(2) 砂轮的外径小于工件的内径,磨料的单位时间切削次数增加,砂轮容易磨损。

(3) 砂轮轴细而长,刚性差,容易产生弹性变形和振动,加工表面质量较差。

(4) 工件与砂轮之间的接触弧长,磨削力大,磨削区温度高,冷却条件差,热量不易散发。

(5) 磨屑排除较困难,容易积聚在内孔中,引起砂轮的堵塞。

内圆磨削虽然有以上缺点,但磨孔的适应性好,在单件、小批生产中应用很广,特别是对淬硬的孔、盲孔、大直径的孔及断续表面的孔(如花键孔)的加工,内圆磨削是主要的精加工方法。

3.3.5　孔的研磨和珩磨

1. 孔的研磨

研磨孔是常用的一种光整加工方法,用于对精镗、精铰或精磨后的孔进一步光整加工。研磨后孔的精度可达 IT7～IT6,表面粗糙度为 $Ra\ 0.4～0.025\mu m$,形状精度亦有相应提高。

研磨工具的材料、研磨剂、研磨余量及研磨方法等与研磨外圆类似。

2. 孔的珩磨

珩磨是利用珩磨工具对孔施加一定压力,珩磨工具同时作相对旋转和直线往复运动,以切除极小余量的光整加工方法。

珩磨头的结构形式很多,图 3.47(a)是其中之一。油石条黏结在垫块上,装入本体的槽中,由上下两个弹簧箍紧,使油石条有向内收缩的趋势。旋紧调整螺母时,调整锥被推向下,其锥面通过调整销将油石条径向推出,直径即加大;反之,拧松调整螺母,压力弹簧将调整锥向上推移,油石条即被弹簧箍收拢,使珩磨头直径变小。

珩磨一般在专用的珩磨机床上进行,也可用普通车床或立式钻床改装后进行珩磨。珩磨头与机床主轴采用浮动联轴节相连接,以使珩磨头的油石条与孔壁均匀接触并沿孔壁自行定位导向。珩磨时,珩磨头由机床主轴带动旋转并作往复的轴向运动,形成均匀而不重复的交叉网纹(见图 4.47(b))。由于油石条以一定的压力与孔壁均匀接触,因而从孔壁磨去一层极薄的金属。

珩磨时要使用切削液,以便润滑、散热并冲去切屑和脱落的磨粒。珩磨钢和铸铁件,多用煤油加入少量机油。珩磨余量一般为 0.02～0.15mm。

孔经珩磨后,精度可达 IT7～IT6,表面粗糙度为 $Ra\ 0.4～0.025\mu m$,孔的形状精度亦相应提高。珩磨加工适应孔的范围较大,直径 15～1500mm,而且生产率比研磨高,所以在孔的光整加工中应用较广泛。其缺点是不能纠正孔轴线的位置偏差,因而孔的位置精度要靠前道工序来保证。

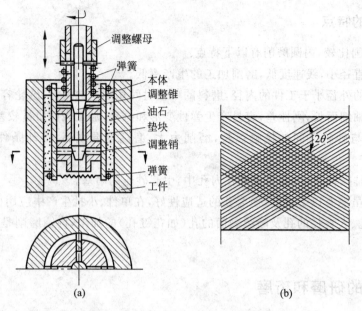

图 3.47　珩磨

3.3.6　内圆面加工方案分析

孔加工与外圆面加工相比,虽然在切削机理上有许多共同点,但是在具体的加工条件上,却有着很大差异。孔加工刀具的尺寸受到加工孔的限制,一般呈细长状,刚性较差。加工孔时,散热条件差,切屑不易排除,切削液难以进入切削区。因此,加工同样精度和表面粗糙度的孔,要比加工外圆面困难得多,成本也高。

表 3.7 给出了内圆面的加工方案,可作为拟定加工方案的依据和参考。

表 3.7　内圆面加工方案

序号	加 工 方 案	尺寸公差等级	表面粗糙度 $Ra/\mu m$	适 用 范 围
1	钻	IT13～IT11	12.5	用于加工除高硬度材料以外的实心工件
2	钻—铰	IT9～IT8	3.2～1.6	同上,且孔径 $D<10mm$
3	钻—扩—铰	IT9～IT8	3.2～1.6	同上,且孔径 $D=10\sim30mm$
4	钻—扩—粗铰—精铰	IT8～IT7	1.6～0.4	
5	钻—拉	IT9～IT7	1.6～0.4	大批、大量生产
6	(钻)—粗镗—半精镗	IT10～IT9	6.3～3.2	用于加工除高硬度材料以外的工件,且 $D>10mm$
7	(钻)—粗镗—半精镗—精镗	IT8～IT7	1.6～0.8	
8	(钻)—粗镗—半精镗—磨	IT8～IT7	0.8～0.4	用于批量加工钢件、铸铁件等,但不宜加工硬度低、韧性大的有色金属
9	(钻)—粗镗—半精镗—粗磨—精磨	IT7～IT6	0.4～0.2	
10	(钻)—粗镗—半精镗—精镗—珩磨	IT7～IT6	0.4～0.025	
11	(钻)—粗镗—半精镗—精镗—研磨	IT7～IT6	0.4～0.025	单件、小批量加工各类材料的工件

3.4 平面加工

平面是基体类零件(如床身、工作台、立柱、横梁、箱体及支架等)的主要表面,也是回转体零件的重要表面之一(如端面、轴肩面等)。平面加工的方法有车削、铣削、刨削、磨削、拉削、研磨、刮研等。应根据工件的技术要求、毛坯种类、原材料状况及生产规模等不同条件进行合理选用。

3.4.1 铣削加工

铣削是平面加工的主要方法之一。它可以加工水平面、垂直面、斜面、沟漕、成形表面、螺纹和齿形等,也可以用来切断材料。因此,铣削加工的范围是相当广泛的,如图 3.48 所示。铣床的种类很多,常用的是升降台卧式、立式铣床和龙门铣床等(见图 3.49)。

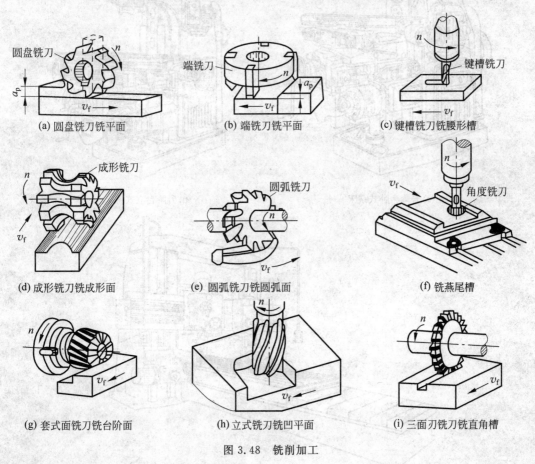

(a) 圆盘铣刀铣平面 (b) 端铣刀铣平面 (c) 键槽铣刀铣腰形槽

(d) 成形铣刀铣成形面 (e) 圆弧铣刀铣圆弧面 (f) 铣燕尾槽

(g) 套式面铣刀铣台阶面 (h) 立式铣刀铣凹平面 (i) 三面刃铣刀铣直角槽

图 3.48 铣削加工

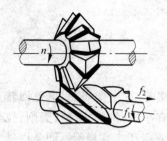

(j) 角度铣刀铣螺旋槽

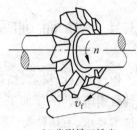

(k) 齿形铣刀铣齿

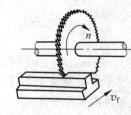

(l) 锯片铣刀切断

图 3.48 （续）

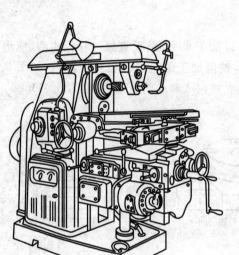

(a) 升降台卧式铣床

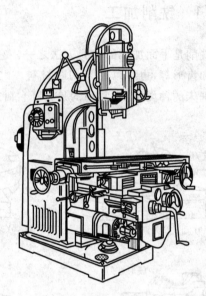

(b) 升降台立式铣床

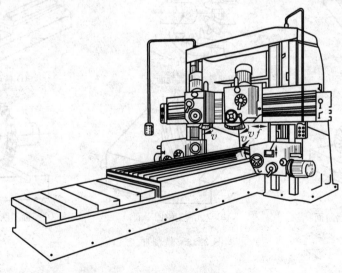

(c) 龙门铣床

图 3.49 常用铣床

1. 铣削工艺特点

（1）生产率较高。铣刀是典型的多齿刀具，铣削有几个刀齿同时参加工作，总的切削宽度较大。铣削时的主运动是铣刀的旋转，有利于采用高速铣削，故铣削的生产率一般比刨削高。

（2）刀齿散热条件较好。铣刀刀齿在切离工件的一段时间内，可以得到一定的冷却，散热条件较好。但是，在切入和切出时，热和力的冲击会加速刀具的磨损，甚至可能引起硬质合金刀片的碎裂。

（3）铣削过程不平稳。由于铣刀的刀齿在切入和切出时产生冲击，使工作的刀齿数有增有减，同时，每个刀齿的切削厚度也是变化的，这就引起切削面积和切削力的变化，因此，铣削过程不平稳，容易产生振动。

2. 铣平面

加工平面，可以用端铣法，也可以用周铣法；周铣法有不同的铣削方式（如顺铣和逆铣）。在选用铣削方式时，应考虑它们各自的特点和适用场合，以保证加工质量和提高效率。

1）周铣法

用圆柱形铣刀的刀齿加工平面，称为周铣法，它可分为顺铣和逆铣，如图 3.50 所示。

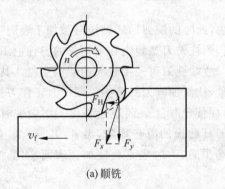

（a）顺铣　　　　　　　　　　　　　（b）逆铣

图 3.50　周铣方式

铣刀旋转方向和工件进给方向相反时为逆铣；反之，为顺铣。逆铣和顺铣相比较有如下一些特点：

（1）逆铣时，每齿切削厚度由零到最大，刀刃在开始时不能立刻切入工件，而是在冷硬了的加工表面上滑行一小段距离后才能切入工件。这样，不仅使加工表面质量下降，而且会加剧刀具磨损，刀具寿命下降。顺铣时，每齿切削厚度由最大到零，刀具易于切入工件。一般说来，刀具的寿命较长。

（2）逆铣时，铣削力垂直向上，有将工件抬离工作台的趋势，使机床工作台和导轨之间形成间隙，易引起振动，影响铣削过程的稳定性。顺铣时，刀齿对工件的切削分力是向下的，有利于工件夹紧，因而铣削过程稳定。

（3）逆铣时，铣削力的水平分力 F_H 与进给方向相反，使得铣床上的进给丝杠和螺母之间的接触面始终压紧，因而进给平稳，无窜动现象，防止打刀。顺铣时，切削力的水平分力

F_H 与进给方向相同,当水平分力大于工作台的摩擦阻力时,由于进给丝杠与螺母之间有间隙(见图 3.51),会使工作台窜动,窜动的大小随切削力的变化时大时小,时有时无,造成进刀不平稳,影响工件表面粗糙度,严重时会引起啃刀、打刀事故。

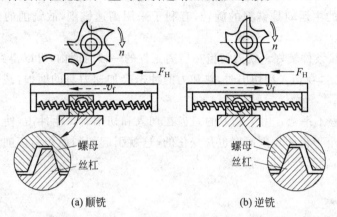

(a) 顺铣　　　　　　　(b) 逆铣

图 3.51　丝杠间隙对不同铣削方式的影响

目前,普通铣床尚无消除工作台丝杠与螺母之间间隙的机构,故在生产中仍多采用逆铣法。

2) 端铣法

用端铣刀的端面刀齿加工平面,称为端铣法,此时的铣刀回转轴线与被加工表面垂直。

用端铣刀加工平面较圆柱铣刀为优。首先,圆柱铣刀是装夹在细而长的刀杆上工作的,而端铣刀则直接装夹在刚性很高的主轴上工作,故端铣刀可采用较大的切削用量。其次,圆柱铣刀作逆铣时,刀齿在切入工件前有滑行现象,从而加剧刀具磨损。同时其工作刀齿只用一个主刀刃来切削工件,当主刀刃略有磨损时,便使已加工表面质量恶化。而端铣时,刀齿切入工件时的切削厚度不等于零,不存在加剧刀具磨损的滑行现象,再者,其刀齿带有可用作修光表面的过渡刃和副刀刃,当主刀刃略有磨损时,一时也不会使加工表面恶化。因此,端铣已成为加工平面的主要方式之一。

3.4.2　刨削平面

1. 刨削方法

刨削可以在牛头刨床或龙门刨床(见图 3.52)上进行。在牛头刨床上刨削时,刀具的往复运动是主运动,工作台带动工件作间歇的进给运动。中小零件加工,一般多在牛头刨床上进行。在龙门刨床上刨削时,工件随工作台一起作往复运动是主运动,刀具作间歇进给运动,这种方法主要用于大型零件(如机床床身和箱体零件)的平面加工。刨削加工不仅可加工平面,还可加工各类直通沟槽,如图 3.53 所示。

2. 刨削的特点

(1) 刨削加工精度较低,精度一般为 IT9～IT8,表面粗糙度为 Ra 6.3～1.6μm。但刨削加工可以在工件一次装夹中,逐个地加工出工件的几个方向上的平面,保证一定的位置

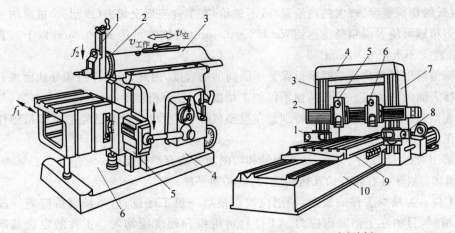

(a) 牛头刨床   (b) 龙门刨床
1—刀架;2—刀架座;3—滑枕;   1,8—左、右刀架;2—横梁; 3,7—左、右立柱;4—顶梁;
4—床身;5—横梁;6—工作台   5,6—左、右垂直刀架; 9—工作台;10—床身

图 3.52　刨床

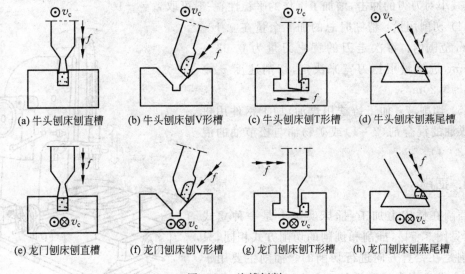

(a) 牛头刨床刨直槽   (b) 牛头刨床刨V形槽   (c) 牛头刨床刨T形槽   (d) 牛头刨床刨燕尾槽

(e) 龙门刨床刨直槽   (f) 龙门刨床刨V形槽   (g) 龙门刨床刨T形槽   (h) 龙门刨床刨燕尾槽

图 3.53　沟槽刨削

精度。

　　(2) 刨削加工生产率较低。因刨削有空程损失,主运动部件反向惯性力较大,冲击现象严重,故刨削速度低,生产率低。但刨狭长平面(如车床导轨面)或在龙门刨床上进行多件或多刀刨削时,生产率仍然很高。

　　(3) 刨刀结构简单,便于刃磨,刨床的调整也比较方便,因此,刨削加工在单件小批生产及修配工作中应用较广。

3. 宽刃精刨

　　宽刃精刨是在精刨的基础上,再使用直线度很高的宽刃刨刀,使其主切削刃平行于加工表面,用很低的切削速度、较大的进给量(或不进给)在工件表面上切去(或刮去)极薄的一层金属。宽刃精刨可使表面粗糙度达到 $Ra\ 1.6\sim0.8\mu m$(铸铁件可达 $Ra\ 0.8\mu m$ 以下),直线度在 1m 长度上不大于 0.02mm。

宽刃精刨可以代替刮研或磨削以保证平面间的贴合度,因此,可用作机床导轨面或其他重要的连接表面的精加工。宽刃精刨不仅加工精度高、表面粗糙度小,而且生产率高(与刮研相比),在国内外应用比较广泛。特别是在重型机器制造业中,目前已经把宽刃精刨作为平面精加工的主要方法。

宽刃精刨对机床、工件、刀具、切削用量和切削液等均有严格要求。

(1) 机床:刨床具有较高的几何精度,运动必须平稳。

(2) 工件:为减少工件的变形,精刨应放在最后一道工序进行,半精刨后应隔一段时间再进行精刨,目的在于消除内应力。工件材料组织和硬度应均匀。工件的定位基准面要求平整光洁,Ra 应在 $3.2\mu m$ 以下。工件的夹紧方式和夹紧力要适当,否则会影响精刨质量。

(3) 刀具:切削刃全长上的直线度误差不超过 0.005mm。前面与后面的表面粗糙度应在 $Ra\ 0.1\mu m$ 以下。刃倾角在精刨时具有重要意义,较大的刃倾角,使刨刀切削刃逐渐切入工件,减小对刀刃的冲击,增加了工作的平稳性,一般可取 $\lambda_s=-10°\sim-20°$。

(4) 切削用量:精刨时总的加工余量在 $0.1\sim0.5$mm 范围内;每次走刀的背吃刀量为 $0.03\sim0.08$mm,进给量根据刀宽来决定,切削速度 $v_c=0.033\sim0.20$m/s。

(5) 切削液:加工铸铁用煤油,加工钢件用机油和煤油的混合剂(2:1)或矿物油与松节油的混合剂(3:1)。

4. 插削

插削在插床上加工,插床实际上是一种立式刨床(见图 3.54),插削和刨削的切削方式相同,只是插削是在铅直方向进行切削的。插削主要用于单件、小批生产中加工零件上的某些内表面,如内键槽孔、方孔、多边形孔和花键孔等,如图 3.55所示。

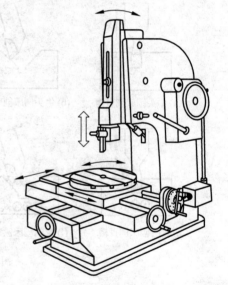

图 3.54　插床

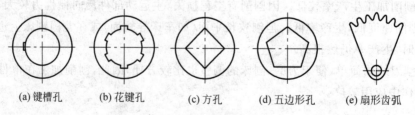

(a) 键槽孔　　(b) 花键孔　　(c) 方孔　　(d) 五边形孔　　(e) 扇形齿弧

图 3.55　插削加工表面

3.4.3　磨削平面

高精度平面及淬火零件的平面加工,大多数采用平面磨削方法。磨削平面主要在平面磨床上进行。对于形状简单的铁磁性材料工件,采用电磁吸盘装夹,对于形状复杂或非铁磁性材料的工件,可采用精密虎钳或专用夹具装夹。图 3.56 所示为平面磨床的两种磨削方式。

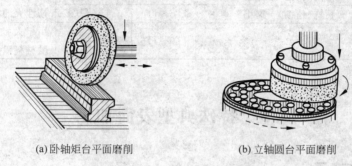

(a)卧轴矩台平面磨削　　　　　(b)立轴圆台平面磨削

图 3.56　平面磨床的两种磨削方式

(1) 周磨平面。周磨是以砂轮圆周面磨削平面的方法。磨削时,砂轮与工件的接触面积小,磨削力小,磨削热少,冷却和排屑条件较好,砂轮的磨损也均匀,加工精度一般可达 IT7～IT6,表面粗糙度为 Ra 0.2～0.8μm。

(2) 端磨平面。端磨是以砂轮端面磨削平面的方法。磨削时,砂轮与工件的接触面积大,磨削力大,磨削热多,冷却和排屑条件也较差,工件受热变形大。此外,砂轮端面径向各点的圆周速度也不相等,砂轮的磨损不均匀,因此,加工精度不高,一般可达 IT9～IT8,表面粗糙度为 Ra 6.3～3.2μm。端磨一般用于磨削加工精度要求不高的平面,也用于代替刨削和铣削加工。

3.4.4　平面加工方案分析

根据平面的技术要求以及零件的结构形状、尺寸、材料和毛坯种类,结合具体加工条件,平面可分别采用车、铣、刨、磨、拉等方法加工,要求更高的精密平面,可以用刮研、研磨等进行光整加工;回转体表面的端面,可采用车削和磨削加工。其他类型的平面,以铣削或刨削为主;淬硬的平面则必须用磨削加工或新型高速铣削加工方法。

表 3.8 给出了平面的加工方案,可以作为拟定加工方案的依据和参考。

表 3.8　平面的加工方案

序号	加工方案	尺寸公差等级	表面粗糙度 $Ra/\mu m$	适用范围
1	粗车—半精车	IT10～IT9	6.3～3.2	
2	粗车—半精车—精车	IT8～IT7	1.6～0.8	用于加工回转体端面
3	粗车—半精车—磨削	IT8～IT6	0.8～0.2	

续表

序号	加工方案	尺寸公差等级	表面粗糙度 Ra/μm	适用范围
4	粗铣(粗刨)—精铣(精刨)	IT9～IT7	6.3～1.6	用于加工除高硬度材料以外的工件
5	粗铣(粗刨)—精铣(精刨)—刮研	IT6～IT5	0.8～0.1	
6	粗刨—精刨—宽刃精刨	IT6	0.8～0.2	
7	粗铣(粗刨)—精铣(精刨)—磨削	IT7～IT6	0.8～0.2	用于加工钢件、铸铁件等,但不宜加工硬度低、韧性大的有色金属
8	粗铣(粗刨)—精铣(精刨)—粗磨—精磨	IT6～IT5	0.4～0.1	
9	粗铣(粗刨)—精铣(精刨)—磨削—研磨	IT5～IT4	0.4～0.025	
10	拉	IT9～IT6	0.8～0.2	用于大批量加工除高硬度材料以外的工件

3.5 特殊典型表面加工

3.5.1 螺纹加工

在机械制造工业中,带螺纹的零件应用很广泛,也是零件上常见的表面之一。按螺纹形式可分为圆柱螺纹和圆锥螺纹;按用途又可分成传动螺纹和紧固螺纹。传动螺纹多用于传递动力、运动和位移,如丝杠和测微螺杆的螺纹,其牙形多为梯形或锯齿形;紧固螺纹用于零件间的固定连接,常用的有普通螺纹和管螺纹等,牙形多为三角形。

螺纹的加工方法较多,工作中应根据生产批量、形状、用途、精度等不同要求合理选择。本节仅简要介绍几种常见的螺纹加工方法。

1. 车削加工螺纹

用螺纹车刀切出工件的螺纹称为车螺纹,它是一种最常用的螺纹加工方法。图 3.57 是在普通车床上车削外螺纹的传动示意图,图中 a、b、c、d 为挂轮。通常标准螺距在车床上可通过开合螺母、丝杠进给及车床进给机构调整实现,非标螺纹及简易车床车螺纹则要配挂轮才能实现。

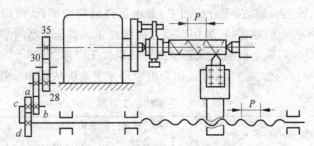

图 3.57 车床车削螺纹传动机构

1) 挂轮计算

在车床上车螺纹时,必须严格保证工件(主铀)转一转时,刀架移动一个螺距 p(若车多

头螺纹,则刀架移动一个导程 L)。根据图 3.57 可列出运动平衡式:

$$1 \times \frac{35}{30} \times \frac{30}{28} \times \frac{a}{b} \cdot \frac{c}{d} \times P = p \tag{3-1}$$

挂轮的传动比为

$$\frac{a}{b} \cdot \frac{c}{d} = \frac{28}{35} \cdot \frac{p}{P} \tag{3-2}$$

设工件的螺距 $p=2.5\text{mm}$,机床丝杠的螺距 $P=12\text{mm}$,则可根据上式确定挂轮的齿数,即

$$\frac{a}{b} \cdot \frac{c}{d} = \frac{28}{35} \times \frac{2.5}{12} = \frac{1}{6} = \frac{1}{3} \times \frac{1}{2} = \frac{20}{60} \times \frac{40}{80} \tag{3-3}$$

挂轮的齿数分别为:$a=20$; $b=60$; $c=40$; $d=80$。

在选择挂轮时,除满足传动比要求外,还应考虑以下两个问题:

(1) 备用挂轮中应有所选齿数的齿轮。

(2) 所选齿数的齿轮装在挂轮架上时,不与另一齿轮的轴发生干涉。通常挂轮架上装齿轮的轴的直径 $d=(15\sim20)m$(m 为模数,单位为 mm)。因此,挂轮齿数应满足以下条件

$$\begin{cases} a+b > c+(15\sim20) \\ c+d > b+(15\sim20) \end{cases} \tag{3-4}$$

2) 进刀方法

车螺纹时,一般要几次进刀才能加工出所要求的螺纹,其进刀方法通常有以下两种:

(1) 直进刀法:车刀沿垂直于工件轴线的方向作切深进刀,如图 3.58(a)所示。直进法操作简单,能保证牙形清晰,可减少牙形误差;但车刀受力大,散热差,排屑困难。因此,直进法适合于加工螺距小于 2mm 的螺纹。

(2) 斜向进刀法:如图 3.58(b)所示。车刀每次切深进刀时,除了中拖板作横向进刀外,小拖板还与之配合向左或向右进刀,使车刀的两切削刃中基本上只有一个切削刃切削金属。这种进刀方法,可减小车刀的受力,散热和排屑条件也有所改善;但不易车出清晰的牙形,且由于车刀单向受力,会增大牙形误差,同时操作也比较复杂。左右切削法适合于粗车大螺距螺纹。

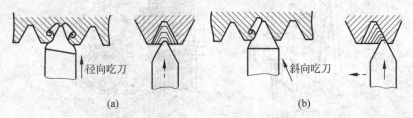

图 3.58 车削螺纹进刀方式

用螺纹车刀可以车外螺纹、内螺纹,车右螺纹、左螺纹,车单头螺纹和多头螺纹等。在车多头螺纹时需要分头。最简单的分头方法是利用车床小刀架来实现,即车完第一头螺纹后,将小刀架前移一个工件的螺距,使车刀对准第二头螺纹再继续车削,直到加工完每一头螺纹为止。

用螺纹车刀车螺纹,刀具简单,适用性广,不需专用设备,且能获得较高精度的螺纹,但

生产率低,对工人的技术水平要求高,所以主要适用于单件小批量生产。

　　3)梳螺纹

　　用螺纹梳刀切出工件的螺纹称为梳螺纹。图3.59(a)、(b)、(c)分别为平体、棱体、圆体螺纹梳刀。

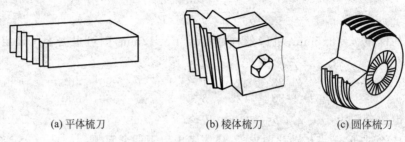

(a) 平体梳刀　　　　　　　(b) 棱体梳刀　　　　　　(c) 圆体梳刀

图3.59　螺纹梳刀

　　螺纹梳刀实质上是多把螺纹车刀的组合,一般有6~8个刀齿,分为切削部分和校准部分。切削部分有主偏角κ_r,可使切削负荷均匀分布在几个刀齿上,使刀具磨损均匀。校准部分牙形完整,起校准和修光作用。梳螺纹一般一次走刀便能成形,因而生产率很高;但梳螺纹只能加工低精度螺纹,且梳刀制作困难。当加工不同螺距、头数、牙形角的螺纹时,必须更换相应的螺纹梳刀,故只适用于成批生产。

2. 铣削加工螺纹

　　用螺纹铣刀切出工件的螺纹称为铣螺纹。

　　1)盘形螺纹铣刀铣螺纹

　　如图3.60(a)所示,铣削时铣刀的轴线与工件的轴线倾斜成螺纹升角λ,铣刀作快速旋转运动,同时,通过分度头和挂轮机构使工件与刀具作相对进给运动,即工件每旋转一转,铣刀(或工件)沿工件轴向相对移动一个螺距(多头螺纹为一个导程)。工件装夹如图3.61所示,分度头尾部挂轮轴通过两对挂轮与工作台驱动丝杠连接,实现工件移动与转动的联动。

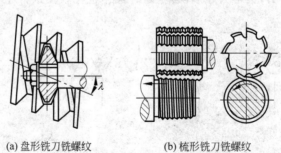

(a) 盘形铣刀铣螺纹　　　　　　(b) 梳形铣刀铣螺纹

图3.60　铣螺纹

　　由于铣刀的廓形设计是近似的,故加工精度不高,常用于加工大螺距螺纹和梯形螺纹及蜗杆的粗加工。

　　2)梳形螺纹铣刀铣螺纹

　　如图3.60(b)所示,梳形螺纹铣刀实质上是若干把盘形螺纹铣刀的组合,用在专用螺纹

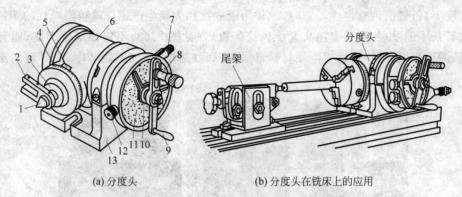

(a) 分度头   (b) 分度头在铣床上的应用

图 3.61 工件在铣床上装夹

1—前顶尖；2—拨盘；3—主轴；4—刻度盘；5—游标；6—回转体；7—挂轮轴；
8—定位销；9—手柄；10—分度叉；11—分度盘；12—锁紧螺钉；13—底座

铣床上加工短而螺距不大的三角形内、外圆柱螺纹和锥形螺纹。铣螺纹时，工件只需要转一圈，就可以切削出全部螺纹，故生产率很高，但其加工精度较低，特别适合于批量生产紧靠轴肩的短螺纹。

3) 旋风铣螺纹

用旋风铣头切出工件螺纹称为旋风铣螺纹。图 3.62(a)、(b) 分别为旋风铣外螺纹和内螺纹的示意图。旋风铣螺纹可以在改装的车床、改装的螺纹加工机床和专用机床上进行。

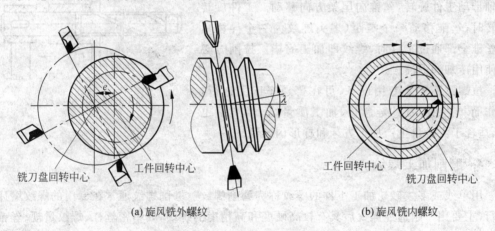

(a) 旋风铣外螺纹   (b) 旋风铣内螺纹

图 3.62 旋风铣螺纹示意图

如图 3.62(a) 所示，旋风铣头为一个装有数把硬质合金刀头的高速旋转刀盘（由于调整复杂，刀头数一般不超过 4 个，有时只有 1 个或 2 个），其轴线与工件轴线倾斜成 λ 角（螺纹升角），铣刀盘中心与工件中心有一个偏心距 e。铣削时，铣刀盘高速旋转，并沿工件轴线移动，工件则慢速旋转。工件每转一转时，铣刀盘移动一个螺距（多头螺纹为一个导程）。由于铣刀盘中心与工件中心不重合，故刀刃只在其圆弧轨迹的 1/6～1/3 圆弧上与工件接触，进行间断切削。

旋风铣螺纹时，由于每把刀只有很少的时间在切削金属，大部分时间在空气中冷却，因此允许提高切削速度，故生产率很高，比一般铣螺纹方法高 3～6 倍。在改造机床上旋风铣螺纹精度不高,铣头调整也比较费时,故常用于成批和大量生产螺杆或精密丝杠的预加工。

随着技术的发展,现代专用高速旋风铣削机床(见图 3.63)不仅加工效率高,而且加工精度高、表面粗糙度低,还可切削硬材料,可代替螺纹磨削,如加工高精度、大导程的滚珠丝杠等。

图 3.63　精密丝杠旋风铣削

3. 拉削加工螺纹

用拉削丝锥加工工件的内螺纹称为拉螺纹。如图 3.64 所示,先把工件套入拉削丝锥的导部,并将工件装夹在车床的三爪卡盘上,然后将丝锥的前导部与固定在车床刀架上的夹具连接。车床主轴带动工件旋转,丝锥向尾架方向移动。工件旋转一转时,丝锥移动一个螺距(多头螺纹为一个导程),待丝锥全部通过工件时,螺纹即加工完毕。拉削时必须使用冷却润滑液。

拉螺纹不需要专用设备,可在普通车床上进行,操作简单方便,刀具寿命长,加工质量高、生产率也高,适合于大批量生产加工方牙和梯形内螺纹。

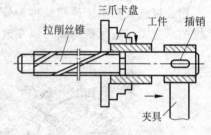

图 3.64　拉削螺纹

4. 磨削加工螺纹

用单线或多线砂轮加工工件的螺纹称为磨削螺纹。磨削螺纹通常在专门的螺纹磨床上进行,主要用于制造经淬火后具有较高硬度和高精度的螺纹,如精密丝杠、螺纹量规、丝锥和螺纹滚轮等。

(1)单线砂轮磨削螺纹:如图 3.65(a)所示,与盘形螺纹铣刀铣螺纹比较,除刀具不同外,其运动原理相似。

单线砂轮磨削螺纹,加工精度高,砂轮的修整也比较方便,且可加工各种螺距和长度的螺纹,但生产率较低。

(2)多线砂轮磨削螺纹:如图 3.65(b)所示,与梳形铣刀铣螺纹比较,除刀具不同外,其运动原理相似。多线砂轮磨削螺纹与单线砂轮磨削螺纹比较,加工精度低,砂轮的修整也比较困难,且只能加工较短的螺纹,但生产率高。

(3)无心磨削:主要用于加工无头螺纹。因为无头螺纹没有中心孔定位,也没有地方用卡盘装卡,所以,用无心磨削法加工最为合适。

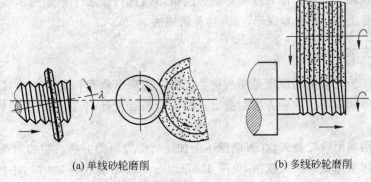

(a) 单线砂轮磨削　　　　　　　　(b) 多线砂轮磨削

图 3.65　磨削螺纹

5. 攻螺纹与套螺纹

攻螺纹和套螺纹是应用较广泛的螺纹加工方法。

用丝锥在工件内孔表面上加工出内螺纹的工序称为攻螺纹,对于小尺寸的内螺纹,攻螺纹几乎是唯一有效的加工方法。单件小批生产中,可以用手用丝锥手工攻螺纹;当批量较大时,则应在车床、钻床、组合机床或攻螺纹机上使用机用丝锥加工。

用板牙在圆杆上切出外螺纹的工序称为套螺纹。套螺纹的螺纹直径不超过 16mm,可手工操作,也可在机床上进行。

在攻螺纹和套螺纹时,每转过 1～1.5 转后,均应适当反转倒退,以免切屑挤塞,造成工件螺纹的破坏。由于攻螺纹和套螺纹的加工精度较低,主要用于加工精度要求不高的普通螺纹。

3.5.2　齿轮齿形加工

齿轮在各种机械和仪表中广泛应用,它是传递运动和动力的重要零件。机械产品的工作性能、承载能力、使用寿命及工作精度等,都与齿轮本身的质量有着密切的关系。常用的齿轮有圆柱齿轮、圆锥齿轮及蜗杆蜗轮等(见图 3.66),而圆柱齿轮应用最广。

(a) 圆柱齿轮　　　　　　(b) 圆锥齿轮　　　　　　(c) 蜗杆蜗轮

图 3.66　常见齿轮

齿轮的齿形曲线有渐开线、摆线、圆弧等,其中最常用的是渐开线。本节仅介绍渐开线圆柱齿轮齿形的加工方法。

在齿轮的齿坯上加工出渐开线齿形的方法很多,目前,按加工原理的不同,切削加工的方法可分为两种类型:一种是成形法,一种是展成法。

1. 成形法加工齿形

成形法加工齿轮齿形的原理是用与被加工齿轮齿廓形状相符的成形刀具,在齿轮的齿坯上加工出齿形的方法。这种方法制造出来的齿轮精度较低,只能用于低速传动。最常用的方法是铣齿。

铣齿是利用成形齿轮铣刀,在万能铣床上加工齿轮齿形的方法。当齿轮模数 $m<8$ 时,一般在卧式铣床上用盘形铣刀铣削,见图 3.67(a)。当齿轮模数 $m\geqslant 8$ 时,用指形铣刀在立式铣床上进行,见图 3.67(b)。

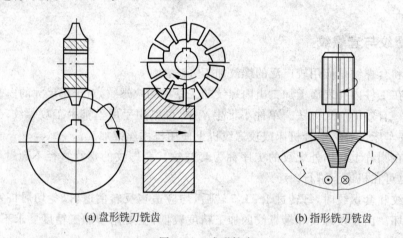

(a) 盘形铣刀铣齿　　　　　　　　　　(b) 指形铣刀铣齿

图 3.67　成形铣齿

铣削时,均将工件安装在铣床的分度头上,模数铣刀作旋转主运动,工作台作直线进给运动。当加工完一个齿间后,退出刀具,按齿数 z 进行分度,再铣下一个齿间。这样,逐齿进行铣削,直至铣完全部齿间。

模数相同而齿数不同的齿轮,其齿形渐开线的形状是不同的。从理论上讲,同一模数每种齿数的齿轮,都应该用专门的铣刀加工,这在生产中既不经济,也不便于管理。为减少同一模数铣刀的数量,在实际生产中,将同一模数的铣刀,按渐开线齿形的弯曲度相近的齿数,一般只做出 8 把,分成 8 个刀号,每把铣刀分别铣削齿形相近的一定范围齿数的齿轮。

铣齿加工的特点如下:

(1) 生产成本低。在普通铣床上,即可完成齿形加工。齿轮铣刀结构简单,制造容易。因此,生产成本低,对于缺乏专用齿轮加工设备的工厂较为方便。

(2) 加工精度低。铣齿时,由于刀具的齿形误差和加工时的分度误差,故其加工精度较低。

(3) 生产率低。铣齿时,由于每铣一个齿间都要重复进行切入、切出、退刀和分度的工作,辅助时间和基本工艺时间增加。因此,生产率低。

成形法铣齿常用于单件小批量生产和修配精度要求不高的齿轮。

2. 展成法加工齿形

展成法加工齿轮齿形的基本原理是利用一对齿轮的啮合运动实现的,即一个是具有切削能力的齿轮刀具,另一个是被切的工件,通过专用齿轮加工机床按展成法切制出齿形。滚齿和插齿是展成法中最常见的两种加工方法。

1) 滚齿

滚齿是利用滚刀在滚齿机上完成,主要用于加工外啮合的直齿或螺旋齿圆柱齿轮,同时也用于加工蜗轮。滚齿加工过程如图 3.68(a)所示。

滚齿的工作原理相当于齿条与齿轮的啮合原理,如图 3.68(b)所示,滚刀相当于齿条按螺旋升角旋转所得,形状似蜗杆,为了形成刀刃,在垂直于螺旋线的方向开出沟槽,并磨出刀刃,形成切削刃和前、后角,于是就变成滚刀,其切削刃相当于齿条的齿形。当滚刀转动时,就像一个无限长的假想齿条在缓慢移动。齿条与同模数的任何齿数的渐开线齿轮都能正确啮合,即滚刀刀齿侧面运动轨迹的包络线为渐开线齿形,如图 3.68(c)所示。因此,用滚刀滚切同一模数任何齿数的齿轮时,都能加工出所需齿形的齿轮。

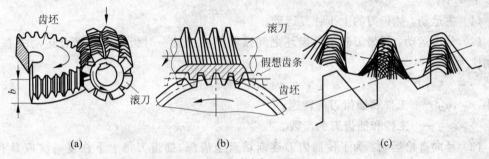

图 3.68　滚齿加工原理

滚齿时,滚刀与工件之间的运动包括以下 3 个:

(1) 主运动,即滚刀的旋转运动。

(2) 分齿运动,是指滚刀与齿坯之间保持严格速比关系的运动。若工件的齿数为 z,则当单头滚刀转一转时,被切工件应转 1/2 转;头数为 K 的多头滚刀转一转时,被切工件应转 K/z 转。滚刀与工件之间的速比关系由传动链来保证。

(3) 垂直进给运动,为了在齿轮的全齿宽上切出齿形,滚刀沿被切齿轮的轴向应作垂直进给运动。

滚齿的工艺特点:

(1) 加工精度高。因展成法滚齿不存在成形法铣齿的那种齿形曲线理论误差,所以分齿精度高,一般可加工 IT8～IT7 级精度的齿轮。

(2) 生产率高。滚齿加工属于连续切削,无辅助时间损失,生产率高。

在齿轮齿形加工中,滚齿应用最广泛,它不但能加工直齿圆柱齿轮,还可以加工斜齿圆柱齿轮、蜗轮等,但一般不能加工内齿轮、扇形齿轮和相距很近的多联齿轮。

2) 插齿

插齿是利用插齿刀在插齿机上加工内、外齿轮或齿条等齿面的方法,插削过程如图 3.69所示。

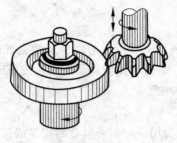

(a) 插削外齿轮　　　　　(b) 插削内齿轮

图 3.69　插齿加工

　　插齿是按一对圆柱齿轮相啮合的原理进行加工的。插齿用的插齿刀相当于一个在轮齿上磨出前角和后角,具有切削刃的齿轮;而齿轮坯则作为另一个齿轮。工作时,就利用刀具上的切削刃来进行切削。

　　插齿切削运动见图 3.70,加工出的齿形即为插齿的加工包络线。插齿刀与工件的运动有以下 4 个:

　　(1) 主运动:插齿刀的上下往复运动。

　　(2) 分齿运动:插齿刀和工件齿坯之间强制严格保持一对齿轮副的啮合运动关系,其传动比为

$$i = n_{刀} / n_{工} = z_{工} / z_{刀} \tag{3-5}$$

式中,$n_{工}$,$n_{刀}$——工件和插齿刀的转速;

　　　　$z_{工}$,$z_{刀}$——工件和插齿刀的齿数。

　　(3) 径向进给运动:为了使插齿刀逐渐切至全齿深,插齿刀每上下往复一次应具有向工件中心的径向进给运动。

　　(4) 让刀运动:为了避免插齿刀向上返回退刀时,造成后刀面的磨损和擦伤已加工表面,工件应离开刀具作让刀运动。当插齿刀向下切削加工时,工件应恢复原位。

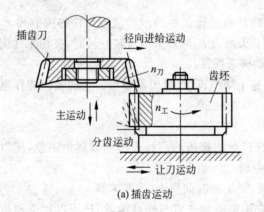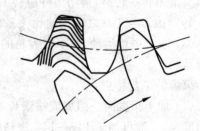

(a) 插齿运动　　　　　　　　　　(b) 齿形包络面

图 3.70　插齿运动

　　插齿的工艺特点如下:

　　(1) 加工精度较高。插齿刀的制造、刃磨和检验均较滚刀简便,易保证制造精度,但插

齿机的分齿传动链较滚齿机复杂,传动误差较大。因此,插齿的精度高于铣齿,与滚齿差不多,一般可加工 IT7 级以下的齿轮。

(2)齿面粗糙度 Ra 较小。插齿时,由于插齿刀是沿轮齿全长连续地切下切屑,还由于形成齿形包络线的切线数目一般比滚齿时多,因此,插齿加工的齿面粗糙度优于滚齿和铣齿,Ra 值可达 $1.6\mu m$。

(3)生产率较低。由于插齿时插齿刀作往复运动,速度的提高受到一定的限制,故生产率低于滚齿。

在单件、小批生产和大量生产中,广泛采用插齿来加工各种未淬火齿轮,尤其是内齿轮和多联齿轮。

3. 齿轮精加工方法

铣齿、滚齿和插齿均属齿形的成形加工,通常只能获得一般精度等级的齿轮。对于精度超过 IT7 级或齿形需要淬火处理的齿轮,在铣齿、滚齿和插齿后,尚需进行精加工。对不淬火齿轮,可用剃齿进行精加工;对需要淬火的齿轮可采用珩齿或磨齿进行精加工。

1)剃齿

剃齿是用剃齿刀在剃齿机上对齿轮齿形进行精加工的一种方法,用来加工未经淬火(35HRC 以下)的圆柱齿轮。剃齿加工精度可达 IT7~IT6 级,齿面的表面粗糙度可达 Ra $0.8\sim0.4\mu m$。

剃齿加工时工件与刀具的运动形式见图 3.71。

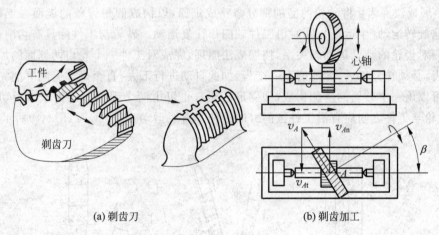

(a) 剃齿刀　　　　　　　　　(b) 剃齿加工

图 3.71　剃齿加工

剃齿加工是利用螺旋齿轮啮合的原理对已有齿形进行精加工,属展成法加工。剃齿刀的形状类似螺旋齿轮,齿形做得非常准确,在齿面上制作出许多小沟槽,以形成切削刃。当剃齿刀与被加工齿轮啮合运转时,剃齿刀齿面上的众多切削刃将从工件齿面上剃下细丝状的切屑,使齿形精度和齿面粗糙度得以提高。

剃齿加工时,工件安装在心轴上,由剃齿刀带动旋转。由于剃齿刀刀齿是倾斜的(螺旋角为 β),为使它能与工件正确啮合,必须使其轴线相对于工件轴线倾斜一个 β 角。此时,剃齿刀在 A 点的圆周速度 v_A 可分解为沿工件切向的速度 v_{An} 和沿工件轴向的速度 v_{At}。v_{An} 使工件旋转，v_{At}为齿面相对滑动速度，即剃削速度。为了剃削工件的整个齿宽，工件应由工件台带动作往复直线运动。并且在工作台每次往复行程的终了，工件相对于剃齿刀作垂直进给运动，使工件齿面每次被剃去一层0.007～0.03mm的金属。在剃削过程中，剃齿刀时而正转，剃削轮齿的一个侧面；时而反转，剃削轮齿的另一个侧面。

剃齿加工主要用于提高齿形精度和齿向精度，降低齿面的表面粗糙度。剃齿加工多用于成批、大量生产。

2）珩齿

当工件硬度超过35HRC时，使用珩齿代替剃齿。珩齿与剃齿的原理完全相同，是用珩磨轮在珩齿机上对齿轮进行精加工的一种方法。

珩磨轮是用金刚砂及环氧树脂等浇注或热压而成的，它的硬度极高。珩磨时，能除去剃齿刀刮不动的淬火齿轮齿面。珩磨过程具有磨、剃、抛光等几种精加工的综合作用。

珩齿对齿形精度改善不大，主要用于改善热处理后的轮齿表面粗糙度。

3）磨齿

磨齿是用砂轮在专用磨齿机上进行，专门用来精加工已淬火齿轮。磨齿按加工原理可分为成形法和展成法两种。

(1) 成形法磨齿：砂轮截面形状修整成与被磨齿轮齿间一致，磨齿时与盘状铣刀铣齿相似，如图3.72(a)所示。

成形法磨齿的分齿运动是不连续的，在磨完一个齿后必须分度，再磨下一个齿，轮齿是逐个加工出来的，但砂轮一次就能磨削出整个渐开线齿面，因此，生产率较高。

(2) 展成法磨齿：将砂轮的磨削部分修整成锥面，以构成假想齿条的齿面。工作时，砂轮作高速旋转运动(主运动)，同时沿工件轴向作往复运动。砂轮与工件除具有切削运动外，还保持一对齿轮的啮合运动副关系，按展成法原理，完成对工件一个轮齿两侧面的加工。磨好一个齿，必须在分度后，才能磨下一个齿，如此自动进行下去，直至全部齿间磨削完毕。假想齿条可以由一个砂轮的两侧构成(即碟形砂轮)，也可由两个碟形砂轮构成。为切制出全齿深，砂轮与工件之间应有沿工件齿间方向的往复直线运动，如图3.72(b)、(c)所示。

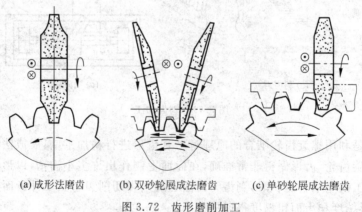

(a) 成形法磨齿　　　(b) 双砂轮展成法磨齿　　　(c) 单砂轮展成法磨齿

图3.72　齿形磨削加工

随着技术的发展，齿形加工也出现了一些新工艺，例如精冲或电解加工微型齿轮，热轧中型圆柱齿轮，精锻圆锥齿轮，粉末冶金法制造齿轮，以及电解磨削精度较高的齿轮等。

3.5.3　成形表面加工

有些机器零件的表面,不是简单的圆柱面、圆锥面、平面及其组合,而是形状复杂的表面,这些复杂表面称为成形表面。按照成形表面的几何特征一般分为以下 3 种类型。

(1) 回转成形面:由一条母线(曲线)绕一固定轴线旋转而成,如滚动轴承内、外圈的圆弧短道和手柄等。

(2) 直线成形面:由一条直母线沿一条曲线平行移动而成。它可分为:外成形面,如凸轮和冷冲模的凸模等;内成形面,如叶片泵定子内曲面和冷冲模的凹模型孔等。

(3) 立体成形面:即零件各个面具有不同的轮廓形状,如汽轮机组曲变截面叶片和某些锻模、压铸模、塑压模的型腔。

成形表面的加工方法可以分为成形刀具加工、简单刀具加工和成形磨削等几类。

1. 成形刀具加工

成形刀具加工,将刀具的切削刃按工件表面轮廓形状制造,加工时,刀具相对工件作简单的直线进给运动。

这类加工在车床上可用成形车刀车削内、外回转体成形面,常用的成形车刀见图 3.73。

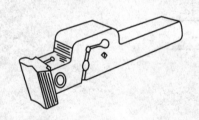前刀面

刀刃

(a) 棱体成形车刀　　　　　　　　　　　　　　(b) 圆体成形车刀

图 3.73　成形车刀

用成形铣刀铣削成形面,一般在卧式铣床上进行,常用来加工直线成形面(见图 3.74)。一般成形铣刀的前角 $\gamma_{\circ}=0°$,重磨时只刃磨前刀面以保证刃形不变。

用成形刨刀可刨削直线成形面,成形刨刀的结构是与成形车刀相似的直线成形面。

对于成批大量生产直线成形面还可拉削成形面,一般只用于加工形状简单的表面,拉削可加工多种内、外直线成形面。拉削成形面加工质量好、生产率高,但其拉刀复杂、制造成本高。

用球形铰刀可以铰削小直径的球窝(见图 3.75),以及处于深孔的球窝。铰削前先用钻头在工件上钻出盲孔,再用成形车刀粗车成形,然后进行粗铰、精铰。球铰刀一般有 4~6 个齿,粗铰刀刀齿上开有分屑槽,精铰刀上没有。精铰钢件的表面粗糙度达 $Ra\ 1.6\mu m$,加工青铜件时,可达 $Ra\ 0.4\sim0.8\mu m$。

2. 简单刀具加工

简单刀具加工是采用控制刀尖轨迹的方法进行加工,而控制刀尖轨迹的方法有靠模法、仿形法和数控加工法。

图 3.74　成形铣削

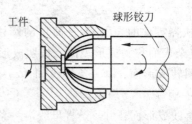

图 3.75　球窝铰削

　　图 3.76 为靠模法车削锥面的示意图。靠模法车削成形面的方法与靠模法车削锥面相同,只是把靠模直槽换成成形曲线槽。

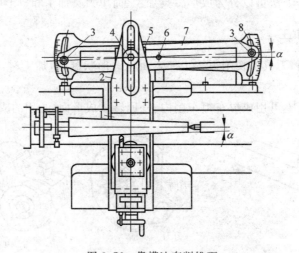

图 3.76　靠模法车削锥面
1—中滑板;2—接长板;3—螺钉;4—压板螺钉;5—滑块;6—轴销;7—靠模;8—底座

　　由于靠模法加工时靠模需要承受较大的切削力,因此靠模要具有较高的性能强度和耐磨性,结构复杂的型面加工困难,因此出现了仿形加工。仿形加工是在刀具和模型之间增加了一随动系统,用模型带动刀具沿曲面进给,而切削力基本由随动系统转移到床身上,不传到模型上,因此仿形模型可采用树脂、石膏、木头等材料制造,仿形加工需在仿形车床、仿形铣床等加工机床上进行。随着数控技术的发展,该方法目前已被数控法所取代。

　　数控加工法则是通过设计三维数据模型,再根据加工工艺要求编制数控加工程序,在相应的数控机床上进行加工,可以完成各种回转型、直线型和复杂的立体成形面的加工。

本章小结及学习要求

　　通过本章的学习,应熟悉并掌握以下主要内容:

　　(1) 金属切削机床的分类和型号编制方法;

　　(2) 金属切削机床的主要技术参数,即主参数和基本参数(尺寸参数、运动参数和动力

参数);

(3) 机床所需的运动以及各种运动之间的关系,机床传动链分析;

(4) 普通车床的工艺范围和传动系统,立式车床的应用场合;

(5) 铣床的工艺范围、种类及其适用范围;

(6) 外圆磨床的种类及其运动分析,无心磨床的工作原理和平面磨床的磨削方式;

(7) 刨床、拉床、插床的特点及其应用场合;

(8) 常用钻床、镗床的类型及其适用范围;

(9) 数控机床的组成及其工作原理与加工中心;

(10) 齿轮加工原理及加工方法,螺纹、成形表面的加工方法;

(11) 外圆、内孔及平面加工方案。

习题与思考题

3-1　车床、铣床、钻床、刨床和镗床各自能进行哪些工作?分别使用何种刀具?试画出工艺简图,并标出切削运动。

3-2　为什么对车削精度要求较高的工件要分粗车和精车?粗车和精车的加工要求怎样?

3-3　图3.77为C6140A车床的背轮机构的传动系统图,已知各齿轮齿数如图所示,轴Ⅲ为输入轴,且已知 $n_{Ⅲ}=150\text{r/min}$,求:

(1) 系统的传动结构式;

(2) 输出轴Ⅵ的转速级数;

(3) 轴Ⅵ的极限转速。

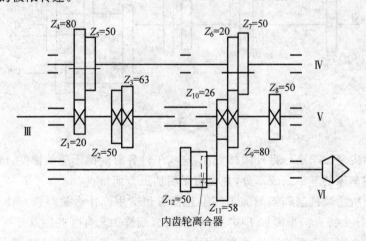

图3.77　习题3.3图

3-4　图3.78为某机床的传动系统图,已知各齿轮齿数如图所示,且已知电机为双速电机,两级转速为 $n=960/1450\text{r/min}$,带传动效率 $\eta=0.98$。求:

(1) 系统的传动结构式;

(2) 输出轴Ⅱ的转速级数;

(3) 轴Ⅱ的极限转速。

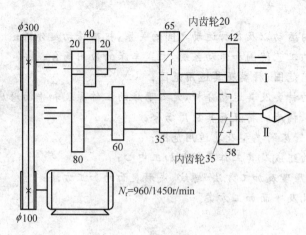

图 3.78 习题 3.4 图

3-5 图 3.79 为某机床的传动系统图,已知各齿轮齿数如图所示,且已知轴 $n_{XI}=450r/min$。求:

(1) 系统的传动结构式;

(2) 输出轴 XIII 的转速级数;

(3) 轴 XIII 的极限转速。

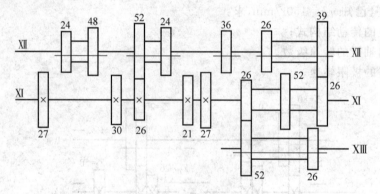

图 3.79 习题 3.5 图

3-6 用顶尖定位车削一批外圆柱工件,这些工件各有轻微不等的锥度,试分析其原因。

3-7 简述车床的基本组成部分,并说明车削加工有何特点?

3-8 试分析比较铣削和刨削加工的工艺特点和应用。什么是顺铣?什么是逆铣?顺铣和逆铣各有什么特点?平面加工中,与周铣相比,端铣工艺有哪些特点?

3-9 为什么内圆表面加工比外圆表面加工生产率低、成本高?(在工件尺寸、加工精度和表面粗糙度相同的条件下作比较。)

3-10 成形面的加工一般有哪几种方式?各有何特点?

3-11 标准麻花钻头横刃切削条件如何?为什么在切削时会产生很大的轴向力?

3-12 使用标准麻花钻钻孔有何缺点?生产中是如何克服这些缺点的?

3-13 用周铣法加工镁合金材料零件的平面,为了保证加工表面质量,应用顺铣还是逆铣?为什么?

3-14　简述拉刀的结构及拉削加工的工艺特点。拉削适应于什么批量生产的场合？为什么要将工件端面靠在球面垫圈上？

3-15　磨削工件外圆的方法有哪些？各有何特点？磨削内圆比磨削外圆困难的原因有哪些？

3-16　珩磨孔能否提高孔的尺寸精度、形状精度，减小表面粗糙度，能否提高孔与其他相关表面的位置精度？为什么？

3-17　平面磨削方式有哪两种？相比较而言哪种方法的加工精度和表面质量更高，但生产率较低？

3-18　在什么情况下，使用数控机床能取得良好的经济效益？

3-19　镗孔有哪几种方式？各有何工艺特点？

3-20　按加工原理不同，齿轮齿形加工可以分为哪两大类？各有何优缺点？

3-21　在各类机床中，可用来加工外圆表面、内孔、平面及沟槽的机床各有哪些？它们的适用范围有何区别？

4

机械加工工艺规程的制定

内容提要：机械加工工艺规程是生产管理的重要技术文件，直接影响零件加工质量、成本及生产效率、生产规模的大小、工艺水平的高低以及解决各种工艺问题的方法和手段都要通过工艺规程来体现。本章主要介绍机械加工工艺过程的组成、零件结构加工工艺性、毛坯选择、定位基准选择、工艺路线拟定、工序设计（切削用量选择、工艺尺寸链计算）、数控加工工艺规程编制等，同时将介绍提高生产率的工艺措施、工艺方案技术经济分析、典型零件加工工艺过程等内容。

4.1 概　　述

4.1.1 工艺过程及其组成

生产过程中按一定顺序逐渐改变生产对象的形状、尺寸、位置和性质，使之成为预期产品的这部分主要过程称为工艺过程。

工艺过程由若干个按顺序排列的工序组成。毛坯依次通过各个工序变为合格的零件。

1. 工序

一个（或一组）工人，在一台机床（或一个工作地点）对一个（或同时对几个）工件所连续完成的那一部分工艺过程，称为工序。它是组成工艺过程的基本单元，也是生产管理和经济核算的基本依据。划分工序的主要依据是工作地是否变动、工作是否连续和加工对象是否改变。

表 4.1 是图 4.1 所示阶梯轴零件的加工工艺过程。工序 1 的工艺过程包括：对轴的一端车端面、钻中心孔后，掉头车另一端面（含取长度）、钻中心孔。假如把一批工件的一端先全部加工好，再加工全部的另一端，虽然同样是这些加工内容，但由于对每个工件而言工艺过程是不连续的，所以应算作是两道工序。

表 4.1　阶梯轴的工艺过程

工序号	工序内容	设　备
1	车端面、钻中心孔	车床
2	车外圆、槽、倒角	车床
3	铣键槽、去毛刺	铣床
4	磨外圆	磨床

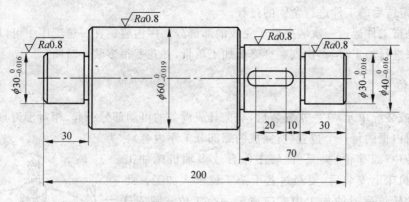

图 4.1 阶梯轴零件图

2. 工步

在加工表面(或装配时的连接表面)不变、切削(或装配)工具不变、切削用量不变的条件下所连续完成的那一部分工艺过程,称为工步。

对于连续进行的几个相同的工步,如在法兰上依次钻 4 个 $\phi15$ 的孔(见图 4.2(a)),习惯上算作一个工步,称为连续工步。如果同时用几把刀具(或复合刀具)加工不同的几个表面也可看作是一个工步,称为复合工步(见图 4.2(b))。

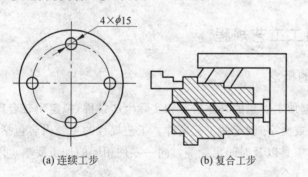

(a) 连续工步   (b) 复合工步

图 4.2 连续工步和复合工步

3. 走刀

走刀是切削工具在加工表面上切削一次所完成的那部分工艺过程。即在一个工步中,当材料层需要分几次切削时,则将切去一层材料的工艺过程称为一次走刀。

可见,整个工艺过程由若干道工序组成。每一道工序可包括一个或多个工步,而每一个工步通常又包括一次或几次走刀。

4. 安装

工件在机床(或夹具)上被定位和夹紧的综合过程称为装夹。定位是指以一定的方法将工件正确地安装在机床夹具中或直接安放在机床工作台上,使其待加工表面相对于刀具处于正确位置的过程。夹紧是指为防止由于切削加工时的切削力等破坏工件已获得的正确位置,施力将定位后的工件进行紧固的过程。

安装是指工件通过一次装夹后所完成的那部分工序内容。在一道工序中可以用一次或多次安装来进行加工,但多次安装会降低加工质量,并花费很多装夹时间。

5.工位

工件(或装配单元)在一次安装后,与夹具或设备的可动部分一起,相对于刀具或设备的固定部分所占据的每一个位置(所完成的那部分工序内容)称为工位。

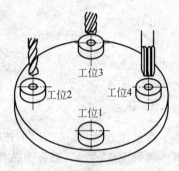

采用转位(或移位)夹具、回转工作台或多轴机床加工时,工件在机床上安装后,要经过若干个工位依次加工。此时工件一次转位完成的加工内容应属于一个工位。图 4.3 是通过立轴式回转工作台使工件变换加工位置的例子。在该例中,共有 4 个工位,依次为装卸工件、钻孔、扩孔和铰孔,实现了在一次装夹中钻孔、扩孔和铰孔 3 个工步的工艺过程。多工位加工可以减少工件的安装次数,缩短辅助工时,提高生产效率。

零件依次通过的全部加工过程称为工艺路线或工艺流程。工艺路线是制订工艺过程和对车间进行分工的重要依据。

图 4.3　多工位加工
工位 1—装卸工件;工位 2—钻孔;
工位 3—扩孔;工位 4—铰孔

4.1.2　机械加工工艺规程

1.工艺规程的概念

工艺规程是根据加工对象的具体情况和实际生产条件,拟定出较合理的工艺过程,并按照规定的形式(图表或文字)制定的工艺文件。工艺规程的主要内容包括:加工次序、内容、方法、所用的设备与工具以及时间定额等。同一零件相同的加工要求,可用不同的工艺规程来实现。

工艺规程是生产准备、生产计划、生产组织、实际加工及技术检验的重要技术文件,有关人员必须严格遵守。工艺文件需要修改时,必须通过一定的审批手续。

2.工艺规程的作用

(1)工艺规程是指导生产的主要技术文件。机械加工车间生产的计划与调度,工人的操作,零件的加工质量检验,加工成本的核算,都是以工艺规程为依据的。处理生产中的问题,也常以工艺规程作为共同依据。

(2)工艺规程是生产组织和管理工作的基本依据。生产计划的制定,产品投产前原材料和毛坯的供应,工艺装备的设计、制造与采购,机床负荷的调整,作业计划的编制,劳动力的组织,工时定额的制定和成本核算等,也以工艺规程作为基本依据。

(3)工艺规程是新建或扩建工厂或车间的基本资料。在新建和扩建工厂时,生产所需要的机床和其他设备的种类、数量和规格,车间的面积,机床的布置,生产工人的工种、技术等级及数量,辅助部门的安排等都是以工艺规程为基础,根据生产类型来确定。

(4)先进工艺规程也起着推广和交流先进经验的作用,典型工艺规程可以指导同类产品的生产。

3. 工艺文件的形式

生产类型不同,工艺文件的形式也不同,常用的工艺文件形式有以下两种。

1)机械加工工艺过程卡片

机械加工工艺过程卡片(见表4.2)是以工序为单位,简要地列出整个零件加工所经过的工艺路线(包括毛坯制造、机械加工和热处理等),包括工序号、工序名称、工序内容、所经车间工段、所用机床与工艺装备的名称、时间定额等。由于各工序的内容规定得不够具体,因此机械加工工艺过程卡片一般不直接用于指导工人操作。

大批量生产时,机械加工工艺过程卡片还需要和机械加工工序卡片等工艺文件配套使用。因此,它是制定其他工艺文件的基础,也是生产准备、编排作业计划和组织生产的依据。

单件小批生产时,由于通常不需要编制过于详细的工艺文件,而直接使用机械加工工艺过程卡片指导工人操作。此时,过程卡的相关项目如工序内容、工艺装备名称及编号等则应编制得较为详细,如表4.3所列的机械加工工艺卡片。

2)机械加工工序卡片

机械加工工序卡片(见表4.4)是根据机械加工工艺过程卡片为每一道工序详细制定的。它详细规定了整个零件各个工序的要求,是用来具体指导工人操作的工艺文件之一。在这种卡片上画有工序简图,说明该工序每个工步的内容、工艺参数、操作要求、所用的设备及工艺装备。

4. 制定机械加工工艺规程的原始资料

在制定产品的工艺规程时,必须具备下列原始资料:

(1)产品的装配图及零件图。

(2)产品的年生产纲领。

(3)产品的验收质量标准及毛坯的生产情况。工艺人员须根据零件图审查毛坯种类和毛坯制造方法,从工艺角度(如定位夹紧、加工余量及结构工艺性等)对毛坯制造提出要求,必要时,应和毛坯车间工作人员共同设计或修改毛坯图。

(4)现有的生产条件。制定工艺规程时,首先应深入生产现场进行调查研究,了解设备的规格、性能、所能达到的精度等级及其负荷情况;其次应了解现有的刀具、夹具、量具和辅助工具的规格和使用情况;另外还要掌握企业专用设备的制造能力、操作人员的技术水平以及相关的企业标准等。

(5)毛坯资料。如毛坯的生产条件、生产能力以及型材的状况等。

(6)国内外的先进工艺及其生产技术的发展情况。制定工艺规程时,还需要了解国内外的先进工艺及其生产技术的发展情况,这样才能保证所制定的工艺规程的先进性。

表 4.2　机械加工工艺过程卡片

厂名		机械加工工艺过程卡片	产品型号		零(部)件图号		共　页
			产品名称	解放牌汽车	零(部)件名称	万向节滑动叉	第　页
材料牌号 45	毛坯种类 锻件	毛坯外形尺寸		每毛坯件数	每台件数 1	1	备注

工序号	工序名称	工序内容	车间	工段	设备	工艺装备	工时 准终	工时 单件
1	车	车外圆、螺纹及端面	机加		CA6140	车夹具,车刀,卡板		
2	车	钻、扩花键底孔及镗止口	机加		CA6140	车夹具,$\phi25$、$\phi41$钻头,$\phi43$扩孔钻,YT5镗刀		
3	车	侧角	机加		CA6140	车夹具,成形刀		
4	钻	钻Z1/8″底孔	机加		Z525	钻模,$\phi8.8$钻头		
5	拉	拉花键孔	机加		L6120	拉床夹具,拉刀,花键量规		
6	铣	粗铣两端面	机加		X62	铣夹具,$\phi175$高速钢镶齿三面刃铣刀,卡板		
7	钻	钻、扩$\phi39$孔并倒角	机加		Z535	钻模,$\phi25$、$\phi37$钻头,$\phi38.7$扩孔钻,$90°$全惚钻		
8	镗	粗、精镗$\phi39$孔	机加		T740	镗刀头,专用夹具		
9	磨	磨端面	机加		M7130	GB46ZR$_1$,A6P350×40×127砂轮,卡板,专用夹具		
10	钻	钻M8底孔并倒角	机加		Z4112-2	钻模,$\phi6.7$钻头,$120°$全惚钻		
11	钻	攻螺纹M8,Z1/8″	机加		Z525	钻模:M8,Z1/8″机用丝锥		
12	冲	冲箭头	机加		油压机			
13	检	终检	机加					

	编制(日期)	审核(日期)	会签(日期)
描图			
描校			
底图号			
装订号			

标记	处数	更改文件号	签字	日期	标记	处数	更改文件号	签字	日期

表 4.3　机械加工工艺卡片

厂名					机械加工工艺卡片	产品型号		零(部)件图号		共 页
材料牌号	45	毛坯种类	锻件	毛坯外形尺寸		产品名称		零(部)件名称	万向节滑动叉	第 页

零(部)件名称 万向节滑动叉；每台件数 1；每毛坯件数 1；设备 解放牌汽车

工序号	安装号	工步号	工序内容	背吃刀量/mm	切削速度/(m/min)	每分钟转数或往复次数	进给量/(mm/r)	设备名称及编号	夹具	刀具	量具	工时 准备	单件
1			模锻　退火										
2			车外圆、螺纹及端面										
	1		车端面型 $\phi30$mm,保证尺寸(185 ± 0.5)mm	3	154	760	0.4	CA6140	车夹具	Y115端面车刀	卡规		0.16
	2		车外圆 $\phi62$mm,$L_1=90$mm	1.5	154	760	0.6	CA6140	车夹具	45°YT15	卡规 外圆车刀		0.22
	3		车外圆 $\phi50$mm,$L_2=20$mm	1	154	760	0.6	CA6140	车夹具	外圆车刀	卡规		0.06
	4		倒角 $1.5\times45°$		154	760		CA6140	车夹具	外圆车刀			
	5		车螺纹 $M60\times1,L_3=15$mm		35	185	1	CA6140	车夹具	螺纹车刀	螺纹环规		0.5
			钻、扩花键底孔,镗止口										
	1		钻通孔 $\phi25$mm	12.5	14.4	183	0.38	CA6140	车夹具	$\phi25$钻头	量规		2.3
	2		扩通孔 $\phi41$mm	8	7.46	58	0.56	CA6140	车夹具	$\phi41$钻头			4.57
	3		扩孔至 $\phi43$mm	0.9	7.8	58	0.92	CA6140	车夹具	$\phi4.3$扩孔钻			3
	4		镗止口 $\phi55$mm,保证尺寸 140 ± 0.3		74	430	0.21	CA6140	车夹具	YT5镗刀			0.27
			其余从略										

编制(日期)　审核(日期)　会签(日期)

标记 处数 更改文件号 签字 日期

表 4.4　机械加工工序卡片

厂名	机械加工工序卡片	产品型号		零(部)件图号		共　页
		产品名称	解放牌汽车	零(部)件名称	万向节滑动叉	第　页

工步简图（机械加工工序卡片）：2.5×45°　Ra12.5　φ38.7　185　5　Ra12.5

车间	工序号 7	工序名称 钻、扩 φ39 孔,倒角	材料牌号 45
毛坯种类 锻件	毛坯外形尺寸	每坯件数 1	每台件数 1
设备名称 立式钻床	设备型号 Z535	设备编号	同时加工件数 1
夹具编号	夹具名称 钻模		冷却液

工序工时：准备 1.52　单位 1.52

工步号	工步内容	工艺装备	主轴转速 /(r/min)	切削速度 /(m/min)	走刀量 /(mm/r)	背吃刀量 /mm	走刀次数	工时定额 机动	工时定额 辅助
1	钻孔 φ25mm，保证尺寸 185mm	φ25 钻头	195	15.3	0.32	12.5	1	0.5	
2	扩钻孔至 φ37mm	φ37 钻头	68	7.8	0.57	6	1	0.72	
3	扩孔至 φ38.7mm	φ38.7 扩孔钻	68	8.26	1.22	0.85	1	0.3	
4	倒角 2.5×45°								

	编制(日期)	审核(日期)	会签(日期)
描图			
描校			
底图号	标记 处数 更改文件号 签字 日期	标记 处数 更改文件号 签字 日期	
装订号			

5. 拟定机械加工工艺规程的步骤

（1）分析产品装配图和零件图，对零件进行工艺分析。

拟定工艺规程时，必须分析零件图以及产品装配图，充分了解产品的用途、性能和工作条件，熟悉该零件在产品中的位置和功用，分析零件的技术要求，找出技术关键，以便在拟定工艺规程时采取适当的工艺措施加以保证。

同时要审查零件的尺寸精度、形状精度、位置精度、表面质量等技术要求，以及零件的结构是否合理，在现有生产条件下能否达到，以便与设计人员共同研究探讨，通过改进设计的方法达到经济合理的要求。同样零件材料的选择不仅要考虑使用性能及材料成本，还要考虑加工工艺性。

（2）确定毛坯的制造方法。

（3）拟定工艺路线，选定定位基准，划定加工阶段。

（4）确定各工序所用的机床设备和工艺装备（含刀具、夹具、量具、辅具等）。

（5）确定各工序的加工余量，计算工序尺寸和公差。

（6）确定各工序的切削用量和工时定额。

（7）确定各主要工序的技术要求和检验方法。

（8）编制工艺文件。

4.2　毛坯的选择

1. 毛坯的种类

机械加工中常用的毛坯种类有铸件、锻件、焊接件、型材、冲压件、粉末冶金件和工程塑料件等。毛坯种类的确定应考虑零件的材料和对材料力学性能的要求、零件结构形状和尺寸大小、零件的生产纲领和现场生产条件以及利用新工艺、新技术的可能性等因素。表 4.5 给出了常用毛坯的种类及其特点。

表 4.5　常用毛坯种类及其特点

毛坯种类	毛坯制造方法	材　料	形状复杂性	公差等级(IT)	特点及其适用的生产类型	
型材	热轧	钢、有色金属（棒、管、板、异型截面等）	简单	11～12	冷轧型材尺寸精度高。常用作轴、套类零件及焊接毛坯分件	
	冷轧（拉）			9～10		
铸件	木模手工造型	铸铁、铸钢和有色金属	复杂	12～14	单件小批生产	铸造毛坯可获得复杂形状。灰铸铁由于成本低廉，耐磨性和吸振性好而广泛用作机架、箱体类零件毛坯
	木模机器造型			～12	成批生产	
	金属模机器造型			～12	大批大量生产	
	离心铸造	有色金属、部分黑色金属	回转体	12～14	成批或大批大量生产	
	压铸	有色金属	可复杂	9～10	大批大量生产	
	熔模铸造	铸钢、铸铁	复杂	10～11	成批以上生产	
	消失模铸造	铸铁、有色金属		9～10	大批大量生产	

续表

毛坯种类	毛坯制造方法	材料	形状复杂性	公差等级 (IT)	特点及其适用的生产类型	
锻件	自由锻	钢	简单	12～14	单件生产	金相组织纤维化且走向合理强度高
	模锻		较复杂	11～12	大批大量生产	
	精密锻造			10～11		
冲压件	板料加压	钢、有色金属	较复杂	8～9	适用于大批大量生产	
粉末冶金	粉末冶金	铁、铜、铝基材料	较复杂	7～8	机械加工余量极小或无机械加工余量,适用于大批大量生产	
	粉末冶金热模锻			6～7		
焊接件	普通焊件	铁、铜、铝基材料	较复杂	12～15	用于单件小批或成批生产。生产周期短,不需准备模具,毛坯刚性好	
	精密焊件			10～11		
塑料件	注射成形	工程塑料	复杂	9～10	适用于大批大量生产	
	吹塑成形					
	压缩成形					

2. 毛坯尺寸和形状的确定

零件的形状与尺寸基本上决定了毛坯的形状和尺寸,把毛坯上需要加工表面的余量去掉,毛坯就变成了零件,去掉的部分称为加工余量。毛坯上加工余量的大小,直接影响机械加工的加工量的大小和原材料的消耗量,从而影响产品的制造成本。因此,在选择毛坯形状和尺寸时应尽量与零件达到一致,力求做到少切削或者不切削加工。

毛坯尺寸及其公差与毛坯制造的方法有关,实际生产中可查有关手册或专业标准。精密毛坯还需根据需要给出相应的形位公差。

确定了毛坯的形状和尺寸后,还要考虑毛坯在制造、机械加工及热处理等多方面的工艺因素。如图 4.4 所示的零件,由于结构形状的原因,在加工时,为了装夹稳定,需要在毛坯上制造出工艺凸台。工艺凸台只是在零件加工中使用,一般加工完成后要切掉,对于不影响外观和使用性能的也可保留。对于一些特殊的零件如发动机连杆和车床开合螺母等,常做成整体毛坯,加工到一定阶段再切开,如图 4.5 所示。

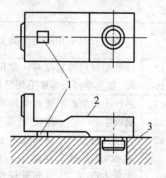

图 4.4 带工艺凸台的零件
1—工艺凸台；2—加工表面；3—定位表面

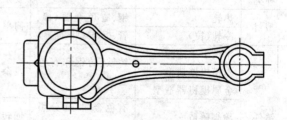

图 4.5 连杆体的毛坯

3. 毛坯图的绘制

毛坯图是毛坯生产单位制造毛坯的依据。它是在零件图的基础上,在相应的加工表面"加上"毛坯余量而得到的。绘制时要考虑毛坯的具体制造条件,如铸件上的孔、锻件上的孔和空挡、法兰等,还要考虑毛坯制造方法所能达到的最小尺寸;铸件和锻件沿出模方向应留有拔模斜度,面与面之间应采用圆角过渡,分型面应保证毛坯能顺利取出等。另外,用双点画线在毛坯图中表示出零件的表面,以区别加工表面和非加工表面。

4.3　零件的结构工艺性分析

1. 结构工艺性的概念

机械产品设计除满足产品使用要求外,还必须满足制造工艺的要求,否则就有可能影响产品的生产效率和产品成本,严重时甚至无法生产。

零件的结构工艺性是指零件所具有的结构是否便于制造、测量、装配和维修。它是评价零件结构设计好坏的一个重要指标。结构工艺性良好的零件,能够在一定的生产条件下,高效低耗地制造生产。因此机械零件的结构工艺性包括零件本身结构的合理性与制造工艺的可行性两个方面的内容。

随着加工、装配自动化程度的不断提高,机器人、机械手的推广使用,以及新材料、新工艺的出现,出现了不少适合于新条件的新结构,与传统的机械加工有较大的差别,设计中应该充分地予以注意与研究。因此,机械产品(零件)工艺性的优劣是相对的,它随着技术的发展和具体生产条件(如生产类型、设备条件、技术水平等)的不同而变化。

2. 切削加工对零件结构的一般要求

(1) 零件结构要素如螺纹、花键、齿轮、中心孔、退刀槽等的结构和尺寸都应符合国家标准。这样不仅可以简化设计工作,而且在产品加工过程中可以使用标准、通用的工艺装备(刀具、量具等),缩短零件的生产准备周期。

(2) 零件的加工精度和表面质量要求应取经济值。这样可以减少工序数量和切削加工量。

(3) 零件上要有便于装夹的定位基面和夹紧面,保证定位准确,夹紧可靠。

(4) 有利于提高生产率。从切削加工工艺性出发,这方面的潜力很大,主要的技术措施有:被加工表面形状应尽量简单,尽量减少加工面积,尽量减少加工过程的装夹次数,尽量减少工作行程次数,加工时工件应有足够的刚性等。

(5) 便于加工,易于测量。

(6) 合理采用零件的组合。一般来说,零件的结构越简单、数量越少越好。但是为了加工方便,合理地采用组合件也是适宜的。

(7) 既要结合本单位的具体加工工艺条件,又要考虑与先进的工艺方法相适应。

3. 机械零件结构加工工艺性典型实例

零件的结构工艺性直接影响着机械加工工艺过程,使用性能相同而结构不同的两个零件,加工方法和制造成本有较大的差别。在拟定机械零件的工艺规程时,应该充分地研究零件工作图,对其进行认真分析,审查零件的结构工艺是否良好、合理,并提出相应的修改意见。表4.6中列举了机械零件结构加工工艺性的典型实例,供设计时参考。

表 4.6　常见零件结构切削加工工艺性设计实例

序号	设 计 准 则	不 合 理 结 构	合 理 结 构	说　　明
1	外形不规则的零件,应设计工艺凸台,以利于装夹			为加工立柱导轨面,在斜面上设计工艺凸台 A
2	车削加工有利于装夹			增大卡爪的接触面
3	在一次安装中将轴上所有键槽都加工出来			轴上的键槽应布置在同一侧
4	尽可能减小加工表面面积			支架底面中间凹,连接孔端面设计凸台
5	减少走刀次数			被加工面位于同一平面上

续表

序号	设 计 准 则	不合理结构	合理结构	说　明
6	方便刀具的引进和退出			铣刀从大圆孔进退，但对刀不便
				设计成开口形状
7	方便加工和测量			将内孔切槽改为外圆切槽
				将研磨孔设计成通孔，加工后用堵头堵上
				避免在斜面钻孔或钻半边孔
8	避免箱体孔内端面加工			箱体孔内端面加工困难，采用镶套代替

续表

序号	设计准则	不合理结构	合理结构	说　明
9	方便加工,保证加工质量			车螺纹、磨削都应留退刀槽
				双联齿轮应设计退刀槽
				齿轮轴应设计退刀槽
10	加工面形状应与刀具轮廓相符			盲孔孔底、阶梯孔过渡部分应设计成与钻头顶角相同的圆锥面
				凹槽的圆角半径应与立铣刀半径相同

续表

序号	设 计 准 则	不合理结构	合 理 结 构	说　　明
11	有形位要求的表面，最好能在一次安装过程中完成全部加工	Ra0.8 Ra3.2 Ra0.2	Ra0.8 Ra3.2 Ra0.2	两端同轴孔、镶套外圆与端面均可在一次安装中加工
12	减少刀具种类和换刀时间	R1.5 R1.0　　2 3 1.5	R1.5 R1.5　　2 2 2	退刀槽宽度、圆角半径应尽量设计成相同尺寸
13	尽量采用标准刀具		$s>d/2+(2\sim4)$　d	合理布置孔的位置，避免采用非标准刀具
14	提高刚性，减小变形			薄壁零件应增设必要的加强筋
				薄壁套筒增加刚度，减小夹紧变形
				增加刚度，减小切削变形

4.4　定位基准的选择

拟定工艺路线的第一步是选择定位基准。定位基准选择不当,往往会增加工序,或使工艺路线不合理,或使夹具设计困难等,甚至达不到零件的加工精度要求。

4.4.1　基准及其分类

用来确定生产对象上的几何要素之间的几何关系所依据的那些点、线、面,称为基准。需要指出的是,作为基准的点、线和面在工件上并不一定具体存在(例如:孔和轴的中心线,某两面的对称中心面等),而是通过有关的具体表面来体现的,这些表面称为基面。如圆柱面所体现的基准就是圆柱面的中心线。

根据基准的作用不同,基准分为设计基准和工艺基准两大类。

1. 设计基准

设计图样上所采用的基准,即标注设计尺寸的起点,称为设计基准。如图 4.6 所示的轴套零件,其端面 B 和 C 的位置是根据端面 A 来确定的,所以端面 A 就是端面 B 和 C 的设计基准;孔的轴线是 ϕ40h6 外圆柱面的径向圆跳动的设计基准。

2. 工艺基准

在工艺过程中所采用的基准称为工艺基准。工艺基准按其作用的不同分为装配基准、测量基准、工序基准和定位基准 4 种。

1) 装配基准

装配时用来确定零件或部件在产品中的相对位置所依据的基准,称为装配基准。如图 4.7 所示的齿轮装配在轴上,其内孔表面及端面 A 就是装配基准。又如图 4.8 所示的车床主轴箱,其底部侧面 A 和底面 B 是主轴箱装在床身上的装配基准。

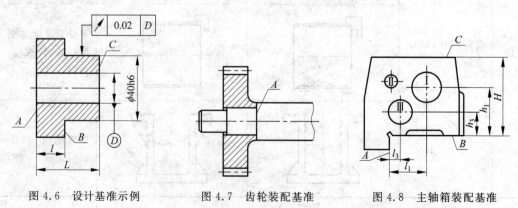

图 4.6　设计基准示例　　　　图 4.7　齿轮装配基准　　　　图 4.8　主轴箱装配基准

2）测量基准

测量时所采用的基准，称为测量基准。如图 4.9(a)所示，使用量规检验 A 面时是以轴的上素线 B 作为检验的根据，素线 B 就是 A 面的测量基准。如图 4.9(b)所示，使用游标卡尺测量 A 面位置时的测量基准是大圆素线 C。

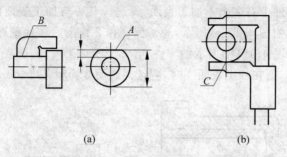

图 4.9 测量基准示例

3）工序基准

在工序图上用来确定本工序所加工表面加工后的尺寸、形状、位置的基准，称为工序基准。所标定的被加工面位置的尺寸称为工序尺寸。图 4.10 是钻孔工序的工序图，图(a)、(b)分别表示两种不同的工序基准和相应的工序尺寸。

4）定位基准

在加工中用作定位的基准，称为定位基准。如图 4.11 所示，在加工 A 面和 B 面时，将底面 C 靠在夹具的下支承面上，而侧面 D 则靠在夹具的侧向支承面上，所以 C 面和 D 面就是定位基准。

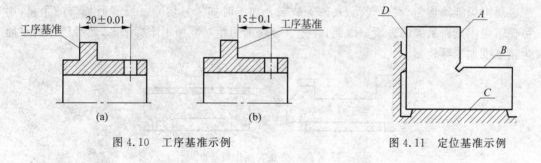

图 4.10 工序基准示例 　　图 4.11 定位基准示例

在零件加工过程中，涉及的主要基准是定位基准。正确选择定位基准，对保证零件的加工精度和合理安排加工顺序有至关重要的影响。

在实际生产的第一道切削加工工序中，只能用毛坯表面作定位基准，这种定位基准称为粗基准；在以后的工序中，可以用已加工过的表面作为定位基准，这种定位基准称为精基准。有时，当零件上没有合适的表面作为定位基准时，就需要在零件上专门加工出定位面，称为辅助基准，如轴类零件上的中心孔等。

4.4.2 定位粗基准的选择

选择粗基准时，主要是保证各加工表面要有足够的余量，不加工表面的尺寸、位置符合设计要求,同时为后续加工精基准的选择做准备。粗基准的选择原则如下所述。

1. 以不加工的表面作粗基准

如果必须保证零件上加工表面与不加工表面之间的位置要求,则应选择不需加工的表面作为粗基准。若零件上有多个不加工表面,要选择其中与加工表面的位置精度要求较高的表面作为粗基准。如图 4.12(a)所示,为了保证孔 2 镗削后零件壁厚均匀,应选择不加工面 1 作粗基准。又如图 4.12(b)所示的零件,有 3 个不加工表面,若表面 4 和表面 2 所组成的壁厚均匀度要求高,则在加工表面 4 时,应选择表面 2 为粗基准。

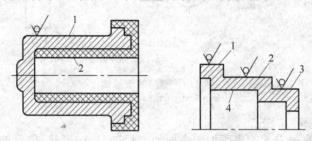

图 4.12　以不加工的表面作粗基准

2. 以重要表面作粗基准

如果必须保证零件某重要表面的加工余量均匀,则应以该表面为粗基准。如图 4.13 所示机床导轨的加工,导轨面是重要表面。要求导轨表面耐磨性好,且要求在导轨表面的整个平面内具有大体上一致的物理力学性能。考虑铸造时,导轨面一般向下放置,首先保证其表层金属组织细致均匀,没有气孔、夹砂等缺陷。加工时如果只切除一层薄而均匀的余量,则可保留组织细密耐磨的表层。因此,应先以导轨面为粗基准加工床脚平面,然后以床脚平面为精基准加工导轨面。

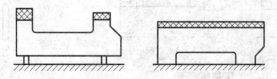

图 4.13　重要表面作粗基准

3. 加工余量最小的加工表面作粗基准

如果零件上所有的表面都需要机械加工,则应以加工余量最小的加工表面作粗基准,以保证加工余量最小的表面有足够的加工余量。

如图 4.14 所示的阶梯轴,毛坯制造时两圆柱面不同轴,有 3mm 的偏心。$\phi55$ 外圆的余量较小,故应选 $\phi55$ 外圆为粗基准面先加工 $\phi108$ 外圆面,然后再以加工后的 $\phi108$ 外圆面为基准加工 $\phi55$ 外圆面。如果先以 $\phi108$ 外圆面为粗基准加工 $\phi55$ 外圆面,则 $\phi55$ 外圆面将由于余量不足而无法加工。

4. 以质量较高的表面作粗基准

为了保证零件定位稳定、夹紧可靠，应尽可能选用面积较大、平整光洁的表面作粗基准，避免使用有飞边、浇注系统、冒口或其他缺陷的表面作粗基准。

5. 粗基准一般只能用一次

同一尺寸方向，粗基准一般只能用一次。重复使用容易导致较大的基准位置误差。如图 4.15 所示，若重复使用粗基准 B 加工表面 A 和 C，则 A 面和 C 面会产生较大的同轴度误差。

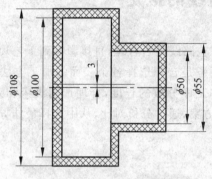
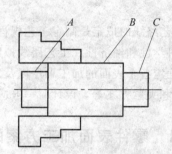

图 4.14　阶梯轴粗基准的选择　　　　图 4.15　粗基准重复使用

4.4.3　定位精基准的选择

当以粗基准定位加工了一些表面后，在后续的加工过程中，就应以加工过的表面定位，也就是采用精基准定位。精基准的选择应从保证零件的加工精度出发，同时考虑安装准确、可靠和方便，以及夹具结构简单。精基准的选择原则如下所述。

(1) 基准重合原则。主要考虑减少由于基准不重合而引起的定位误差，即选择设计基准作为定位基准，尤其是在最后的精加工。

(2) 基准统一原则。工件需要重复安装时，尽可能选用同一个表面作为定位基准。例如，采用两个顶尖孔定位加工轴的外圆面；采用端面和内孔定位或者采用芯轴定位加工齿轮等圆盘类零件；采用一面两孔定位加工箱体、连杆类零件等。这样既可以减少设计和制造夹具的时间与费用，又可以避免因基准频繁变化所带来的定位误差，提高各加工表面的位置精度。

(3) 互为基准原则。为了获得较高的位置精度，可采取互为基准反复加工的方法。如图 4.6 所示的轴套，在进行精加工时，采用先以外圆为基准磨削内孔，再以磨好的内孔为基准磨外圆面，从而保证内孔与外圆的位置精度。

(4) 自为基准原则。在精加工或光整加工中，由于加工余量很小，为保证加工余量均匀，选择加工表面本身作为定位基准进行加工，如图 4.16 所示。采用自为基准原则，不能校正位置精度，因此，表面的位置精度必须在前面的工序中予以保证。

(5) 定位稳定原则。所选的精基准，尤其是主要定位面，尺寸精度与形状精度要高、表面粗糙度要小、面要较大，以保证定位准确、夹紧可靠。同时还应使夹紧机构简单，操作方便。

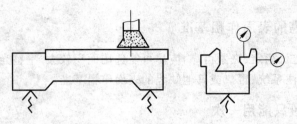

图 4.16　自为基准磨削导轨面

4.5　工艺路线的拟定

工艺路线的拟定是制定工艺规程的关键,工艺路线是否合理,直接影响到工艺规程的合理性、科学性和经济性。工艺路线拟定的主要任务是合理选择各个表面的加工方法和加工方案,确定各个表面的加工顺序以及工序集中和工序分散的程度,合理选用机床和刀具,确定定位和夹紧方案等。设计时一般应提出几种方案,通过分析对比,从中选择最佳方案。

4.5.1　零件表面加工方案的选择

同一种表面可以选用多种不同的加工方法加工,但每种加工方法所能获得的加工质量、加工时间和所花费的费用却是各不相同的。零件表面加工方案的选择,就是要根据具体加工条件(生产类型、设备状况、工人的技术水平等)选用最适当的加工方法,加工出符合图纸要求的机器零件。

在选用加工方法时,要综合考虑零件材料、结构形状、尺寸大小、热处理要求、加工经济性、生产效率、生产类型和企业生产条件等各个方面的情况。

(1) 各种加工方法所能获得的经济精度。

加工经济精度是指在正常加工条件下(采用符合质量标准的设备、工艺装备和标准技术等级工人,不延长加工时间),该加工方法所能保证的加工精度。

加工经济精度不是某个确定值,而应理解为一个精度范围,在这精度范围内该加工方法的加工成本是经济合理的;加工经济精度不是一成不变的,随着加工技术的提高,加工经济精度也随着提高;有关手册、文献介绍的各种加工方法的加工经济精度是使用该方法在正常加工条件下,以较合理的加工成本所能保证的加工精度及表面粗糙度;企业可根据自身的设备、工艺设备、工人平均技术水平制定适合本企业的加工经济精度。各种加工方法所能达到的加工经济精度和表面粗糙度,可参看有关手册。

加工误差 δ 与加工成本 C 呈反比关系,可用图 4.17 表示。用同一种加工方法,如欲获得较高的精度,成本就要提高;反之亦然。但上述关系只是在一定范围内

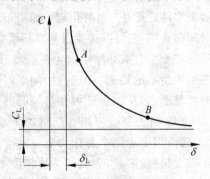

图 4.17　加工误差与加工成本之间的关系

才比较明显,如图中 AB 段。A 点左侧曲线几乎与纵坐标平行,这说明即使成本提高很多,但精度提高却不明显(δ_L)。相反,B 点右侧曲线几乎与横坐标平行,这说明即使工件精度要求很低,也必须耗费一定的最低成本(C_L)。

(2) 要考虑工件材料的性质。例如:淬火钢应采用磨床加工,但有色金属宜采用金刚镗或高速精细车削加工。

(3) 要考虑工件的结构形状和尺寸的大小。例如:对 IT7 级精度的孔,采用镗削、铰削、拉削和磨削均可达到要求。但箱体上的孔,一般不宜选择拉孔和磨孔,而宜选择镗孔或铰孔,孔径大时选镗孔,孔径小时选铰孔。

(4) 要考虑生产率和经济性的要求。大批大量生产时,应采用高效率的先进工艺,例如,拉削孔与平面,同时加工几个表面的组合铣削或磨削等。而在单件小批生产时,则不能盲目地采用高效率的加工方法及专用设备,避免造成经济上的巨大损失。

(5) 要考虑工厂或车间的现有设备情况和技术条件。应该充分利用现有设备,挖掘企业潜力,发挥工人的积极性和创造性。

4.5.2　加工阶段的划分

1. 零件的加工阶段

零件的加工,往往不可能在一道工序内完成一个或几个表面的全部加工内容。一般把零件的整个工艺路线分成以下几个加工阶段。

(1) 粗加工阶段。粗加工是切除各加工表面或主要加工表面的大部分加工余量,并加工出精基准,因此一般选用生产率较高的设备。

(2) 半精加工阶段。半精加工是切除粗加工后可能产生的缺陷,为主要表面的精加工做准备,即要达到一定的加工精度,保证适当的加工余量,并完成一些次要表面(比如键槽、油孔等)的加工。

(3) 精加工阶段。精加工是使各主要表面达到图样的技术要求。

(4) 光整加工阶段。光整加工的目的是提高零件的尺寸精度,降低表面粗糙度或强化加工表面,一般不能提高位置精度。光整加工主要用于尺寸精度要求很高、表面粗糙度要求很低(加工精度 IT6 以上,表面粗糙度 $Ra \leqslant 0.32\mu m$)的表面加工。

(5) 超精密加工阶段。超精密加工是以超稳定、超微量切除等为原则的亚微米级加工,其加工精度在 $0.03 \sim 0.2\mu m$ 范围内,表面粗糙度 $Ra \leqslant 0.03\mu m$。

2. 划分加工阶段的主要目的

(1) 保证加工质量。粗加工阶段切削用量大,产生的切削力和切削热较大,所需夹紧力也较大,故零件残余内应力和工艺系统的受力变形、热变形、应力变形都较大,所产生的加工误差可通过半精加工和精加工逐步消除,从而保证加工精度。

(2) 合理地使用设备。粗加工要求使用功率大、刚性好、生产率高、精度要求不高的设备;精加工则要求使用精度高的设备。划分加工阶段后,就可充分发挥粗、精加工设备的长处,做到合理使用设备。

（3）便于安排热处理工序，使冷、热加工工序配合得更好。例如：粗加工后零件残余应力大，可安排时效处理，消除残余应力；热处理引起的变形又可在精加工中消除等。

（4）便于及时发现问题。毛坯的各种缺陷如气孔、砂眼和加工余量不足等，在粗加工后即可发现，便于及时修补或决定是否报废，避免后续工序完成后才发现，造成工时浪费，增加生产成本。

（5）保护零件。精加工和光整加工安排在最后，可保护零件少受磕碰、划伤等损坏。

上述 5 个加工阶段并非全部需要，一般精度的零件通常只需粗加工、半精加工及精加工 3 个阶段。另外，加工阶段的划分不是绝对的，如对于刚性好、加工精度要求不高或余量不大的工件就不必划分加工阶段。有些精度要求不太高的重型件，由于运输安装麻烦，一般也不划分加工阶段，而是在一次安装下完成全部粗加工和精加工任务。为减少夹紧变形对加工精度的影响，可在粗加工后松开夹紧机构，然后用较小的夹紧力重新夹紧工件，继续进行精加工。

4.5.3　加工顺序的安排

在安排加工顺序时要注意以下几点：

（1）基准先行。用作定位精基准的表面，要先加工出来，然后以精基准定位加工其他表面。在精加工阶段之前，有时还需要对精基准进行修复，以确保定位精度。例如：采用中心孔作为统一基准的精密轴，在每一加工阶段开始总是先钻中心孔或修正中心孔。如果精基准面有几个，则应按照基面转换顺序和逐步提高加工精度的原则来安排加工工序。

（2）先粗后精。整个零件的加工工序，应该先进行粗加工，半精加工次之，最后安排精加工和光整加工。

（3）先主后次。先安排主要表面（加工精度和表面质量要求比较高的表面，如装配基面、工作表面等）的加工，后进行次要表面的加工（即键槽、油孔、紧固用的光孔、螺纹孔等）。主要表面加工容易出废品，一般应先加工，以减少工时浪费；次要表面的加工一般安排在主要表面的半精加工之后、精加工或光整加工之前进行，也可放在精加工之后。

（4）先面后孔。先加工平面，后加工内圆表面。因为箱体类、支架类等零件，平面所占轮廓尺寸较大，用它作为精基准定位稳定，而且在加工过的平面上加工内圆表面，刀具的工作条件较好，有利于保证内圆表面与平面的位置精度。

有时，为了保证零件某些表面的加工质量，将最后精加工安排在部件装配之后或总装过程中加工。例如：分体连杆大头孔的加工，一般是在连杆体和连杆盖装配好后，再对连杆大头孔进行精镗和珩磨。

4.5.4　热处理等工序的安排

1. 热处理工序安排

在机械加工过程中，热处理工序的安排主要取决于工件的材料和热处理的目的，热处理工序也有划分加工阶段界线的作用。

1）预备热处理

预备热处理通常安排在切削加工前进行，其主要目的是为了改善材料的切削加工性、消除毛坯制造时的残余应力。例如,对铸件、锻件进行时效处理以消除毛坯制造时的残余应力,对于碳的质量分数在0.5%以上的碳钢,采用退火处理以降低硬度;对于碳的质量分数在0.5%以下的碳钢,采用正火以提高硬度,使切削时切屑不粘刀;由于调质能得到组织细小的回火索氏体,为以后表面淬火和氮化时减小变形作好组织准备,有时也用作预备热处理,一般安排在粗加工之后。

2) 中间热处理

中间热处理的目的主要消除粗加工产生的残余应力,它安排在粗加工之后、精加工之前,如人工时效和退火。为了避免过多的运输工作量,对于精度要求不高的零件,一般将消除残余应力的人工时效和退火安排在毛坯进入机械加工车间之前进行。

精度要求高的铸件,则应在半精加工后安排第二次时效处理,使精度稳定。精度特别高的零件,如精密丝杠和主轴等零件则应安排多次消除残余应力的处理。对某些精密零件(如精密丝杠、精密轴承、精密量具等),为了消除残余奥氏体,稳定尺寸,还要采用冰冷处理,即冷却到$-70 \sim -80 ℃$,保持$1 \sim 2h$。这种处理一般在回火后进行。

3) 最终热处理

最终热处理安排在半精加工之后、磨削之前(氮化处理则安排在粗磨之后和精磨之前)进行,主要用来提高材料的强度和硬度,如淬火-回火处理,各种化学热处理(渗碳、氮化)。由于淬火后材料的塑性和韧性变差,有很大的残余应力,易于开裂,所以淬火后必须进行回火。其中,调质处理能使钢材获得良好的综合机械性能,故常用于连杆、曲轴、齿轮和主轴等零件的最终热处理。

淬火-回火、渗碳淬火、渗氮等最终热处理一般安排在精加工(磨削)之前,或安排在精加工之后,其目的是提高零件的硬度和耐磨性。

4) 表面处理

表面装饰性镀层、发蓝处理,一般都安排在机械加工完毕以后进行。

2. 辅助工序的安排

检验工序是主要的辅助工序,它是保证产品质量的主要措施。除了各工序的操作者自检外,下列场合还应安排检验工序。

(1) 粗加工阶段结束后。

(2) 花费工时多的工序和重要工序的前后。

(3) 零件从一个车间转到另一个车间时。

(4) 特种性能(表面裂纹、密封性)检验之前。

(5) 零件的全部加工结束之后(进行最终检验)。

此外,还要合理安排表面强化和去毛刺、倒棱、去磁、清洗、动平衡、防锈和包装等辅助工序。

4.5.5　工序的集中与分散

工序是加工工艺过程的基本组成单元。设计工艺路线时,在选定了各表面的加工方法、划分加工阶段及确定加工顺序之后,还应该把相同加工阶段的加工内容组合成若干工序。

工序的组织可以采用工序集中和工序分散的原则。

1．工序集中原则

工序集中原则是指每道工序加工的内容较多,工艺路线短,零件的加工被最大限度地集中在少数几个工序中完成。其特点是:

(1) 减少了零件安装次数,有利于保证表面间的位置精度,还可以减少工序间的运输量,缩短加工周期;

(2) 工序数少,可以采用高效机床和工艺装备,生产率高;

(3) 减少了设备数量以及操作者和占地面积,有利于节省人力、物力;

(4) 所用设备的结构复杂,专业化程度高,一次性投入高,调整维修较困难,生产准备工作量大。

2．工序分散原则

工序分散原则是指每道工序的加工内容很少,工艺路线很长,甚至一道工序只含一个工步。其特点是:

(1) 设备和工艺装备比较简单,便于调整,生产准备工作量少,又易于平衡工序时间,容易适应产品的变换;

(2) 可以采用最合理的切削用量,减少机动时间;

(3) 对操作者的技术要求较低;

(4) 所需设备和工艺装备的数目多,操作者多,占地面积大。

在实际生产中,要根据生产类型、零件的结构特点和技术要求、机械设备等实际条件进行综合分析,决定采用工序集中还是工序分散原则来安排工艺过程。一般情况下,大批量生产时,既可以采用多刀、多轴等高效、自动机床,将工序适当集中,也可以将工序分散后组织流水线生产;单件小批生产时应采用工序集中,在一台普通机床上加工出尽量多的表面。而重型零件,为了减少零件装卸和运输的劳动量,工序应适当集中;对于刚性差且精度高的精密零件,则工序应适当分散,如汽车连杆零件加工采用工序分散。但从技术发展方向来看,随着数控技术和柔性制造系统的发展,应多采用工序集中的原则来组织生产。

4.6　工序设计

4.6.1　加工余量的确定

1．加工余量

加工余量是指在加工过程中,从加工表面切除的材料层的厚度。

根据零件的不同结构,加工余量有单面和双面之分。对于非对称表面如平面,加工余量单向分布,称为单面加工余量;对于对称表面如外圆、内孔等回转体表面,加工余量在直径方向上是对称分布的,称为双面加工余量。

加工余量又可分为工序余量和总余量(见图 4.18)。

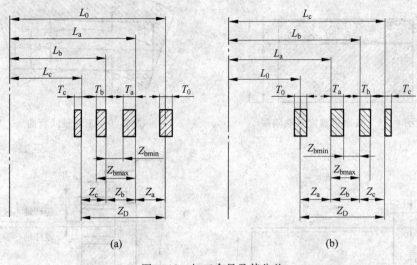

图 4.18　加工余量及其公差

L_a、L_b、L_c、L_0 分别为前道工序、本道工序、下道工序、毛坯的基本尺寸;

T_a、T_b、T_c、T_0 分别为前道工序、本道工序、下道工序、毛坯的工序尺寸公差;

Z_a、Z_b、Z_c 分别为前道工序、本道工序、下道工序的基本工序余量; Z_D 为总余量;

Z_{bmax}、Z_{bmin} 分别为本道工序最大、最小加工余量

某一表面的工序余量是指在同一道工序中切除的材料层厚度,在数量上等于相邻两道工序基本尺寸之差,用 Z_i 表示。由于各工序尺寸都有公差,所以实际加工时工序余量是变化的,因此工序余量又有基本余量(简称余量)、最大余量 Z_{bmax}、最小余量 Z_{bmin} 之分。一般工序尺寸公差都是按"入体"原则单向标注的,即被包容尺寸(见图 4.18(a))的上偏差为 0,其最大尺寸就是基本尺寸;包容尺寸(见图 4.18(b))的下偏差为 0,其最小尺寸就是基本尺寸。

某一表面的总余量是指毛坯尺寸与零件尺寸之差,用 Z_D 表示。显然,总余量等于各工序余量之和,即 $Z_D = \sum\limits_{i=1}^{n} Z_i$。

加工余量的大小对零件的加工质量和生产率有较大的影响。余量太小,保证不了加工质量;余量太大,既浪费材料又浪费人力、物力。因此,合理确定加工余量,对确保加工质量、提高生产率和降低成本都有重要意义。

2. 影响加工余量的因素

(1) 上道工序所形成的表面粗糙度和表面缺陷层深度,如图 4.19 所示。这里所说的表面缺陷层指毛坯铸造冷硬层、气孔夹渣层、锻造氧化层、脱碳层、切削加工残余应力层,因表面裂纹、组织疏松、塑性变形等形成的其他破坏层。

(2) 上道工序已加工表面形状与位置误差,如图 4.20 所示。如轴心线的偏斜、弯曲、不平行、不同轴,轴心线与端面不垂直等偏差;平面的弯曲、偏斜、不平行和不垂直等。

(3) 上道工序的工序尺寸公差,如图 4.21 所示。

(4) 本道工序的装夹误差,如图 4.22 所示,包括定位误差、夹紧误差(即夹紧变形)和夹具误差等。

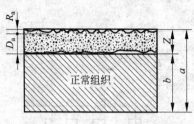

图 4.19　表面粗糙度及缺陷层

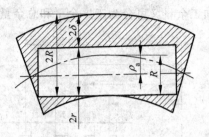

图 4.20　工件轴线弯曲

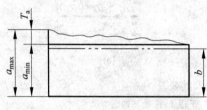

图 4.21　上道工序的尺寸误差

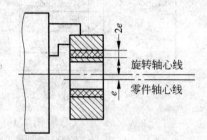

图 4.22　本道工序的装夹误差

此外,对于有热处理要求的零件,还要考虑热处理后零件变形的大小对加工余量的影响。

上述影响因素中,位置误差与安装误差都具有方向性,所以在计算加工余量时应该按照矢量处理。

3. 确定加工余量的方法

确定加工余量时常采用分析计算、查表修正和经验估计 3 种方法。

(1) 分析计算法:指以一定的试验资料和计算公式,对影响加工余量的各项因素进行分析和综合计算来确定加工余量的方法。这种方法确定的加工余量最经济合理,但需要全面的试验资料,计算也较复杂,实际应用较少。

(2) 查表修正法:指以企业生产实践和工艺试验积累的有关加工余量的资料数据为基础,并结合实际加工情况进行修正来确定加工余量的方法,该法应用比较广泛。

(3) 经验估计法:指工艺人员根据经验确定加工余量的方法。为了避免产生废品、所估计的加工余量一般偏大,此法常用于单件小批生产。

4.6.2　工序尺寸计算

工序尺寸是工件在某工序加工之后所应保证的尺寸。零件某一表面最后一道工序的工序尺寸及公差应是零件设计尺寸及公差。除此之外,其余各中间工序的工序尺寸及公差均需要确定,并在工艺卡中注明。

确定工序尺寸及其公差时,按基准选择情况的不同,计算方法也有所不同。

1. 基准重合时工序尺寸和公差的确定

所谓基准重合是指定位基准、测量基准与设计基准重合。这时工序尺寸和公差的确定比较简单,具体计算步骤如下:

(1)制定该表面的加工方案。

(2)确定各工序的加工余量。使用查表修正法、分析计算法或经验估计法确定各工序余量数值。

(3)计算各工序的尺寸。取零件图的基本尺寸为最后工序的工序尺寸基本值,再按各工序余量大小由最后工序向前依次推算出各工序尺寸基本值。

(4)确定各工序的尺寸公差及表面粗糙度值。由毛坯精度确定毛坯的尺寸公差及表面粗糙度值;取零件图的设计公差和表面粗糙度为最后工序的公差和表面粗糙度;中间工序的公差和表面粗糙度由采用的加工方法的经济加工精度确定。

(5)工序尺寸偏差的确定。毛坯尺寸(一般是第一道工序)的偏差采用双向标注;最后一道工序应该按照零件图的尺寸偏差进行标注;而对中间工序的尺寸偏差,规定按照"入体"原则标注,即对被包容尺寸(轴),上偏差为0,其最大尺寸就是基本尺寸;对包容尺寸(孔径、槽宽),下偏差为0,其最小尺寸就是基本尺寸。

例:确定某主轴箱主轴孔各工序的加工余量、工序尺寸及其公差。图纸规定孔径尺寸为 $\phi 100^{+0.035}_{0}$ (Ra 0.8)。毛坯孔是铸造出来的。

根据前述计算步骤,计算结果见表 4.7 所示。

表 4.7 主轴孔工序尺寸及其公差的计算   mm

工序名称	工序余量	工序的经济精度	工序基本尺寸	工序尺寸及其偏差
浮动镗孔	0.1	H7	100	$\phi 100^{+0.035}_{0}$
精镗孔	0.5	H8	$100-0.1=99.9$	$\phi 99.9^{+0.054}_{0}$
半精镗孔	2.4	H10	$99.9-0.5=99.4$	$\phi 99.4^{+0.14}_{0}$
粗镗孔	5	H13	$99.4-2.4=97$	$\phi 97^{+0.54}_{0}$
毛坯孔	总余量8	$^{+2}_{-1}$	$97-5=92$	$\phi 92^{+2}_{-1}$
数据确定方法	查表确定	首项为图样规定尺寸;毛坯公差查表;其余按经济精度选择;偏差按"入体"原则确定	首项为图样规定尺寸,其余由计算得到	

2. 工序不重合时工序尺寸及其公差的计算

在拟定加工工艺时,当测量基准、定位基准或工序基准与设计基准不重合时,需通过工艺尺寸链进行工序尺寸及其公差的计算。

4.6.3 机床与工艺装备的选择

在工艺文件中需要规定每一工序所使用的机床及工艺装备。机床与工艺装备的选择应考虑以下几个方面。

(1) 机床的加工尺寸范围应与零件外廓尺寸相适应。

(2) 机床精度应与工序要求的加工精度相适应。

(3) 机床功率应与工序加工需要的功率相适应。

在没有适宜的机床可供选用时,要考虑外协加工、修改工艺规程或者改装、制造专用机床。

机床夹具的选择要和生产类型相适应,单件小批生产应尽量选用通用夹具,大批大量生产要多使用高生产率夹具。

刀具的选择主要取决于所采用的加工方法,工件材料,要求加工的尺寸、精度和表面粗糙度,生产率要求以及加工经济性等,所以应尽量采用标准刀具。因为外购标准刀具要比制造专用刀具价格低廉。在大批大量生产时可采用高生产率的复合刀具。

量具主要根据零件生产类型和要求检验的尺寸大小及精度来选择,单件小批生产中尽量采用通用量具。在大批大量生产时则应广泛使用各种量规和高效率的检验夹具或检验仪器等。

当需要设计制造专用机床、专用夹具和专用的刀具、量具时,应由工艺人员根据工序中的具体要求提出设计任务书。

4.6.4　切削用量的确定

在工艺文件中还要规定每一工步的切削用量(切削深度、进给量及切削速度)。选择切削用量可以采用查表法或计算法,其步骤为:

(1) 由工序余量确定切削深度。全部工序(或工步)余量最好在一次走刀中去除。

(2) 按本工序加工表面粗糙度确定进给量,对粗加工工序,进给量按表面粗糙度初选后还要检验刀片强度及机床进给机构强度。

(3) 选择刀具磨钝标准及寿命。

(4) 确定切削速度,并按机床实有的主轴转速表选取接近的主轴转速。

(5) 最后检验机床功率。

在单件小批生产中,为简化工艺文件,常不具体规定切削用量,而是由操作工人在加工时自行确定。

4.7　工艺尺寸链

4.7.1　工艺尺寸链的基本概念

1. 尺寸链的定义及其特性

在工件加工和装配工艺过程中,由相互连接的尺寸形成的封闭尺寸组,称为工艺尺寸链。有时为了区分加工和装配工艺过程的尺寸链,把加工过程中同一零件上的尺寸组成的尺寸链称为工艺尺寸链,把装配过程中由不同零件相关尺寸组成的尺寸链称为装配尺寸链。

如图 4.23 所示零件,先按尺寸 A_2 加工台阶,再按尺寸 A_1 加工左右两侧端面,而 A_0 由 A_1 和 A_2 所确定,即 $A_0 = A_1 - A_2$。那么,这些相互联系的尺寸 A_1、A_2 和 A_0 就构成了工艺尺寸链。

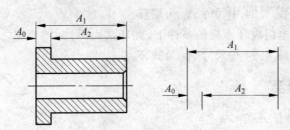

图 4.23　零件加工与测量中的尺寸关系

在图 4.24 所示的圆柱形零件的装配中,间隙 A_0 的大小由孔径 A_1 和轴径 A_2 所决定,即 $A_0 = A_1 - A_2$。这样,尺寸 A_1、A_2 和 A_0 也形成一个装配尺寸链。

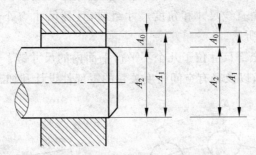

图 4.24　零件装配中的尺寸关系

通过以上分析可以知道,工艺尺寸链具有以下主要特征:

(1) 封闭性,即互相关联的尺寸必须按一定顺序排列成封闭的形式;

(2) 关联性,指某个尺寸及精度的变化必将影响其他尺寸和精度变化,即它们的尺寸和精度互相联系、互相影响。

2. 工艺尺寸链的组成

工艺尺寸链中各尺寸简称环。根据各环在尺寸链中的作用,可分为封闭环和组成环两种。

1) 封闭环(终结环)

封闭环(终结环)是工艺尺寸链中唯一的一个特殊环,它是在加工、测量或装配等工艺过程中间接形成的。在工艺尺寸链中封闭环必须在加工(或测量)顺序确定后才能判定。如图 4.23 所示的条件下,封闭环 A_0 是在所述加工(或测量)顺序条件下,最后形成的尺寸。当加工(或测量)顺序改变,封闭环也随之改变。在装配尺寸链中,封闭环很容易确定,如图 4.24 所示,封闭环 A_0 就是零件装配后形成的间隙。一个尺寸链中,封闭环既不可多,又不可缺,只能有一个。

2) 组成环

组成环是尺寸链中除封闭环以外的所有环。同一尺寸链中的组成环,一般以同一字母加下角标表示,如 A_1、A_2、A_3、$\cdots$。组成环的尺寸是直接保证的,它又影响到封闭环的尺寸。根据组成环对封闭环的影响不同,组成环又可分为增环和减环。

(1)增环。在其他组成环不变的条件下,此环增大时,封闭环随之增大,则此组成环称为增环,在图 4.23 和图 4.24 中尺寸 A_1 为增环。

(2)减环。在其他组成环不变的条件下,此环增大时,封闭环随之减小,则此组成环称为减环,在图 4.23 和图 4.24 中尺寸 A_2 为减环。

3. 尺寸链的分类

1)按环的尺寸特征分类

(1)长度尺寸链:全部尺寸均为长度尺寸的尺寸链(见图 4.24)。

(2)角度尺寸链:全部尺寸均为角度尺寸的尺寸链(见图 4.25)。

2)按环在空间的位置关系分类

(1)直线尺寸链:全部尺寸都位于同一平面的若干平行线上。

(2)平面尺寸链:由直线尺寸和角度尺寸组成,且各尺寸均处于同一个或几个相互平行的平面内,如图 4.26 所示。

(3)空间尺寸链:全部尺寸位于几个不平行平面内的尺寸链。空间尺寸链在空间机构运动分析和精度分析中,以及具有空间角度关系的零部件设计和加工中会遇到。

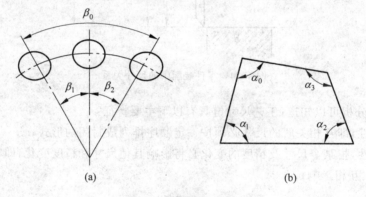

图 4.25 角度尺寸链

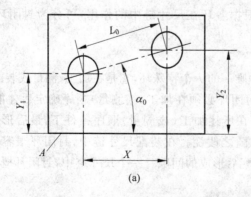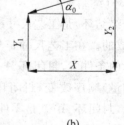

图 4.26 平面尺寸链

3) 按尺寸链的应用分类

(1) 设计尺寸链：在设计机器或零部件时，设计图上形成的封闭尺寸组合。

(2) 工艺尺寸链：在加工工艺过程中，各工序的加工尺寸构成封闭的尺寸组合，或在某工序中工件、夹具、刀具、机床的有关尺寸形成封闭的尺寸组合。

(3) 装配尺寸链：在机器或部件装配的过程中，零件或部件间有关尺寸构成互相有联系的封闭尺寸组合，如图 4.24 所示。装配尺寸链有时可以和结构设计的尺寸链一致，但也可能因装配工艺不同而不同。

4. 工艺尺寸链图的画法

尺寸链图对于理解尺寸链的构成及尺寸链的计算有重要意义，其作法如图 4.27(b) 所示：

(1) 首先根据工艺过程，找出间接保证的尺寸 $43.6^{+0.34}_{0}$，定作封闭环；

(2) 从封闭环开始，按照零件表面的联系，依次画出直接获得的尺寸 $20^{+0.025}_{0}$、$19.8^{+0.05}_{0}$、L_1，作为组成环，直至尺寸的终端回到封闭环 $43.6^{+0.34}_{0}$ 的起点，形成一个封闭图形。

(3) 确定组成环性质。将封闭环尺寸箭头单方向画出，然后沿此方向，绕工艺尺寸链依次给各组成环画出箭头，凡是与封闭环箭头方向相同的就是减环，相反的就是增环。在图 4.27(b) 中，尺寸 $19.8^{+0.05}_{0}$ 的方向与封闭环同向为减环，尺寸 $20^{+0.025}_{0}$、L_1 的方向与封闭环反向为增环。

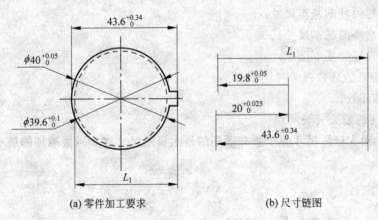

(a) 零件加工要求　　　　　(b) 尺寸链图

图 4.27　画工艺尺寸链图

需要注意的是：所建立的尺寸链，必须使组成环数最少，这样可以更容易满足封闭环的精度或者使各组成环的加工更容易，经济性更好。

4.7.2　工艺尺寸链的计算

1. 尺寸链问题类型

按已知及未知数据的不同，尺寸链按类型分有正计算、中间计算和反计算三类问题。

(1) 正计算。已知所有组成环的基本尺寸及上、下偏差，求封闭环的基本尺寸及上、下偏差。这种情况下，可直接利用尺寸链基本计算公式，一个方程一个未知量，即可求出封闭环的基本尺寸,最大极限尺寸(或上偏差),最小极限尺寸(或下偏差)以及公差。正计算用于校核图纸上的尺寸标注,或检验中间计算、反计算所得结果的正确性。

(2)中间计算。已知封闭环和绝大部分组成环的基本尺寸及上、下偏差,求未知组成环的基本尺寸及上、下偏差。同样在建立尺寸链后,利用尺寸链基本计算公式是不难求解的。中间计算用于求解工艺尺寸链,特别是用于加工过程中的尺寸换算。

(3)反计算。已知封闭环的基本尺寸及上、下偏差,求各组成环的基本尺寸及上、下偏差。反计算常在机器设计阶段使用。反计算时,未知数的数目可能多于方程的个数,存在无数组解。此时,需要人为设定一些限定条件,才能确定各组成环的公差及偏差。

尺寸链计算有极值法与概率法两种。用极值法解尺寸链是从尺寸链各环均处于极值条件来求解封闭环尺寸与组成环尺寸之间关系的。用概率法解尺寸链则是运用概率论理论来求解封闭环尺寸与组成环尺寸之间关系的。

2. 尺寸链的极值解法(极大极小值法)

从图 4.32 中可以看出用极值法计算尺寸链的基本公式。

1) 封闭环的基本尺寸

封闭环的基本尺寸等于所有增环基本尺寸之和减去所有减环的基本尺寸之和,即

$$A_0 = \sum_{z=1}^{m} A_z - \sum_{j=m+1}^{n-1} A_j \tag{4-1}$$

式中,A_0——封闭环的基本尺寸;

A_z——增环的基本尺寸;

A_j——减环的基本尺寸;

m——增环的环数;

n——总环数。

2) 封闭环的最大极限尺寸

封闭环的最大极限尺寸等于所有增环的最大极限尺寸之和减去减环的最小极限尺寸之和,即

$$A_{0max} = \sum_{z=1}^{m} A_{zmax} - \sum_{j=m+1}^{n-1} A_{jmin} \tag{4-2}$$

式中,A_{0max}——封闭环的最大极限尺寸;

A_{zmax}——增环的最大极限尺寸;

A_{jmin}——减环的最小极限尺寸。

3) 封闭环的最小极限尺寸

封闭环的最小极限尺寸等于所有增环的最小极限尺寸之和减去减环的最大极限尺寸之和,即

$$A_{0min} = \sum_{z=1}^{m} A_{zmin} - \sum_{j=m+1}^{n-1} A_{jmax} \tag{4-3}$$

式中,A_{0min}——封闭环的最小极限尺寸;

A_{zmin}——增环的最小极限尺寸;

A_{jmax}——减环的最大极限尺寸。

4）封闭环的上偏差

封闭环的上偏差等于所有增环的上偏差之和减去所有减环的下偏差之和，即

$$ES_0 = \sum_{z=1}^{m} ES_z - \sum_{j=m+1}^{n-1} EI_j \tag{4-4}$$

式中，ES_0—— 封闭环的上偏差；

ES_z—— 增环的上偏差；

EI_j—— 减环的下偏差。

5）封闭环的下偏差

封闭环的下偏差等于所有增环的下偏差之和减去所有减环的上偏差之和，即

$$EI_0 = \sum_{z=1}^{m} EI_z - \sum_{j=m+1}^{n-1} ES_j \tag{4-5}$$

式中，EI_0—— 封闭环的下偏差；

EI_z—— 增环的下偏差；

ES_j—— 减环的上偏差。

6）封闭环的公差

封闭环的公差等于所有组成环的公差之和，即

$$T_0 = \sum_{j=1}^{n-1} T_j \tag{4-6}$$

式中，T_0—— 封闭环的公差（极值公差）；

T_j—— 组成环的公差。

由此可知，尺寸链的所有环中，封闭环的公差最大。为了减小封闭环的公差，应尽量减小尺寸链的环数，这就是在设计中应遵守的最短尺寸链原则。

3. 尺寸链的概率解法（数理统计法）

假设各组成环的实际尺寸符合正态分布。

（1）将极限尺寸换算成平均尺寸

$$A_\Delta = \frac{A_{max} + A_{min}}{2} \tag{4-7}$$

式中，A_Δ，A_{max}，A_{min}——中间尺寸、最大极限尺寸和最小极限尺寸。

（2）将极限偏差换算成中间偏差

$$\Delta = \frac{ES + EI}{2} \tag{4-8}$$

式中，Δ，ES，EI——中间偏差、上偏差和下偏差。

（3）封闭环的中间尺寸

$$L_{0\Delta} = \sum_{z=1}^{m} L_{z\Delta} - \sum_{j=m+1}^{n-1} L_{j\Delta} \tag{4-9}$$

式中，$L_{0\Delta}$，$L_{z\Delta}$，$L_{j\Delta}$——封闭环、增环和减环的中间尺寸。

（4）封闭环的中间偏差

$$\Delta_0 = \sum_{z=1}^{m} \Delta_z - \sum_{j=m+1}^{n-i} \Delta_j \tag{4-10}$$

式中,Δ_0,Δ_z,Δ_j——封闭环、增环和减环的中间偏差。

(5)封闭环的公差

$$T_0 = \sqrt{\sum_{j=1}^{n-1} T_j^2}\qquad\qquad(4-11)$$

4. 工艺尺寸链的解题步骤

求解工艺尺寸链是确定工序尺寸的一个重要环节,尺寸链的计算步骤一般是:首先正确地画出尺寸链图,按照加工顺序确定封闭环、增环和减环;再进行尺寸链的计算;最后按封闭环公差等于各组成环公差之和的关系进行校核。

(1)确定封闭环。解工艺尺寸链时能否正确找出封闭环是求解关键。工艺尺寸链的封闭环必须是在加工过程中最后间接形成的尺寸,即该尺寸是在获得若干直接得到的尺寸后而自然形成的尺寸。

(2)查明全部组成环,画出尺寸链图。确定封闭环后,由该封闭环尺寸循一个方向按照尺寸的相互联系依次找出全部组成环,并把它们与封闭环一起,按尺寸联系的相互顺序首尾相接,即得到尺寸链图。

(3)判断组成环中的增、减环,并用箭头标出。

(4)利用基本计算公式求解。在计算中同一问题可用不同公式求解,而不影响解的正确性。需要指出的是,当出现已知的若干组成环公差之和大于封闭环公差的情况时,这时需要适当缩小某些组成环的公差。一般工艺人员无权放大封闭环公差,因为这样会降低产品的技术要求。

(5)解尺寸链得到的中间工序尺寸公差一般按"入体"原则标注,毛坯尺寸根据查表结果按要求双向标注,最后一道工序尺寸和公差应按照零件图要求标注。

4.7.3　几种典型工艺尺寸链的计算

1. 测量基准与设计基准不重合时的工艺尺寸及公差的确定

在工件加工过程中,有时会遇到一些在表面加工之后,设计尺寸不便直接测量的情况,因此需要在零件上另选一个容易测量的表面作为测量基准进行测量,以间接测量设计尺寸。这时就需要进行工艺尺寸的换算。

例1　如图4.28所示零件,设计尺寸为A_1和A_3,因A_3不易测量,现改为测量尺寸A_2,试计算A_2的基本尺寸和偏差。

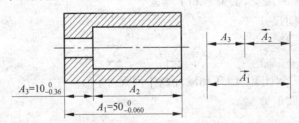

图4.28　测量基准与设计基准不重合时的尺寸换算

解：确定封闭环。在图 4.28 中，尺寸 A_3 为测量时间接获得的尺寸，为封闭环。尺寸 A_1 和 A_2 可在测量时直接获得，为组成环。其中尺寸 A_1 为增环，尺寸 A_2 为减环。

由式(4-1)得

$$A_3 = A_1 - A_2$$

代入已知数值，得 $A_2 = 40\text{mm}$。

由式(4-4)得

$$\text{ES}_3 = \text{ES}_1 - \text{EI}_2$$

求得 $\text{EI}_2 = 0$。

由式(4-5)得

$$\text{EI}_3 = \text{EI}_1 - \text{ES}_2$$

求得 $\text{ES}_2 = 0.3$。

因而 $A_2 = 40^{+0.3}_{0}\text{mm}$。

2. 定位基准与设计基准不重合时工序尺寸及其公差的计算

在零件加工过程中有时为方便定位或加工，定位基准与设计基准不重合。这时需要通过尺寸换算，改注有关工序尺寸及公差，并按换算后的工序尺寸及公差加工，以保证零件的原设计要求。

例 2　如图 4.29(a)所示，套类零件的 A、B、D 面均已加工完毕，现欲以调整法加工 C 面，并选端面 A 为定位基准，且按工序尺寸 L_3 对刀进行加工，为保证尺寸 L_0 能符合图纸规定的要求，必须将 L_3 的加工误差控制在一定范围之内，试求工序尺寸 L_3 及其极限偏差。

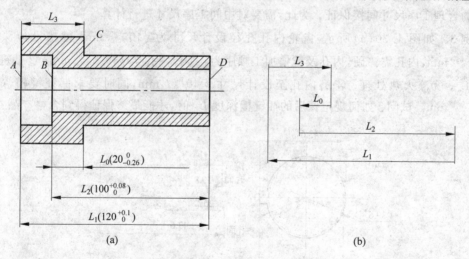

图 4.29　轴套加工(轴向)工序尺寸换算

解：(1) 画尺寸链图并判断封闭环。

根据加工情况判断 L_0 为封闭环，并画出尺寸链，如图 4.29(b)所示。

(2) 判断增、减环，如图 4.29(b)所示。

(3) 计算工序尺寸的基本尺寸。

由式(4-1)，有

$$20 = (100 + L_3) - 120$$

故

$$L_3 = (20 + 120) - 100 = 40$$

（4）计算工序尺寸的极限偏差

由式(4-4),有

$$0 = (0.08 + ES_3) - 0$$

得 L_3 的上偏差为

$$ES_3 = -0.08$$

由式(4-5),有

$$-0.26 = (0 + EI_3) - 0.1$$

得 L_3 的下偏差为

$$EI_3 = -0.16$$

因此 L_3 工序尺寸及其上、下偏差为

$$L_3 = 40^{-0.08}_{-0.16}$$

按入体方向标注为

$$L_3 = 39.92^{0}_{-0.08}$$

3. 中间工序的工序尺寸及其公差的求解计算

在工件加工过程中,有时一个基面的加工会同时影响两个设计尺寸的数值。这时,需要直接保证其中公差要求较严的一个设计尺寸,而另一设计尺寸需由该工序前面的某一中间工序的合理工序尺寸间接保证。为此,需要对中间工序尺寸进行计算。

例3　如图 4.30(a)所示,齿轮内孔孔径设计尺寸为 $\phi 40^{+0.05}_{0}$ mm,键槽设计深度为 $43.6^{+0.34}_{0}$ mm,内孔需淬硬,内孔及键槽加工顺序为：①镗内孔至 $\phi 39.6^{+0.1}_{0}$ mm;②插键槽至尺寸 L_1;③淬火热处理;④磨内孔至设计尺寸 $\phi 40^{+0.05}_{0}$ mm,同时要求保证键槽深度为 $43.6^{+0.34}_{0}$ mm。试问：如何规定镗后的插键槽深度 L_1 值,才能最终保证得到合格产品？

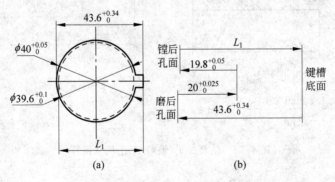

图 4.30　内孔和键槽加工中的尺寸换算

解：由加工过程知,尺寸 $43.6^{+0.34}_{0}$ mm 的一个尺寸界限——键槽底面,是在插槽工序时按尺寸 L_1 确定的;另一尺寸界限——孔表面,是在磨孔工序由尺寸 $\phi 40^{+0.05}_{0}$ mm 确定的,故尺寸 $43.6^{+0.34}_{0}$ mm 是一间接获得的尺寸,为封闭环。将镗后孔尺寸作为尺寸链的一环时可得到如

图 4.30(b)所示的尺寸链,增、减环根据尺寸箭头方向确定。

由式(4-1),有

$$43.6 = (L_1 + 20) - 19.8$$

故 L_1 的基本尺寸为

$$L_1 = 43.6 + 19.8 - 20 = 43.4$$

由式(4-4),有

$$0.34 = (ES_1 + 0.025) - 0$$

故 L_1 的上偏差为

$$ES_1 = 0.34 - 0.025 = 0.315$$

由式(4-5),有

$$0 = (EI_1 + 0) - 0.05$$

故 L_1 的下偏差为

$$EI_1 = 0.05$$

因此,有

$$L_1 = 43.4^{+0.315}_{+0.05}$$

按入体原则标注为

$$L_1 = 43.45^{+0.265}_{0}$$

4. 保证应有渗碳或渗氮层深度时工艺尺寸及其公差的计算

零件渗碳或渗氮后,表面一般要经磨削保证尺寸精度,同时要求磨后保留有规定的渗层深度。这就要求进行渗碳或渗氮热处理时按一定渗层深度及公差进行(用控制热处理时间直接保证),并对这一合理渗层深度及公差进行计算。

例 4　如图 4.31(a)所示,38CrMoAlA 衬套内孔要求渗氮,其加工工艺过程为:①先磨内孔至 $\phi 144.76^{+0.04}_{0}$ mm;②氮化处理深度为 L_1;③再终磨内孔至 $\phi 145^{+0.04}_{0}$ mm,并保证保留有渗层深度为 (0.4 ± 0.1) mm,求氮化处理深度 L_1 及公差应为多大?

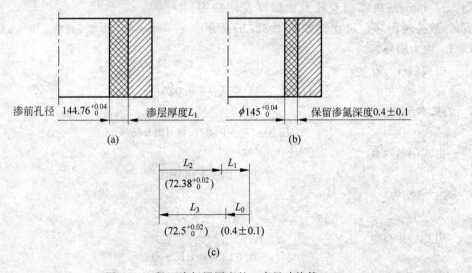

图 4.31　保证渗氮层厚度的工序尺寸换算

　　解：由题意知，磨后保留的渗层深度 (0.4 ± 0.1)mm 是间接获得的尺寸，为封闭环，由此可画出尺寸链，如图 4.31(c)所示，增、减环根据尺寸箭头方向确定(注意，其中 L_2、L_3 为半径尺寸)。

　　由式(4-1)，有

$$0.4 = (72.38 + L_1) - 72.5$$

故 L_1 的基本尺寸为

$$L_1 = 72.5 - 72.38 + 0.4 = 0.52$$

　　由式(4-4)，有

$$0.1 = (ES_1 + 0.02) - 0$$

故 L_1 的上偏差为

$$ES_1 = 0.1 - 0.02 = 0.08$$

　　由式(4-5)，有

$$-0.1 = (EI_1 + 0) - 0.02$$

故 L_1 的下偏差为

$$EI_1 = -0.1 + 0.02 = -0.08$$

因此，工序尺寸 L_1 为

$$L_1 = 0.52 \pm 0.08$$

5. 电镀零件工序尺寸计算

　　例 5　一销轴磨后电镀，电镀时要求单边镀铬厚度为 $0.025\sim0.04$mm，该厚度可由电镀条件和电镀时间控制，要求镀后销轴直径为 $\phi 28_{-0.045}^{0}$mm(见图 4.32(a))。求镀前销轴直径尺寸及其公差应为多少？

　　解：镀前轴径由磨削工序获得，镀层厚度在电镀时控制保证，而镀后直径(或半径 $14_{-0.0225}^{0}$mm)是由镀前直径及镀层厚度间接得到的，故为封闭环。尺寸链如图 4.32(b)所示。L_1、L_2 均为增环。

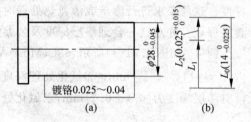

图 4.32　电镀零件的工序尺寸计算

　　由式(4-1)，有

$$14 = L_1 + 0.025$$

L_1 的基本尺寸为

$$L_1 = 14 - 0.025 = 13.975$$

　　由式(4-4)，有

$$0 = ES_1 + 0.015$$

L_1 的上偏差为

$$ES_1 = -0.015$$

　　由式(4-5)，有

$$-0.0225 = EI_1 - 0$$

L_1 的下偏差为

$$EI_1 = -0.0225$$

故

$$L_1 = 13.975^{-0.015}_{-0.0225}$$

即销轴磨前直径应为 $\phi 27.95^{-0.030}_{-0.045}\,\text{mm}$，按入体方向标注有 $\phi 27.92^{0}_{-0.015}\,\text{mm}$。

4.8　数控加工工艺规程设计

4.8.1　数控加工工艺规程设计的内容

由于数控加工是按照事先编制好的数控加工程序自动地对零件进行加工的高效、高精度加工，其工艺设计不仅包括和传统加工一样的工艺设计，而且还要按照机床规定的指令格式将加工工艺描述为数控加工程序。在编制数控加工程序前，还需要对零件的加工过程进行适当的前期工艺处理，对加工轨迹进行分析与优化。因此，数控加工工艺是采用数控机床加工零件时所运用的方法和技术的总和。其主要内容包括以下几个方面。

（1）数控加工内容的选择。主要是根据零件的加工要求，选择需要采取数控加工方法进行的加工内容。

（2）数控加工工艺性分析。根据数控加工的特点，分析零件的可加工性，主要包括零件图尺寸的标注方法、构成零件轮廓的几何元素条件、零件的结构工艺性等。

（3）数控加工的工艺路线设计。需要统筹考虑数控加工工序与普通工序的衔接以及数控加工的工序的划分、工步的划分、加工顺序的安排等。

（4）数控加工工序的设计。除常规加工应考虑的工序设计内容如选择加工用数控机床的类型、工夹量具的选择、切削用量的选择、工序尺寸的确定等以外，还需要特别考虑数控加工的进给路线、对刀点与换刀点的确定等。

（5）数控加工工艺文件编制。主要包括数控加工编程任务书、数控加工工序卡、数控机床调整单、数控加工刀具调整单、数控加工进给路线图、数控加工程序单等。

4.8.2　数控加工内容的选择

当选择并决定某个零件进行数控加工后，并不等于要把它所有的加工内容都包下来，而可能只是其中的一部分进行数控加工，因此必须对零件图纸进行仔细的工艺分析，选择那些适合、需要进行数控加工的内容和工序。在选择并做出决定时，应结合本单位的实际，立足于解决难题、攻克关键和提高生产效率，充分发挥数控加工的优势。选择时，一般可按下列顺序考虑：

（1）普通机床无法加工的内容应作为优先选择内容；

（2）普通机床难加工、质量也难以保证的内容应作为重点选择内容；

（3）普通机床加工效率低，工人手工操作劳动强度大的内容，可在数控机床尚存在富余能力的基础上进行选择。

一般来说，上述这些加工内容采用数控加工后，在产品质量、生产率与综合经济效益等

方面都会得到明显提高。相比之下,下列一些加工内容则不宜选择采用数控加工:

(1) 需要通过较长时间占机调整的加工内容,如以毛坯误差较大的粗基准定位来加工第一个精基准的工艺过程等;

(2) 加工余量极不稳定的加工内容;

(3) 需要按某些特定的制造依据如样板、样件等加工的型面轮廓,由于加工数据获取困难,易与检验依据发生矛盾,编程难度大;

(4) 必须按专用工装协调的孔及其他加工内容(主要原因是采集编程用的数据有困难,协调效果也不一定理想);

(5) 不能在一次安装中加工完成的其他零星部位,采用数控加工很麻烦,效果不明显。

此外,在选择和决定加工内容时,也要考虑生产批量、生产周期、工序间周转情况等。总之,要尽量做到合理,充分发挥数控机床的加工优势,达到多、快、好、省的目的。

4.8.3　数控加工零件的工艺性分析

关于数控加工的工艺性问题,其涉及面很广,影响因素也较多。因此,数控加工工艺性分析不仅要考虑一般机械加工工艺性问题,还应该从数控加工的可能性与方便性两个方面对零件进行工艺性分析。

(1) 零件图尺寸的标注方法。零件图尺寸的标注方法应符合数控加工的特点,应以同一基准引注尺寸或直接给出坐标尺寸,如图4.33(a)所示。这种标注法,既便于编程,也便于尺寸之间的相互协调,在保持设计、工艺、检测基准与编程原点设置的一致性方面也很方便。而图4.33(b)所示的标注方式则从装配和使用的需要出发,更多地考虑了完整反映零件的形貌,但对数控加工来说,会给工序安排与数控加工带来诸多不便。

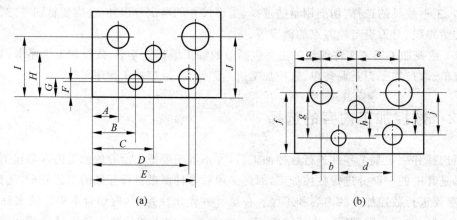

(a)　　　　　　　　　　　　　　(b)

图4.33　零件图的尺寸标注比较

(2) 构成零件轮廓的几何元素条件。由于零件设计人员在设计过程中考虑不周或被忽略,常常遇到构成零件轮廓的几何元素的条件不充分或模糊不清。最常见的是圆弧与直线、圆弧与圆弧到底是相切还是相交,含糊不清。有些是明明画得相切,但根据图纸给出的尺寸计算变为相交或相离状态,使编程无从下手;有时,所给条件过多,以致自相矛盾或相互干涉,增加了数学处理与节点计算的难度。所以,在审查与分析图纸时,需要对构成零件轮廓的几何元素条件进行充分的分析。

（3）特殊零件的加工工艺性。采用数控机床加工时，一般工序内容安排得比较集中，经常会遇到粗、精加工连续进行的情况，如果零件刚性比较差，则容易引起变形，影响加工质量。

（4）零件的内腔或外形最好采用统一的几何类型和尺寸。这样可以减少刀具规格和换刀次数，使编程方便，生产效益提高。

（5）内槽的圆角半径要合理。零件内槽的圆角半径不能过大也不能过小。如果槽底圆角半径过大，则铣削底平面时，铣刀端刃铣削平面的能力差、效率低；如果内槽圆角过小，则决定了刀具直径不能太大，因而刀具刚性差，铣槽深度受到限制，同时也增加了内槽平面的走刀次数，切削效率低。

4.8.4　数控加工工艺路线设计

同常规工艺路线拟定过程相似，数控加工工艺路线的设计，最初也需要找出所有加工的零件表面并逐一确定各表面的加工获得过程，加工获得过程中的每一步骤相当于一个工步。然后将所有工步内容按一定原则排列成先后顺序。再确定哪些相邻工步可以划为一个工序，即进行工序的划分。最后再将需要的其他工序如常规工序、辅助工序、热处理工序等插入，衔接于数控加工工序序列之中，就得到了要求的工艺路线（见图 4.34）。

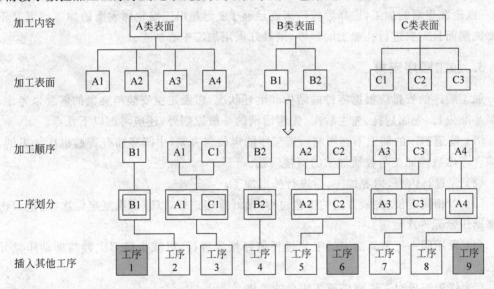

图 4.34　数控加工工艺路线设计过程

一般来说，数控加工很难完成一个零件的全部加工，它通常是零件加工工艺过程中的若干数控加工工艺过程，而不是指从毛坯到成品的整个工艺过程。因此，数控加工工序一般均穿插于零件加工的整个工艺过程中间，因此在工艺路线设计中一定要兼顾常规工序的安排，使之与整个工艺过程协调吻合。

1. 定位基准选择

定位基准选择正确与否不仅直接影响数控加工的加工精度,还会影响到夹具结构的复杂程度和加工效率等。数控加工在选择定位基准时除了遵循一般的基准选择原则以外,还应考虑以下几点:

(1) 力求设计、工艺与编程计算的基准统一。

(2) 尽量减少装夹次数,尽可能做到在一次定位后就能加工出全部待加工表面,为此应选择便于各个表面都能加工的定位方式。

车削加工时,对于短圆柱表面,尽量采用一次装夹完成零件主要表面的全部加工;对于长圆柱表面,最好采用中心孔或芯轴定位加工。

镗、铣加工时,最好采用一面两孔定位加工。零件本身有合适的孔最好,如果零件上没有合适的孔,应另外考虑设置工艺孔作为定位基准。如考虑在毛坯上增加工艺凸台,制出工艺孔,或在后续加工工序要加工掉的余量上设置工艺孔,在完成定位加工后再去除。

(3) 避免采用占机人工调整方案。

(4) 如果用毛面作定位基准时,毛坯的制造精度要求应更高一些。

2. 加工方法选择

加工方法选择除按照普通加工方法选择原则以外,还要考虑数控机床的功能特点。例如,三维轮廓表面的加工,选择数控铣床就足够了;而超出三维轮廓表面的加工或者是不仅需要铣削而且需要进行孔加工的零件,则最好采用加工中心加工。

3. 加工顺序安排

加工顺序的安排应根据零件的结构和毛坯状况,以及定位安装与夹紧的需要来考虑,除依照基准先行、先面后孔、先主后次、先粗后精的一般原则外,还应考虑以下几点。

(1) 前道工序的加工不能影响后道工序的定位与夹紧,中间穿插有普通机床加工的,还应综合考虑数控加工与普通加工的衔接问题。

(2) 先进行内型、内腔加工,后进行外形加工。

(3) 以相同定位、夹紧方式的工艺过程,最好接连进行,以减少重复定位次数、换刀次数与挪动压紧元件次数等。

(4) 采用同一把刀具加工的工艺过程最好接连进行,以减少换刀次数与挪动压紧元件次数。

(5) 优先安排对工件刚件破坏较小的工序。

(6) 一般情况下,离对刀点近的部位先加工,离对刀点远的部位后加工,以便缩短刀具移动距离,减少空行程时间。

4. 工序的划分

在数控机床上加工的零件,一般按工序集中原则划分工序;而对于刚性差、精度高的零件,则考虑按工序分散原则划分工序。具体划分方法如下:

(1) 按所用刀具划分,即以同一把刀具完成的那一部分工艺过程作为一道工序。这样可以减少换刀次数和空程时间。

(2) 按安装次数划分，即以一次安装完成的那一部分工艺过程作为一道工序。这种方法适用于生产量大的零件加工。

(3) 按粗、精加工划分。对于易发生加工变形的零件，由于粗加工后可能发生较大的变形，加工质量无法保证，故一般来说凡要进行粗、精加工的零件都要将工序分开。

(4) 按加工内容划分，即以完成相同型面的那一部分工艺过程为一道工序。对于加工内容较多的零件，按照加工表面的特征将加工内容划分成若干部分，每一部分可选择相应的机床和刀具进行高效、高质加工。

5. 数控加工工序与普通工序的衔接

由于零件的工艺过程常常是数控加工工序和普通加工工序穿插进行，所以，数控加工的工艺路线设计不仅要考虑零件数控加工的工艺过程，还要瞻前顾后，做好数控加工工序和普通加工工序的衔接，使整个工艺过程协调、吻合。例如：工序余量要求；定位面与定位孔的尺寸精度及形位公差要求；校形、平衡等特殊工序对前道工序的技术要求；对毛坯的热处理状态要求等。具体设计时，首先可以将数控加工、普通加工同等对待，按照一般的工艺路线设计过程进行处理，然后考虑数控加工的特殊性，对数控加工工艺过程作个性化处理。

数控工艺路线设计是下一步工序设计的基础，其设计的质量会直接影响零件加工质量与生产效率。设计工艺路线时应对零件图、毛坯图认真消化，结合数控加工的特点灵活运用普通加工工艺的一般原则，尽量把数控加工工艺路线设计得合理一些。

4.8.5 数控加工工序设计

1. 选择夹具

数控加工的特点对夹具提出了两个基本要求：一是要保证夹具的坐标方向与机床的坐标方向相对固定，二是要能协调零件与机床坐标系的尺寸。除此之外，还要考虑下列几点：

(1) 小批量加工时，尽量采用组合夹具、可调式夹具及其他通用夹具；

(2) 大批量加工时，可以考虑采用专用夹具，但应力求结构简单；

(3) 夹具尽量要开敞，尽量减少定位、夹紧元件对移刀、走刀路线的影响；

(4) 装卸零件要方便可靠，以缩短辅助时间，有条件时，批量较大的零件加工应采用气动或液压夹具、多工位夹具等；

(5) 有利于数控编程计算的方便和精确，便于编程坐标系的建立。通常要求夹具的坐标方向与机床的坐标方向相对固定，以便于建立零件与机床坐标系的尺寸关系。

2. 选择刀具

数控加工对刀具的精度、强度、刚度及寿命要求较普通加工严格。刀具的精度会直接影响加工精度；刀具强度、刚度不高，一是刀具不宜兼做粗、精加工，二是容易产生刀具损坏，三是影响加工精度；刀具寿命低，不仅会增加换刀、对刀等辅助时间，影响生产效率，而且也容易在工件轮廓上留下接刀刀痕，影响工件表面质量。

（1）在凹形轮廓铣削加工中,选用的刀具半径应小于零件轮廓曲线的最小曲率半径,以免产生零件过切,影响加工精度。在符合加工条件的情况下,尽可能选取半径大一点的刀具,以保证刀具有足够的刚度和较高的加工效率。

（2）刀具的结构和尺寸应符合标准刀具系列,特别对于具有自动换刀装置的加工中心,所使用的刀柄和接杆应该满足机床主轴的安装要求。

（3）刀具的尺寸参数不同,刀具半径补偿、刀具端面到机床或工件的距离也各不相同。刀具在装入机床主轴前,通常要使用对刀仪进行刀具几何尺寸(半径和长度)的预调,并测量出刀具的几何尺寸,存入数控系统,以备加工时使用。

（4）刀具的寿命应至少能保证一个零件的加工需要,避免中途换刀。

（5）尽量采用整体硬质合金刀具、机夹不重磨硬质合金刀片及涂层刀片,保证刀具具有足够的切削能力和寿命。

刀具确定好以后,要把刀具规格、专用刀具代号和该刀所要加工的内容列表记录下来,供编程时使用。

3. 确定走刀路线

走刀路线是刀具在整个加工工序中的运动轨迹,它不但包括了工步的内容,也反映出工步顺序。走刀路线是编写程序的重要依据之一,因此,在确定走刀路线时最好画一张工序简图,将已经拟定出的走刀路线画上去(包括进、退刀路线),这样可为编程带来不少方便。工步的划分与安排一般可根据走刀路线来进行,在确定走刀路线时,主要考虑下列几点。

（1）选择最短走刀路线,减少空行程时间,以提高加工效率。图 4.35 是回转体外轮廓粗车的 3 种走刀路线比较,显然,图(c)的走刀路线较短。图 4.36 所示为孔群加工的两种走刀路线比较,显然,图(b)的走刀路线较短。

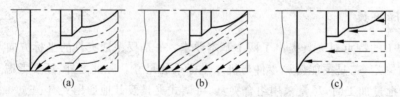

(a)　　　　　　　　(b)　　　　　　　　(c)

图 4.35　回转体外轮廓粗车走刀路线比较

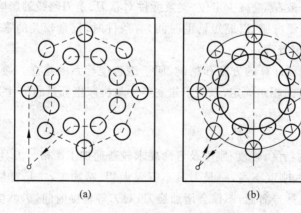

(a)　　　　　　　　　(b)

图 4.36　孔群加工的走刀路线比较

（2）为保证工件轮廓表面加工后的粗糙度要求，精加工时，最终轮廓应安排在最后一次走刀连续加工出来。图 4.37 所示的 3 种走刀路线中，从保证工件轮廓表面加工后的粗糙度要求以及编程方便考虑，图(c)的走刀路线最佳。

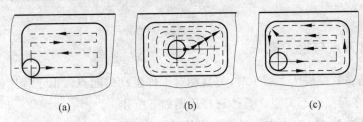

图 4.37　加工凹槽的走刀路线比较

此外，轮廓加工中应避免进给停顿。因为加工过程中的切削力会使工艺系统产生弹性变形并处于相对平衡状态，进给停顿时，切削力突然减小，会改变系统的相对平衡状态，刀具会在进给停顿处的零件轮廓上留下刀痕，影响表面加工质量。

为提高零件的加工精度，可以采用多次走刀的方法，精加工余量一般以 0.2~0.5mm 为宜。精铣时采用顺铣，可以减小零件被加工表面的粗糙度。

（3）尽量减少在轮廓处停刀以避免切削力突然变化造成弹性变形而留下刀痕。一般应沿着零件表面的切向切入和切出，尽量避免沿工件轮廓面法向进退刀。

铣削封闭的轮廓表面时，若轮廓曲线允许外延，一般应沿切线方向切入、切出（见图 4.38）。如果不允许外延，则只能沿法线方向切入、切出，这时刀具的切入、切出点应尽量选在轮廓曲线两几何元素的交点处（见图 4.39）。图 4.40、图 4.41 所示分别为铣削内、外圆的走刀路线选择。

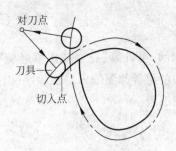

图 4.38　外轮廓加工

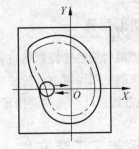

图 4.39　内轮廓加工

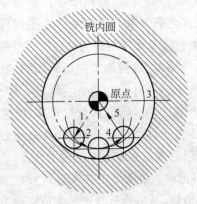

图 4.40　内圆铣削

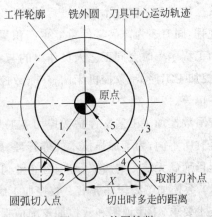

图 4.41　外圆铣削

(4)要选择工件在加工后变形较小的路线。例如对细长零件或薄板零件,应采用分几次走刀加工到最后尺寸,或采用对称去余量法安排走刀路线。

此外,走刀路线的选择还要注意应方便数值计算,尽量减少程序段数,减少所占用的存储空间。

4. 确定对刀点与换刀点

对刀点就是在数控机床上加工时,刀具相对工件运动的起点。由于程序运行以此为起点,所以又叫程序起点或起刀点。具体选择原则如下所述。

(1)加工误差小。对刀点应尽量选在零件的设计基准或工艺基准上。如以孔定位的零件,应将孔的中心作为对刀点,以提高零件的加工精度。

(2)找正容易、检查方便。对刀点应选在便于观察和检测及对刀方便的位置上。

(3)方便编程。对于建立了绝对坐标系统的数控机床,对刀点最好选在该坐标系的原点上,或者选在已知坐标值的点上,以便于坐标值的计算。

对刀点可以设在被加工零件上,也可以设在与零件定位基准有固定尺寸联系的夹具上的某一位置。对刀误差可以通过试切加工结果进行调整。

换刀点是为加工中心、数控车床等多刀加工的机床而设置的,因为这些机床在加工过程中要自动换刀。为防止换刀时碰伤零件或夹具,换刀点的位置应设置在工件和夹具的外部。加工中心的换刀位置是固定的,机床设计已经保证了换刀点远离切削区域,不会与零件或夹具干涉。数控车床换刀点的位置可以是任意的,必须注意避免换刀干涉。

5. 选择切削用量

数控加工切削用量的选择原则与普通加工相同,可计算、查表或根据经验确定,并应按照所用数控机床的使用说明书进行校核。数控切削用量都要编入加工程序,因此,在计算好切削用量后,最好能建立一张切削用量表,以方便编程。

4.8.6　数控加工工艺文件

数控加工工艺文件不仅是进行数控加工和产品验收的依据,也是需要操作者遵守和执行的规程,同时还为产品零件重复生产积累了必要的工艺资料和技术储备。它是编程员在编制加工程序单时会同工艺人员作出的与程序单相关的技术文件。该文件包括了编程任务书、数控加工工序卡、数控机床调整单、数控加工刀具调整单、数控加工进给路线图、数控加工程序单等。

编写数控加工工艺文件是数控加工工艺设计的内容之一。不同的数控机床,工艺文件的内容有所不同,为了加强技术文件管理,数控加工工艺文件也应向标准化、规范化方向发展。但目前尚无统一的国家标准,各企业可根据本部门的特点制定上述工艺文件。

(1)数控加工编程任务书。数控加工编程任务书记载并说明了工艺人员对数控加工工序的技术要求、工序说明和数控加工前应保证的加工余量,是编程员与工艺人员协调工作和编制数控程序的重要依据之一。

（2）数控加工工序卡。数控加工工序卡与普通加工工序卡很相似，也表述了加工工艺内容。但同时还要反映使用的辅具、刀具切削参数、切削液等，它是操作人员配合数控程序进行数控加工的主要指导性工艺资料。工序卡应按已确定的工步顺序填写。

若在数控机床上只加工零件的一个工步时，也可不填工序卡。在工序加工内容不十分复杂时，可把零件草图反映在工序卡上，并注明编程原点与对刀点等。

（3）数控机床调整单。数控机床调整单是机床操作人员加工前调整机床和安装工件的依据，主要包括机床控制面板上有关开关的位置、工件定位夹紧方法、夹紧次数、工件原点设定位置和坐标方向、夹具名称和图号等。

不同的数控机床功能差异很大，其调整单内容差异也大。

（4）数控加工刀具调整单。数控加工刀具调整单包括刀具卡片和刀具明细表两部分。

刀具卡片主要反映刀具编号、结构、尾柄规格、材料、数量或刀片型号等，它是组装刀具和调整刀具的依据。

刀具明细表主要反映刀具尺寸参数、补偿值、换刀方式等，它是调刀人员调整刀具、机床操作人员输入刀具数据的主要依据。

（5）数控加工进给路线图。数控加工进给路线图需要详细给出对刀点、走刀路线、抬刀点等位置坐标，它是编程人员编制合理加工程序的主要条件之一。

（6）数控加工程序单。数控加工程序单是编程人员根据工艺分析情况，经过数值计算，按照机床特定的指令代码编制的记录数控加工工艺过程、工艺参数、位移数据的清单，它是实现数控加工的基本依据。不同的数控系统，使用的指令代码不同，程序单的格式也不同。

4.9 典型零件加工

机器中的零件有各种不同的类型，轴、盘套、箱体及齿轮 4 种典型零件是常见的几种类型。自动武器是一种特殊机械，枪管是自动武器中最具有特征性的零件之一。本节对这些典型零件进行加工工艺分析，找出形状、特征相近的零件其加工工艺的共同特征和规律性。

4.9.1 轴类零件加工工艺分析

1. 主轴的加工工艺过程

图 4.42 所示的车床主轴零件，因其具有多阶梯、螺纹、花键、圆锥等表面，并且是空心轴，故属于比较典型的、结构较复杂并有较高精度要求的轴。该轴材料为 45 钢，大批量生产时的工艺过程如表 4.8 所示。

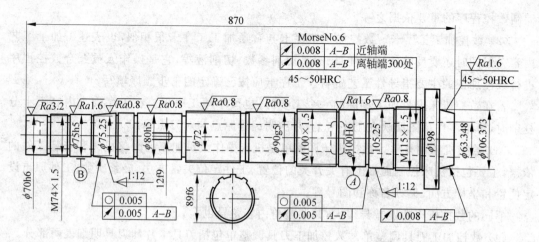

图 4.42 车床主轴零件简图

表 4.8 主轴加工工艺过程卡

序号	工序名称	工序内容(工序简图或说明)	设备
1	备料		
2	锻造	自由锻,大端用胎模锻	
3	热处理	正火	
4	锯头	锯小端,保持总长(878±1.5)mm	
5	铣钻	同时铣两端面、钻两端中心孔(外圆柱面定位并夹紧)	专用铣床
6	荒车	车各外圆面(一夹一顶)	卧式车床
7	热处理	调质	
8	车大端各部	（工序简图）	卧式车床
9	仿形车小端各部外圆	（工序简图）	仿形车床

序号	工序名称	工序内容(工序简图或说明)	设备
10	钻	在大端钻 $\phi48$mm 导向孔(一夹一托)	卧式车床
11	钻	钻 $\phi48$mm 深孔(一夹一托)	深孔钻床
12	车小端内锥孔(工艺用)	 (配 1:20 锥堵用)	卧式车床
13	车大端锥孔	先车 $\phi56$ 内槽,再车锥孔、外短锥及端面 (锥孔配莫氏 6 号锥堵用)	卧式车床
14	钻	钻大端面各孔(用钻模)	摇臂钻床
15	热处理	$\phi90$g5,短锥及莫氏 6 号锥孔高频感应加热淬火 52HRC	
16	精车	小端各外圆并切槽(两端配锥堵后用两顶尖装夹)	数控车床
17	检验		
18	研磨	修研中心孔	卧式车床
19	磨二段外圆		外圆磨床
20	粗磨莫氏 6 号锥孔	 (卸去锥堵)	内圆磨床

序号	工序名称	工序内容（工序简图或说明）	设备
21	检验		
22	铣	铣花键（大端再配锥堵后用两顶尖装夹）	花键 铣床
23	铣	铣键槽（专用夹具，以 ϕ80h5 外圆定位）	立式 铣床
24	车	车大端内侧面和三段螺纹（配螺母）（两顶尖装夹）	卧式 车床
25	研磨	修研中心孔	卧式 车床
26	磨各外圆柱面至尺寸		外圆 磨床
27	磨三段外圆锥面至尺寸，靠磨大端面 D		专用 磨床
28	精磨莫氏 6 号内锥孔		专用 磨床
29	检验		

2. 工艺过程分析

1）毛坯的选择

轴类零件最常用的毛坯是圆棒料和锻件。采用圆棒料时，毛坯的准备工作简单，但只适用于截面差异不大及力学性能要求不高的轴。坯料在经过锻压后，金属的组织致密、均匀，并且形成沿表面呈流线形的内部纤维组织，能有效提高零件的多项力学性能。对于中、小批量生产或结构不太复杂的轴，一般都采用自由锻造。大批量生产时，采用模型锻造既可提高生产率,又可大大减少加工余量,以节省材料和减少后续加工。但当工件尺寸和质量较大时,由于模锻设备的局限性而无法采用模锻,如柴油发动机的曲轴可以考虑设计成装配式,也可采用分段模锻的方法来制造毛坯。图 4.42 所示的车床主轴零件的毛坯就是采用分段锻造的方法,小端采用自由锻,大端采用胎模锻成形。

精密锻造是锻造生产中的一项先进工艺。它能锻造形状复杂、精度要求很高的毛坯,其余量小、省材料、质量好、效率高。但精锻机造价高,故只适用于大批量生产。

2) 加工阶段的划分

在表 4.8 给出的主轴加工工艺过程中,主轴零件的整个加工工艺过程可分为 4 个阶段:工序 1～4 为毛坯准备阶段;工序 5～15 表面淬火之前为粗加工阶段;工序 16～24 为半精加工阶段;最后是精加工阶段。较具特殊性的是调质和表面淬火两道热处理工序都安排得比较靠前,这是因为工序 6 切除了大部分余量,调质处理可紧随其后;将表面淬火提前,磨削莫氏 6 号锥孔后再进行精车,则是为了提高定位基准的精度和充分消除热处理后释放的变形。

3) 轴类零件的热处理

轴类零件的热处理取决于轴的材料、毛坯形式、性能和精度要求等。轴的锻造毛坯在机械加工之前,均需进行正火或退火(高碳钢和高碳合金钢)处理,以使钢的晶粒细化(或球化),消涂锻造后的内应力,降低毛坯的硬度,改善切削加工性能。

调质是轴类零件最常用的热处理工艺,调质既能获得良好的综合力学性能,又作为后续将进行的各种表面热处理的预备热处理。调质处理一般安排在粗加工后、半精加工之前。一方面为消除粗加工所产生的残余内应力,产生的变形可由后续的半、精加工切除;另一方面经调质后的工件硬度比较适合于半精加工。对于加工余量很小的轴或不方便再加工时,调质也可安排在粗加工之前进行。本例的调质处理就安排在深孔加工之前进行。

局部淬火、表面淬火及渗碳淬火等热处理一般安排在半精加工之后、精加工之前进行。淬硬后的工作表面不宜用刀具进行切削,而要由磨削来达到最终要求的尺寸精度和表面粗糙度,并可纠正淬火后产生的少量变形。对于精度较高的轴,在局部淬火或粗磨后,为了保持加工后尺寸的稳定,需进行低温时效处理(在 160℃ 油中进行长时间的处理),以消除磨削所产生的内应力、淬火内应力和继续产生内应力的残余奥氏体。

另外,由于渗氮处理的温度低且不需淬火,产生的变形很小,渗氮层又很薄(0.2～0.5mm),所以一般安排在精加工中间,即粗磨后精磨前进行。渗氮前要进行调质和低温时效处理,而且对调质的质量要求严格,不仅要求调质后获得均匀细致的索氏体组织,而且要求离表面 8～10mm 层内铁素体含量不超过 5%,否则会造成渗氮脆性而严重影响轴的质量。

由此可见,轴的精度越高,为保证精度的稳定性,对其材料及热处理要求也越高,需要进行的热处理次数越多。

4) 定位基准的选择与转换

轴类零件的定位基准,最常用的是两中心孔。因为轴类零件各外圆表面、锥孔、螺纹表面的同轴度,以及端面对回转轴线的垂直度,均与主轴的轴线有关。若以两中心孔定位,就能符合基准统一的原则,能够最大限度地在一次装夹中加工多处表面,使这些在一次装夹中加工出的表面具有较高的相对位置精度。因此,只要有可能,应尽量采用中心孔作为定位基准。只有在下列情况下才改用其他表面为定位基准:在外圆表面粗加工时,为了提高零件的装夹刚度,常采用一夹一顶(一头用卡盘夹紧,一头使用顶尖支承)方式;在锥孔的车削及磨削时选择外圆表面为定位基准。为了保证锥孔对支承轴颈的径向圆跳动公差。磨削锥孔时,应遵循基准重合原则,选支承轴预定位。但本例中支承轴颈为圆锥面,作为定位基面将使夹具的结构复杂化,故选择其相邻的有较高精度的圆柱表面定位。

由于空心主轴在钻出通孔后就失去了中心孔,为了能继续用双顶尖定位,一般都采用带有中心孔的锥堵或锥套心轴。当主轴孔的锥度较小(如本例中车床主轴的莫氏6号锥孔)时,可用图4.43(a)所示锥堵;当主轴孔的锥度较大或为圆柱孔时,则可用图4.43(b)所示的锥套心轴。

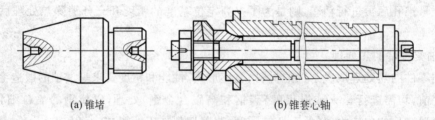

(a) 锥堵　　　　　　　　　　　　　　　(b) 锥套心轴

图 4.43　锥堵与锥套心轴

锥堵的中心孔既是锥堵本身制造的定位基准,又作为主轴加工的精基准,所以锥堵必须具有较高的精度。其中心孔与圆锥面要有较高的同轴度要求。另外,在使用过程中应尽量减少锥堵的装拆次数,以减少安装误差。

在表4.8所示的主轴加工工艺过程中,定位基准的选择与转换经历了如下过程:以外圆柱面为粗基准,铣端面钻中心孔,为粗车外圆准备好定位基准;粗车好的外圆又为钻深孔准备好定位基准;之后,加工前后锥孔,以便安装锥堵,为半精加工外圆准备好定位基准。为确保主轴莫氏锥孔与外圆同轴,其定位基准的精度在精加工前需要进行一次互为基准的加工提高,在外圆粗、精磨和键槽、花键、螺纹加工前先拆下锥堵,用外圆定位粗磨莫氏锥孔,重新装上锥堵后再用两中心孔定位完成花键、螺纹及外圆的加工。最后,用精磨好的轴颈定位终磨莫氏锥孔。

5) 加工顺序的安排

在安排主轴的加工工序时,总体上,以外圆和锥孔作为主要表面,按各加工阶段"先粗后精",逐步达到零件所要求的精度,具体的工序安排还应注意以下几点。

(1) "基准先行"原则。首道机械加工工序是加工中心孔,为粗车工序准备好基准;在以后的工序中,一个工序的加工内容与下一工序的基准一环扣一环,协调安排。例如:当工序11钻出通孔后,立刻进行两端锥孔的加工,接着用莫氏锥孔定位钻大端分布孔,再上锥堵进行外圆的半精加工;工序20的磨削莫氏锥孔,将基准精度提高后作为花键、螺纹和外圆各表面加工的最后的精基准;精加工后的外圆表面又作为莫氏锥孔终磨的精基准。由此可以看出"基准先行"是安排机械加工顺序的最基本、最重要的原则。

（2）先大端后小端。安排外圆各表面的加工顺序时，一般先加工大端外圆，再加工小端外圆。如果先加工小端外圆，则会在加工的开始就降低工件的刚度。

（3）深孔加工的安排，主轴的深孔加工是整个工艺过程的重要工序之一。深孔加工属于粗加工，钻孔后使中心孔消失，所以该工序的安排要考虑以下几点：第一，钻孔要安排在调质之后进行。因为调质处理引起工件变形较大，深孔会产生弯曲变形并且无法得到纠正，它将影响主轴以后使用时棒料的通过，以及高速转动时的不平衡引起的振动。第二，深孔应安排在外圆粗车或半精车之后，以便有一个较精确的轴颈作定位基准（搭中心架用），保证孔与外圆的同轴度，使主轴壁厚均匀。如果仅从定位基准考虑，希望始终以中心孔定位，避免使用锥堵，那么深孔加工安排到最后为好。但深孔加工是粗加工，发热量大，会破坏外圆加工的精度，故该方案不可采用。

（4）中心孔的修研。在轴的加工工艺过程中，中心孔会磨损、被拉毛，热处理后的氧化及变形等都需通过修研进行修正。修研中心孔的工序一般安排在中心孔质量受较大影响的工序之后以及需要质量较高的中心孔作定位基准的工序之前，如在粗车外圆、热处理等工序之后和精车、粗磨、精磨外圆之前安排中心孔的修研。轴的精度要求越高，需要修研中心孔的次数就越多。

（5）次要表面加工安排。主轴上的键槽、花键、螺纹、横向小孔等虽然都属于次要表面，但这些表面往往与主轴外圆有一定的位置精度要求，需要较精确的精基准，所以一般都安排在外圆的精车或粗磨之后加工。这是因为如果在精车前就铣出键槽和钻出横孔，精车时因断续切削而产生振动，既影响加工质量，又容易损坏刀具。另一方面，键槽的深度也难以控制。但是这些加工也不宜放在主要表面精磨之后进行，以免破坏主要表面已获得的精度。

主轴上的某些螺纹是配上螺母后用来调整轴承间隙或预紧程度的。要求螺母的端面与主轴轴线垂直，否则会使主轴受弯应力。这类螺纹的要求较高，若安排在淬火前加工，会因淬火而变形甚至开裂。因此车螺纹工序必须安排在局部淬火之后，且其定位基准应与精磨外圆的定位基准相同，以保证同轴度要求。对于高精度主轴上需要淬硬的螺纹，则必须在外圆精磨后直接用螺纹磨床磨出。

4.9.2 箱体类零件加工工艺分析

1. 箱体加工的工艺过程

箱体的结构复杂，形式多样，但其主要加工面总是轴孔和平面。因此，箱体的加工工艺主要围绕这些表面的加工和铸件结构的特点来考虑。

图 4.44 所示为某车床主轴箱的简图。主轴箱基本上为一方体结构，上部开口，底部为装配基面；带编号的纵向孔是主要轴孔，其中Ⅵ、Ⅳ、Ⅲ孔要求最高，精度为IT6，表面粗糙度值为 $Ra\,0.8\mu m$；重要加工面有形位公差要求。该主轴箱大批生产时的工艺过程见表 4.9。

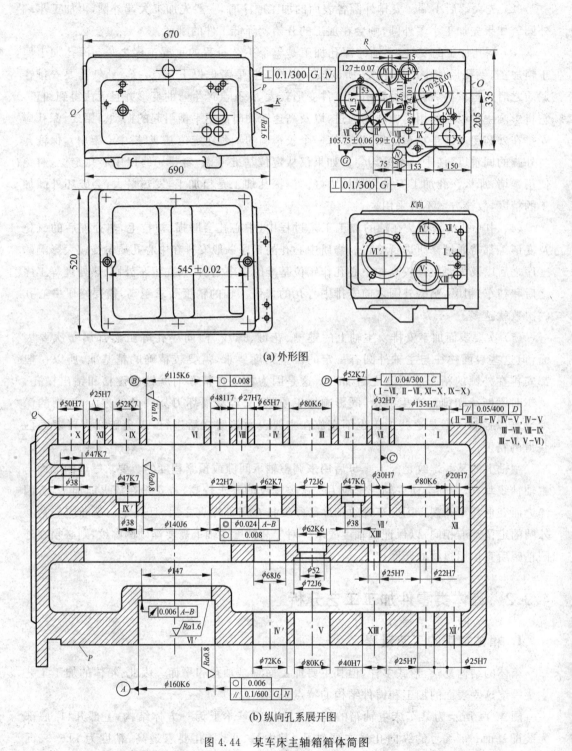

(a) 外形图

(b) 纵向孔系展开图

图4.44 某车床主轴箱箱体简图

表 4.9 车床主轴箱箱体加工工艺过程卡

序号	工序名称	工序内容	定位夹紧	设备
1	铸造			
2	热处理	人工时效		
3	漆底漆			
4	铣	粗铣顶面 R	Ⅵ、Ⅰ 轴铸孔	立式铣床
5	钻	钻、扩、铰顶面 R 上两工艺孔,加工其他紧固面	顶面 R、Ⅵ 轴孔、内壁一端	摇臂钻床
6	铣	粗铣 G、N、O、P 及 Q 面	顶面 R 及两工艺孔	龙门铣床
7	磨	磨顶面 R	G 面及 Q 面	平面磨床
8	镗	粗镗纵向孔系	顶面 R 及两工艺孔	组合机床
9	热处理			
10	镗	精镗各纵向孔	顶面 R 及两工艺孔	组合机床
11	镗	半精镗、精镗主轴三孔	顶面 R 及 Ⅲ、Ⅳ孔	专用机床
12	钻	钻、铰横向孔,攻螺纹	顶面 R 及两工艺孔	专用机床
13	钻	钻 G、P、Q 各面上的孔,攻螺纹	顶面 R 及两工艺孔	专用机床
14	磨	磨底面 G、N,侧面 O,端面 P、Q	顶面 R 及两工艺孔	组合平面磨床
15	钳	去毛刺,修锐边		钳工台
16	清洗			清洗机
17	检验	检验入库		

2. 箱体零件的工艺过程分析

1) 加工阶段的划分

箱体零件的结构复杂,壁厚不均匀,且有一定程度的铸造内应力存在。箱体零件一般都有较高的加工精度要求及加工精度的稳定性要求,因此,拟定箱体加工工艺时,其重要表面的加工都需要划分粗、精加工阶段,这样可以减少粗加工造成的内应力和切削热等对加工精度的影响,同时也便于及时发现毛坯缺陷,采取补救措施或及时报废,以避免更大浪费。

在上述工艺过程中,工序 9 之前为粗加工阶段,通过时效处理消除内应力后,再进行主要表面的半精加工和精加工,加工余量较小的次要表面安排在外表面精加工之前进行。箱体零件一般装夹比较费时,粗、精加工分开后,必然要分几次装夹,这对于小批量生产或用加工中心进行的加工来说显得很不经济。在这种情况下,也可以将粗、精加工安排在一个工序内完成,但从工步来讲,粗、精加工还是分开的。如在粗加工后,将工件松开一点,然后再用较小的夹紧力夹紧工件,使工件因夹紧力而产生的弹性变形在精加工之前得以恢复。导轨磨床上磨大的床头箱导轨时,粗磨后进行充分冷却,然后再进行精磨。

2) 加工顺序为"先面后孔"

箱体零件安排加工顺序时,要遵循"先面后孔"的原则,以加工好的平面定位,再来加工孔。其理由为:一是孔的加工难度一般比平面的加工难度大,安排加工顺序时,应尽量使孔的加工余量均匀;二是综合考虑箱体的使用要求及箱体的铸件特点。在箱体铸造时,其外形是由铸型的型腔成形,孔和内表面是由组合型芯成形,当在铸型中下芯、合箱时,常存在一定程度的偏心,这样,铸造件就产生如图4.45所示的偏位,即外表面和内表面各自有较好的位置关系,但两者之间的位置有偏差。在安排加工顺序时,遵循"先面后孔"原则实际上就是"内表面优先"。如果以图4.45中的孔为粗基准先加工平面A,则加工A面时的余量是不均匀的。但以后用A面为精基准加工Ⅰ孔和其他孔时,余量都是均匀的,并且加工出的孔和箱体上不加工的内壁有较好的位置精度,将来装配轴、齿轮等零件后不易碰到箱体内壁,从而有利于保证箱体零件的使用要求。

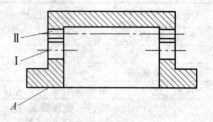

图4.45　箱体铸件的偏位

3) 箱体加工定位基准的选择

箱体的加工工艺随生产批量的不同有很大差异,定位基准的选择也不相同。

(1) 粗基准的选择

在批量较大的箱体加工时,按前述的"先面后孔"原则,应先以箱体毛坯的主要轴孔作为粗基准,直接在夹具上定位。采用的夹具如图4.46所示。

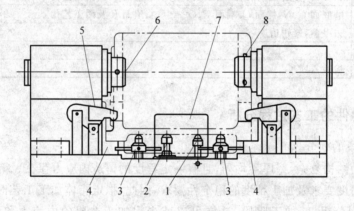

图4.46　以主轴孔为粗基准铣顶面的夹具

1,4—预定位置支承;2—辅助支承;3—可调支承;5—压块;6—短轴;7—侧支承;8—活动支柱

如果箱体零件是单件小批生产,则上述方案就不太适用。一方面此夹具结构很复杂,不适于单件小批生产;另一方面单件小批生产的箱体毛坯精度较低,往往需要"借"(均匀分配)余量。因此,一般采用划线找正的方法装夹。

(2) 精基准的选择

箱体加工精基准的选择也与生产批量的大小有关。

大批量生产时,都以顶面及两个工艺孔作为定位基准,工件装夹的特征是箱体口朝下,如图4.47所示。

这种定位方式符合"基准统一"的原则,其优点是一次装夹能加工多个表面,各加工表面可达到较高的相互位置精度,且夹具结构简单、装卸工件方便,同时减少了所需夹具的数量。当对工件镗孔需要增加中间导向支承时,支承架可以很方便地固定在夹具体上。不足之处在于:箱体顶面不是设计基准,不符合"基准重合"原则,存在基准不重合误差;另外,由于箱口朝下,加工时无法观察加工情况和测量加工尺寸,也不能调整刀具。

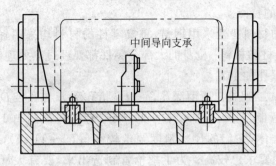

图 4.47　用箱体顶面及两销定位的镗模

单件小批生产箱体零件一般用装配基准即箱体底面作定位基准,装夹时箱口朝上,其优点是基准重合,定位精度高,装夹可靠,加工过程中便于观察、测量和调整。

4.9.3　武器类产品典型零件加工工艺

1. 自动武器工艺特征及生产特点

自动武器是一种特殊机械,其生产与一般机械的生产既有许多共同之处,又有其独特之处。它的生产特点,归纳起来有以下两个方面:

1) 生产组织方面的特点

(1) 按武器种类组织生产工厂

为了合理地利用设备,简化管理,提高劳动生产率,保证产品质量,自动武器的生产工厂通常是按武器的种类组建的。例如手枪厂、冲锋枪厂、自动步枪厂、机枪厂、大口径机枪厂、航空自动炮厂等。

(2) 生产计划严格,生产组织严密,生产情况保密

自动武器的生产取决于国防的需要和外贸的要求,故其生产计划是严格的、指令性的。为了保证武器的质量,按时地完成生产计划,其生产是封闭式的,产品的生产大都在一个工厂内完成,管理系统也是封闭式的,有严密的组织。

(3) 质量要求严格,层层进行质量把关

由于武器的使用性能要求高,因此,对武器的制造质量要求特别严格。工厂除树立"质量第一"的思想外,还有一个健全有效的质量保证体系,有一套严格的质量管理制度,并且工厂还驻有用户的代表(军代表),对武器的制造质量进行层层把关。

(4) 大量生产,流水作业

由于自动武器的需要量大,故其生产类型属于大批、大量生产。为了提高生产率,增加经济性,适应产品转换和进行战备动员,其生产线一般为流水作业线。

(5) 军品生产与民品生产相结合

兵工厂的设计,通常是根据战争时期对武器的需求量来进行设计与组建的。在和平时期,对武器的需要量减小,此时,兵工厂有很大的剩余生产能力。为了挖掘兵工厂的生产潜力,为国家经济建设做出自己应有的贡献,在保证完成军品生产任务的同时,需要大力发展民品生产。

2) 制造工艺方面的特点

(1) 制造零件用的材料普遍采用钢材,重要零件的材料均采用轻武器专用结构钢;毛坯广泛采用型锻件、型材和板料;枪身的大部分零件都要经过热处理(淬火和回火)。

(2) 具有独特的深孔加工工艺

深孔加工比浅孔加工困难。所谓深孔,一般是指孔深 L 与孔径 D 之比等于或大于 5 的孔。在自动武器的枪管制造中,通常 $L/D=20\sim50$,有的甚至达 100 以上。线膛中有多条膛线,弹膛中有多个锥体,它们的尺寸精度要求较高(IT9~11 级),表面粗糙度要求较小($Ra0.8\sim0.1$),同轴度要求也较高。为了把枪管制造出来,要有大量的特殊设备、工装、专门工艺和特殊工种的技术工人,这是一般民用产品生产中所没有的。

(3) 零件小,形状复杂,形面加工多,加工工序多

自动武器工作时,在每一自动循环中,需要完成很多动作。为了保证武器的机动性,要求武器体积小、质量小。这就使得武器零件形状复杂,形面多,外廓尺寸小。例如:56 式半自动步枪的机匣,用靠模铣削(用于形面加工)工序占整个工序数的 38%。

由于武器零件的加工采用流水作业,所以加工工序比较多,通常可达 50~100 个。例如:56 式冲锋枪枪管有 81 个加工工序,56 式半自动步枪机匣有 124 个加工工序。

(4) 切削加工量大,材料利用率低

武器零件的表面几乎都要进行机械加工,由于零件形状复杂,毛坯很难接近于零件的形状。零件的形状要通过所谓"剥皮挖心",切除毛坯上大部分金属来达到,故切削加工量大。其材料利用率,对武器上一些主要零件来说,通常只在 0.1~0.25 之间。

(5) 工艺装备系数大

所谓工艺装备系数 η,是指某种产品的全部专用工艺装备(专用的刀具、夹具、量具、模具、辅具和自动化装置等)的数量与该产品所包含的不重复零件的数量(除去外购件及标准件)之比。对于金属切削机床制造,η 在 0.4~0.5 之间;对于火炮制造,η 在 40~50 之间;对于自动武器制造,η 可达 50 以上。

(6) 生产量大,而零件和部件没有全部采用完全互换

由于自动武器机构动作复杂,特征量比较多,以这些特征量为封闭环的尺寸链中所包含的零件及其尺寸较多。根据尺寸链原理,封闭环的精度一定时,组成环数越多,每个环的制造公差便越小,加工难度便越大,制造费用增加。为了保证武器的装配精度,同时又不致提高制造成本,尽管武器的生产是大量生产,其装配仍然没有全部采用完全互换的原则,相当一部分装配采用的是选配、修配和调整的方法。

(7) 重视防腐,注意美观

为了使武器在长期使用或存放中不致生锈,武器零件要进行防腐处理。根据武器的使用条件,一般不采用涂漆或浸油的防腐蚀方法,而是采用氧化、磷化、磷化加涂漆或电镀等防腐蚀处理。某些枪架,部分零件采用喷漆。

武器不仅要内在质量好,其外表也应美观、精致,使战士喜爱自己手中的武器。为此,有的木托上要制造花色,金属零件的非配合表面也要减小其粗糙度,对于单人使用的自动武器,其外表常用色泽比较美观的氧化处理来进行防腐。

以上是自动武器制造的特点。这些特点不是一成不变的。随着经济体制改革的深入进行,国防科技政策的修订以及科学技术、制造工艺的不断发展,有些特点是会发生变化的。

例如兵工厂将由单一的军品生产过渡到军民结合的多品种生产;在和平时期自动武器的大量生产将转变为多研制少生产;枪族的出现加速了武器的系列化和零部件的通用化;新科学、新技术、新材料、新工艺的不断涌现,武器制造中的大量切削加工将部分地由无切削或无屑加工所代替,部分金属零件将由塑料零件所代替。

2. 枪管的工艺过程

枪管是自动武器中主要零件之一,最具有特征性。它是圆柱管形,长径比大,多数内膛有膛线、多锥形药室。内膛几何形状和表面质量都有严格要求,存在工序多、加工周期长等问题。自动武器的制造特点,在枪管制造中突出地反映出来。所以,研究自动武器典型零件的制造,首先应研究枪管制造。

1) 枪管的结构与技术要求

枪管具有内膛与外表面两个部分。内膛又由线膛与弹膛组成。

(1) 线膛的结构与技术要求

线膛部分有膛线,膛线的结构参数包括膛线数目、膛线形状与宽度、膛线深度、膛线缠度。弹丸与线膛阴径之间的配合间隙应尽可能小,弹丸与膛线导转侧的配合高度的变化应尽可能小;同时还考虑到弹丸与内膛直径精度获得的难易程度,线膛径向尺寸的制造公差为 $0.06 \sim 0.1$mm。根据作用的重要性及加工的难易程度,调整制造公差,使阴径的精度略低于阳径。阳径精度较高,一般为 IT9 $\sim$ 11 级,但多接近于 IT10 级,阴径次之,为 IT10 $\sim$ 11 级,阴线宽最低,为 IT13 $\sim$ 14 级。为了减小摩擦阻力,提高耐磨性以及抗蚀性,保证枪管的射击散布精度和寿命,要求枪管线膛有较小的粗糙度为 $Ra0.4 \sim 0.2$。对于轻、重机枪和大口径机枪,由于它们的实际射速高,温度高,一般需镀较厚的铬层($0.03 \sim 0.45$mm),有效地延长枪管的寿命。此外,对线膛还有直线度要求,通常用长样柱进行检验。

(2) 弹膛的结构与技术要求

弹膛通常是由 $2 \sim 5$ 个锥体(包括线膛与弹膛的连接部分——坡膛在内)组成。锥体的数目取决于枪弹的结构。以弹壳口部定位的 59 式枪弹,弹膛为 2 个锥体,如图 4.48(a) 所示;51 式、56 式 7.62mm 枪弹,弹膛为 4 个锥体,如图 4.48(b) 所示;53 式 7.62mm、54 式 12.7mm 和 56 式 14.5mm 枪弹,弹膛均为 5 个锥体,如图 4.48(c) 所示。弹膛的径向尺寸精度要求较严,介于 IT8 $\sim$ 11 级之间,常在 IT9 $\sim$ 10 级之间,其公差均为 0.05mm。弹膛的轴向尺寸多为未注公差尺寸,按 IT14 级加工。弹膛的表面粗糙度影响抽壳阻力、耐磨性和耐蚀性,一般要求具有较小的粗糙度,通常为 $Ra0.8 \sim 0.1$,多数为 $Ra0.2$。弹膛各锥体要同轴,弹膛与线膛要同轴,弹膛与线膛的同轴度为 $\phi 0.1$mm。弹膛的工作条件与线膛不完全相同。弹膛镀铬的目的主要是为了防蚀,同时还可以降低摩擦系数,增强耐磨性。所以其上镀铬层的厚度较薄,径向镀铬层厚度一般为 $0.01 \sim 0.06$mm。

(3) 枪管外表面的结构与技术要求

枪管外表面包括外圆表面和前、后端面。对绝大部分枪管来说,外圆表面为旋转表面,通常是阶梯圆柱面和圆锥面。枪管外表面有配合表面和非配合表面。配合表面一般按 IT8 $\sim$ 10 级制造,配合表面其粗糙度常为 $Ra0.8$。对于非配合表面,一般按 IT14 级加工。枪管的外圆要求与其内膛同轴,对配合表面,口径为 7.62mm 的壁厚差一般允许为 $0.1 \sim 0.2$mm,口径为 $12.7 \sim 14.5$mm 的壁厚差允许为 0.5mm;对非配合表面,允许的壁厚差数

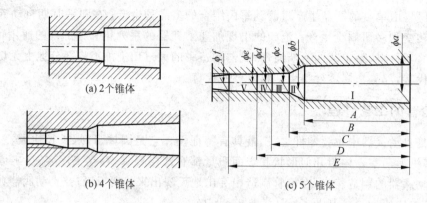

(a) 2个锥体

(b) 4个锥体

(c) 5个锥体

图 4.48　弹膛的结构

值可以大一些,但应小于上述数值的 2 倍。在线膛和枪口端面之间,有一个平缓的过渡圆弧或圆锥面,以保护线膛末端不被碰伤。要求枪口端面与线膛垂直,过渡圆弧或圆锥面与线膛同轴,以保证弹丸出膛口时运动方向的正确性。枪口部的表面粗糙度不大于 $Ra1.6$。枪管尾端面应平整,且与枪膛垂直,表面粗糙度一般为 $Ra1.6$。

2) 枪管的材料和毛坯

(1) 枪管的材料

自动武器的枪管在射击时工作条件非常恶劣,承受着脉动的高压作用(一般压力为 250～400MPa,作用时间在 0.008s 以内,每分钟作用 500～1800 次)、高温作用(火药燃烧温度约3000℃,内膛表面瞬时温度可达 1000℃),弹丸卡入膛线及在膛内运动时的高速挤压和摩擦作用,高压高温高速气流的冲刷作用和火药与击发药燃烧生成物的腐蚀作用。为了保证枪管在上述工作条件下能够正常工作并有足够的寿命,其材料应具有足够的弹性和强度极限,足够的冲击韧性和疲劳强度,良好的耐热性、耐磨性和耐蚀性。

口径为 7.62mm 的步、机枪枪管的材料一般均用碳素结构钢,具体钢号是 50BA。对于口径较大的枪管,则需采用合金结构钢。枪管用的合金结构钢其合金化的原则是:中碳＋提高淬透性元素＋防止回火脆性元素＋阻止晶粒长大(细化晶粒)元素。目前世界上许多国家均用 Cr、Ni 元素为主的合金钢系统,我国用以 Mn、Si、B 元素为主的合金钢系统。大口径枪管所用的材料,采用的是中碳、多元素低含量的合金钢。常用的钢号是 30CrNi2MoVA 和30SiMn2MoVA。

(2) 枪管的毛坯

根据不同的枪管结构,采用不同的毛坯。常用的枪管毛坯有三种:

① 型钢或无缝钢管。对于沿枪管轴向没有较大直径变化的枪管,通常采用热轧圆钢作为毛坯。例如 53 式、57 式重机枪,53 式、56 式、58 式轻机枪,54 式大口径机枪等的枪管均是采用这种毛坯,有的厂家生产 56 式冲锋枪管时采用无缝钢管作毛坯。

② 镦锻毛坯。对于存在有局部粗大的枪管,为了节约材料与加工工时,可选用圆钢将其局部镦粗,作为枪管的毛坯,这就是镦锻毛坯。例如 56 式半自动步枪、56 式冲锋枪和 56式大口径机枪枪管所用的毛坯。

③ 模锻毛坯。对于枪管较短、其上有较大凸起,且生产量比较大的手枪枪管,常用这种毛坯。

各种枪管毛坯在转入机械加工以前均需进行正常化处理；合金钢枪管一般在毛坯时进行最终热处理。

3）枪管制造的工艺特点

在自动武器制造中，枪管制造最具有特征性。其一，具有长径比特别大（$l/d \geqslant 25 \sim 130$）、内孔形状复杂、质量要求高的深孔加工；其二，属于工件细长、刚度不足，要求外圆与内孔同轴的厚壁阶梯管件加工。

枪管制造是自动武器制造中一项复杂而繁重的工作，概括起来就是工艺特殊，加工复杂。具体表现是：

（1）需要较多的专用设备、工艺装备和专门工种的技术工人。

（2）加工中需要划分加工阶段，贯彻互为基准，逐渐提高精度的原则，采用工序分散的方法，以保证枪管的加工质量，因此，枪管加工有明显的规律性，且工艺路线长，加工工序多（有的枪管加工有 100 多道工序）。

（3）在制造过程中涉及的工艺种类较多，例如：有热加工、切削加工、压力加工、化学与电化学加工等，需要各种工艺适当地配合。

（4）深孔加工，刚度不足，既限制生产率，又影响加工质量；为确保加工质量，在基本工序之间需要安排大量的非基本工序，这又影响了生产率，所以，枪管制造的生产率不高。

4）枪管制造的工艺过程

各类枪管的制造所用的加工方法、设备、刀具和夹具基本上是相同的。枪管加工工序顺序的安排有着共同的规律。枪管的制造工艺及其过程在相当程度上已经定型化了。但是，随着生产的不断发展，新工艺、新技术的不断涌现和应用，枪管的制造过程有了很大程度的变化。若各类枪管的制造采用相同的加工方法与技术时，其加工工序的顺序安排仍然是大致相同的。

枪管制造中机械加工工艺最为主要，它是枪管制造的主体。机械加工由内膛加工和外表面加工所组成。内膛加工是基础，它是工艺过程中最具有特征性和最专门化的加工。内膛加工又分为线膛加工和弹膛加工两部分，具体加工有光膛加工、形成膛线和弹膛加工三个基本阶段。

枪管径向设计基准为枪管轴线；轴向设计基准为枪管尾端面或尾部限位凸肩；周向设计基准为定向凸起（或定位板槽）或螺纹起点、卡榫槽等。为了易于保证加工精度，在加工过程中，一般均应采用基准重合的原则，即选这些设计基准为定位基准。

枪管内膛技术要求较高，加工比较困难，而且在加工中容易产生废品，特别是钻深孔时常常发生走偏，致使外表面的加工余量不够而使工件报废。根据易出废品的工序应安排在开始阶段进行加工的原则，枪管内膛的加工应先于枪管外表面的加工。

为了保证枪管的强度、射击散布精度以及装配要求，要求枪管外圆与内膛同轴。内膛要求高，根据先主后次的原则，首先应该加工内膛。为了保证同轴度要求，还必须按照互为基准、反复加工、逐渐提高精度的原则来处理内膛加工与外圆加工之间的关系，所以，内膛的加工与外圆加工应交替进行。

形成膛线的方法有多种。采用不同的形成膛线的方法，对枪管加工工序的性质、多少及其顺序安排有较大的影响。例如：采用挤线法，要求外圆为圆柱形，故外圆的阶梯车削应安排在挤线之后进行，而采用拉线法，则枪管外圆可先车削成台阶形，拉线工序一般放在机械加工的末尾。

弹膛与线膛要求同轴,线膛是弹膛的设计基准,因此加工弹膛时应取线膛为定位基准。故弹膛加工应在线膛加工之后进行。

枪管内膛和外圆加工均包含了几个粗、精加工工序。为了保证加工质量,各粗、精加工工序之间的关系应该是:枪管外圆和弹膛的粗加工,安排在光膛粗加工之后;外圆和弹膛的精加工,安排在线膛精加工之后。

下面对枪管的制造过程作进一步的介绍。

(1) 光膛加工。它是枪管加工及内膛加工的第一阶段,先在实心枪管毛坯上粗加工(钻与粗铰)出内孔,其次是车外圆,然后再精加工(精铰或电解加工或挤光)内孔。加工方案常用以下两种:①钻孔→铰孔→电解加工;②钻孔→铰孔→挤光。第一种方案生产效率高,加工质量好,其中铰削常用高速,但电解加工工作条件较差,电解液对设备等有腐蚀性,且工件材质及其组织对加工质量有影响;第二种方案目前采用的是低速铰削,但由于采用了大余量(0.8~1mm)的挤光,故其生产效率高,能保证加工质量,这时热处理需放在挤光之后,以便挤线前枪管内膛具有足够的塑性。目前大口径多用第一种方案,小口径多用第二种方案。

(2) 形成膛线。它是内膛加工的第二阶段。形成膛线的方法有 4 种:

① 拉线法。该方法采用钩形拉刀、梳形拉刀、螺旋或环形膛线拉刀拉过枪膛切下切屑的方法来形成膛线。这种方法使用最早,生产率低(螺旋、环形膛线拉刀除外,但这类刀具制造比较困难),现已被其他方法所代替。目前仅用于弹道枪和新产品的研制中。

② 挤线法。该方法采用挤线工具(硬质合金冲头),在一定推力的作用下通过枪膛,使枪膛断面产生塑性变形而形成膛线。这种方法生产效率高,质最好,现在几乎所有枪管均采用挤线的方法来形成膛线。

③ 电解加工法。该方法根据电化学原理按膛线形状电解枪管内膛而形成膛线。电解时,电解液具有一定压力且不断流动,随时将反应生成物带走。这种方法的生产效率较高,加工质量好,但阴极制造复杂,效率与经济性不及挤线法,所以这种方法在枪上没有采用。由于小、中口径火炮炮管不宜用挤线法形成膛线,因而才广泛采用电解加工法。

④ 精锻法。该方法利用管状毛坯和带有膛线凸起形状的芯棒,在径向精锻机上通过快速径向锻打,使毛坯内孔产生填满芯棒外形的塑性变形来形成膛线。这种方法具有很高的生产率和很好的加工质量,同时还能节约枪管材料。

(3) 弹膛的加工。它是枪管内膛加工的第三阶段,其加工方案通常是:粗铰弹膛→半精铰弹膛→精铰弹膛→抛光弹膛。

弹膛的粗铰、半精铰是在机床上进行的,而精铰则由手工来完成。这些工序在工艺过程中不是连续完成的,通常各工序安排原则是:粗铰在形成膛线之前;半精铰在形成膛线之后;精铰则在枪管机械加工的末尾、枪膛镀铬之前。这样安排的理由如下:

① 由于要求弹膛与线膛必须同轴,所以用刀具加工弹膛时应取线膛为径向定位基准。基准面愈精确,同轴度就愈高,故半精铰应在形成膛线以后,而精铰应在全部机械加工的末尾。

② 粗铰的加工余量大,切削力大,若刀具以精确的线膛表面作径向定位基准,则容易损坏精确的枪膛表面,故粗铰应放在形成膛线之前进行。

③ 枪管尾端面是弹膛和某些枪管外表面的轴向设计基准。在枪管外部的加工工序中,常用弹膛表面和枪管尾端面作定位基准。为了不使精确的弹膛表面在作定位基准过程中受

到损坏,应将弹膛的精加工安排在一系列外部加工之后进行。为了保证弹膛各锥体的轴向尺寸,需要取枪管尾端面作为刀具的定位基准。只有作为定位基准的尾端面加工好了,才能以它来定位精加工弹膛。而枪管尾端面的最后加工是在一系列外部加工之后进行的,所以弹膛的精加工安排在枪管机械加工的末尾。

④ 抛光弹膛的目的是为了减小弹膛表面粗糙度,所以安排在弹膛精加工之后、镀铬之前进行。镀铬前抛光弹膛是为了提高镀层表面质量和镀层对基体的附着力;某些枪管弹膛镀铬后仍需要抛光,以消减镀层较大颗粒,减小粗糙度,减少摩擦,使之便于抽壳。

(4) 枪管外部的加工。它包括外圆、尾端面、枪口部和连接螺纹等 4 个部分的加工,每个部分均包含若干个工序。

枪管外圆的加工由粗车、半精车(或精车)和磨削等工序组成。粗车一般安排在钻深孔、粗铰深孔之后和热处理之前进行,半精车一般安排在挤膛线工序之后;精车视需要进行,而磨削均安排在后面一些,以减少已磨削部位在加工过程中的碰伤。

枪管尾端面的加工包括粗切端面、精切端面以及尾端面上凹槽的加工。一般粗切安排在粗铰弹膛之前,精切安排在半精铰弹膛之前。

枪口部的加工包括粗切、精切和成形加工。粗切、精切分别在尾端面的粗、精加工之后,成形加工则在尾端面最后一次车削与线膛抛光之后,这样既能保证枪管的长度,又能保证枪口端面对线膛严格的垂直度。

连接螺纹(主要指枪管尾部螺纹)的加工,其定位基准是弹膛表面和枪管尾端面,为了定位时不损坏精确的弹膛表面以及减少螺纹在以后加工过程中的碰伤,通常将连接螺纹的加工安排在半精铰弹膛、尾端面和外圆精加工之后。

(5) 枪管的热处理。包括正常化、整体热处理(淬火与高温回火)、局部热处理(淬火与中温回火)、去应力回火(在挤线后或校直后)、定性回火(镀铬后)等几种。不是所有的枪管均需进行这几种热处理,但一般均要进行第一种和第二种热处理。

(6) 表面处理。指的是氧化(或磷化)和镀铬。它们均安排在工艺过程的末尾,而镀铬则在氧化(或磷化)之前进行。

下面以 56 式 7.62mm 冲锋枪枪管(50BA)和 56 式 14.5mm 高射机枪枪管(30SiMn2MoVA)为例说明枪管的制造过程。

56 式 7.62mm 冲锋枪枪管的主要工艺路线:

毛坯校直、切端面、打中心孔→钻深孔→铰深孔→切两端面→粗车外圆→第一次铰弹膛(1、2 锥)→冷挤孔→热处理→挤线→第一次切尾端面→第二次铰弹膛→外圆半精及精加工(车、磨工序)→第二次切尾端面→第三次铰弹膛→抛光线膛→第三次切尾端面→切枪口端面→粗、精锪枪口→光冲拉阳线→铣螺纹→手铰弹膛及抛光→抛光枪口→按线膛尺寸分组并镀铬→高压弹试验→磁力探伤。

56 式 14.5mm 高射机枪枪管的主要工艺路线:

毛坯热处理→校直→去应力回火→钻深孔→粗车外圆→高速铰深孔→磨枪管尾部及口部外圆→电解加工内孔→挤线→去应力回火→外圆粗、精加工→磁力探伤→红套枪管套筒→切尾端面→粗铰弹膛及精铰 3、4 锥→线膛镀铬→定性回火→车螺纹→半精铰弹膛→精铰弹膛→抛光弹膛→弹膛镀铬→抛光弹膛→铣特制螺纹→磷化。

枪管制造工艺及工艺流程如图 4.49 所示。

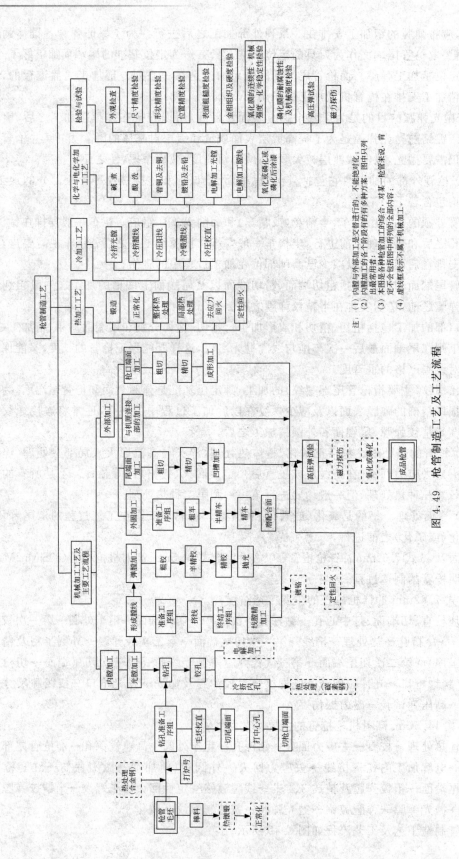

图 4.49　枪管制造工艺及工艺流程

4.10 工艺过程技术经济分析

4.10.1 机械加工时间定额

1. 时间定额的概念

时间定额指在一定生产条件下,规定生产一件产品或完成一道工序所需消耗的时间。它是安排作业计划、核算生产成本、确定设备数量、人员编制以及规划生产面积的重要依据。

2. 时间定额的组成

1) 基本时间

基本时间是指直接改变生产对象的尺寸、形状、相对位置以及表面状态或材料性质等工艺过程所消耗的时间。对于切削加工来说,基本时间就是切除金属所消耗的时间(包括刀具的切入和切出时间在内)。

2) 辅助时间

辅助时间是为实现工艺过程所必须进行的各种辅助动作所消耗的时间,包括:装卸工件,开停机床,引进或退出刀具,改变切削用量,试切和测量工件等所消耗的时间。

辅助时间的确定方法随生产类型而异。大批大量生产时,为使辅助时间规定得合理,需将辅助动作分解,再分别确定各分解动作的时间,最后予以综合;中批生产则可根据以往统计资料来确定;单件小批生产常用基本时间的百分比进行估算。

基本时间和辅助时间的总和称为作业时间,它是直接用于制造产品或零部件所消耗的时间。

3) 布置工作地时间

布置工作地时间是为了使加工正常进行,工人照管工作地(如更换刀具,润滑机床,清理切屑,收拾工具等)所消耗的时间。它不是直接消耗在每个工件上,而是消耗在一个工作班内,再折算到每个工件上的时间。

4) 休息与生理需要时间

休息与生理需要时间是工人在工作班内恢复体力等所消耗的时间。它是以一个工作班为计算单位,再折算到每个工件上的。对机床操作工人一般按作业时间的 2% 估算。

以上四部分时间的总和称为单件时间,可用 T_d 表示。

5) 准备与终结时间

准备与终结时间(T_z)是指工人为了生产一批产品或零部件,进行准备和结束工作所消耗的时间。在单件或成批生产中,每当开始加工一批工件时,工人需要熟悉工艺文件,领取毛坯、材料、工艺装备,安装刀具和夹具,调整机床和其他工艺装备等所消耗的时间以及加工一批工件结束后,拆下和归还工艺装备,送交成品等所消耗的时间。准备与终结时间既不是直接消耗在每个工件上也不是消耗在一个工作班内的时间,而是消耗在一批工件上的时间。

因而,分摊到每个工件的时间为 T_z/n,其中 n 为批量。

故单件和成批生产的单件工时定额为

$$T = T_d + T_z/n \tag{4-12}$$

大批大量生产时,由于 n 的数值很大,$T_z/n \approx 0$,故可以不考虑准备终结时间,此时,单件工时定额为

$$T = T_d \tag{4-13}$$

4.10.2 提高机械加工生产率的途径

劳动生产率是指工人在单位时间内制造的合格产品的数量或制造单件产品所消耗的劳动时间。劳动生产率是一项综合性的技术经济指标。提高劳动生产率,必须正确处理好质量、生产率和经济性三者之间的关系。应在保证质量的前提下,提高生产率,降低成本。劳动生产率提高的措施很多,涉及产品设计、制造工艺和组织管理等多方面。

1. 缩短基本时间

在大批大量生产时,由于基本时间在单位时间中所占比重较大,因此通过缩短基本时间即可提高生产率。

(1) 提高切削用量。增大切削速度、进给量和背吃刀量,都可缩短基本时间,但切削用量的提高受到刀具耐用度和机床功率、工艺系统刚度等方面的制约。随着新型刀具材料的出现,切削速度得到了迅速的提高,目前硬质合金车刀的切削速度可达 200m/min,陶瓷刀具的切削速度可达 500m/min。近年来出现的聚晶人造金刚石和聚晶立方氮化硼刀具切削普通钢材的切削速度可达 900m/min。

在磨削方面,近年来发展的趋势是高速磨削和强力磨削。国内生产的高速磨床和砂轮磨削速度已达 60m/s,国外已达 90~120m/s;强力磨削的切入深度已达 6~12mm,从而使生产率大大提高。

(2) 采用多刀同时切削。图 4.50(a)中所示的每把车刀实际加工长度只有原来的三分之一,图 4.50(b)中所示的每把刀的切削余量只有原来的三分之一,图 4.50(c)所示为用三把刀具对同一工件上不同表面同时进行横向切入法车削。显然,采用多刀同时切削比单刀切削的加工时间大大缩短。

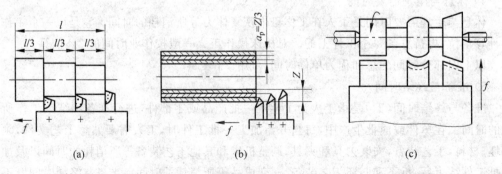

(a)　　　　　　　(b)　　　　　　　(c)

图 4.50 多把刀具同时加工几个表面

（3）多件加工。这种方法是通过减少刀具的切入、切出时间或者使基本时间重合，从而缩短每个零件加工的基本时间来提高生产率。

① 顺序多件加工。即工件顺着走刀方向一个接着一个地安装，如图 4.51（a）所示。这种方法减少了刀具切入和切出的时间，也减少了分摊到每一个工件上的辅助时间。

② 平行多件加工。即在一次走刀中同时加工 n 个平行排列的工件。加工所需基本时间和加工一个工件相同，所以分摊到每个工件的基本时间就减少到原来的 $1/n$，其中 n 是同时加工的工件数。这种方式常见于铣削和平面磨削，如图 4.51（b）所示。

③ 平行顺序多件加工。这种方法为顺序多件加工和平行多件加工的综合应用，如图 4.51（c）所示。这种方法适用于工件较小、批量较大的情况。

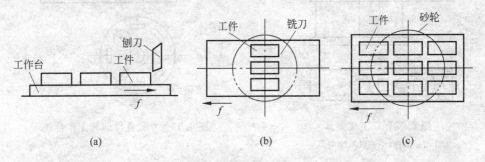

图 4.51 多件加工

（4）减少加工余量。采用精密铸造、压力铸造、精密锻造等先进工艺提高毛坯制造精度，减少机械加工余量，以缩短基本时间，有时甚至无须再进行机械加工，这样可以大幅提高生产效率。

2. 缩短辅助时间

辅助时间在单件时间中也占有较大比重，尤其是在大幅提高切削用量之后，基本时间显著减少，辅助时间所占比重就更高，此时采取措施缩减辅助时间就成为提高生产率的重要方向。缩短辅助时间有两种不同的途径：一是使辅助动作实现机械化和自动化，从而直接缩减辅助时间；二是使辅助时间与基本时间重合，间接缩短辅助时间。

（1）直接缩减辅助时间。采用专用夹具装夹工件，工件在装夹中无须找正，可缩短装卸工件的时间。大批大量生产时，广泛采用高效气动、液动夹具来缩短装卸工件的时间。单件小批生产中，由于受专用夹具制造成本的限制，为缩短装卸工件的时间，可采用组合夹具及可调夹具。

此外，为减小加工中停机测量的辅助时间，可采用主动检测装置或数字显示装置在加工过程中进行实时测量，以减少加工中需要的测量时间。主动检测装置能在加工过程中测量加工表面的实际尺寸，并根据测量结果自动对机床进行调整和工作循环控制，如磨削自动测量装置。数显装置能把加工过程或机床调整过程中机床运动的移动量或角位移连续精确地显示出来，这些都大大节省了停机测量的辅助时间。

（2）间接缩短辅助时间。为了使辅助时间和基本时间全部或部分地重合，可采用多工位夹具和连续加工的方法，图 4.52 所示为立式铣床上采用双工位夹具工作的实例。加工工件 1 时,工人在工作台的另一端装上工件 2;工件 1 加工完后,工作台快速退回原处,将夹具转过 180°,即可加工另一工件 2。图 4.53 所示为立式连续回转工作台铣床,辅助时间和基本时间全部重合。

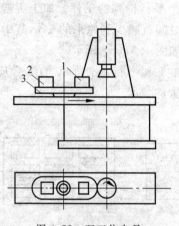

图 4.52　双工位夹具

1,2—工件;3—双工位夹具

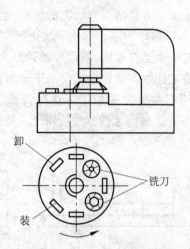

图 4.53　立式连续回转工作台铣床

3. 缩短布置工作地时间

布置工作地时间,大部分消耗在更换刀具上,因此必须减少换刀次数并缩减每次换刀所需的时间,提高刀具的耐用度可减少换刀次数。而换刀时间的减少,则主要通过改进刀具的安装方法和采用装刀夹具来实现。例如:采用各种快换刀夹,刀具微调机构,专用对刀样板或对刀样件以及自动换刀装置等,以减少刀具的装卸和对刀所需时间;在车床和铣床上采用可转位硬质合金刀片刀具,既减少了换刀次数,又可减少刀具装卸、对刀和刃磨的时间。

4. 缩短准备与终结时间

缩短准备与终结时间的途径有二:第一,扩大产品生产批量,以相对减少分摊到每个零件上的准备与终结时间;第二,直接减少准备与终结时间。扩大产品生产批量,可以通过零件标准化和通用化实现,并可采用成组技术组织生产。

4.10.3　机械加工技术经济分析的方法

制订机械加工工艺规程时,在保证质量的前提下往往有几种工艺方案可供选取。为从中选出技术上比较先进且经济上又比较合理的方案,需要进行技术经济分析,即从技术和经济两方面对各方案进行评价,进而选出技术经济效果较优的方案。

工艺方案的经济性分析,是通过计算与工艺直接有关的费用即工艺成本,然后进行分析比较。

零件加工的工艺成本中各项费用可分为两大类,即可变费用(V)和不变费用(C)。

可变费用是与年产量有关并与之成比例的费用,包括材料费、机床工人工资、机床电费、通用机床的折旧费和修理费以及通用工夹具的折旧费和修理费等。这些费用在工艺方案一定的情况下,分摊到每个产品上的部分一般是不变的。

不变费用是指与年产量无直接关系,且不随年产量的增减而变化的费用,包括专用设备的折旧费和修理费,专用工夹具的折旧费和维修费,管理人员、车间辅助工人及机床调整工的工资,厂房的采暖、照明费用等,产品产量越大,分摊到每一产品的不变费用越少。

单件工艺成本 S_t、全年工艺成本 S 分别为

$$S_t = V + \frac{C}{N} \tag{4-14}$$

$$S = VN + C \tag{4-15}$$

式中,C——不变费用,元/年;

V——可变费用,元/件;

N——年产量,件/年。

由式(4-14)和图 4.54(a)可见,单件工艺成本 S_t 随年产量 N 的增加而降低。单件小批生产条件下的单件工艺成本很高。而大批大量生产时单件工艺成本大幅下降。这就是为什么机械制造行业推广通用化、标准化和专业化生产,以及推广成组技术扩大生产批量的主要原因。而全年工艺成本(见式(4-15)和图 4.54(b))则随年产量的增加而成比例地上升。

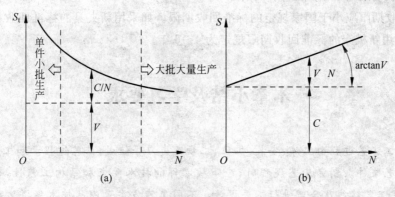

图 4.54　随年产量变化的工艺成本曲线

在比较两种不同方案的经济性时,一般分两种情况。

(1)要比较的两种工艺方案的基本投资相近,或在采用现有设备的条件,工艺成本可作为衡量两种工艺方案经济性的依据的情况。

假设有两种工艺方案,其全年的工艺成本分别为(见图 4.55)

$$S_1 = V_1 N + C_1 \tag{4-16}$$

$$S_2 = V_2 N + C_2 \tag{4-17}$$

求出两方案年工艺成本相等($S_1 = S_2$)时的年产量为

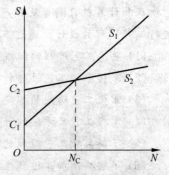

图 4.55　两种工艺方案的年
工艺成本比较

$$N_C = \frac{C_1 - C_2}{V_2 - V_1} \qquad (4-18)$$

显然,当产品的年产量恰为 N_C 时,两种工艺方案的经济性相当。当实际年产量小于 N_C 且 $C_2 > C_1$ 时,采用第一种工艺方案比较经济。当实际年产量大于 N_C 且 $C_2 > C_1$ 时,采用第二种工艺方案比较经济。

(2) 当要比较的两种工艺方案的基本投资额相差较大时,假设第一种工艺方案采用了生产效率高但价格较贵的机床装备,其基本投资 K_1 大,而工艺成本 S_1 较低;第二种工艺方案采用了生产效率较低但价格更便宜的机床装备,虽然工艺成本 S_2 较高,但基本投资 K_2 较小。这时单纯比较工艺成本难以全面评价其经济性。因此,须再考虑两种工艺方案的基本投资差额的回收期限,即要考虑第一种方案比第二种方案多花费的投资,需要多长时间才能因工艺成本降低而收回来。回收期限 τ 可用下式计算:

$$\tau = \frac{K_1 - K_2}{S_2 - S_1} = \frac{\Delta K}{\Delta S} \qquad (4-19)$$

式中,ΔK——基本投资差额,元;

ΔS——年工艺成本差额,元/年。

回收期限越短则经济性越好。回收期限必须满足以下要求:

(1) 回收期限应小于所采用的机床设备或工艺装备的使用年限。

(2) 回收期限应小于产品生产年限。

(3) 回收期限应小于国家规定的标准回收期限。如采用新夹具的标准回收期限规定为 2~3 年;采用新机床的标准回收期限规定为 4~6 年。

本章小结及学习要求

机械加工工艺过程由工序、安装、工位、工步及走刀等组成,工艺过程卡和工序卡是其中最常见的工艺文件。制定工艺规程时,应审核零件的技术要求和结构工艺性,合理选择毛坯,正确拟定工艺路线及合理进行工序设计。不同工艺方案可以从技术经济方面进行分析比较,择优选用。可以采取一定的工艺措施提高生产效率,发挥规模优势,降低成本。在数控机床和计算机日渐普及和产品日趋复杂化的情况下,应更多考虑借助计算机及相关软件进行工艺规程的设计。通过本章学习,达到以下要求:

(1) 熟悉工艺过程的组成以及工艺规程设计步骤;

(2) 掌握零件工艺性分析、毛坯选择以及定位基准的选择原则;

(3) 掌握工艺路线的拟定;

(4) 掌握工艺尺寸链的计算方法及应用;

(5) 了解数控工艺规程的特点、设计原则与设计方法;

(6) 了解提高加工过程生产率及经济性的工艺措施。

习题与思考题

4-1　什么是机械加工工艺规程？工艺规程在生产中起什么作用？制订工艺规程的原则有哪些？

4-2　什么是零件结构工艺性？改正图 4.56 中零件结构工艺性不合理之处。

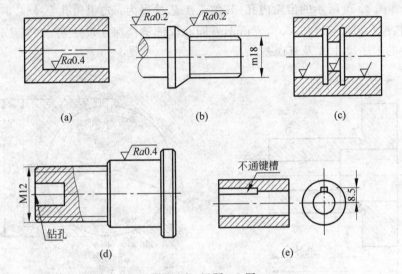

图 4.56　习题 4-2 图

4-3　指出图 4.57 中零件结构工艺性不合理之处，并另外画图加以改正。

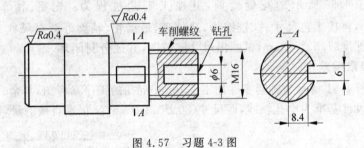

图 4.57　习题 4-3 图

4-4　在机械加工过程中当零件的加工精度要求较高时，通常要划分为哪几个加工阶段，为什么？

4-5　什么是定位粗基准？其选取方法是什么？为什么在同一尺寸方向上粗基准一般只允许使用一次？

4-6　什么是定位精基准？其选取原则是什么？

4-7　工序集中和工序分散的原则分别是什么？各有什么特点？影响工序集中与工序分散的主要因素各有哪些？分别用于什么场合？

4-8　分别说明什么是加工余量、工序余量和总余量。影响加工余量的因素有哪些？

4-9　何为经济加工精度？选择加工方法时应考虑的问题主要有哪些？

4-10 与使用普通机床相比,数控加工工艺的特点有哪些? 什么样的零件适合采用数控加工?

4-11 同一般产品相比,自动武器的制造特点是什么? 深孔的钻削加工有何难点?

4-12 举例说明在机械加工工艺过程中,应如何合理安排热处理工序?

4-13 何为工艺尺寸链? 分别说明如何确定封闭环、增环和减环。

4-14 如图 4.58 所示,某零件进行加工时,图纸要求保证尺寸(6 ± 0.1)mm,因不便于直接测量,只好通过测量尺寸 L 来间接保证,试求工序尺寸 L。

4-15 如图 4.59 所示的齿轮内孔,其加工工艺过程为: 先粗镗孔至 $\phi84.8^{+0.07}_{0}$mm,插键槽后,再精镗孔尺寸至 $\phi85.00^{+0.036}_{0}$mm,并同时保证键槽深度尺寸 $87.90^{+0.23}_{0}$mm,试求插键槽工序中的工序尺寸 A 及其误差。

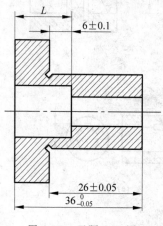

图 4.58 习题 4-14 图

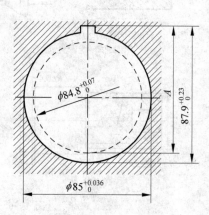

图 4.59 习题 4-15 图

4-16 如图 4.60 所示的花键套筒,其加工工艺过程为: 先粗、精车外圆至尺寸 $\phi24.4^{0}_{-0.060}$mm,再按工艺尺寸 A_2 铣键槽,热处理,最后粗、精磨外圆至尺寸 $\phi24^{0}_{-0.013}$mm,完工后要键槽深度$21.5^{0}_{-0.100}$mm,试画出尺寸链简图,并区分封闭环、增环和减环,计算工序尺寸 A_2 及其极限偏差。

4-17 如图 4.61 所示为轴套零件加工 $\phi40$mm 沉孔的工序参考图,其余表面均已加工,因沉孔孔深的设计基准为小孔轴线,而尺寸(30 ± 0.15)mm 又很难直接测量,试问能否以测

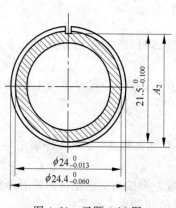

图 4.60 习题 4-16 图

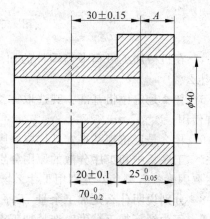

图 4.61 习题 4-17 图

量孔深 A 来保证？并计算 A 的尺寸与偏差。

4-18　一批如图 4.62 所示的轴套零件，在车床上已加工完毕其外圆、内孔及端面，现须在铣床上铣右端缺口，并保证尺寸为 $5_{-0.06}^{0}$ mm 及 (26 ± 0.2) mm，求采用调整法加工时的控制尺寸 H、A 及其偏差，并画出尺寸链。

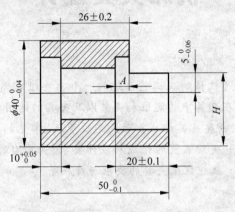

图 4.62　习题 4-18 图

4-19　在大批大量生产条件下，加工一批直径为 $\phi45h6$ mm、长度为 68 mm 的光轴，$Ra < 0.16\mu m$，材料为 45 钢，试安排其加工路线。

4-20　试拟定出图 4.63 所示零件的加工工艺规程。图中各零件均采用 45 钢，成批生产。图(a)零件采用锻件，图(b)零件采用无缝钢管。

4-21　什么是工艺成本？它由哪些部分组成？如何对不同工艺方案进行技术经济分析？

4-22　简述提高机械加工生产率的工艺措施。

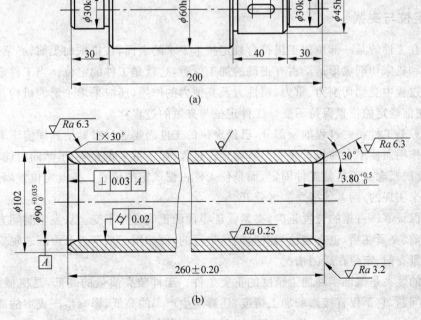

图 4.63　习题 4-20 图

5 机床夹具设计

内容提要：机床夹具是机械加工工艺系统的一个重要组成部分，也是工艺装备的主体之一。本章主要讨论工件在夹具中的定位和夹紧以及夹具的选用与设计方法等。其主要内容包括：机床夹具的功用、分类及其组成；六点定位原理、常见的定位方式及其定位元件、定位误差及其分析与计算；夹紧装置的组成和设计要求、夹紧力的确定、基本夹紧机构；各类专用夹具设计及其举例；数控机床夹具的要求与特点等。

5.1 概　　述

在机床上加工工件时，为了保证加工表面的尺寸、几何形状和相互位置精度，应使工件相对于刀具和机床切削成形运动占有正确的位置，然后将工件夹紧固定以完成安装过程。在机床上用于安装工件的工艺装备称为机床夹具，简称夹具。夹具在工艺装备中占有十分重要的地位，它在保证工件的加工精度、提高生产效率、降低生产成本、扩大机床使用范围等方面具有重要的作用。

5.1.1　工件的装夹

1. 定位与夹紧

为了在工件的某一部位加工出符合规定技术要求的表面，在机械加工前，必须使工件相对于刀具和机床切削成形运动占有正确的加工位置，这就是工件的定位。当工件定位后，由于在切削过程中受到切削力、重力、惯性力及其他力的作用，还应采用一定的机构，将工件夹紧，使它先前确定的位置保持不变。工件定位与夹紧的过程称为装夹。

定位只是工件装夹过程的一部分，已经定位的工件尚需通过夹紧使其固定下来，避免因为外力的作用而使原有的位置改变。有些定位过程（如三爪卡盘安装）虽然同时能将工件固定，但定位的概念并不是使工件固定，而是使工件占据规定的位置。按既定位置固定下来是通过夹紧来实现的，两者的概念要区分开。

定位保证零件占据的位置正确，夹紧保证零件的正确位置不变。从发生时间方面讲，一般定位在前、夹紧在后，也有定位与夹紧同步进行的，例如用三爪卡盘及可涨芯轴安装工件，但没有夹紧在前、定位在后的情况。

正确的装夹是保证零件加工精度的重要条件。工件装夹质量的高低，是机械加工中的一个重要问题，它不仅直接影响加工精度，还影响生产率的高低，影响生产成本的高低。

2. 装夹方式

生产条件不同,装夹方式也可能不同,工件的装夹有直接找正装夹、划线找正装夹和夹具装夹 3 种方式。

1) 直接找正装夹

用这种方法,工件在机床上应有的位置,是通过一系列尝试而获取的。具体的操作步骤是工件初步安装上机床后,由操作工人利用千分表、划针等工具,以目测法校正工件位置,一边校验,一边找正,从而保证被加工表面的正确位置。

直接找正装夹法的缺点是费时长、效率低,而且要凭经验,对工人技术要求高,多应用于单件小批生产。图 5.1(a)所示为修配车间在车床三爪卡盘上用千分表找正装夹套筒工件,使本工序加工的内孔和外圆保持较高的同轴度。

2) 划线找正装夹

有些重、大、复杂的工件,先在零件上划出将要加工表面的位置,然后装上机床,装夹零件时按划线用划针找正并夹紧。该法增加了一道划线工序,可能存在划线误差,校正工件位置时还有观察误差,因而定位精度也不高。该法多在生产批量较小、毛坯精度低,以及大型工件等不宜使用夹具的粗加工中使用。图 5.1(b)为在牛头刨床工作台上,按预先的划线进行找正,用铜片调整工件水平。

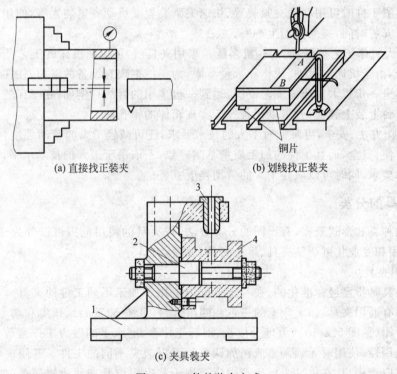

(a) 直接找正装夹　　　　　　(b) 划线找正装夹

(c) 夹具装夹

图 5.1　工件的装夹方式

1—夹具体；2—定位销；3—钻套；4—工件

3) 夹具装夹

使用夹具装夹工件时,工件在夹具中的位置是由定位元件确定的。工件的有关表面须紧靠在定位元件上,从而被确定在一个既定的位置上,实现工件的定位。工件定位的作用在于使工件准备占据定位元件所规定的位置,并且使一批逐次加工的工件在夹具中占据同一正确的位置。夹具装夹方式广泛用于成批或大量生产中,图 5.1(c)所示为使用钻夹具装夹回转体工件。

5.1.2　机床夹具的作用及分类

1. 夹具的作用

夹具是机械加工工艺系统的重要组成部分,与刀具等构成工艺装备的主体。在机械加工中,采用机床夹具装夹工件是一种常用的安装方式,夹具在工件定位过程中起决定性的作用,具体表现在以下几个方面。

(1) 工件易于正确定位,稳定保证加工精度。工件装入夹具时,依靠定位基准与夹具的定位元件相接触而占有正确的位置。工件上加工表面与不加工表面之间的相互位置关系就完全由夹具来保证,不需要找正即可夹紧。只要正确确定夹具在机床上的安装位置,就可保证工件相对于刀具和机床切削成形运动之间具有正确的位置。这样一来,在加工一批工件时可使它们占据同一正确位置,从而稳定地获得较高的加工精度。

(2) 缩短安装时间,提高劳动生产率。工件在夹具中的定位可以通过其定位元件快速实现。而夹紧工件时可用联动夹紧装置、快速夹紧装置或机动夹紧装置等,使用这些装置能明显地缩短安装时间,提高劳动生产率。

(3) 扩大机床工艺范围,实现一机多能。采用夹具后,可以使机床的工艺范围扩大。对于中小工厂,由于机床的品种、规格和数量有限,为了挖掘现有设备的潜力,往往可通过设计不同的夹具进一步扩大机床的工艺范围,达到一机多用的目的。例如,在车床的溜板上或摇臂钻床工作台上装上镗模,就可以代替镗床实现箱体的镗孔加工。

(4) 操作方便、安全,可降低对工人的技术要求,还可减轻工人的劳动强度。使用夹具,不但操作方便、安全,而且工件的加工质量基本一致,不取决于工人的技术水平,可以降低对工人的技术要求,同时可以减轻工人的劳动强度。

2. 夹具的分类

夹具的种类和形式繁多,有不同的分类方法,按夹具的使用范围可以分为通用夹具、专用夹具、通用和专业化可调整夹具、组合夹具及随行夹具等。

1) 通用夹具

通用夹具是指已经标准化的,在一定范围内可用于加工不同工件的夹具。在通用机床上一般都附有通用夹具,如车床上的三爪和四爪卡盘(见图 5.2(a))、顶尖和鸡心夹头,铣床上的平口台钳(见图 5.2(b))、万能分度头、回转工作台,磨床上的磁力工作台等。这些夹具有很大的通用性,使用时无须调整或稍加调整就可以装夹不同的工件。通用夹具一般作为机床附件供应给用户,在单件小批生产中广泛用于装夹定位基准面比较简单(如外圆柱面、平面)的工件。

2) 专用夹具

专用夹具是专为某一工件的某道工序的加工而设计制造的夹具。专用夹具不必考虑通用性,故可以设计得结构紧凑,其操作简单、使用方便,但它的设计制造周期较长,成本也较高,产品变更时无法使用,因而适用于成批及大量生产中。图 5.3 为钻床专用夹具。

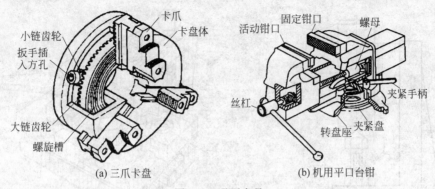

图 5.2　通用夹具

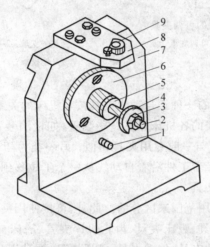

图 5.3　钻床专用夹具

1—定位销；2—螺杆；3—螺母；4—开口垫圈；5—圆柱销；6—支承板；7—夹具体；8—钻模板；9—钻套

3) 通用和专业化可调整夹具

这两种夹具有相似的结构,其共同特点是夹具经过调整或更换个别元件,便可适用于加工形状相似、尺寸相近、加工工艺相似的多种工件。通用可调整夹具的调整范围大,适用面较宽。专业化可调整夹具是专为某一组工件设计的,装夹对象和使用范围明确,可使结构更为紧凑。由于这两种夹具兼有专用性与通用性,因此,适用于加工多品种工件及中小批量生产类型,是工艺装备发展的一个方向。图 5.4 所示为可调夹具,通过调节可调支承 3,加工相似的销轴零件,其通用程度介于通用夹具与专用夹具之间。

4) 组合夹具

组合夹具是按某一工件的某道工序的加工要求,由一套预先制造好的标准元件组装成的"专用夹具"。标准元件具有不同的形状、规格和功能,使用时可按工件的加工要求,选用适当的元件,以组装成各种"专用夹具"。组合夹具在使用上具有专用夹具的优点,用毕后可将元件拆卸、清洗、入库,留待组装新的夹具。因此,组合夹具具有组装迅速、生产准备周期短、元件能反复使用等优点,适用于加工多品种工件、单件小批量生产和新产品试制的场合。图 5.5 所示为加工传动板的组合夹具。

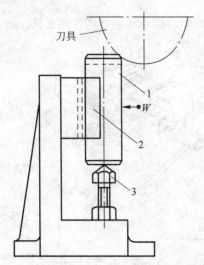

图 5.4　用于加工销轴工件的可调夹具

1—工件；2—V形块；3—可调支承

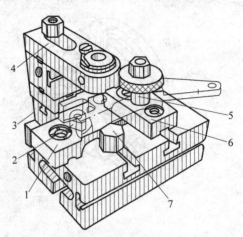

图 5.5　传动板组合夹具

1,6—支承；2—菱形销；3—垫板；

4—钻模板；5—心轴；7—支承钉

5) 随行夹具

随行夹具是自动线夹具的一种。自动线夹具按与机床的关系可分为两类：一类为固定夹具，它是固定安装在自动线的各机床以及一些装置(如检测装置)上，用以完成对工件(或随行夹具)的定位与夹紧，它与一般专用夹具相似；另一类为随行夹具，它不仅要完成工件在其上的定位和夹紧，而且带着工件沿着自动线从一个工位移到下一个工位，承担沿自动线输送工件的任务，故称随行夹具。

以上各类夹具是按其使用范围来区分的。此外，可按使用夹具的机床类型，将夹具分为车床夹具、铣床夹具、钻床夹具、镗床夹具、齿轮机床夹具、磨床夹具及其他机床夹具；按夹紧动力源不同，还可分为手动夹具、气动夹具、液压夹具、电动夹具、电磁夹具、真空夹具以及其他夹紧夹具等，具体分类如图 5.6 所示。

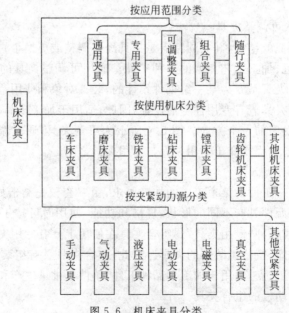

图 5.6　机床夹具分类

5.1.3　机床夹具的组成

机床夹具种类繁多,结构各异,但它们的工作原理基本相同。在具体研究夹具设计问题时,对各类夹具都可以按照组成件的作用将其划分成既相对独立而又彼此联系的组成部分。下面以图 5.3 所示钻床夹具为例说明夹具的组成及其作用。

(1) 定位元件及定位装置。定位元件及定位装置(由零件构成的装置)的作用是确定工件在夹具中的位置。它与工件的定位基准面相接触,用于确定工件在夹具中的正确位置,从而保证加工时工件相对于刀具和机床之间的正确位置,如图 5.3 中的元件 1,5,6。

(2) 夹紧装置。夹紧装置的作用是保持工件在夹具中的既定位置,使其在加工过程中不因受外力作用而产生位移和振动,如图 5.3 中的元件 2,3,4。

(3) 对刀-导向元件。在采用调整法加工时,为了预先调正夹具相对于刀具的位置,在夹具上设有确定刀具(铣刀、刨刀等)位置或导引刀具用来对刀或引导刀具进入正确加工位置的元件。用于确定刀具在加工前正确位置的元件,称为对刀元件,如铣床夹具对刀块。用于确定刀具位置并导引刀具进行加工的元件,称为导向元件,如图 5.3 中的元件 8,9。

(4) 连接元件。为了确定夹具在机床上的位置,一般夹具设有供夹具本身在机床上定位和夹紧用的连接元件,如铣床夹具的定向键。它与机床有关部件进行连接、定位,使夹具相对机床具有确定的位置。

(5) 夹具体。机床夹具的基础件,主要用来连接或固定夹具上各元件及装置,使其成为一个整体,如图 5.3 中的元件 7。

(6) 其他装置。其他装置是指夹具为满足加工或使用上的一些特殊需要而设置的装置,如分度装置、大型夹具的吊装元件等。

5.2　工件的定位

5.2.1　工件定位的基本原理

1. 六点定位原理

一个没有约束的刚体在空间的位置是不确定的,如果视工件为刚体,在没有采取定位措施时,每个工件在夹具中的位置也是任意的。因此,对一个工件来说,其位置是不确定的;而对一批工件来说,其位置将是变动的、不一致的。工件空间位置的这种不确定性,可以转化为空间直角坐标系中决定物体坐标位置的问题来讨论。一个物体在空间可能具有的运动状态称为自由度。从理论力学可知,一个在空间处于自由状态的物体具有六个自由度,即在直角坐标系 $Oxyz$ 中有六个独立的运动,它们分别是(见图 5.7):

(1) 三个平移运动——沿三个垂直坐标轴 x、y、z 平动,分别用 $\vec{X}$、$\vec{Y}$、$\vec{Z}$ 表示;

(2) 三个回转运动——绕三个垂直坐标轴 x、y、z 转动,分别用 $\hat{X}$、$\hat{Y}$、$\hat{Z}$ 表示。

若使物体在某方向上有确定的位置,就必须设法限制该方向的自由度。当物体的六个自由度完全被限制后,则该物体在空间的位置就完全被确定了。在设计夹具时,须通过采用各种定位元件来限制工件的自由度,从而实现工件的定位。为了便于用定位基本原理来分析各种工件的定位问题,可以将具体的定位元件抽象地转化为相应的定位支承点,每一个定位支承点限制工件的一个自由度。工件的六个自由度则须用六个定位支承点来限制,这就是所谓工件的六点定位,或称完全定位。不同形状的工件,定位支承点的分布方式有所不同,下面介绍几种典型形状工件的六点定位。

图 5.8 为长方体形工件的六点定位情况。在工件的底面布置三个不共线的定位支承点 1,2,3,限制工件 $\vec{Z}$、$\hat{X}$、$\hat{Y}$ 三个自由度。在侧面沿水平方向布置两个定位支承点 4、5,限制工件 $\vec{X}$、$\hat{Z}$ 两个自由度。在端面布置一个定位支承点 6,限制工件 $\vec{Y}$ 一个自由度。于是六个定位支承点就完全限制了工件的六个自由度,实现了工件的完全定位。在实际夹具中,可用六个支承钉代表六个定位支承点,每个支承钉与工件的接触面较小,可视为支承点。

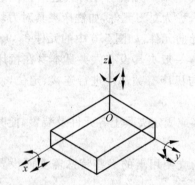

图 5.7　物体在空间的六个自由度图

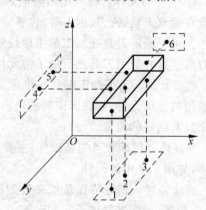

图 5.8　长方体工件的六点定位

图 5.9 为圆盘类工件的六点定位情况。在圆盘的端面布置三个不共线的定位支承点 1、2、3,限制工件 $\vec{Z}$、$\hat{X}$、$\hat{Y}$ 三个自由度。在圆柱面布置两个定位支承点 5、6,限制工件 $\vec{X}$、$\vec{Y}$ 两个自由度。在槽侧布置一个定位支承点 4,限制工件 $\hat{Z}$ 一个自由度,工件便可实现完全定位。

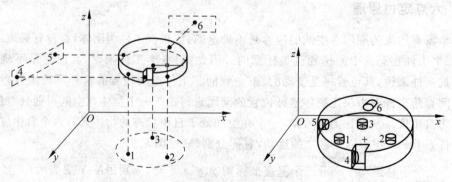

图 5.9　圆盘类工件的六点定位

图 5.10 所示为轴类工件的六点定位情况。在外圆柱表面布置 4 个定位支承点 1、3、4、5,限制工件 $\vec{X}$、$\vec{Z}$、$\hat{X}$、$\hat{Z}$ 四个自由度。在轴端面布置一个定位支承点 6,限制工件 $\vec{Y}$ 一个自由度。在槽侧布置一个定位支承点 2,限制工件 $\hat{Y}$ 一个自由度,工件也实现了完全定位。为了在外圆柱表面布置四个定位支承点,一般采用 V 形块作为定位元件,如图 5.10(b)所示。

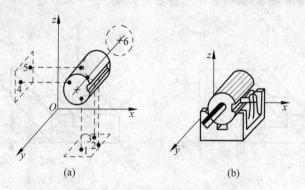

图 5.10 轴类工件的六点定位

综合上面的讨论,可以归纳出六点定位原理:任何工件都具有六个自由度,这六个自由度需要用夹具上按一定规则布置的六个定位支承点来限制,每个定位支承点相应地限制一个自由度,正确布置六个定位支承点,可以实现工件的六点定位,称为六点定位原理。

2. 应用六点定位原理时应注意的问题

把定位元件抽象地转化为相应的定位支承点,分析其对工件在夹具中限制的自由度,当定位支承点与工件的定位基准或代表定位基准的定位基面接触时,才具有限制自由度的作用,若脱离接触,即失去了限制自由度的作用。工件的位置是否确定只看工件是否与定位支承点接触,而没有考虑工件在受外力时能否运动。这又归结到前面提到的定位与夹紧的问题。使工件在外力作用下不与定位支承点脱离接触,应由夹紧来完成,定位仅是使工件占据规定的位置。所以不能认为:工件被夹紧后,由于在各个方向上其位置都不能动了,就实现了完全定位。工件只有在与定位支承点接触的方向上才被定位。没有与定位支承点接触,或没设置定位支承点的方向上虽然因有夹紧作用而不能动了,但仍然没有被定位。这就是定位与夹紧的作用和二者之间的区别。

工件和定位元件的形状是多种多样的。在应用六点定位原理分析工件的定位时,有时不太容易将具体的定位元件或定位装置转化为相应的定位支承点,尤其不能根据定位元件或定位装置与工件的实际接触点数来转化成定位支承点数,而要看其实质上限制了几个自由度。在实际应用时,可以直接分析某个定位元件或定位装置限制了工件哪几个自由度,限制的自由度数即相当于定位支承点数。

3. 四种定位方式

在进行夹具设计考虑定位方案时,就可以按选择的定位元件或定位装置实质上能限制的自由度数进行分析。但能否在任何情况下都要限制工件的六个自由度,而使其完全定位呢?当然不能,有时并不要求工件的六个自由度全部被限制,而只需限制根据加工技术要求必须限制的那些自由度,可分为以下四种情况讨论。

1) 完全定位

工件的六个自由度全部被限制,在夹具中占据唯一确定的位置,称为完全定位,如图 5.11(a)所示,在一个长方体零件上加工一个不通槽,当工件在 x、y、z 三个坐标方向上都有尺寸精度和位置精度要求时,需采用这种定位方式。

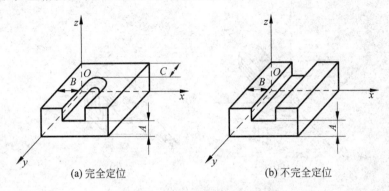

(a) 完全定位   (b) 不完全定位

图 5.11 完全定位与不完全定位

2) 部分定位(不完全定位)

根据工件的加工要求,没有必要或不必完全限制其六个自由度的定位,称为部分定位或不完全定位。如在长方体工件上铣一个通槽时(见图 5.11(b)),需要限制的五个自由度为 $\vec{X}$、$\vec{Z}$、$\hat{X}$、$\hat{Y}$、$\hat{Z}$。因为工件在 x、z 方向的位置移动,将引起槽的位置尺寸 B、A 的变化。工件绕 x、y、z 轴的位置转动,将影响槽侧与槽底的位置精度,同时对尺寸 B、A 也有影响。而沿 y 轴移动的自由度 $\vec{Y}$ 对铣槽工序的加工要求并无影响,故这一自由度可以不必限制。

在考虑工件定位方案时,对不必要限制的自由度,可以不限制,而采用部分定位。采用完全定位还是部分定位,主要根据工件的形状特点和工序加工要求来确定。由于工件的形状特点,限制工件某些方向的自由度既没有必要,也无法限制,所以可不必限制该方向的自由度。

例如车削轴类工件的外圆(见图 5.12),限制其绕自身回转轴线转动的自由度是不可能的,也是不需要的,则可以不用限制工件绕自身轴线转动的自由度。

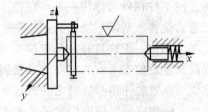

图 5.12 不必限制绕自身轴线
回转的自由度

在保证加工要求的条件下,限制自由度的数目应尽量少。采用不完全定位的方式,可使夹具结构简单。

一般情况下,限制自由度的数目越多,夹具的结构越复杂,故限制的自由度数能满足加工要求即可。但有的定位元件相当于数个定位支承点,每个定位支承点都能限制相应的自由度。当选用该定位元件后,其所能限制的自由度数虽然按加工要求不一定都是必需的,但其限制自由度的能力仍然存在。

3) 欠定位

工件定位时,实际所限制的自由度数少于按其加工要求所必须限制的自由度数,工件定位不足,称为欠定位。

出现欠定位情况时，工件上某些应限制的自由度没有限制，因此，加工时必然无法保证工序所规定的加工要求，这是不允许的。例如，图 5.13 所示的轴在铣床上铣不通槽时，为了保证尺寸 l，必须限制工件沿 x 轴移动的自由度 $\vec{X}$。但图示的定位方式没有限制该自由度，加工出的键槽长度尺寸 l 不能保证一致，存在较大的误差，故欠定位是不允许的。

4）重复定位（过定位）

工件定位时，定位支承点数多于所限制的自由度数，因而出现几个定位支承点重复限制同一个自由度，称为重复定位（或称为过定位、超定位）。图 5.14 所示，工件的 $\vec{Z}$ 自由度被重复限制。

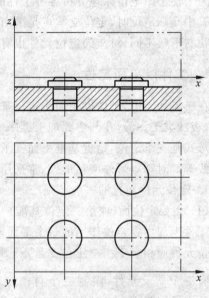

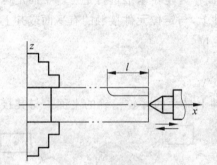

图 5.13　欠定位的示例　　　　图 5.14　过定位的示例

重复定位时，由于夹具上的定位元件重复限制工件的一个或几个自由度，它们之间会产生干涉，将造成以下后果：工件定位不稳定与不可靠，工件或定位元件产生变形甚至损坏，工件无法正确安装。因此，在确定工件的定位方案时，应尽量避免重复定位。但是否可以采用过定位方式，应根据具体情况具体分析。

例如，图 5.14 所示为平面定位的情况，确定一个平面的位置只需三个定位支承点限制其三个自由度 $\vec{Z}$、$\hat{X}$、$\hat{Y}$，此时若采用三个支承钉就相当于三个定位支承点，是符合定位基本原理的。若采用四个支承钉定位，则相当于四个定位支承点限制工件的三个自由度，因而是重复定位。这种定位是否允许，取决于工件定位基准面的平面度和四个支承点是否处于同一平面内，或者说取决于工件定位基准面与定位支承钉的接触情况。

如果工件的定位基准面是粗基准，有较大的平面度误差，工件放到四个支承钉上后，实际上只能有三点接触。对一批工件来说，与各个工件定位基准面相接触的三点是不同的，造成定位不稳定和较大的位置变动。对一个工件来说，若在夹紧力的作用下使定位基准面与四个支承钉全部接触，又会使工件产生变形，造成较大的误差。

如果工件的定位基准面是精基准，有较小的平面度误差，而四个支承钉又准确地位于同一平面内(可装配后一次磨出),则工件定位基准面与定位支承钉能很好地贴合,不会出现超出允许范围的定位基准面位置变动。这时四个定位支承钉仍起三个定位支承点的作用,同时能提高工件定位的稳定性,减小工件受力后的变形,增加刚性,因而重复定位是允许的。

若工件定位基准的位置精度很高,同时夹具定位元件的位置精度也很高,或工件刚度较差,重复定位不会影响工件获得正确位置,这是允许的;反之则是不允许的。

5.2.2　典型定位表面及定位元件

为了便于用定位原理分析各种工件的定位问题,采用了定位支承点的概念。但是,工件在夹具中实际定位时,定位支承点是采用具体的定位元件来实现的,由于工件上定位基准面的结构与形状不同,对应的定位元件也有很大的差异。

1. 工件以平面定位

在机械加工中,工件以平面为定位基准是常见的定位方式。例如,一般箱体、机座、支架圆盘、板状类工件等,在其主要加工工序中都要用平面作为定位基准进行定位。平面定位的主要形式是支承定位,定位基准平面支承在定位元件上,与定位元件接触的有平面或其上的点和线等。对于矩形件或箱形件,常采用基准组合定位。

1) 定位元件布置的一般原则

(1) 主要定位面(或第一定位基准)

工件上起主要定位作用的一个平面,应该是工件上最大的并较精确的平面。与其接触的定位元件应相当于三个定位支承点。图 5.15 中的底面有三个支承元件,限制三个自由度 $\vec{Z}$、$\hat{X}$、$\hat{Y}$。三个定位支承点不应在一条直线上,并组成尽可能大的支承三角形面积,这有利于提高定位精度,增大定位稳定性。

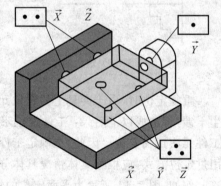

图 5.15　工件以平面定位

(2) 导向定位面(或第二定位基准)

应选择工件上狭长的平面,与其接触的定位元件应相当于两个定位支承点,限制两个自由度 $\vec{X}$、$\hat{Z}$。两个定位支承点应尽可能布置在平行于第一定位基准的直线上。为提高导向精度,两个定位支承点间应有尽可能大的距离。

(3) 止推定位面(或第三定位基准)

一般应选面积较小的平面,与其接触的定位元件应相当于一个定位支承点,限制一个自由度 $\vec{Y}$。

2) 典型定位元件及定位装置

(1) 固定支承

固定支承有各种支承钉和支承板。工件以粗基准定位时,由于定位基准面粗糙不平,若采用平面支承定位,显然只能与粗基准上的最高三点接触。对于一批工件,与平面支承接触的三点位置是不同的,常因三点过于接近或偏向一边而使定位不稳定。因此,必须采用布置较远的三个定位支承点,以保证接触点位置的相对稳定。

工件以精基准定位时,定位基准面也不是绝对平面,因此也只能采用小面积接触的定位元件。图 5.16 所示的 A 型平头支承钉与定位基准面之间有一定的接触面积,可减小接触压强,不易磨损,常用于精基准定位,图 5.16 所示的 B 型圆头支承钉常用于工件以粗基准定位的情况,由于圆头支承钉容易磨损,常用 C 型网状顶面支承钉,它能增大摩擦系数,防止工件受力后滑动;但在水平位置时,容易积屑,影响定位准确性,故常用于侧平面定位,见图 5.16。

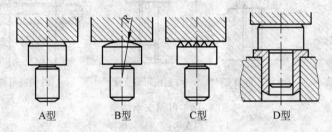

图 5.16　固定支承(支承钉)

上述的每一支承钉相当于一个定位支承点,可限制工件的一个自由度,大平面的定位只需布置三个支承钉,精基准的定位可布置四个平头支承钉,但仍相当于三个定位支承点。

大、中型工件的精基准定位则常采用支承板。图 5.17(a)中所示的 A 型支承板,结构简单,制造方便,但螺钉与螺钉孔间的间隙易积屑,不易清除,适用于侧平面定位;B 型支承板工作表面有斜槽,易于清除切屑,保证工作表面清洁,适用于底面定位。支承板有较大的面积,多用于经过精加工的平面定位。

每一个支承板相当于两个定位支承点,可限制工件的两个自由度,组合两个支承板相当于三个定位支承点,能确定一个平面的位置。

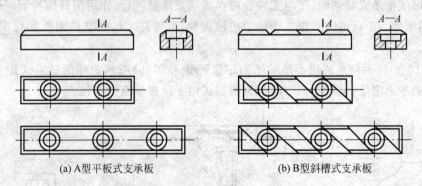

(a) A型平板式支承板　　　　　　(b) B型斜槽式支承板

图 5.17　固定支承(支承板)

各种支承钉和支承板的结构和尺寸都已标准化。一般情况下,为保证几个支承钉和支承板在装配后等高,且与夹具体底面具有必要的位置精度(如平行或垂直),应进行最终磨平工作表面。因此,在选用上述标准定位元件,或自行设计类似定位元件时,须注意在定位元件的高度尺寸上预留最终磨削余量。

（2）可调支承

上述固定支承一经安装到夹具上后,其高度方向尺寸是固定不变的。当工件毛坯的尺寸及形状变化较大时,若采用固定支承会引起加工余量发生较大的变化,影响加工质量。这种情况就需改用图 5.18 所示的可调支承。

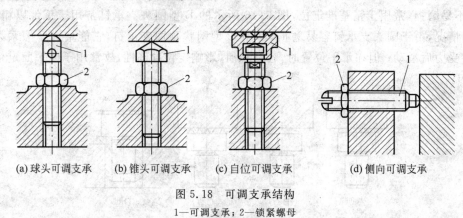

(a) 球头可调支承　　(b) 锥头可调支承　　(c) 自位可调支承　　(d) 侧向可调支承

图 5.18　可调支承结构

1—可调支承;2—锁紧螺母

可调支承的顶端位置能在一定范围内调整,图 5.18 中的可调支承结构都是用螺钉螺母的形式,安装一批工件前,根据毛坯的情况调整可调支承螺钉 1 的高度,调整后用螺母 2 锁紧,以防止松动而使高度发生变化。

每个可调支承的定位作用相当于一个固定支承,因可调支承一旦调整好,在同一批工件加工中,其作用即相当于固定支承。可调支承主要用于批量化加工时的粗基准定位,以适应不同批毛坯的尺寸变化,可调夹具中用于满足零件系列尺寸变化的定位,成组夹具中需要可调的定位元件。

（3）自位支承（浮动支承）

自位支承的特点是其支承点的位置能随工件定位基准面位置的变化而自动与之适应。在结构上做成浮动或联动的,可与工件有两点或三点接触,但其作用仍只相当于一个定位支承点,限制工件一个自由度。由于增加了接触点数,可提高工件安装的刚性和稳定性,但结构稍复杂。

图 5.19(a)所示两点式用于断续平面定位;图 5.19(b)所示为球面三点式用于有基准角度误差的平面定位;图 5.19(c)所示为两点式用于阶梯平面的定位。

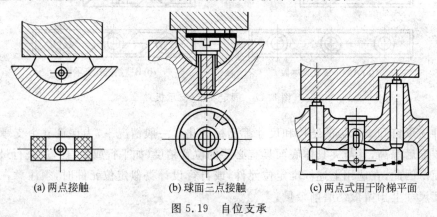

(a) 两点接触　　　　(b) 球面三点接触　　　　(c) 两点式用于阶梯平面

图 5.19　自位支承

上述固定支承、可调支承和自位支承都是工件以平面定位时起定位作用的支承,一般称为基本支承,运用定位基本原理分析平面定位问题时,基本支承可以转化为定位支承点。

(4) 辅助支承

在生产中,工件因尺寸、形状或局部刚度较差,在切削力、夹紧力以及工件本身重力作用下,可能使工件在用基本支承定位后,仍然产生变形或定位不稳定,为提高工件的安装刚性和定位稳定性,常须增设辅助支承。辅助支承只在基本支承对工件定位后才参与支承,因此,不允许辅助支承破坏基本支承的定位作用。辅助支承不起限制工件自由度的作用,不能转化为定位支承点。图 5.20 所示为应用辅助支承提高定位稳定性。图 5.21(a) 所示为应用辅助支承提高工件的安装刚性,防止加工变形;如图 5.21(b) 所示,加工面距离定位面较远,为了克服切削力引起的振动等问题,应采用辅助支承提高工件刚度。

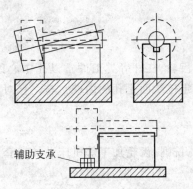

图 5.20 应用辅助支承提高定位稳定性

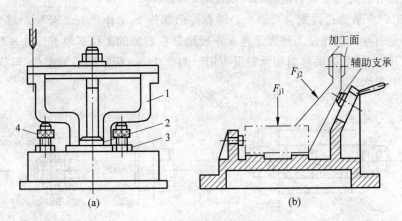

图 5.21 应用辅助支承提高工件刚度

1—工件;2—定位销;3—支承板;4—辅助支承

常用的辅助支承有拧出式辅助支承和推引式辅助支承。图 5.22(a) 所示为拧出式辅助支承,其结构简单,调节时需要转动支承螺杆,效率较低,适用于单件或中小批生产。

图 5.22(b) 所示为推引式辅助支承,它适用于工件较重、垂直作用的切削力、负荷较大的场合,工件定位后,推动手轮 3,使支承 1 与工件接触,然后转动手轮使斜楔 4 开槽部分张开而锁紧。斜楔 4 的斜面角可取 8°~10°,过小则支承的升程小;过大则可能失去自锁作用。

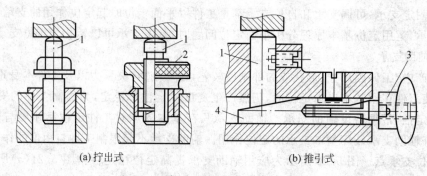

(a)拧出式　　　　　　　(b)推引式

图 5.22　辅助支承

1—支承；2—螺母；3—手轮；4—斜楔

2. 工件以圆柱孔定位

在生产中,套筒、法兰盘、齿轮、杠杆等类工件常以孔中心线作为定位基准,因为这类工件的工序基准常用孔中心线,定位基面是孔的内壁。与之相对应,夹具上所用的定位元件有定位心轴和定位销。

1) 定位心轴

心轴主要用于车削、磨削、铣削、齿轮加工等机床上加工套筒和盘类工件,常见的心轴有刚性心轴和弹性心轴。

（1）圆柱刚性心轴

刚性心轴可分为过盈配合心轴与间隙配合心轴两种。

图 5.23(a)所示为过盈配合心轴。心轴有传动部分 1、工作部分 2 及导向部分 3。导向部分的作用是引导工件孔使工件能迅速而正确地套在心轴的工作部位上。过盈配合心轴定心精度高,心轴上的凹槽供车削端面时退刀用。图 5.23(a)所示的心轴定位,可同时加工工件外圆和一个端面。

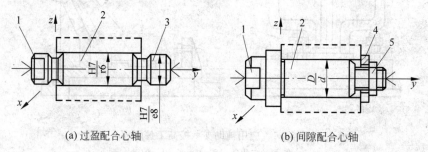

(a)过盈配合心轴　　　　　　　(b)间隙配合心轴

图 5.23　刚性心轴的结构

1—传动部分；2—工作部分；3—导向部分；4—开口垫圈；5—螺母

图 5.23(b)所示为间隙配合心轴。心轴工作部分 2 一般按基孔制 h6、g6、f7 制造,装卸工件比较方便,但定心精度不高。加工时须用螺母 5 通过开口垫圈 4 装卸工件。

（2）小锥度刚性心轴

这类心轴的定位表面带有很小的锥度,可以与工件孔作无间隙配合,如图 5.24 所示。常用锥度为 1：1000～1：5000。定位时，工件楔紧在心轴上，依靠孔的弹性变形产生的少许过盈，使工件孔与心轴在长度 L 上配合，并使工件不致倾斜；同时楔紧产生的摩擦力可带动工件回转，而不需要另加夹紧装置。小锥度心轴定心精度较高，一般可达 0.005～0.01mm，多用于孔与外圆有较高同轴度要求的工件定位。定位孔的精度不应低于 H7 级，否则孔径的尺寸变化将影响工件的轴向位置。

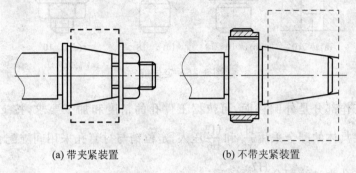

(a) 带夹紧装置　　　　　　　　　(b) 不带夹紧装置

图 5.24　小锥度心轴定位

（3）弹性心轴

过盈配合心轴和小锥度心轴的定心精度高，但装卸工件比较麻烦。为了提高定心精度，而又使工件装卸方便，常使用弹性心轴。图 5.25 所示为弹簧心轴，其中夹紧元件是一个薄壁带内锥面的弹性套筒，在其两端开有 3～4 条轴向槽，称为簧瓣。夹紧工件时旋转螺母 4，通过锥套 3 和心轴体 1 上圆锥面的作用，迫使簧瓣 2 向外扩张，从而对工件进行定心夹紧。

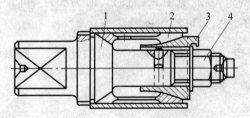

图 5.25　弹簧心轴

1—心轴体；2—簧瓣；3—锥套；4—螺母

上述各种心轴，从定位基本原理来分析其限制工件自由度的作用，都是相同的。按图 5.23 的坐标系统，长心轴相当于四个定位支承点，限制工件 $\vec{X}$、$\vec{Z}$、$\hat{X}$、$\hat{Z}$ 4 个自由度；短心轴相当于两个定位支承点，限制 $\vec{X}$、$\vec{Z}$ 两个自由度。

2）圆柱定位销

（1）定位销的类型

定位销一般可分为固定式和可换式两种。图 5.26 所示为定位销的标准结构。其中图 5.26(a)、(b)、(c)为固定式定位销，结构简单，但不便于更换。当工作部分直径 $d \leqslant 10$mm 时，为增加强度，或避免热处理时淬裂，通常将根部制成圆角 r，与之配合的夹具体上应有沉孔，使定位销圆角部分沉入孔内而不影响定位。在大量生产时，定位销容易磨损，为便于更换，可设计成如图 5.26(d)所示的带衬套的结构形式。

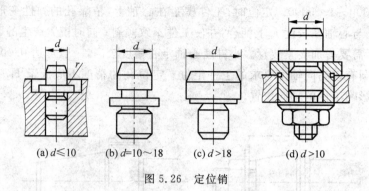

(a) $d \leqslant 10$　　(b) $d=10\sim18$　　(c) $d>18$　　(d) $d>10$

图 5.26　定位销

定位销的工作部分是外圆柱面,可依据工件孔的精度和加工要求,按 g5、g6、f6、f7 制造。定位销与夹具体的配合采用 $\dfrac{H7}{r6}$ 和 $\dfrac{H7}{n6}$ 压入,定位销与衬套孔采用间隙配合 $\dfrac{H7}{h6}$ 和 $\dfrac{H7}{h5}$,衬套外径与夹具体孔为过渡配合 $\dfrac{H7}{n6}$。

定位销的材料:$d \leqslant 16\text{mm}$ 时,一般用 T7A,淬火 53~58HRC;$d>16\text{mm}$ 时用 20 钢,渗碳 0.8~1.2mm,淬火 55~60HRC。

（2）定位销限制的自由度

圆柱孔工件用定位销定位,与用心轴定位时相似,按工件定位基准面与定位销工作表面接触的相对长度,区分对工件自由度限制的作用。区别长销或短销的条件如下。

① 接触面相对较长的定位销(见图 5.27(a)),即 $H \approx H_a$,可算作长销;如图 5.27(b)所示,接触面相对较短的($H \ll H_b$),可算作短销。

② 定位销直径 d 与定位面长度 H 应有一定的比例,一般以 $\dfrac{H}{d} \geqslant 0.8\sim1$ 算作长销;$\dfrac{H}{d}<0.8\sim1$ 算作短销。

按以上两条综合分析判断:长销相当于四个定位支承点,限制 $\vec{X}$、$\vec{Y}$、$\hat{X}$、$\hat{Y}$ 四个自由度;短销相当于两个定位支承点,限制 $\vec{X}$、$\vec{Y}$ 两个自由度。

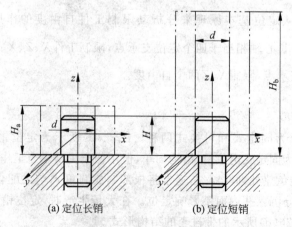

(a) 定位长销　　　　　(b) 定位短销

图 5.27　定位长销与短销

3) 锥销定位

在生产实际中,也常有工件以圆柱孔在锥销上的定位方式(见图 5.28)。图 5.28(a)所示结构用于粗基准,图 5.28(b)所示结构用于精基准。圆柱孔与锥销圆锥面的接触线是在某一高度上的圆。因此,锥销比圆柱销多限制一个沿工件孔中心线移动的自由度,即锥销能限制工件 $\vec{X}$、$\vec{Y}$、$\vec{Z}$ 三个自由度。按定位基本原理分析锥销时,可将其转化为三个定位支承点。

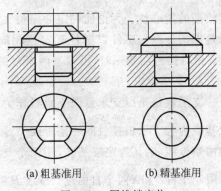

(a) 粗基准用　　　(b) 精基准用

图 5.28　圆锥销定位

3. 工件以圆锥孔定位

在加工轴类工件或要求精密定心的工件时,为保证各表面间的相互位置要求或同轴度要求,常以工件上的圆锥孔作为定位基准。这类定位方式可以看成是圆锥面与圆锥面接触,按两者接触面的相对长度可分为接触面较长和接触面较短两种情况。

(1) 接触面较长:锥形心轴与圆锥孔接触面较长,相当于五个定位支承点,限制除绕轴心线旋转以外的五个自由度。

(2) 接触面较短:工件以中心孔在顶尖上定位车外圆就是这种情况,如图 5.12 所示。中心孔与顶尖的接触面较短,其中左端顶尖(称前顶尖)相当于三个定位支承点,限制 $\vec{X}$、$\vec{Y}$、$\vec{Z}$ 三个自由度;右端顶尖(称后顶尖)与前顶尖组合使用时,相当于两个定位支承点,限制 $\hat{Y}$、$\hat{Z}$ 两个自由度。

4. 工件以外圆柱面定位

工件以外圆柱面定位是生产中常见的定位方式,广泛应用于车削、磨削、铣削、钻销等加工中。外圆柱面定位常用定位套和 V 形块定位。

1) 定位套定位

定位套的工作表面是其内孔,与工件的外圆(定位基面)相接触。外圆柱面的中心线为工件的定位基准。定位套筒装于夹具体中,结构简单,可制成很高精度,故适用于精基准定位。图 5.29(a)中,工件与套筒接触面较长,故以中心线为第一定位基准,限制 $\vec{Y}$、$\vec{Z}$、$\hat{Y}$、$\hat{Z}$ 四个自由度;工件端面与套筒端面小面积接触,为第二定位基准,限制 $\vec{X}$ 一个自由度。图 5.29(b)中,工件与套筒接触面较短,故以端面为第一定位基准,限制 $\vec{X}$、$\hat{Z}$、$\hat{Y}$ 三个自由度;中心线为第二定位基准,限制 $\vec{Z}$、$\vec{Y}$ 两个自由度。

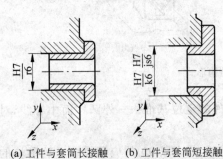

(a) 工件与套筒长接触　(b) 工件与套筒短接触

图 5.29　外圆柱面的套筒定位

自动定心三爪卡盘、弹簧夹头等自动定心装置限制工件的自由度与定位套筒相同,但具有较高的定心性。无论何种定心定位夹具,在用定位基本原理分析其限制自由度的作用时,所遵循的原则与工件以圆柱孔定位相同。一般来说,相对接触面较长时,可限制四个自由度;相对接触面较短时,可限制两个自由度。

2) 支承定位

支承定位是以支承钉或支承板作为定位元件的外圆柱面定位。图5.30(a)中工件的定位基准为与支承板接触的一条母线 A,限制工件 $\vec{Z}$ 和 $\vec{X}$ 两个自由度。实际中常用外圆柱面上的两条母线 A、B 为定位基准,用两个支承板进行组合定位,如图5.30(b)所示。其中母线 A 限制工件 $\vec{Z}$ 和 $\vec{X}$ 两个自由度;母线 B 限制工件 $\vec{X}$ 和 $\vec{Z}$ 两个自由度。

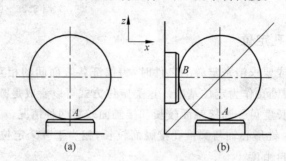

图5.30　外圆柱面的支承定位

3) V形块定位

圆柱形工件采用V形块定位应用最广。V形块不仅适用于完整的外圆柱面定位,也适用于非完整的外圆柱面定位。图5.31所示为常用的V形块结构,图(a)所示V形块结构用于较短的精基准定位;图(b)所示V形块结构用于较长的粗基准或阶梯形圆柱面定位;图(c)所示V形块结构用于两段精基准相距较远或基准面较长时的定位;如果定位基准直径与长度较大,则V形块不必做成整体钢件,而采用铸铁底座上镶淬火钢支承板的结构,如图5.31(d)所示。

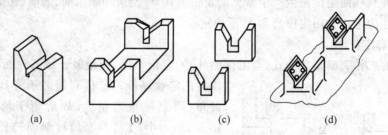

图5.31　常用V形块结构形式

用V形块定位时,主要起对中作用,即它能使工件的定位基准——外圆柱面中心线,对中在V形块两斜面的对称平面上。

V形块上两斜面的夹角 α,一般选用 $60°$、$90°$ 和 $120°$,其中以 $90°$ 的应用最多。V形块的典型结构和尺寸均已标准化,也可自行设计非标准V形块。

工件在V形块中以外圆柱面定位时,以两条母线与V形块的两斜面接触。根据母线的接触长度,可以分为两种情况(见图5.32):

(1) 接触线较长时(见图5.32(a)),相当于四个定位支承点,限制工件四个自由度,即

$\vec{X}$、$\vec{Z}$、$\hat{X}$、$\hat{Z}$。

（2）接触线较短时（见图 5.32(b)），相当于两个定位支承点，限制工件两个自由度，即 $\vec{X}$、$\vec{Z}$。

活动 V 形块原则上均转化为一个定位支承点，限制工件一个自由度。

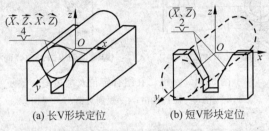

(a) 长V形块定位　　　　(b) 短V形块定位

图 5.32　V 形块定位分析

5. 组合定位

以上主要介绍工件以单一表面定位的典型定位方式，实际上工件是由各种几何形体组合而成，大多数情况下不能用一种单一表面的定位方式来定位。通常都是以工件两个或两个以上表面作为定位基准而形成组合定位。在采用组合定位时，一般应避免重复定位。

典型的组合定位方式有以下几种。

（1）三个平面组合。长方体形工件若实现完全定位，需要用三个互成直角的平面作为定位基准。定位支承按图 5.15 的规则布置，称为三基面六点定位。

（2）一个平面和一个圆柱孔组合。盘套类工件常以孔中心线作为定位基准，但一般情况下很少单独定位，而是常与一个端面组合定位，无论哪一种组合都能限制工件除绕自身轴线回转外的五个自由度。图 5.33 所示为一套类工件，采用一孔及左端面作定位基准，相应的定位元件是一个长销及轴肩。长销限制四个自由度，轴肩限制一个自由度，为不完全定位。图 5.33 中，轴肩要做得很短，只限制一个轴向移动自由度。若轴肩做得很宽大，相当于三个支承点，限制三个自由度，会造成过定位。

（3）一个平面和一个外圆柱面组合。工件以外圆柱表面的定心定位常与平面组合（见图 5.29）。用支承定位和 V 形块定位的接触线较短时，必须与平面组合定位，并须以平面为第一定位基准；当接触线较长时，若工件的轴向位置有要求，则须在工件的端面设置定位支承，限制工件沿轴向移动的自由度。

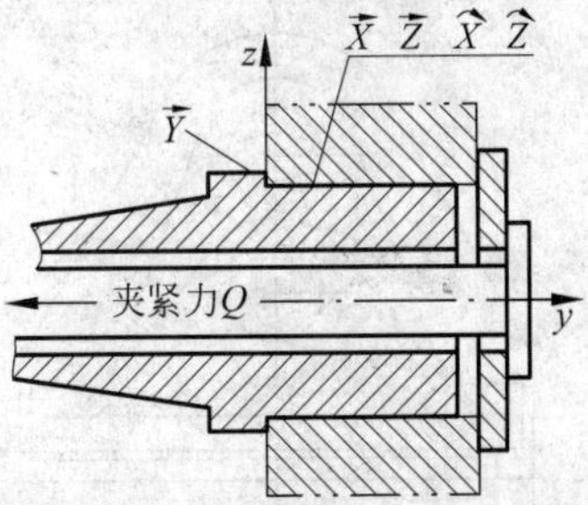

（4）其他组合。一个平面和两个圆柱孔的组合是箱体类工件常用定位方式。定位件为一大平面、一短圆柱销和一短削边销，可实现工件完全定位（见图 5.34）。

图 5.33　长销及短肩组合定位

两个圆锥孔（或中心孔）的组合定位（见图 5.12）。若工件的轴向尺寸要求比较严格，例如加工阶梯轴时，轴向尺寸的工序基准通常是以左端面为定位基准。为了消除中心孔的尺

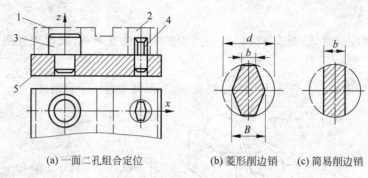

(a) 一面二孔组合定位   (b) 菱形削边销   (c) 简易削边销

图 5.34   一面二孔组合定位及削边销

1,2—孔；3—短圆柱销；4—短削边销；5—平面

寸误差对轴向尺寸的影响,右侧顶尖可以改成轴向可移动的。轴向以端面为定位基准,以顶尖套支承,限制$\vec{X}$自由度,此时前顶尖只起限制$\vec{Y}$、$\vec{Z}$两个自由度的作用。

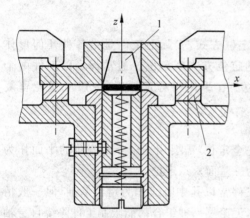

图 5.35   圆锥销组合定位

1—锥销；2—环形端面

图 5.35 所示为一盘类工件,需要限制五个自由度,采用一平面及一孔作定位基准,相应的定位元件是一个环形端面和一个锥销。端面限制三个自由度,固定的锥销限制三个自由度,z向移动自由度被重复限制,造成过定位。将锥销在z向作成浮动式,解除了z向移动自由度,实现了不完全定位。

图 5.36(a)中,底面两个平行的支承板限制三个自由度$\vec{Z}$、$\hat{X}$、$\hat{Y}$,侧面两个支承钉限制两个自由度$\vec{Y}$、$\hat{Z}$,菱形销限制一个自由度$\vec{X}$,完全定位。

图 5.36(b)中,底面支承限制$\vec{Z}$、$\hat{X}$、$\hat{Y}$三个

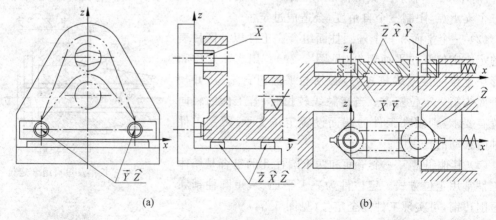

(a)   (b)

图 5.36   组合定位举例

自由度,左侧 V 形块限制 $\vec{X}$、$\vec{Y}$ 两个自由度,右侧 V 形块可移动,限制 $\hat{Z}$ 一个自由度,完全定位。

5.2.3 定位误差的分析与计算

工件在夹具中的位置是根据定位的基本原理,正确地设置相应的定位元件而获得的。当工件的一组定位基准与夹具上相应的定位元件相接触或相配合时,其位置就确定了。但是在一批工件中,每个工件在尺寸、形状、表面形态上都存在允许范围内的误差。因此工件定位后,加工表面的工序基准就可能产生一定的位置误差,这种位置误差与定位有关。

1.定位误差及其产生的原因

1)定位误差

所谓定位误差,是指由于工件定位造成的加工面相对工序基准的位置误差。因为对一批工件来说,刀具经调整后位置是不动的,即被加工表面的位置相对于定位基准是不变的,所以定位误差就是工序基准在工序尺寸方向上的最大变动量。

2)定位误差产生的原因及构成

工件用夹具定位,采用调整法加工时,由于工件定位所造成的加工面相对其工序基准的位置误差称为定位误差,一般以 Δ_{DW} 表示。在加工一批工件时,夹具相对于刀具及切削成形运动的位置调整好后,假若不考虑加工过程中的其他误差因素,则加工面对其工序基准的位置误差必然是工序基准的位置变动所引起的。所以定位误差是一批工件定位时,工序基准在工序尺寸方向上的最大位置变动量。

造成定位误差的原因有以下几种:

(1)由于定位基准与工序基准不一致所引起的定位误差,称为基准不重合误差。它是工序基准相对定位基准在加工尺寸方向上的最大变动量,以 Δ_{JB} 表示。

(2)由于定位副制造误差及其配合间隙所引起的定位误差,称为基准位置误差,即定位基准的相对位置在加工尺寸方向上的最大变动量,以 Δ_{JW} 表示。

定位误差 Δ_{DW} 由基准不重合误差和基准位置误差两项构成。当工件定位基准无位置变动时 $\Delta_{JW}=0$,当定位基准与工序基准重合时 $\Delta_{JB}=0$。

工件用夹具定位且使用调整法加工是定位误差产生的条件。定位误差只产生在按调整法加工一批工件过程中,如果按试切法逐件加工,则不存在定位误差问题。

3)定位误差与加工误差之间的关系

按照六点定位原理,可以设计和检查工件在夹具上的正确位置,但能否满足工件对工序加工精度的要求,则取决于刀具与工件之间正确的相互位置,而影响这个正确的位置关系的因素很多,如夹具在机床上的装夹误差、工件在夹具中的定位误差和夹紧误差、机床的调整误差、工艺系统的弹性变形和热变形误差、机床和刀具的制造误差及磨损误差等,为了保证工件的加工质量,应满足如下关系式:

$$\Delta \leqslant \delta \tag{5-1}$$

式中,Δ——各种因素产生的误差总和;

　　δ——工件被加工尺寸的公差,也即工序公差。

若将定位误差计为 Δ_{DW},除定位误差外,其他因素引起的误差总和为 Δ_{Σ},上式可写为

$$\Delta_{DW} + \Delta_{\Sigma} \leqslant \delta \tag{5-2}$$

Δ_{DW} 一般应小于 $\delta/3$,在夹具设计过程中,确定定位方案和选择定位元件时,允许的定位误差值可初步按工序尺寸公差的 $1/5 \sim 1/3$ 考虑。

2. 定位误差的分析与计算

分析和计算定位误差的目的,就是为了判断所采用的定位方案能否保证加工要求,以便对不同方案进行分析比较,从而选出最佳定位方案,它是决定定位方案时的一个重要依据。

1) 工件以平面定位的定位误差

工件以平面定位时,基准位置误差是由定位表面的平面度误差引起的。在一般情况下,用已加工过的平面作定位基准时,其基准位置误差可以不予考虑,即 $\Delta_{JW} = 0$,主要考虑基准不重合误差。

2) 工件以圆柱孔定位的定位误差

工件以圆柱孔定位时,定位基准是孔轴心线。其定位误差与定位元件放置的方式、定位副的制造精度以及它们之间的配合性质等有关。下面分几种情况进行讨论:

(1) 工件孔与定位心轴无间隙配合定位

工件以圆柱孔在过盈配合的心轴、小锥度心轴和弹性心轴上定位时,定位副间不存在径向间隙,可认为圆柱孔轴心线与心轴轴心线重合,故没有基准位置误差,即 $\Delta_{JW} = 0$。

(2) 工件孔与定位心轴间隙配合定位

工件以圆柱孔在间隙配合心轴上定位时,因心轴的放置位置不同或工件所受外力的作用方向不同,孔与心轴有下列两种接触方式:

① 孔与心轴固定单边接触

心轴水平放置,在重力作用下圆柱孔与心轴固定上母线接触。由于定位副间有径向间隙,圆柱孔与心轴固定单边接触,间隙只存在于单边且固定在一个方向上,如图 5.37 所示 z 轴方向。

为了安装工件方便,在工件孔直径最小与心轴直径最大相配合时,预留一个最小安装间隙 X_{min},此时工件孔轴心位置为 O_1(见图 5.37(b))。当工件孔直径最大与心轴直径最小相配合时,就出现最大间隙 X_{max},此时工件孔轴心位置为 O_2(见图 5.37(c))。所以工件孔轴心线位置的最大变动量 O_1O_2,即为基准位置误差。

若孔与轴尺寸的公差都按入体原则标注,即 $d_{min} = d - T_d$,$D_{max} = D + T_D$;而 $D = d + X_{min}$,所以 $D_{max} = d + X_{min} + T_D$,于是可得基准位置误差为

$$\Delta_{JW} = O_1O_2 = OO_2 - OO_1 = \frac{1}{2}(X_{max} - X_{min}) = \frac{1}{2}(D_{max} - d_{min} - X_{min})$$

$$= \frac{1}{2}\left[(d + X_{min} + T_D) - (d - T_d) - X_{min}\right] = \frac{1}{2}(T_D + T_d) \tag{5-3}$$

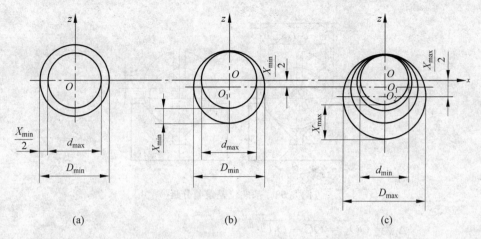

图 5.37 圆柱孔与心轴固定单边接触时的基准位置误差

这种定位方式,在 x 轴方向的基准位置误差 $\Delta_{JW} = 0$。

② 孔与心轴任意边接触

心轴垂直放置,圆柱孔与心轴可以在任意方向接触。由于定位副间有径向间隙,圆柱孔对于心轴可以在间隙范围内作任意方向、任意大小的位置变动。孔中心线的最大位置变动量即为基准位置误差。圆柱孔轴心线的变动范围为以最大间隙 X_{max} 为直径的圆柱体,最大间隙发生在圆柱孔直径最大与心轴直径最小相配合时,且方向是任意的(见图 5.38),故基准位置误差为

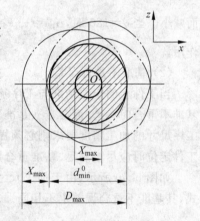

图 5.38 圆柱孔与心轴任意边接触时的基准位移误差

$$\Delta_{JW} = X_{max} = T_D + T_d + X_{min} \qquad (5\text{-}4)$$

任意边接触的基准位置误差较固定单边接触时大 1 倍。且因基准误差的方向是任意的,X_{min} 无法在调整刀具时预先予以补偿,故无法消除其对基准位移误差的影响。

以上分析了工件以圆柱孔定位在不同情况下基准位置误差的计算方法。至于是否有基准不重合误差,取决于工件的定位基准是否为工件加工尺寸的工序基准。在计算定位误差时,要看具体情况作具体分析。

3)工件以外圆柱面定位的定位误差

(1)基准位置误差

如图 5.39 所示,工件以外圆为定位基面,中心线为定位基准,V 形块作定位元件,加工键槽,H_1 为工序尺寸。V 形块是一种对中性元件,当 V 形块和工件外圆柱面没有制造误差时,则外圆柱中心线应在 V 形块的理论中心位置上。但对一批工件而言,外圆直径有制造误差,这将引起工件外圆柱中心线在 V 形块对称平面垂直方向上产生位置偏移,恰好在工序尺寸方向,即基准位置误差,但在水平方向上没有位置偏移。

如图 5.39 所示,两个极限尺寸的工件放置在 V 形块上,其中心的位置偏移 OO_1 就是工件定位的基准位置误差,其值为

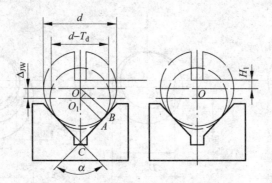

图 5.39　基准位置误差分析

$$\Delta_{JW} = \overline{OO_1} = \overline{OC} - \overline{O_1C}$$

$$= \frac{\overline{OB}}{\sin\frac{\alpha}{2}} - \frac{\overline{O_1A}}{\sin\frac{\alpha}{2}} = \frac{d}{2\sin\frac{\alpha}{2}} - \frac{d-T_d}{2\sin\frac{\alpha}{2}} = \frac{T_d}{2\sin\frac{\alpha}{2}} \tag{5-5}$$

上式表明,当工件外圆直径的公差 T_d 一定时,基准位置误差 Δ_{JW} 随 V 形块夹角 α 增大而减小。当 $\alpha=180°$ 时,$\Delta_{JW}=\frac{1}{2}T_d$ 为最小,这时 V 形块的两斜面展开为水平面,失去对中作用。

(2) 基准不重合误差

当工件上的定位基准与工序基准不重合时,就存在基准不重合误差。定位基准与工序基准不重合时,一方面会带来基准不重合误差,难以保证加工精度要求;另一方面要保证本工序尺寸的加工精度要求则必须提高相关尺寸的加工精度,这样会使加工成本提高。因此,工件定位时应尽量满足"基准重合原则"。

如图 5.40 所示,由于加工尺寸的工序基准不同,工序尺寸有 H_1、H_2、H_3 三种标注形式,其基准不重合误差也不相同。

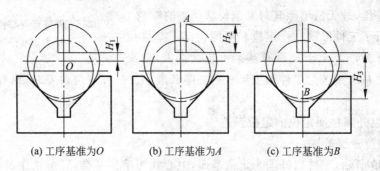

(a) 工序基准为O　　(b) 工序基准为A　　(c) 工序基准为B

图 5.40　基准不重合误差分析

工序基准为外圆柱的中心线:图 5.40(a)中加工尺寸为 H_1,工序基准与定位基准重合,即基准不重合误差为 0,即

$$\Delta_{JBH_1} = 0 \tag{5-6}$$

工序基准为外圆柱的上母线:图 5.40(b)中加工尺寸为 H_2,工序基准与定位基准不重合,这种情况的定位尺寸仍是外圆柱的半径,故基准不重合误差为

$$\Delta_{\text{JB}H_2} = \frac{1}{2}T_d \tag{5-7}$$

工序基准为外圆柱的下母线：图 5.40(c)中加工尺寸为 H_3，工序基准与定位基准不重合，这种情况的定位尺寸仍是外圆柱的半径，故其基准不重合误差为

$$\Delta_{\text{JB}H_3} = \frac{1}{2}T_d \tag{5-8}$$

（3）定位误差的合成

在工件定位时，上述两项误差可能同时存在，也可能只有一项存在，但无论如何，定位误差是由两项误差共同作用的结果，故有

$$\Delta_{\text{DW}} = \Delta_{\text{JB}} \pm \Delta_{\text{JW}} \tag{5-9}$$

利用式(5-9)计算定位误差，称为误差合成法，求定位误差时可分别求基准位置误差与基准不重合误差，然后根据它们的作用方向对工序尺寸产生影响的极端情况，将其合成为定位误差。定位误差是加工尺寸方向上两项误差的代数和。在定位误差的分析与计算中，可以将两项误差分别计算，再按式(5-9)进行合成。

当 Δ_{JB} 和 Δ_{JW} 是由同一误差因素导致产生时，称 Δ_{JB} 和 Δ_{JW} 关联。此时，如果它们方向相同，合成时取"+"号；如果它们方向相反，合成时取"−"号；当两者不关联时，可直接采用两者的和叠加计算定位误差。

图 5.40(a)中，有

$$\Delta_{\text{DW}H_1} = \frac{T_d}{2\sin\dfrac{\alpha}{2}} \tag{5-10}$$

从图 5.40(b)中可以看出，当工件外圆柱直径变化时，定位基准 O 和工序基准（上母线）的移动方向相同，两者的变化都使加工尺寸产生相同方向的变化，所以加工尺寸 H_2 的定位误差为两项误差的和，即

$$\Delta_{\text{DW}H_2} = \Delta_{\text{JW}} + \Delta_{\text{JB}H_2} = \frac{T_d}{2\sin\dfrac{\alpha}{2}} + \frac{1}{2}T_d = \frac{T_d}{2}\left(\frac{1}{\sin\dfrac{\alpha}{2}} + 1\right) \tag{5-11}$$

图 5.40(c)中，设定位基准位置不动，工件外圆柱直径由 d 变化到 $d-T_d$ 时，工序基准为 B，移动量为 $\dfrac{1}{2}T_d$，这是基准不重合误差，使工序尺寸 H_3 减小，同时，由于外圆柱面须与 V 形块斜面保持接触，则工件的定位基准 O 必须下移，形成基准位置误差 Δ_{JW}，使工序尺寸 H_3 增大。由此可知，在这种情况下，两个基准在加工尺寸方向的移动方向相反，所以加工尺寸 H_3 的定位误差为两项误差的差，即

$$\Delta_{\text{DW}H_3} = \Delta_{\text{JW}} - \Delta_{\text{JB}H_3} = \frac{T_d}{2\sin\dfrac{\alpha}{2}} - \frac{1}{2}T_d = \frac{T_d}{2}\left(\frac{1}{\sin\dfrac{\alpha}{2}} - 1\right) \tag{5-12}$$

通过以上分析可知，当定位方式确定之后，定位误差就取决于工序尺寸的标注方式。以外圆柱面在 V 形块上定位，如外圆柱的下母线为工序基准时，定位误差最小。所以，控制轴类工件键槽深度最好以下母线为工序基准。

3. 定位误差计算示例

例1 按图 5.41 所示的定位方式,在外圆柱面上铣削互相垂直的两个平面。已知 $d_1=\phi 25_{-0.021}^{0}$,$d_2=\phi 40_{-0.025}^{0}$,两外圆柱面的同轴度为 $\phi 0.02\text{mm}$,V 形块夹角 $\alpha=90°$,加工工序尺寸为 $H=35_{-0.17}^{0}$,$L=30_{0}^{+0.15}$,试计算其定位误差,并分析其定位精度。

解: 工件的定位基准为 d_1 外圆柱中心线,尺寸 H 的工序基准为 d_2 外圆柱下母线,尺寸 L 的工序基准为 d_2 外圆柱左边母线,都与定位基准不重合。同轴度可标注为 $e=0\pm0.01$。下面分别求两个尺寸的定位误差。

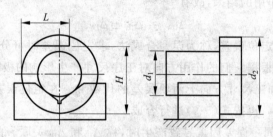

图 5.41　V 形块定位误差计算实例

① 工序尺寸 H

以 d_1 外圆柱中心线为定位基准在 V 形块上定位,基准位置误差为

$$\Delta_{\text{JWH}} = \frac{T_{d_1}}{2\sin\frac{\alpha}{2}} = \frac{0.021}{2\times\frac{\sqrt{2}}{2}} = 0.707\times0.021 = 0.0148\text{mm} \tag{5-13}$$

定位尺寸由同轴度和 d_2 外圆柱半径 $\frac{d_2}{2}$ 组成。故基准不重合误差为

$$\Delta_{\text{JBH}} = T_e + \frac{1}{2}T_{d_2} = 0.02 + 0.0125 = 0.0325\text{mm} \tag{5-14}$$

工序尺寸 H 的定位误差为

$$\Delta_{\text{DWH}} = \Delta_{\text{JWH}} + \Delta_{\text{JBH}} = 0.0148 + 0.0325 = 0.0473\text{mm} \tag{5-15}$$

② 工序尺寸 L

L 尺寸是水平方向的。因 V 形块是对中元件,d_1 外圆柱的中心线一定在 V 形块对称平面上,故没有水平方向的基准位置误差,即

$$\Delta_{\text{JWL}} = 0 \tag{5-16}$$

定位尺寸也由 e 和 $\frac{d_2}{2}$ 组成,故基准不重合误差与 H 尺寸的基准不重合误差相同,即

$$\Delta_{\text{JBL}} = \Delta_{\text{JBH}} = 0.0325\text{mm} \tag{5-17}$$

工序尺寸 L 的定位误差为

$$\Delta_{\text{DWL}} = \Delta_{\text{JWL}} + \Delta_{\text{JBL}} = 0.0325\text{mm} \tag{5-18}$$

③ 定位精度

H 与 L 尺寸的定位误差均小于工序尺寸公差值的三分之一,即 $0.0473 < \frac{0.17}{3}$,$0.0325 <$

$\dfrac{0.15}{3}$，故定位精度能够保证加工要求，定位方案是可行的。

例 2　工件定位如图 5.42 所示，采用对中机构夹紧，求工序尺寸 A 的定位误差。

解：该题中，工件以平面定位，则基准位置误差

$$\Delta_{JW} = 0 \tag{5-19}$$

而尺寸 A 的工序基准为圆孔轴心线 0，故存在基准不重合误差。由于水平方向对中定位，基准不重合误差仅由底面定位基准与工序基准不一致引起，两者间的联系尺寸为 50mm，工序基准与加工尺寸方向间的夹角为 45°，则

$$\Delta_{JB} = 0.2\cos45° = 0.1414\text{mm} \tag{5-20}$$

工序尺寸 A 的定位误差：

$$\Delta_{DW} = \Delta_{JB} + \Delta_{JW} = 0.1414\text{mm} \tag{5-21}$$

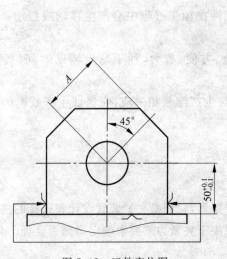

图 5.42　工件定位图

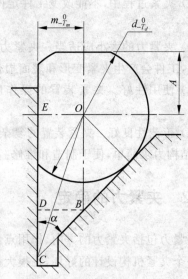

图 5.43　铣平面定位方案

例 3　在一轴上铣平面，要求保证的工序尺寸为 A，与定位有关的尺寸及定位方案如图 5.43 所示，求尺寸 A 的定位误差。

解：该题中，影响定位误差的因素主要有两个：一是缺口与圆心之间的距离 m，二是工件直径 d。这种受多种因素影响的问题，应该选择单因素法分别讨论各因素对定位误差的影响，而后将各自结果合成。

① 假定尺寸 d 不变，仅考虑尺寸 m 对尺寸 A 的影响。随着 m 由最小值增至最大值，工序基准 O 点朝着右上方向直线移动，并且最大位移为 $\dfrac{T_m}{\sin\alpha}$，在工序尺寸方向的分位移为 $\dfrac{T_m}{\tan\alpha}$。

② 假定尺寸 m 不变，仅考虑尺寸 d 对尺寸 A 的影响。随着 d 由最小值增至最大值，工序基准 O 点向上移动，并且最大位移为 $\dfrac{T_d}{2\sin\alpha}$，恰为工序尺寸方向。

③ 由于尺寸 m 与 d 相互独立，没有关联，所以在最不利的情况下，工序基准 O 点在工序尺寸 A 方向的最大位移是 $\dfrac{T_m}{\tan\alpha} + \dfrac{T_d}{2\sin\alpha}$。此为工序尺寸 A 的定位误差，未考虑半 V 形块

夹角 α 的公差对定位误差的影响。

5.3　工件的夹紧

夹紧装置是夹具的重要组成部分,它的主要功能是提供夹紧力。正确合理地设计和选择夹紧装置,有利于保证工件的加工质量、提高生产效率和减轻工人的劳动强度。

5.3.1　夹紧装置的基本要求

(1) 夹紧过程中,不能改变工件定位后所占据的正确位置,不得破坏定位的准确性和可靠性。

(2) 夹紧力的大小应适当。夹紧力过小,工件在加工过程中会产生移动或振动;夹紧力过大,工件会产生夹紧变形和表面损伤。

(3) 使用性好。夹紧装置的操作应当安全、方便、省力,利于减少辅助时间,提高生产率。

(4) 工艺性良好。夹紧装置的复杂程度要与生产纲领相适应,在保证生产效率的前提下,其结构力求简单,便于制造和维修。

5.3.2　夹紧力的确定

夹紧力包括夹紧力的方向、作用点和大小三要素,它们是夹紧装置设计和选择的核心问题。一个夹紧机构设计的好坏,在很大程度上取决于夹紧力三要素确定得是否合理。

1. 夹紧力的方向

(1) 夹紧力方向应有助于定位,朝着主要限位面。主要限位面限制的自由度最多,支承面积较大,夹紧力朝着主要限位面可使工件稳定,夹紧可靠。当有几个夹紧力时,应使主要夹紧力朝着主要限位面,把工件压向定位元件的主要定位表面上。

如图 5.44 所示直角支座镗孔,要求孔与 A 面垂直,故应以 A 面为主要定位基准,且夹紧力方向与之垂直,则较容易保证质量。反之,若压向 B 面,当工件 A, B 两面间有垂直度误差时,就会使孔不垂直于 A 面而可能报废。

(2) 避免指向工件刚度薄弱方向。夹紧力的作用方向应当尽量避开零件刚性比较薄弱的方向,以此来尽量减小零件的夹紧变形对加工精度的影响。例如,应避免图 5.45(a)所示的夹紧方式,可采用图(b)所示的夹紧方式。由于工件在不同方向上刚度是不等的,不同的受力表面也因其接触面积大小不同而变形各异,应尽量选择接触面积大的方向。

(3) 夹紧力的作用方向应尽可能有利于减小夹紧力。假设机械加工中零件只受夹紧力 F_j、切削力 F 和零件重力 F_G 的作用,这几种力的可能分布如图 5.46 所示。为保证零件加工中定位可靠,显然只有采用图(a)受力分布时夹紧力 F_j 最小。

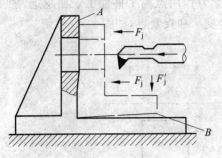

图 5.44　夹紧力指向主要定位面

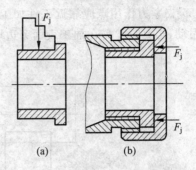

图 5.45　夹紧力指向刚度高的方向

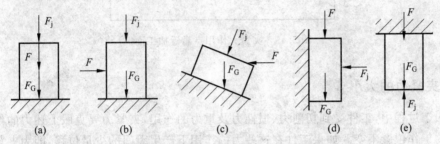

图 5.46　夹紧力的作用方向应有利于减小夹紧力

2. 夹紧力作用点的确定

（1）夹紧力要有着力点，即夹紧力要落在支承面积之内，否则夹紧时将破坏工件的定位，如图 5.47 所示。

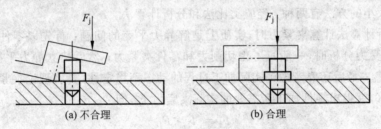

图 5.47　夹紧力作用点的设置

（2）夹紧力要落在工件刚性好的部位。对于刚性较差的工件，要特别注意减少夹紧力造成的变形。图 5.48 所示为箱体零件的夹紧方案，夹紧力不应作用在箱体的顶面，而应作用在刚性好的凸边上，以减少箱体顶面的变形。

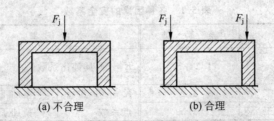

图 5.48　夹紧力作用点落在刚性好的部位

（3）夹紧力作用点应靠近工件加工面。夹紧力作用点离工件加工表面越远，加工时越容易振动，必要时常需在加工表面旁边增设辅助支承和夹紧点，如图5.49所示。

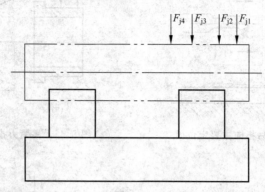

图 5.49 夹紧力作用点靠近加工面

3. 夹紧力的大小

在加工过程中，工件受到切削力、惯性力及重力的作用，夹紧力要克服上述力的作用，保证工件的工作位置不变。如果工件在这些力的作用下产生瞬间的少量位移，即为夹紧失效。因此，要以对夹紧最不利的瞬间状态来估算所需的夹紧力。同时，对于受力状态复杂的工件，通常只考虑主要因素的影响，略去次要因素，再考虑安全系数，以使计算过程简化。

夹紧力的大小主要影响零件定位的可靠性、零件的夹紧变形以及夹紧装置的结构尺寸和复杂性。因此，夹紧力的大小应当适中。基本夹紧力的大小一般以能保证零件可靠定位即可，附加夹紧力应能保证零件局部刚性、避免夹紧变形为基本原则。在实际设计中，确定基本夹紧力大小的方法有两种：经验类比法和分析计算法。

采用分析计算法计算夹紧力时，实质上是解静力平衡的问题：首先以零件作受力体进行受力分析，受力分析时，一般只考虑切削力和零件夹紧力；然后建立静力平衡方程，求出理论夹紧力 F_L；最后还要考虑到实际加工过程的动态不稳定性，要将理论夹紧力再乘上一个安全系数 K，就得出零件加工所需要的实际夹紧力 F_j，即

$$F_j = K \cdot F_L \tag{5-22}$$

式中，K——安全系数，一般取 $K = 1.5 \sim 3$，小值用于精加工，大值用于粗加工。

安全系数 K 一般按下式计算：

$$K = K_0 \cdot K_1 \cdot K_2 \cdot K_3 \tag{5-23}$$

各种因素的安全系数见表5.1。

表 5.1 各种因素的安全系数

考 虑 因 素		系 数 值	考 虑 因 素		系 数 值
K_0—基本安全系数(考虑工件材质、余量是否均匀)		$1.2 \sim 1.5$	K_2—刀具钝化系数		$1.1 \sim 1.3$
K_1—加工性质系数	粗加工	1.2	K_3—切削特点系数	粗加工	1.2
	精加工	1.0		精加工	1.0

5.3.3 基本夹紧机构及夹紧装置

夹紧机构的选择需要满足加工方法、工件所需夹紧力大小、工件结构、生产率等方面的要求,因此在设计夹紧机构时,首先要了解各种基本夹紧机构的工作特点(如能产生多大的夹紧力、自锁性能、夹紧行程、增力比等)。夹具中常用的基本夹紧机构有斜楔、螺旋、偏心等,它们都是根据斜面夹紧原理夹紧工件。

1. 斜楔夹紧机构

1) 典型斜楔夹紧机构

图 5.50 所示为几种用斜楔夹紧机构夹紧工件的实例。图 5.50(a)所示机构中,工件装入后,旋紧螺钉、斜楔左移,夹紧工件。加工完毕后,反向旋转螺钉,右移斜楔,松开工件,用斜楔直接夹紧工件的夹紧力不大,操作不方便,生产中较多采用斜楔和其他机构的联合机构。图 5.50(b)是由端面斜楔与压板组合而成的夹紧机构,斜楔 2 在气动(或液动)作用下向前进,装在斜楔上方的小柱塞 3 在弹簧的作用下推压板 6 向前。当压板与螺钉 5 靠紧时,斜楔继续前进,此时柱塞 3 压缩小弹簧而压板停止不动。斜楔再向前前进时,压板后端抬起,前端将工件压紧。斜楔 2 只能在楔座 1 的槽内滑动,松开时,斜楔 2 向后退、弹簧 7 将压板 6 抬起,斜楔上的销子 4 将压板拉回。其他斜楔夹紧机构如图 5.51 所示。

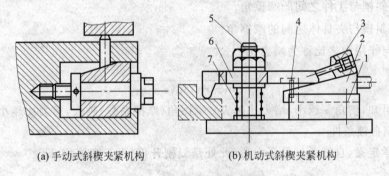

(a) 手动式斜楔夹紧机构   (b) 机动式斜楔夹紧机构

图 5.50　斜楔夹紧机构

1—楔座;2—斜楔;3—柱塞;4—销;5—螺钉;6—压板;7—弹簧

2) 斜楔的增力比及自锁性

楔角是斜楔夹紧机构的主要参数,它对斜楔的增力比、自锁性、夹紧行程及操作性能都起决定性的作用。

(1) 斜楔的夹紧力与增力比

斜楔夹紧机构的驱动力与夹紧力按下式计算(推导从略):

$$F_J = \frac{F_Q}{\tan\varphi_1 + \tan(\alpha + \varphi_2)} \tag{5-24}$$

式中,F_J——斜楔对工件的夹紧力;

α——斜楔升角;

F_Q——加在斜楔上的作用力;

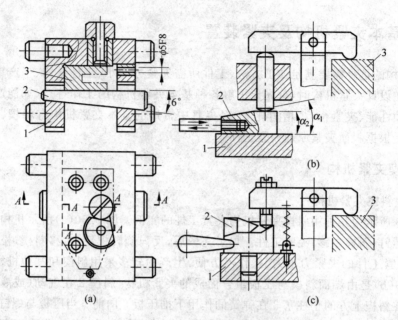

图 5.51 其他斜楔夹紧机构

1—楔座；2—斜楔；3—工件

φ_1——斜楔与工件之间的摩擦角；

φ_2——斜楔与夹具体之间的摩擦角。

夹紧力与作用力之比称为增力比 i：

$$i = \frac{1}{\tan\varphi_1 + \tan(\alpha + \varphi_2)} \qquad (5\text{-}25)$$

从上式可知，楔角 α 越小，增力比越大；摩擦角（摩擦系数）越大，增力比越小。

（2）斜楔自锁条件

根据力学定义，自锁条件是压力角（此处是斜楔升角）小于摩擦角，即

$$\alpha < \varphi_1 + \varphi_2 \qquad (5\text{-}26)$$

对于金属材料 $f = \tan\varphi = 0.1 \sim 0.15$。为保证自锁的可靠性，手动夹紧机构一般取 $\alpha = 6° \sim 8°$。用气压或液压装置驱动的斜楔不需自锁，可取 $\alpha = 15° \sim 30°$。

3）应用场合

斜楔夹紧机构简单，工作可靠，但由于它的机械效率较低，很少直接应用于手动夹紧，而常用在工件尺寸公差较小的机动夹紧机构中。

2. 螺旋夹紧机构

由螺钉、螺母、垫圈、压板等元件组成的夹紧机构，称为螺旋夹紧机构。螺钉似一个斜楔绕在一个圆柱体上，所以它的实质也是斜楔。其特点是楔角很小，因此螺旋夹紧机构的增力比很大，自锁性很好。由于斜楔绕在圆柱体上，它的夹紧行程几乎不受限制，但最大的问题是夹紧的动作慢，需要与其他元件结合使用来解决这个问题。

由于螺旋夹紧机构结构简单，制造容易，夹紧行程大，增力比大，自锁性能好，在实际设

计中得到广泛应用,尤其适合于手动夹紧机构。但其夹紧动作缓慢,效率低,不宜适用于自动化夹紧装置上。

图 5.52(a)、(b)所示为直接用单个螺钉夹紧工件的机构。图 5.52(a)所示为螺钉直接在工件表面上转动,会损伤工件表面,解决这一问题的办法是采用图 5.52(b)所示的压块,但这两种机构在使用时都存在问题,即操作费时,效率低。

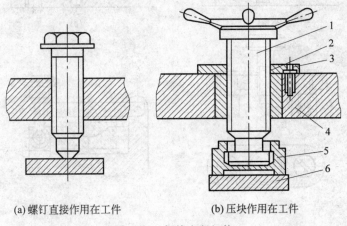

(a) 螺钉直接作用在工件　　　(b) 压块作用在工件

图 5.52　螺旋夹紧机构

1—螺钉;2—螺母衬套;3—正定螺钉;4—夹具体;5—浮动压块;6—工件

图 5.53(a)所示为使用开口垫圈和小螺母的结构,工件的孔径必须大于螺母的最大直径。将螺母松开,即可将开口垫圈抽出,再卸下工件。图 5.53(b)所示为快卸螺母,旋松螺母并倾斜一角度可顺光孔卸下螺母。图 5.53(c)所示为螺旋钩形压板,松开后可将压板转开,便于工件的装卸。这种压板所占空间较小,但夹紧力不大。设计夹具时,可参阅夹具设计手册,尽量在标准结构中选择合适的夹紧装置。螺旋夹紧机构的夹紧力大小可直接按螺钉的设计规范,根据螺钉的直径确定。图 5.54 所示为常用螺旋压板机构。

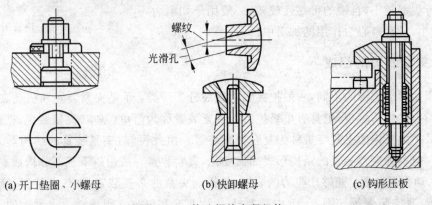

螺纹

光滑孔

(a) 开口垫圈、小螺母　　　(b) 快卸螺母　　　(c) 钩形压板

图 5.53　快速螺旋夹紧机构

3. 偏心夹紧机构

偏心夹紧机构的工作原理如图 5.55 所示。圆偏心轮的回转中心 O_2 与几何中心 O_1 间

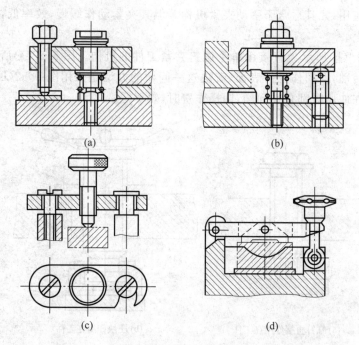

(a)　　　　　　(b)

(c)　　　　　　(d)

图 5.54　螺旋压板机构

有一个偏心距 e,手柄下压,偏心轮将工件夹紧。若以 O_2 为圆心,以 r 为半径画圆(虚线圈),便把偏心轮分成了三个部分,其中虚线圆部分是个"基圆盘",另两部分是两个相同的弧形楔。当偏心轮绕 O_2 顺时针转动时,相当于一个弧形楔逐渐楔入"基圆盘"与工件之间,夹紧工件。所以,偏心夹紧的实质还是斜楔的作用。圆偏心夹紧机构如图 5.56 所示。

偏心夹紧机构的特点是操作方便、夹紧迅速,但夹紧力和夹紧行程都较小,自锁的可靠性较差,一般用于切削力不大、振动小、没有离心力作用的加工中。

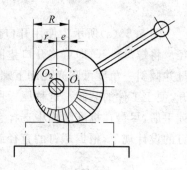

图 5.55　圆偏心轮的工作原理

4. 夹紧装置的组成

按照夹紧动力源的不同,一般把夹紧装置划分为两类:手动夹紧装置和机动夹紧装置;而根据扩力次数的多少,把具有单级扩力的夹紧装置称为简单(基本)夹紧装置,把具有两级或更多级扩力机构的夹紧装置称为复合夹紧装置。由此可知,夹紧装置的结构形式是千变万化的。但不管夹紧装置的结构形式如何变化,夹紧装置一般由以下三部分构成。

(1)动力源装置:能够产生力的装置,是机动夹紧的必要装置,如气压装置、液压装置、电动装置、真空装置等。图 5.57 中活塞杆 4、活塞 5 和气缸 6 组成动力夹紧中的一种气压装置。手动夹紧时的动力源由人力保证,它没有动力源装置。

(2)夹紧元件:与零件直接接触完成夹紧工作,如图 5.57 中所示的压板 2。

(3)中间传力机构:介于动力源装置和夹紧元件之间的传力机构。它把动力源产生的力传递给夹紧元件以实施对零件的夹紧。为满足夹紧设计需要,中间传力机构在传力过程

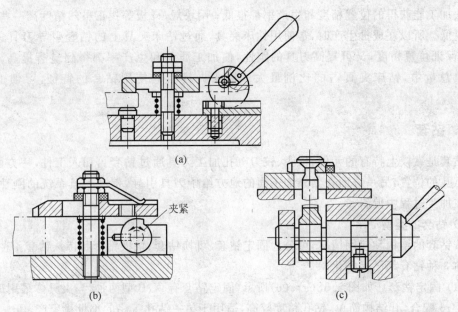

图 5.56　圆偏心夹紧机构

中,可以改变力的大小和方向,并可具有自锁功能。它是介于动力源和夹紧元件之间的机构,如图 5.57 中的连杆机构 3。

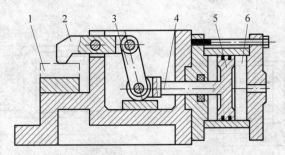

图 5.57　夹紧装置的组成

1—工件;2—压板;3—连杆机构;4—活塞杆;5—活塞;6—气缸

5.4　各类专用夹具的设计特点

各类机床夹具都由定位装置、夹紧装置、夹具体和其他装置或元件所组成,但因各种机床的加工工艺特点和夹具与机床的连接方式不同,使各类机床夹具都各有一些特征性结构和技术要求。比较典型的机床夹具有钻床夹具、铣床夹具、车床夹具和镗床夹具等。

5.4.1　钻床夹具

在钻床上钻孔,重要的工艺要求是孔的位置精度。孔的位置精度不便用试切法获得,用划线法加工能获得的位置精度和生产率都很低；用块规、样板等找正虽然精度高一些，但生产率更低。所以在成批生产时，常使用钻床夹具，通过钻床夹具上的钻套引导刀具进行加工，既保证位置精度，又可提高刀具的刚性，使加工质量和生产率都得到显著提高。在机床夹具总量中，钻床夹具占的比例最大。钻床夹具因其使用钻套的特征，习惯上称为钻模。

1. 钻套

钻套是钻模上特有的元件，钻头、铰刀等孔加工刀具通过钻套再切入工件，一方面确定了加工孔的位置，另一方面在紧靠加工面的地方给予刀具引导，提高刀具系统的刚性，并防止其在加工过程中偏斜。

1) 钻套的类型

按钻套的结构和使用情况，可分为固定钻套、可换钻套、快换钻套和特殊钻套4种类型，其中前3种钻套都已标准化。

（1）固定钻套。如图5.58(a)、(b)所示，固定钻套有A、B型两种，与夹具体采用H7/n6或H7/r6配合，其结构简单，钻孔精度较高，适用于单一钻孔工序的小批量生产。

（2）可换钻套。当工件为单一钻孔工序、大批量生产时要考虑钻套磨损后的更换问题。如图5.58(c)所示，在钻套与钻模板之间加衬套，衬套与钻模板用过盈配合，衬套与钻套用间隙配合，使钻套的更换不会造成钻模板的磨损。为防止钻孔时钻套转动和滑出，一侧要用螺钉压紧。

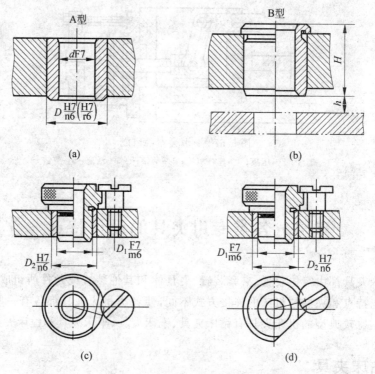

图 5.58　标准钻套

（3）快换钻套。当工件需钻、扩、铰多工步加工时，在工步间需要更换不同孔径的钻套。为使钻套的更换方便迅速，快换钻套采用图 5.58(d)所示的结构。更换时，将钻套逆时针转至缺口时螺钉即可取出。钻孔时，摩擦力是顺时针方向，钻套不会脱出。螺钉与钻套在轴向还留有一点间隙，不直接压紧钻套。

（4）特殊钻套。当标准钻套不能适用时，要根据工件的具体要求设计特殊钻套，如图 5.59 所示。图 5.59(a)所示为斜面钻套，如果工件孔口端面与孔不垂直，只有采用这样的钻套才能够钻孔，为尽可能增加钻头刚度，避免钻头引偏或折断，排屑空间的高度 h 要尽量小。图 5.59(b)所示为加长钻套，用于加工在凹面上的孔。由于钻套的导向尺寸 H 和排屑空间的高度 h 要按一定规范设计，所以加长钻套就设计成"缩节"形。图 5.59(c)所示为小孔距钻套，用一个定位销确定钻套的周向位置；图 5.59(d)所示为可定位夹紧钻套。

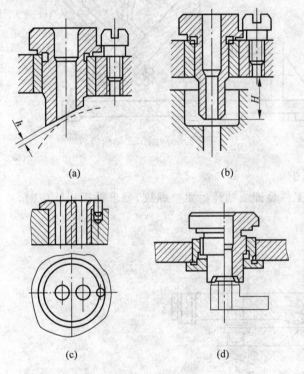

(a)   (b)

(c)   (d)

图 5.59　特殊钻套

2）钻套的尺寸和材料

一般钻套导向孔的基本尺寸取刀具的最大极限尺寸，公差带用 F7 或 F8；用于铰孔的钻套，粗铰用 G7，精铰用 G6。

钻套的导向尺寸一般取 $H=(1\sim1.5)d$（孔径）。H 越大，导向性越好，刀具刚度提高，加工精度随之提高，但钻套与刀具的摩擦也会增大，钻套更易磨损。

排屑空间 h 是钻套底部到工件表面的空间，增大 h 值可使切屑流出顺畅，但刀具钻孔时的刚度和加工孔的精度都会降低。钻削易排屑的铸铁时，取 $h=(0.3\sim0.7)d$；钻塑性材料时，取 $h=(0.7\sim1.5)d$；工件精度要求高时，可取 $h=0$，使切屑全部从钻套中排出。

钻套材料一般用 T10A 淬火，或 20 钢渗碳淬火。

2. 钻模板

钻模板用于安装钻套,并确保钻套在钻模上的正确位置。常见的钻模板有以下几种。

1) 固定式钻模板

钻模板用机械连接的形式固定在夹具体上,如图 5.60 所示。在装配时可通过调整来保证钻套的位置,减少加工难度,因而使用较为广泛。

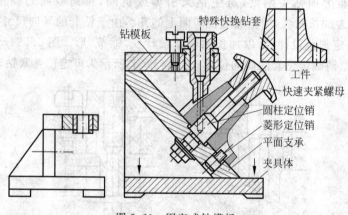

图 5.60　固定式钻模板

2) 铰链式钻模板

当钻模板妨碍工件装卸或钻孔后要攻螺纹,要求钻模板让位时,可采用如图 5.61 所示的铰链式钻模板。

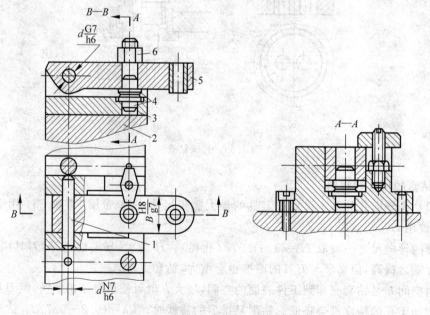

图 5.61　铰链式钻模板

1—铰链销;2—夹具体;3—铰链座;4—支承钉;5—钻模板;6—菱形螺母

图 5.61 中钻模板 5 的左端通过铰链销 1 与铰链座 3 连接,钻模板放下时,由支承钉 4及铰链两侧面定位。钻孔时,由菱形螺母 6 将钻模板锁住。铰链式钻模板因存在配合间隙,使钻套的位置精度比固定式钻模板略低。为避免钻模板的受力变形,一般不允许将夹紧装置装在钻模板上,使钻模板承受夹紧力的反作用力。

3)可卸式钻模板

可卸式钻模板不与夹具体连接,而是将钻模板和工件一起夹紧,装卸工件时先要卸下钻模板,操作较麻烦,但精度比较高。

3. 钻模的主要类型

1)固定式钻模

固定式钻模在加工一批工件的过程中,钻模的位置固定不动。这种钻模主要用于在立式钻床上加工直径较大的单孔,或在摇臂钻床上加工平行孔系。

2)回转式钻模

如图 5.62 所示,回转式钻模可按分度要求而绕一固定轴线每次转过一定的角度。当加工分布在同一平面内围绕轴线的平行孔系,或在圆柱面上成周向分布的径向孔系时,工件能在一次安装中靠分度装置带动夹具体回转,依次加工各孔,生产率高,精度也容易得到保证。

3)翻转式钻模

当工件有几个面上要钻孔时,钻模不在机床上固定,可用手翻转至不同的方向进行钻孔,这种钻模称为翻转式钻模,一般用于在较小的工件上钻孔。

4)盖板式钻模

如图 5.63 所示,大型工件的轴孔可采用盖板式钻模,即将钻模装在工件上,在工件上定位和夹紧。盖板式钻模省去夹具体,使钻模结构大为简化。

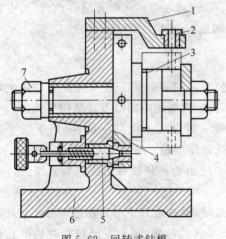

图 5.62　回转式钻模
1—钻模板;2—钻套;3—心轴;
4—分度盘;5—对定销;6—夹具体;7—锁紧螺母

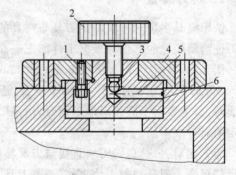

图 5.63　盖板式钻模
1—螺钉;2—手轮;3—钢珠;
4—钻模板;5—滑柱;6—弹簧锁环

5.4.2　铣床夹具

铣床夹具都固定安装在铣床工作台上。由于铣削加工一般切削用量较大,且为断续切削,因此,设计铣床夹具时,要注意工件的装夹刚性和夹具在机床上的安装稳定性。设计铣床夹具时应注意:夹紧力要足够且反行程自锁;夹具的安装要准确可靠,即安装和加工时要正确使用定向键、对刀装置;夹具体要有足够的刚度和稳定性,结构要合理。

1. 定位键

图 5.64 所示的是定位键结构及其安装。一般在铣床夹具底部开纵向槽,定位键分置于槽的两头,并用埋头螺钉固定。定位键分开越远,定向精度就越高。

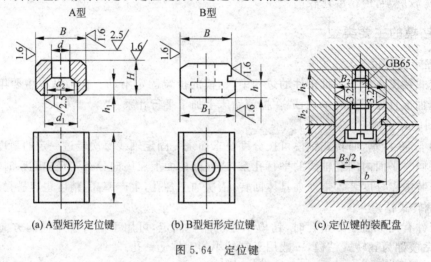

(a) A型矩形定位键   (b) B型矩形定位键   (c) 定位键的装配盘

图 5.64   定位键

定位键有矩形和圆形两种。圆形定位销可用作定位键用,它制造方便,但容易磨损,因而较少使用。矩形定位键有 A、B 两种型号,A 型矩形键(见图 5.64(a))上、下尺寸相同,用于定向精度要求不高的场合。B 型矩形键(见图 5.64(b))在键的一侧开槽形成台阶,上、下部分分别与夹具体和铣床工作台的 T 形槽形成不同的配合。

2. 对刀装置

铣床夹具多用对刀块确定刀具与夹具的相对位置。对刀装置一般安装在夹具体上,在铣刀进给所经过的部位。根据工件加工表面的形状,应选择相应的对刀块结构形式。

图 5.65 所示为几种对刀装置。图 5.65(a)所示为只对一个高度位置,用于铣平面;图 5.65(b)所示为对上下、左右两个位置,适用于铣直角或槽;图 5.65(c)所示为用一个 V 形面对刀,主要用于圆弧形加工面对刀;图 5.65(d)所示为一种特殊形式的对刀块,适用于特定的对称成形面。

为方便对刀,避免对刀块直接与刀具接触,对刀时,要在对刀块与刀具之间加一塞尺,将塞尺轻轻插入刀具与对刀块之间,调整刀具相对于夹具的位置,到与塞尺稍有摩擦即到位。所以设计对刀块时,其对刀面应比加工位置低一个塞尺厚度,从对刀面到相应的定位元件的尺寸为对刀块的位置尺寸,在设计和装配时须严格把握。塞尺的形状有平塞尺和圆柱形塞尺等,其厚度或直径一般为 3~5mm。对刀块和塞尺均已标准化,设计时可查阅夹具设计手册。

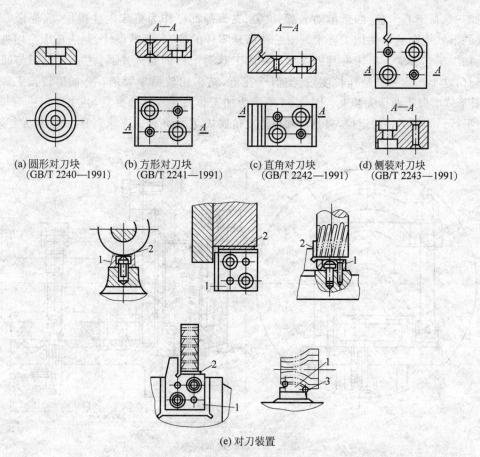

(a) 圆形对刀块
(GB/T 2240—1991)   (b) 方形对刀块
(GB/T 2241—1991)   (c) 直角对刀块
(GB/T 2242—1991)   (d) 侧装对刀块
(GB/T 2243—1991)

(e) 对刀装置

图 5.65　标准对刀块及对刀装置
1—对刀块；2—对刀平塞尺；3—对刀圆柱塞尺

3. 铣床夹具的夹具体

铣床夹具的夹具体不仅要有足够的刚度，还要求稳定性好。设计时，应限制其高、宽之比 $H/B \leqslant 1\sim1.25$，以降低夹具的重心。

此外，为方便夹具在铣床工作台上的固定，夹具体上应设置耳座。夹具体较宽时，可在两端各设置两个耳座，两耳座的距离应与工作台上两 T 形槽的间隔距离一致。当夹具较重，需要行车吊运时，夹具体两端还应设置吊装孔或吊环等。

5.4.3　车床夹具

车床夹具与车床主轴相固结，并与工件一起旋转，要保证工件的回转轴线位置，以及平衡和安全性等，这是与其他夹具最大的不同之处。

1. 车床夹具的类型

车床主要用于加工零件内外圆的回转表面、螺纹以及端面等。一些已标准化的车床夹具,如三爪自定心卡盘、四爪单动卡盘、顶尖、夹头等都已作为机床附件提供,能保证一些小批量的形状规则的零件加工要求。对一些特殊零件的加工,还需设计、制造车床专用夹具来满足加工工艺要求。车床夹具的类型有:加工盘类工件的盘式夹具,主要定位面与回转轴线垂直,这类车床夹具悬伸长度短,类似于花盘,结构比较简单紧凑;有加工较长工件的夹具,其形式类似于两顶尖装夹。图5.66所示为加工非回转零件的夹具,其主要定位面与回转轴线平行。为了工件的定位,夹具体须设计成角铁状,称为角铁式车床夹具,结构较为复杂。

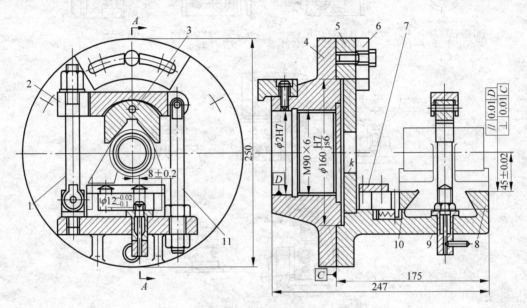

图 5.66 角铁式车床夹具

1,11—螺栓;2—压板;3—摆动V形块;4—过渡盘;

5—夹具体;6—平衡块;7—盖板;8—固定支承板;9—活动菱形销;10—活动支承板

2. 夹具与车床主轴的连接

车床夹具与车床主轴的连接精度对夹具的回转精度有决定性的影响。因此,要求夹具的回转轴线与车床主轴轴线的同轴度误差尽量小。车床夹具与机床主轴的配合表面之间必须有一定的同轴度和可靠的连接,其通常的连接方式有以下几种。

(1) 夹具通过主轴锥孔与机床主轴连接。当夹具体两端有中心孔时,夹具安装在车床的前后顶尖上。夹具体带有锥柄时,夹具通过莫氏锥柄直接安装在主轴锥孔中,并用螺栓拉紧,如图5.67(a)所示。这种安装方式的安装误差小、定心精度高,适合于小型夹具。

(2) 夹具通过过渡盘与机床主轴连接。径向尺寸较大的夹具,一般用过渡盘安装在主轴的头部,过渡盘与主轴配合处形状取决于主轴前端的结构。图5.67(b)所示的过渡盘,以内孔在主轴前端的定心轴颈上定位(采用H7/h6或H7/js6配合),用螺纹紧固,轴向由过渡盘端面与主轴前端的台阶面接触,为防止停车和倒车时因惯性作用使两者松开,用压块4将过渡盘压在主轴上。这种安装方式的安装精度受配合精度的影响,常用于C620机床。图5.67(c)所示的过渡盘,以锥孔和端面在主轴前端的短圆锥面和端面上定位,安装时,先将过渡盘推入主轴,使其端面与主轴端面之间有0.05~0.1mm间隙,用螺钉均匀拧紧后,会产生弹性变形，使端面与锥面全部接触，这种安装方式的定心准确，刚性好，但加工精度要求高。

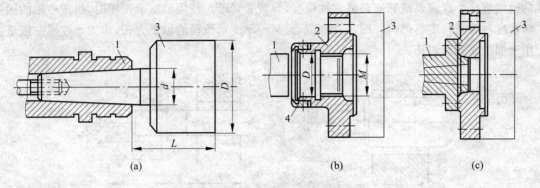

图 5.67　车床夹具与机床主轴的连接
1—主轴；2—过渡盘；3—专用夹具；4—压块

3. 对车床夹具总体结构的要求

（1）尺寸。由于加工时夹具随主轴旋转，其结构应力求紧凑，尽可能减小回转半径和悬伸长度。对于角铁式夹具（见图 5.66），应控制其悬伸长度 L 与轮廓直径 D 之比（$L/D \leqslant 0.6 \sim 2.5$）。

（2）平衡。因夹具要随主轴旋转，如果夹具的重心对轴线偏离将产生离心力，对加工和安全都有很大影响，因此要考虑平衡问题。通常是设置质量或位置可调整的配重块（如图 5.66 中平衡块 6）。

（3）夹具体应制成圆形。圆形的夹具体符合车床夹具回转的特性。夹具上各元件及工件一般都不允许突出夹具体圆形轮廓之外，以利安全。

此外，设计车床夹具时较其他夹具要更多地考虑安全问题。如夹紧机构本身受离心力影响可能使有效的夹紧力减小，为保证自锁的可靠性，多使用螺旋夹紧或采用气动、液压夹紧；夹具上各元件要连接可靠，防止飞出，不允许使用类似开口垫圈的元件；应注意防止切屑缠绕和切削液的飞溅等问题，必要时可设置防护罩。

5.4.4　镗床夹具

镗床夹具主要用于加工箱体、支架类工件的精密孔或孔罩，除了孔本身的精度外，夹具主要要保证孔或孔系的位置精度。为此，镗床夹具需要用镗套引导镗刀（镗杆），因此又称镗模。这一点与钻模相似，但一般镗模的精度要求比钻模高。根据工件的加工工艺要求，并考虑到生产条件和经济性问题，镗模也在组合机床、车床、摇臂钻床、铣床等多种机床上使用。

1. 镗模的主要类型

镗模的结构类型主要取决于镗套的布置方式。根据镗套对镗杆的支承状况不同，可分为单支承镗模和双支承镗模两种。

1) 单支承镗模

单支承镗模只用一个镗套引导镗杆,镗杆与机床主轴刚性连接,并使镗套中心线与主轴的轴线重合。这需要精确地调整主轴位置,与镗套对准。使用单支承镗模时,机床主轴的回转精度对镗孔精度有影响。图 5.68 所示为两种单支承镗模的加工方式,单支承镗模一般适用于加工小孔和短孔。

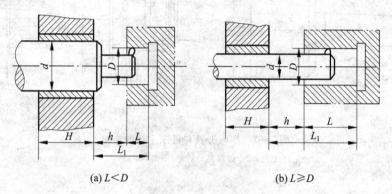

(a) $L<D$ (b) $L\geqslant D$

图 5.68   单支承镗模

2) 双支承镗模

双支承镗模用两个镗套引导镗杆,由镗套决定镗杆的位置,镗杆与主轴采用浮动连接,从而使所镗孔的位置精度主要取决于镗模板上镗套的位置准确度,而不受机床工作精度的影响。双支承镗模的结构如图 5.69 所示。

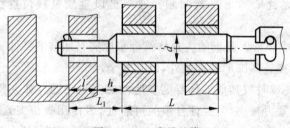

图 5.69   双支承镗模

2. 镗套

镗套的作用类似于钻套,但精度要求高得多。镗套与镗杆的配合间隙小,对摩擦与磨损也更敏感。此外,在某些情况下还要考虑镗刀通过镗套的问题。常用的镗套有以下两类。

1) 固定式镗套

固定式镗套(见图 5.70(a))在加工过程中固定不动,镗杆在镗套中既旋转又轴向进给,摩擦较大,易造成磨损而影响精度。这种镗套结构简单,精度高,适于较低的切削速度。

2) 回转式镗套

回转式镗套随镗杆一起转动,适用于镗杆在较高速度下工作。因镗套与镗杆间只有相对移动,两者可采用较小的配合间隙,既提高导向精度,又可防止切屑的进入。

回转式镗套又分为滑动式和滚动式两种。图 5.70(b)所示为滑动式回转镗套,其优点

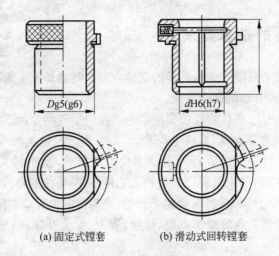

(a) 固定式镗套　　　　(b) 滑动式回转镗套

图 5.70　镗套的结构

是结构尺寸小,回转精度较高,减振性好,承载能力大,但需要充分润滑,常用于精加工。回转镗套的内孔一般开有键槽或带有键,以便由镗杆带动旋转。当镗套的直径小于加工孔的直径,装卸工件又必须让镗刀通过镗套的时候,镗套孔内还要开引刀槽。

　　镗床夹具与机床的连接类似于铣床夹具,一般也设两个定位键与工作台 T 形槽的直槽配合。当定位键不能满足夹具定位精度要求时,也可不用定位键,而在夹具体底座侧面设找正基面,每次安装夹具时,用百分表找正。此外,如图 5.71(a)所示,镗模的支架同钻模板一样也不允许承受夹紧反力,必须另外设置承受夹紧反力的支架(见图 5.71(b))。

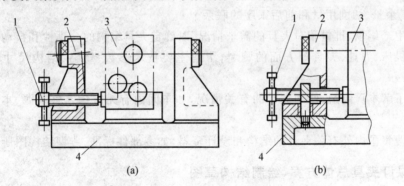

图 5.71　不允许镗模支架承受夹紧反力
1—夹紧螺钉；2—镗模支架；3—工件；4—镗模底座

5.5　专用夹具设计方法

　　专用夹具设计是工艺准备的重要内容之一,也是工艺人员经常要做的工作。夹具设计的正确性与合理性,将直接影响工件的加工质量、生产率和成本。本节介绍专用夹具的设计方法和步骤,以及制订夹具技术要求的原则。

5.5.1　专用夹具的基本要求

(1) 保证工件的加工精度。专用夹具的定位方案和制造精度应能稳定地保证工件的加工精度要求,并使夹具有合理的使用寿命。

(2) 提高生产率。专用夹具的复杂程度要与工件的生产纲领相适应,生产批量越大,就越需要采用快速高效的夹紧装置,提高生产率。

(3) 工艺性好。夹具结构在合理的基础上应力求简单,便于加工、装配、检验和维修。夹具本身都是单件生产的,如果其零件的结构工艺性不好,将使制造成本大大增加。夹具上的有些精度可以通过装配时的调整或修配来获得,使零件的加工难度降低。

(4) 使用性好。应使夹具的操作方便、迅速、省力、安全可靠,尽量减少分离的元件,以免散失。

5.5.2　专用夹具设计步骤

1. 明确设计任务与搜集设计资料

在设计夹具时,要搜集和分析下述资料:

(1) 零件工作图、部件装配图等技术文件,了解零件在部件中的作用,零件的结构、材料和技术要求。

(2) 零件毛坯图、工艺规程和工艺装备设计任务书等技术文件,了解本工序的加工技术要求、加工余量、切削用量和前后工序的联系。

(3) 生产纲领、批量和对夹具的需求情况,以确定夹具结构的合理性和自动化程度。

(4) 机床、刀具、夹具等方面的资料,了解主要技术参数、规格、结构尺寸和主要技术条件。

(5) 了解本厂制造、使用夹具的有关情况,如车间内有无压缩空气来源、本厂夹具制造能力等。

(6) 搜集国内外有关夹具的结构和设计资料,如零部件标准、典型结构图册等。

2. 拟订夹具总体方案,绘制结构草图

(1) 确定工件的定位方案,计算定位误差。

(2) 确定刀具的对刀或导向方式。

(3) 确定夹具的夹紧方案,计算夹紧力。

(4) 确定夹具其他组成部分的结构方案。

(5) 确定夹具体结构形式和夹具的总体结构。

根据夹具设计原理,进行各部分和总体的结构方案设计,最后绘出夹具结构草图。为便于分析比较,应多考虑几个总体结构方案,分析定位误差,分别绘出结构草图,从中选择最佳方案。

3. 绘制夹具总装配图

夹具总装配图应按国家制图标准绘制。总装配图的视图数量以能够清楚表示夹具的工作原理、整体结构和各种装置、元件之间相互位置为限,可用局部视图或移出剖面作为补充。在总装配图上应尽可能选取面对操作者的方向作为主视图。

夹具总装配图的绘制顺序大致如下:

(1) 用双点画线(或红色细实线)绘出工件的外轮廓和工件上的定位、夹紧以及被加工表面。

(2) 把工件作为假想体(透明体),即工件和夹具的轮廓线互不遮挡,用双点画线画出,然后按照工件的形状和位置,依次画出定位元件、对刀-导向元件、夹紧机构及其他辅助元件的具体结构,最后绘出夹具体,把夹具的各部分连成一个整体。

(3) 标注总装配图上的尺寸和技术条件。

(4) 夹具组成零件、标准件编号,编写零件明细表。

4. 绘制夹具零件图(略)

5.5.3　夹具总装配图上尺寸、公差配合和技术条件的标注

1. 夹具总装配图上应标注的尺寸

(1) 夹具外形的最大轮廓尺寸。这类尺寸表示夹具在机床上所占空间大小和可能的活动范围。

(2) 配合尺寸及其公差。装配图上应以配合的代号标注所有配合表面的配合尺寸,例如销与孔的配合尺寸及公差。

(3) 夹具与刀具的联系尺寸。这类尺寸是确定夹具上对刀-导向元件相对定位元件位置的。如铣床夹具中对刀块与定位元件的限位基面间的尺寸及塞尺尺寸;钻、镗夹具的钻套、镗套与刀具导向部分的配合尺寸及它们与定位元件的限位基面间的尺寸。

(4) 夹具与机床的联系尺寸。这类尺寸用来确定夹具在机床上的位置,如铣床夹具上定位键与机床工作台 T 形槽的配合尺寸,车床夹具安装表面与主轴端的配合尺寸等,夹具体安装孔的大小与孔距等。

(5) 其他装配尺寸。这类尺寸用来表示夹具内部各元件间在装配后必须保证的位置尺寸。如定位元件与定位元件之间的尺寸,定位元件与导向元件之间的尺寸,两导向元件之间的尺寸等。

2. 夹具装配图上公差配合的确定

(1) 直接与工件加工尺寸有关的夹具尺寸公差。这类夹具尺寸的公差一般取工件上对应尺寸公差的 1/5～1/2。工件公差大的取小值,反之取大值,以免夹具上的精度要求太高而使夹具制造难度过大。工件上加工尺寸未注公差的,夹具上相应尺寸的公差可取 ±0.1mm。

(2) 与工件加工尺寸无直接关系的夹具尺寸公差。这类公差应按其在夹具中的功用和

装配要求确定。

(3) 夹具上的位置公差。夹具上与工件加工有关的位置公差,一般取工件公差的1/3~1/2。若工件未注位置公差,夹具的位置公差可取(0.02~0.05)mm/100mm。

3. 夹具总装配图上技术要求的标注

夹具总装配图上无法用符号标注而又必须说明的问题,可作为技术要求用文字写在总图的下方空白处。如几个支承钉在装配后再一起磨出以达到等高、活动 V 形架应能灵活移动、夹具装饰漆颜色、夹具使用操作顺序等。零件图上的内容,例如粗糙度、铸造圆角等不应出现在夹具装配图上。

5.6　数控机床夹具

数控机床是高精度、高效率、高自动化程度的加工设备,要求安装工件的夹具也能适应数控机床的要求,具有精度高、效率高和自动化程度高的特点,使数控机床的效能得以充分发挥。

5.6.1　数控机床夹具的设计要求

1. 精度要求

由于数控机床具有连续多型面自动加工的特点,所以对数控机床夹具也就要求比一般机床夹具精度与刚度都高,应减少工件在夹具中的定位与夹紧误差及粗加工中的变形误差。还要保证夹具的坐标方向与机床的坐标方向相对固定,协调零件和机床坐标系的尺寸关系。

2. 定位要求

工件一般采用完全定位方式,且工件的基准相对于机床坐标原点应有严格的确定位置,以满足能在数控机床坐标系统中实现工件与刀具相对运动的要求。同时,夹具上的每个定位面相对数控机床的坐标原点均应有精确的坐标尺寸,以保证工件在正确的位置接受加工。

3. 空间要求

数控类机床能在一次安装工件中加工多个表面,要求数控夹具在空间上满足各刀具均有可能接近所有待加工表面。此外,支承夹具的托板具有移动、上托、下沉和旋转等动作,夹具也应能保证不与机床有关部分发生干涉,有些定位元件可设计成在工件夹紧后再卸去,以满足前后左右各个面加工的需要。夹具要开敞,其定位、夹紧机构或其他元件不得影响加工中的走刀。

4. 快速重调要求

数控加工可通过快速更换程序载体而变换加工对象,为节省更换工装的辅助时间,减少贵重设备等待闲置时间,要求夹具在更换加工工件中能具有快速重调或更换定位夹紧元件的功能,采用高效的机动传动机构等。此外,由于多表面加工使得单件加工时间增长,如果夹具结构允许工人在机床工作区外更换工件,则可减少机床停机时间。当零件加工批量不大时,应尽量采用组合夹具、可调式夹具及其他通用夹具,以缩短生产准备时间、节省生产费用;成批生产时考虑采用专用夹具,但结构应该力求简单。

5.6.2　零件形状与数控夹具的对应

1. 回转体零件加工

在数控车床、车削中心和磨床上加工回转体工件,一般采用能适应一定直径范围工作的通用快速自动夹紧卡盘。当工件几何尺寸超出范围时,则需要更换卡爪或卡盘。

2. 箱体零件加工

使用加工中心加工箱体类零件时,多以箱体底面作定位基准,可选用以槽系或孔系为基座的组合夹具,再配以一定量的定位、夹紧元件组合即可。

3. 不规则形状零件加工

使用加工中心加工不规则形状的工件,或同时在托板上需加工多个相同或不相同的工件时,则需设计与配备专用夹具。

5.6.3　数控车床常用夹具

车床类夹具常用形式有:加工盘套零件的自动定心三爪卡盘、加工轴类零件的拨盘与顶尖、机床通用附件的自定心中心架与自动转塔刀架等。由于数控加工的需要,这些卡盘、拨盘和中心架等除通常要求外还有一些特定要求。对于卡盘,要求装卸工件要快,重装工件或改变加工对象时,能机动或尽量缩短更换卡爪时间,减少更换卡盘及卡盘改用顶尖的调整时间,随粗、精加工不同而能满足粗加工夹紧可靠、精加工夹紧变形小的要求等。对于拨盘则要求粗加工时能传递最大的扭矩,由顶尖加工能快速改调为卡盘加工,一次安装能完成工件加工等。

加工盘类零件常用自动定心三爪卡盘。图5.72所示为快速可调卡盘。利用扳手将螺杆3转动90°,可将快速更换或单独调整的卡爪4相对于基体6移到需要的尺寸位

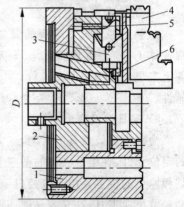

图 5.72　快速可调卡盘
1—卡盘体;2—箱体;3—螺杆;
4—卡爪;5—钢球;6—基体

置。为了卡爪的定位,在卡盘体 1 上做有圆周槽,当卡爪 4 到达要求位置后,转动螺杆,使螺杆 3 的螺纹与卡爪 4 的螺纹啮合。此时被弹簧压着的钢球 5 进入螺杆的小槽中,并固定在需要的位置,这样可在两分钟内将卡爪逐个调整好。毛坯的快速夹紧可借助于装在主轴尾部的机械(或液压、气动、电气机械)传动来完成。这种夹具的刚性好,可靠性高。图 5.73 所示为液压传动三爪卡盘,夹紧力由油缸通过拉杆传给卡爪来实现。

图 5.74 所示为数控车床自定心中心架。中心架用以减少细长轴加工时的受力变形,提高其加工精度。该件常作为机床附件提供,其工作原理为:通过安装架与机床导轨相连,工作时由主机发信号,通过液压或气动力源作夹紧或松开,润滑则采用中心润滑系统。

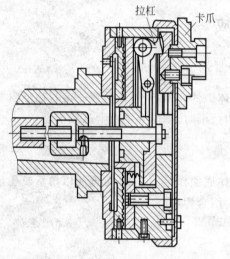

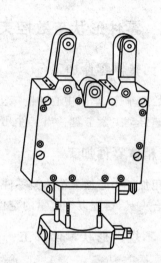

图 5.73　液压传动三爪卡盘　　　　图 5.74　数控车床自定心中心架

5.6.4　数控钻、铣类机床和加工中心用夹具

1. 定位要求

1) 工件在夹具上定位

由于工件外形与编程的需要,一般均采用完全定位并与数控加工原点相联系。对于圆柱体工件,为使基准重合、误差减小,可以内孔、外圆或中心孔作定位基准,在夹具定位件上定位;对于壳体类工件,则力求采用三坐标平面作定位基准,以确保定位的精度与可靠性。

2) 夹具在机床上定位

为减少更换夹具的时间,应力求采用无校正的定位方式,如先在机床上设置与夹具配合的定位元件、在组合夹具的基座上精确设计定位孔,以便与机床床面定位孔或槽对定来保证编程原点的位置。由于数控机床主要是加工批量不大的小批与成批零件,在机床工作台上会经常更换夹具,这样容易磨损机床台面上的定位槽,且在槽中装卸定位件十分费力,也会占用较长的停机时间,为此,在机床上用槽定向的夹具,其定位元件常常不固定在夹具体上而固定在机床工作台上。

2. 数控钻、铣类机床和加工中心的典型夹具

根据通用性,数控机床用夹具也可分为通用类、组合夹具类与专用类三种。

1) 通用类

根据应用不同,通用类夹具又可分为以下几种:适于小批生产可供多次重复使用的不可调通用夹具;适于成组加工由基础组合件组装,仅制造少量专用调整安装件的可调通用夹具;适于成批生产的通用性强的机床标准附件等。图5.75所示为可换支承钳口、气动类夹紧通用虎钳。该系统夹紧时由压缩空气使活塞6下移,带动杠杆1使活动钳口2右移,快速调整固定钳口是借手柄5反转而使支承板4的凸块从槽中退出完成。

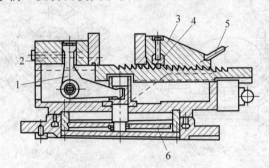

图 5.75 通用气动类虎钳
1—杠杆;2—钳口;3—壳体;4—支承板;5—手柄;6—活塞

图5.76为数控铣床用通用可调夹具系统。该系统由图示基础件和另外一套定位夹紧调整件组成,基础件1为内装立式油缸2和卧式油缸3的平板,通过销4与5和机床工作台的一个孔与槽对定,夹紧元件可从上或侧面把双头螺杆或螺栓旋入油缸活塞杆,对不用的对定孔用螺塞封盖。

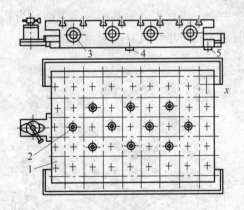

图 5.76 通用可调夹具系统
1—基础件;2—立式油缸;3—卧式油缸;4,5—销

图5.77所示为数控回转台(座),用于在铣床和钻床上一次安装工件,同时可从四面加工坯料。图(a)可作四面加工;图(b)、图(c)可作圆柱凸轮的空间成形面和平面凸轮加工;图(d)为双回转台,可用于加工在表面上成不同角度布置的孔,可作5个方向的加工。

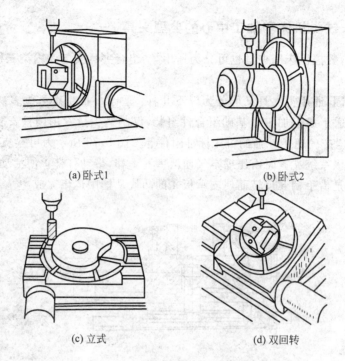

(a) 卧式1   (b) 卧式2

(c) 立式   (d) 双回转

图 5.77   数控回转台(座)

2) 组合夹具类

随着产品更新换代速度加快,数控与柔性制造系统应用日益增多,作为与机床相配套的夹具也要求其有柔性,能及时地适应加工品种和规模变化的需要。实现柔性化的重要方法是组合法,因此组合夹具成为夹具柔性化的最好途径。近年来,传统的组合夹具向现代组合夹具发展,从原来为普通机床单件小批服务发展成为数控机床、加工中心等服务,既适应单件小批生产,也能适应成批生产。现代组合夹具的结构主要分为孔系与槽系两种基本形式,两者各有长处。图 5.78 所示为孔系组合夹具组装示意图。

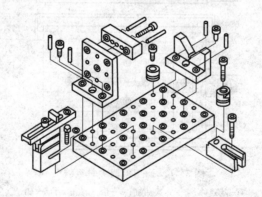

图 5.78   孔系组合夹具组装示意图

3) 专用夹具

专用夹具的结构固定,仅适用于一个具体零件的具体工序,在数控机床上,只是在所有可调整夹具不能使用的情况下才使用。设计各类数控机床专用夹具时,工件的装卸要迅速、方便,以缩短机床的停顿时间,结构应力求简化,制造时间尽量缩短。图5.79所示为用于连杆零件数控加工专用铣槽夹具,夹具靠工作台T形槽和夹具体上定位键确定其在数控铣床上的位置,并用T形螺栓紧固,图5.80为其实物图。

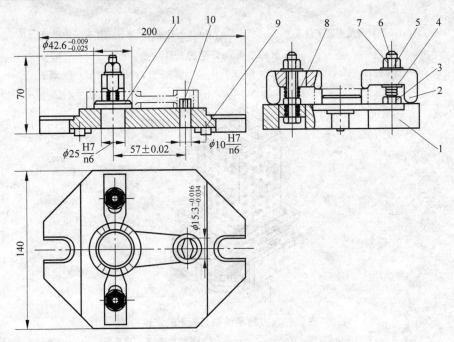

图 5.79　连杆加工专用铣槽夹具

1—夹具体;2—压板;3,7—螺母;4,5—垫圈;6—螺栓;
8—弹簧;9—定位键;10—菱形销;11—圆柱销

图 5.80　连杆加工专用铣槽夹具实物

　　图5.81为阵面骨架零件在数控机床上的安装方案及夹具三维造型图。图5.82为方箱零件在托板上的定位示意图。图5.81及图5.82中,工件完全定位,夹具均为专用夹具,具有定位可靠、结构简单、装夹迅速、敞开性好等特点,满足数控加工工序集中的要求。

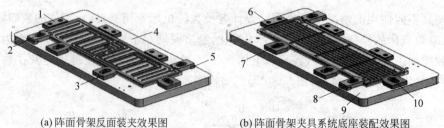

(a)阵面骨架反面装夹效果图　　　　(b)阵面骨架夹具系统底座装配效果图

图 5.81　阵面骨架的夹具

1—定位块；2—夹紧 A；3—夹紧 B；4—夹具体；5—垫块；6,7,8,10—螺钉；9—底座

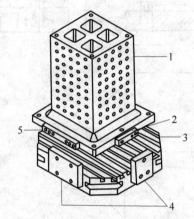

图 5.82　方箱零件在托板上的定位

1—方箱；2—支承钉；3—托板；4—基础角铁；5—支承板

本章小结及学习要求

　　机床夹具由定位元件(定位装置)、夹紧元件(夹紧装置)、对刀与导引元件和夹具体等部分组成。通过本章的学习,应学会利用六点定位原理,根据工件的具体结构特点和工序加工精度要求去正确选择定位方式、进行定位误差的分析与计算。工件常见的定位方式有以平面、外圆、内孔和组合表面定位,要掌握常见定位元件及其限制自由度情况。定位误差是由于基准不重合误差和基准位置误差共同作用的结果,计算时要根据具体情况分析。夹具中常用的基本夹紧机构有斜楔、螺旋、偏心等。

　　通过本章学习,应达到以下要求:

　　(1)掌握工件安装的方式;

　　(2)掌握六点定位原理及应用;

　　(3)掌握常见的定位方式与定位元件;

　　(4)理解定位误差产生的原因,掌握定位误差的计算方法;

　　(5)了解夹紧装置的组成及基本要求,掌握夹紧力的确定原则,了解常用夹紧机构;

　　(6)了解典型机床夹具的结构及专用夹具设计的基本要求;

　　(7)了解数控机床夹具的特点及设计原则,熟悉几种常用数控机床夹具。

习题及思考题

5-1　机床夹具通常由哪些部分组成？各组成部分的功能如何？

5-2　什么是装夹？装夹有哪三种方式？哪种装夹方式适用于大批量生产？

5-3　什么是定位基准？什么是六点定位原理？试举例说明。

5-4　试举例说明什么叫工件在夹具中的完全定位、不完全定位、欠定位和过定位？哪些是允许使用的？哪些是有条件使用的？哪些是绝对不允许使用的？

5-5　固定支承有哪几种形式？各适用什么场合？

5-6　什么是自位支承、可调支承和辅助支承？三者的特点和区别何在？使用辅助支承和可调支承时应注意些什么问题？

5-7　为什么不允许出现欠定位？如何正确处理过定位？

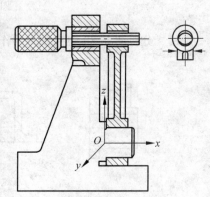

5-8　精镗连杆小头孔夹具如图 5.83 所示，加工面(小头孔)自身作为定位基准，工件夹紧后，菱形心轴抽出。试分析各定位元件所限制的自由度。

5-9　根据六点定位原理，试分析图 5.84 定位方案中各个定位元件所限制的自由度(引出各定位元件分别标明)，各定位方案分别属哪种定位现象？

图 5.83　习题 5-8 图

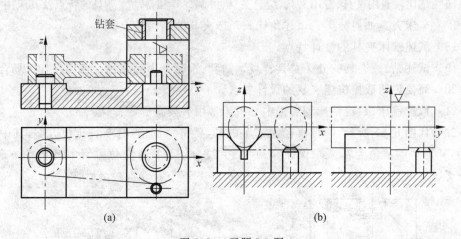

(a)　　　　　　　　　　(b)

图 5.84　习题 5-9 图

5-10　什么是定位误差？定位误差产生的条件是什么？

5-11　定位误差是由哪些因素引起的？定位误差的数值一般应控制在零件加工公差的什么范围之内？

5-12　夹紧和定位有什么区别？试述对夹具的夹紧装置的要求。

5-13　试述在设计夹具时，对夹紧力的三要素(力的作用点、方向、大小)有什么要求？

5-14　图5.85中,(a)所示为加工零件,要求保证孔与底面的平行度,现以底面作主要定位面,限制三个自由度。问图5.85(b)和(c)两个夹紧方案中,哪个夹紧力的方向设置比较合理? 为什么?

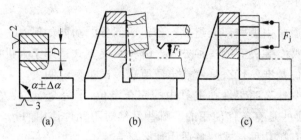

(a)　　　　(b)　　　　(c)

图5.85　习题5-14图

5-15　分析图5.86中夹紧力的作用点是否合理,为什么? 如何改进?

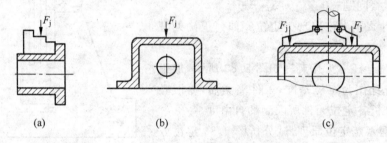

(a)　　　　(b)　　　　(c)

图5.86　习题5-15图

5-16　试比较通用夹具、专用夹具、组合夹具、可调夹具和自动线夹具的特点及其应用场合。

5-17　车床夹具如何分类? 试述角铁式车床夹具的结构特点。

5-18　试述铣床夹具的设计特点。

5-19　试述钻、镗夹具的分类及其特点。钻套、镗套分为哪几种? 各用在什么场合?

5-20　简要说明数控机床夹具的设计要求。

5-21　数控铣床、数控钻床和加工中心机床常用夹具有哪些?

5-22　如图5.87所示,一批直径为$d_{-\delta_d}^{\ 0}$的轴,要铣一键槽,有3种定位方案,其中Q是夹紧力,V形块的顶角为α,要求保证m、n和s。试分别计算各定位方案中尺寸m、n和s的定位误差。

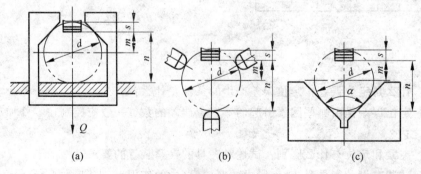

(a)　　　　(b)　　　　(c)

图5.87　习题5-22图

5-23 如图 5.88 所示,有一批直径为 $d \pm \delta_d/2$ 的轴类零件,欲加工端面孔,分析下列四种定位方案加工孔与外圆的同轴度误差。

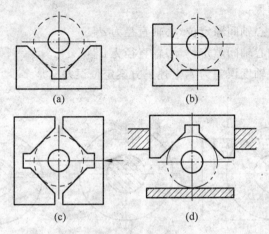

图 5.88 习题 5-23 图

5-24 在如图 5.89 所示的工件上铣一缺口,尺寸要求见零件图。采用三种不同的定位方案,试分析它们的水平和垂直两个方向的定位误差,并判断能否满足加工要求(定位误差不大于加工尺寸公差的 1/3)。

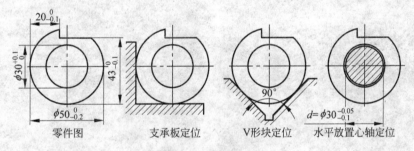

图 5.89 习题 5-24 图

5-25 在四轴钻床上加工如图 5.90 所示工件的 4-ϕ14 孔,试计算按下列定位方案加工时四孔相对工件中心线的定位误差。

(1) 以 $\phi 70_{-0.046}^{0}$ 外圆为基准,用 V 形块定位($\alpha = 90°$);

(2) 以 $\phi 40_{0}^{+0.05}$ 孔为基准,用可涨心轴定位。

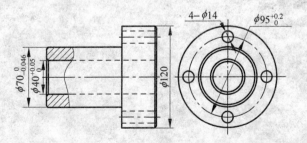

图 5.90 习题 5-25 图

5-26 有一批套类零件,定位如图 5.91 所示,欲加工键槽,分析 H_1,H_2,H_3 的定位误差。工件外径直径 $d^0_{-\delta_d}$,工件内孔直径 $D^{+\delta_D}_0$。

(1)用可涨心轴定位;

(2)水平放置刚性心轴间隙定位,心轴直径为 $d^B_{B^{xd}_{xd}}$

(3)垂直放置刚性心轴间隙定位,心轴直径为 $d^B_{B^{xd}_{xd}}$

(4)工件内外圆同轴度误差为 t,上述三方案定位误差又是多少?

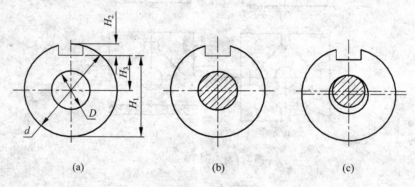

图 5.91 习题 5-26 图

机械加工质量

内容提要： 保证机械产品质量是机械制造的首要任务，零件的加工质量对产品的整体工作性能和使用寿命有直接影响，在很大程度上决定了产品质量。零件的加工质量包括加工精度和表面质量两项内容。本章首先介绍机械加工精度的概念及其分类，讨论各种原始误差因素对机械加工精度的影响规律，详细研究加工精度的统计方法及应用；然后介绍加工表面质量概念，叙述表面质量对机器零件使用性能的影响，最后讨论影响表面质量的因素及提高表面质量的工艺措施。

6.1 加工精度及其影响因素

6.1.1 加工精度的概念

零件工作图上规定的精度是设计精度，它是根据机器的使用性能，对有关表面在尺寸、形状和位置等方面提出的要求。工序图上规定的精度指的是工艺过程中各工序的精度，也就是加工精度，当然，零件最后一道机加工工序精度应该与设计精度相符。只有保证各工序的精度，才能保证零件的设计精度。

加工精度指的是零件加工后的实际几何参数（尺寸、形状和位置）与理想几何参数的符合程度。它们之间的偏差即为加工误差，也就是加工误差指的是零件加工后的实际几何参数（尺寸、形状和位置）与理想几何参数的偏差程度。加工误差越大则加工精度就越低；反之越高。加工精度包括以下 3 个方面。

1. 尺寸精度

尺寸精度指加工后零件的实际尺寸与理想尺寸的符合程度，具体来说，是零件的直径、长度、表面距离等尺寸的实际数值与理想数值相接近的程度。尺寸精度用尺寸公差来控制和体现。尺寸公差是切削加工中零件尺寸允许的变动量。在基本尺寸相同的情况下，尺寸公差越小，则尺寸精度越高。为了实现互换性和满足各种使用要求，国家标准 GB/T 1800.1—2009 规定，尺寸公差分为 20 个公差等级，即 IT01，IT0，IT1，IT2，…，IT17，IT18。其中，IT01 最高，IT18 最低。

就一批零件的加工而言，工件平均尺寸与公差带中心的符合程度由调整决定；而工件之间尺寸的分散程度，则取决于工序的加工能力，工序的加工能力是决定尺寸精度的主要因素。

2. 形状精度

形状精度指加工后零件表面的实际几何形状与理想的几何形状（如绝对平面、绝对圆柱面等)的符合程度。

评定形状精度的项目按 GB/T 1182—2008 规定,有直线度、平面度、圆度、圆柱度、线轮廓度和面轮廓度 6 项。形状精度是用形状公差来控制和描述,各项形状公差,除圆度、圆柱度分为 13 个精度等级外,其余均分为 12 个精度等级,1 级最高,12 级最低。

3. 位置精度

位置精度指加工后零件有关表面之间的实际位置与理想位置(如绝对平行、垂直、同轴和角度等)的符合程度。

评定位置精度的项目按 GB/T 1182—2008 规定,有平行度、垂直度、倾斜度、同轴度、对称度、位置度、圆跳动和全跳动 8 项。位置精度是用位置公差来控制和描述,各项目的位置公差分为 12 个精度等级。

一般而言,零件的这三方面精度是相互关联的,没有一定的形状精度,尺寸精度和位置精度是难以保证的。对于一般的机械加工,形状误差约占尺寸公差的 50% 以下,而位置精度在大多数情况下也应高于尺寸精度。

从保证产品的使用性能方面来说,没有必要把每个零件都加工得绝对精确,可以有一定的加工误差。加工精度和加工误差是从两个不同的角度来评价加工零件的几何参数,加工精度的高低通过加工误差的大小来表示。所谓保证加工精度,实际上就是限制和降低加工误差。

6.1.2　获得加工精度的方法

1. 获得尺寸精度的方法

机械加工中获得尺寸精度的方法有试切法、调整法、定尺寸刀具法和自动控制法 4 种。

(1) 试切法。试切法是使刀具逐渐逼近并准确达到加工尺寸的方法,即通过先试切工件一段表面—测量加工尺寸—调整刀具—再试切工件—再测量加工尺寸直至加工尺寸合格后,再切削整个加工表面。这种方法的效率低,同时要求操作者有较高的技术水平,在单件小批生产中常用此法。

(2) 调整法。调整法是指按工件规定的尺寸,预先调整好刀具相对于机床或夹具的位置后,再连续加工一批工件,从而获得加工精度的方法。调整法生产效率高,适用于成批和大量生产。工件加工精度在很大程度上取决于调整精度。

(3) 定尺寸刀具法。此法采用具有一定尺寸和形状的刀具加工,从而获得规定尺寸和形状的加工表面,例如钻孔、拉孔、攻螺纹和铣槽等。加工精度与刀具的制造精度关系很大。

(4) 自动控制法。这种方法采用测量装置、进给装置和控制系统共同完成一个自动加工的循环过程,使加工中的测量、补偿调整和切削等一系列工作自动完成,例如自动机床加工。

2. 获得形状精度的方法

零件形状精度主要由机床、刀具及相互成形运动来保证,如图 6.1 所示,获得形状精度的方法主要有以下几种。

（1）轨迹法。轨迹法是依靠刀具与工件的相对运动轨迹获得加工表面形状的方法，切削刃与被加工表面为点接触，发生线为接触点的轨迹线。如车削加工，在工件的旋转运动和刀具沿工件旋转轴线方向的直线移动中，刀尖在工件加工表面上产生的螺旋线轨迹就是外圆或内孔。

（2）成形法。用成形刀具相对工件加工表面运动，直接获得成形表面的方法，称为成形法。切削刃的形状和长度与所需形成的发生线（母线）重合。如用曲面成形车刀加工曲面，用花键拉刀拉花键槽等。

（3）相切法。利用刀具边旋转边作轨迹运动对工件进行加工的方法。如图 6.1(c)所示，当采用铣刀、砂轮等旋转刀具加工时，在垂直于刀具旋转轴线的截面内，切削刃可看作是点，当切削点绕着刀具轴线作旋转运动，同时刀具轴线沿着发生线的等距线作轨迹运动时，切削点运动轨迹的包络线就是所需的发生线。为了用相切法得到发生线，需要两个成形运动，即刀具的旋转运动和刀具中心按一定规律运动。

（4）展成法。刀具的切削刃与工件加工表面连续保持一定的相互位置和相互运动关系时，刀刃的一系列包络线构成了加工表面的形状，这种加工方法称为展成法，如图 6.1(d)所示滚齿加工等。

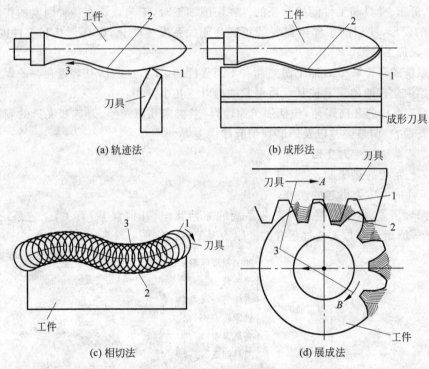

(a) 轨迹法　　　　　　(b) 成形法

(c) 相切法　　　　　　(d) 展成法

图 6.1　零件表面的成形方法
1—刀具切削刃；2—工件成形表面；3—刀尖轨迹

3. 获得相互位置精度的方法

零件的相互位置精度主要由机床和夹具精度以及工件的安装精度来保证。实际上，在加工过程中,零件的尺寸精度、几何形状精度和相互位置精度都是同时获得的。如在车床上车削工件端面时,其端面和轴心线的垂直度取决于横向溜板进给方向与主轴回转轴线的垂直度;又如在平面上钻孔,孔中心线对平面的垂直度,取决于钻头进给方向与工作台或夹具定位面的垂直度。在机械加工中,获得位置精度的方法主要有下述两种。

(1) 一次装夹法。工件上几个加工表面在一次装夹中加工出来,尽量做到工序集中。

(2) 多次装夹法。即零件有关表面间的位置精度是由刀具相对工件的成形运动与工件定位基准面(亦是工件在前几次装夹时的加工面)之间的位置关系保证的。

不论采用哪种安装方法,在选取定位基准时应注意基准重合原则、基准统一原则和互为基准原则,以保证所要求的位置精度。

6.1.3　原始误差与加工误差

1. 原始误差

机械加工工艺系统由机床、夹具、刀具和工件等四要素组成,工件和刀具安装在夹具或机床上,并受夹具和机床的约束。从本质上说,零件的加工精度取决于切削成形运动中工件和刀具的相互位置的正确程度。但在工艺系统中,工件和刀具的位置不是直接保证的,而是通过刀具、机床、夹具和工件间接保证的。在切削加工时,工艺系统在各种因素的作用下,将产生相应的变形,使切削工作所需要的正确几何关系发生变化,破坏刀具和工件的正确位置,从而造成加工误差。

工艺系统的各个环节对加工误差都有不同程度的影响,这些所有客观存在的误差因素,统称为原始误差。原始误差按其性质可归纳为以下几个方面:

(1) 工艺系统的几何误差,包括加工原理误差、机床几何误差、刀具和夹具的制造误差、工件的装夹误差、调整误差以及因磨损引起的误差等。

(2) 工艺系统的受力变形。

(3) 工艺系统的热变形。

(4) 工件的内应力引起的误差。

其中原理误差、机床误差等与工艺系统的原始状态(几何误差)有关,工艺系统受力变形、热变形等原始误差与工艺过程有关。原始误差可以按图6.2所示进行分类。

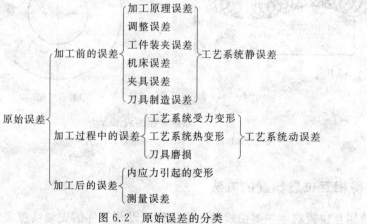

图 6.2　原始误差的分类

2. 误差敏感方向

各种原始误差的大小和方向各不相同,而加工误差则主要体现在加工尺寸方向上,所以原始误差与加工误差的因果关系在程度上有很大差异。如图 6.3 所示,车外圆时,原始误差使刀具径向偏移 $\Delta y = \delta$,就会使工件直径产生 2δ 的加工误差;如果原始误差使刀具沿工件切向偏移 $\Delta z = \delta$,则工件直径的加工误差为

$$\Delta = 2(\sqrt{R^2 + \delta^2} - R) = 2\frac{R^2 + \delta^2 - R^2}{\sqrt{R^2 + \delta^2} + R} \approx \frac{\delta^2}{R} \tag{6-1}$$

式(6-1)中,Δ 很小,一般可以忽略不计。所以,根据原始误差对加工误差的影响程度,将其分为误差的敏感方向和不敏感方向两种,对加工精度影响最大的方向称为误差的敏感方向,而把对加工精度影响最小的方向称为误差的不敏感方向。一般情况下,切削加工表面的法向为误差的敏感方向,切向为不敏感方向。在分析加工精度问题时,要注意误差的敏感方向。

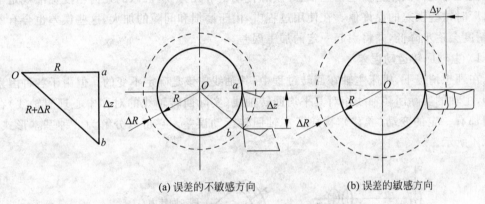

(a) 误差的不敏感方向　　　　　　(b) 误差的敏感方向

图 6.3　原始误差与加工误差的关系

根据上述分析和计算可以看出,各项原始误差由于所处的方向不一样,对加工误差的影响也大不相同,对于敏感方向的原始误差要密切注意,而对不敏感方向的原始误差可以适度放宽。例如,对车床床身导轨在水平面内的直线度要求高于垂直面内的直线度,对平面磨床的床身导轨要求则相反,而对镗床导轨的直线度在水平面和垂直面内都有较高要求。

6.2　加工误差的单因素分析

6.2.1　加工原理误差

凡采用近似的加工原理进行加工,由此产生的误差称为加工原理误差。它包括采用近似的成形运动和近似的切削刃轮廓两种情况。

生产中采用近似原理加工的场合很多。如用尖头车刀车外圆,按成形原理应该用与

工件回转轴线平行的平直切削刃车削;在数控机床上刀具要相对于工件走一段曲线,它实际上走的是很多微小的折线;用滚齿或插齿加工渐开线齿形时,用包络线形成的齿面也是近似的;用挂轮配传动比时,如果其中含有圆周率 π 这个因子,实际上不可能配出绝对精确的传动比;车圆弧的正前角成形车刀,其切削刃曲线大多数是用近似圆弧代替等。

采用近似的成形运动或切削刃轮廓,虽然有加工原理误差,但有时这种误差微不足道;有时可简化机床和刀具结构或加工过程,其结果反而可能得到高的加工精度。只要使加工原理误差限制在公差许可的范围内,合理采用近似原理进行加工,往往会事半功倍。

6.2.2 工艺系统的几何误差

1. 机床的几何误差

机床的几何误差主要包括主轴、导轨和传动链等几方面,机床的几何精度标准规定了机床出厂时这些误差的允许值。在使用过程中,由于磨损和间隙的加大,这些误差也会有所增加,精度会逐步降低,并将引起一定的加工误差。

1) 主轴回转运动误差

在理想情况下,机床主轴在回转过程中,其轴线应该是确定不变的。但由于各种因素的影响,主轴的实际回转轴线相对其平均回转轴线(实际回转轴线的对称中心理想轴线)在各瞬间都有一定的变动(漂移),构成了主轴回转运动误差。它可以分解为 3 种基本形式,如图 6.4 所示。

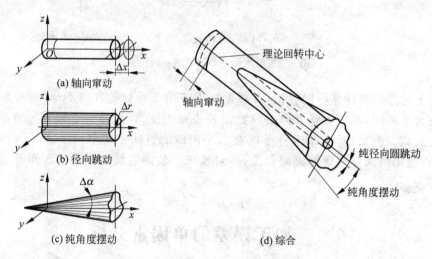

图 6.4 主轴回转误差的基本形式

(1) 轴向漂移:也称轴向窜动,即主轴的瞬时回转轴线沿平均回转轴线的轴向运动,见图 6.4(a)。对于车床加工,这种误差将影响工件的端面形状和轴向尺寸精度,以及车螺纹时的螺距精度;用面铣刀铣平面或盘铣刀铣槽时,影响工件的平面度或槽侧面的平面度,见图 6.5。

(2) 径向漂移:也称径向跳动,即主轴的瞬时回转轴线平行于平均回转轴线的运动,见

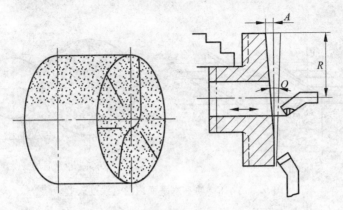

图 6.5 主轴轴向漂移对端面加工的影响

图 6.4(b)。它主要影响工件在该方向的形状和尺寸精度。

(3) 角向漂移：也称角度摆动，即主轴的瞬时回转轴线与平均回转轴线成一倾斜角度，但其交点位置固定不变，如图 6.4(c)所示。这种误差影响工件的形状精度，如车外圆时会产生锥度。图 6.6 为镗孔时工件进给条件下，角向漂移对加工精度的影响主要表现为加工表面的形状误差。

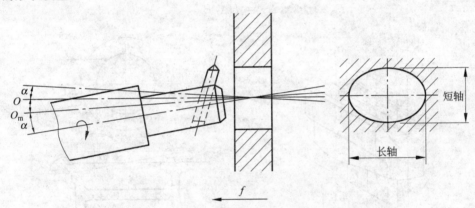

图 6.6 主轴纯角度摆动对镗孔精度的影响

实际机床主轴的回转误差是上述三种形式的综合，如图 6.4(d)所示。主轴支承轴颈和轴承孔的圆度、轴承的间隙、滚动轴承滚动体的圆度及其尺寸差异等是造成主轴径向漂移的原因，而主轴的轴向定位面(如推力轴承端面等)与轴线的垂直度误差是造成轴向漂移的主要原因。

2) 机床导轨误差

导轨是机床的主要部件，其制造、装配精度和磨损程度直接影响机床的运动精度。现以水平设置的导轨结构为例，说明机床导轨误差的形式及其影响。

(1) 导轨在水平面内的直线度误差。如图 6.7 所示，如果导轨存在水平方向的直线度误差，则导轨上的移动部件沿导轨直线移动时，将在水平方向偏离理想位置。对于车床、外圆磨床加工外圆，这是加工误差的敏感方向，在工件的半径方向造成等量的加工误差；对于铣、刨床加工垂直面，它也可能是敏感方向。

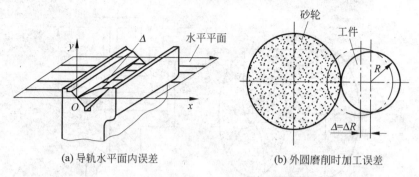

(a) 导轨水平面内误差　　　　(b) 外圆磨削时加工误差

图 6.7　磨床导轨在水平面内的直线度误差

（2）导轨在垂直平面内的直线度误差。如图 6.8 所示，移动部件沿导轨移动时，会在垂直方向上偏离理想位置。这对于车、磨床加工外圆时，为误差的不敏感方向；而对于铣、刨、磨水平面的加工，却是误差的敏感方向。

（3）导轨面间的平行度误差。图 6.9 所示为车床床身的两条平行导轨，其平行度误差（扭曲）是指导轨在水平方向的倾斜，且两导轨面不一致。在某一截面上出现了图示的状况：床鞍产生后仰（或前倾），使刀具偏离位置 Δy。由几何关系可知：

$$\Delta y = H\Delta/B$$

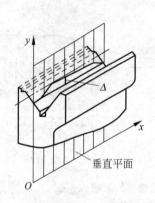

图 6.8　导轨在垂直平面内的直线度误差

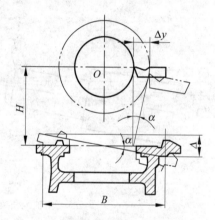

图 6.9　导轨面间的平行度误差

3）机床传动链误差

图 6.10 为车螺纹的传动示意图。像这样在对传动比有严格要求的内联系传动链中，传动链的误差都是加工误差的敏感方向。传动链误差主要是由于传动链中各传动元件如齿轮、蜗轮、蜗杆、丝杠、螺母等的制造误差、装配误差和磨损等所致，一般可用传动链末端元件的转角误差来衡量。由于传动链常由数个传动副组成，传动链误差是各传动副传动误差累积的结果。而各传动元件在传动链中的位置不同，其影响程度也不一样。在一对齿轮的啮合过程中，假如主动轮 Z_1 存在 Δ_1 的转角误差，传到被动轮 Z_2 就变为 Δ_2，而 $\Delta_2 = \Delta_1 \times \dfrac{Z_1}{Z_2}$。

由此可见，如果传动链是升速传动，则传动元件的转角误差被扩大；反之，则转角误差被缩小。机床的传动系统较多是降速的，因此其末端元件的误差影响最大，精度要求应最高。

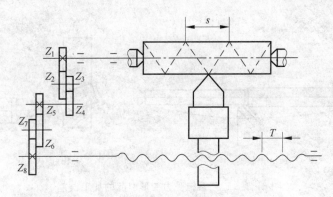

图 6.10　车螺纹的传动示意图

2. 工艺系统的其他几何误差

1) 刀具误差

一般刀具(如普通车刀、单刃镗刀和铣平面的铣刀等)的制造误差不直接影响加工精度,但在调整法加工时,其磨损将造成加工误差;定尺寸刀具和成形刀具的制造精度、磨损程度及其安装和使用不当都会直接影响加工精度。

2) 装夹误差

工件在定位和夹紧过程中,如果定位不准确产生定位误差或发生夹紧变形,将直接造成加工误差等。

3) 测量误差

测量误差是指量具本身的精度和测量方法、使用条件、测量者的主观因素造成的误差,影响到对加工结果的评价,影响调整精度。因而,测量误差直接影响加工精度。

6.2.3　工艺系统的受力变形

在切削加工过程中,工艺系统受到切削力、重力、夹紧力、传动力和惯性力等的作用会产生相应的变形。这种变形将破坏刀具与工件之间已经调整好的位置关系,造成加工误差。

工艺系统的受力变形可分为弹性变形和塑性变形两种情况。由于塑性变形是永久变形,相当于工艺系统增加了几何误差,可把它归于工艺系统几何误差范畴,以下主要讨论工艺系统在受力情况下所产生的弹性变形及其对加工精度的影响。在车床上车削细长轴时,工件刚度低,在切削力作用下容易发生弯曲变形,加工后会产生腰鼓形的圆柱度误差,如图 6.11(a)所示。在内圆磨床上用横向进给法磨孔时,由于径向切削力大,磨头主轴发生弯曲变形,使磨出的孔会带有锥度,产生圆柱度误差,如图 6.11(b)所示。

1. 工艺系统的刚度

根据胡克定理,作用力 F(静载)与在作用力方向上产生的变形量 y 的比值,称为物体的静刚度 k,简称刚度。

$$k = F/y \qquad\qquad (6\text{-}2)$$

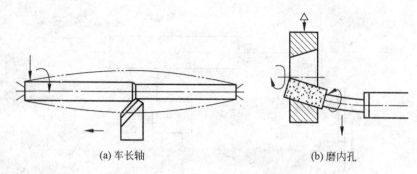

图 6.11　工艺系统受力变形引起的加工误差

(a) 车长轴　　　　　(b) 磨内孔

式中,k——静刚度,N/mm;

　　　F——作用力,N;

　　　y——沿作用力 F 方向的变形量,mm。

对于工艺系统而言,切削加工中,工艺系统在各种外力作用下,其各部分在各个方向上产生相应的变形。而误差敏感方向的变形更值得关注,即通过刀尖的加工表面法向的位移量。因此,工艺系统的刚度 $k_{系统}$ 定义为工件和刀具的法向切削分力(即背向力或称切深抗力)F_p 与在总切削力的作用下,它们在该方向上的相对位移 $y_{系统}$ 的比值,即 $k_{系统}=F_p/y_{系统}$。

工艺系统的总变形量为

$$y_{系统} = y_{机床} + y_{刀具} + y_{夹具} + y_{工件}$$

而 $k_{机床}=F_p/y_{机床}$,$k_{夹具}=F_p/y_{夹具}$,$k_{刀具}=F_p/y_{刀具}$,$k_{工件}=F_p/y_{工件}$,所以工艺系统刚度的一般式为

$$k_{系统} = \frac{1}{1/k_{机床} + 1/k_{夹具} + 1/k_{刀具} + 1/k_{工件}} \tag{6-3}$$

由式(6-3)可得出结论:工艺系统的总刚度总是小于系统中刚性最差的部件刚度。所以,要提高工艺系统的总刚度,必须从刚度最差的部分着手,否则将无济于事;同时,在使用式(6-3)计算工艺系统总刚度时,可根据具体情况,忽略变形很小的部分。

2. 工艺系统受力变形对加工精度的影响

由于该问题涉及面广,综合分析与计算将很复杂。为简便起见,可假设几种特定条件,进行分析计算。

1) 切削过程中力作用点变化引起的加工误差

(1) 用两顶尖装夹车短粗轴

在此模式中,认为工件刚度相对较大,可不计其变形,只考虑机床、尾座顶尖处和刀架的变形,其中,刀具的变形并不随切削点位置的变化而变化,影响工件的尺寸精度但不影响形状精度。如图 6.12(a)所示,当车刀处于图示位置时,在切削分力 F_p 作用下,头架顶尖和尾座顶尖分别位移到虚线位置。根据力平衡计算,头架顶尖受力为 $F_p(l-x)/l$,尾座顶尖受力为 $F_p x/l$,刀架所受力为 F_p。此时,

刀具(包括刀架)产生的变形为　$y_{刀具}=F_p/k_{刀具}$(通常为常量)

头架产生的变形为　　　　　　　$y_{头架}=F_p(l-x)/lk_{头架}$

尾座产生的变形为 $\qquad y_{尾座}=F_p x/lk_{尾座}$

在刀具切削点处工件轴线的位移 y_x 为

$$y_x = y_{头架}+(y_{尾座}-y_{头架})x/l = F_p[(l-x)^2/k_{头架}l^2+x^2/k_{尾座}l^2] \tag{6-4}$$

y_x 是 x 的函数，即刀具切削到各点位置时，工艺系统的变形量是不同的，式(6-4)求极值，得当 $x=lk_{尾座}/(k_{头架}+k_{尾座})$ 时，y_x 取得最小值，即机床变形量最小。

$$y_{xmin}=F_p/(k_{头架}+k_{尾座}) \tag{6-5}$$

一般头架处的刚度比尾座处的刚度大一些，各点变形量如图 6.12(b)所示，加工后工件的形状为与变形曲线对应的马鞍形，如图 6.12(c)所示。工艺系统的总变形量为机床变形 y_x 和刀具变形 $y_{刀具}$ 的简单叠加：

$$y_{系统}=y_x+y_{刀具}=F_p\left[\frac{1}{k_{刀具}}+\frac{1}{k_{头架}}\left(\frac{l-x}{l}\right)^2+\frac{1}{k_{尾座}}\left(\frac{x}{l}\right)^2\right] \tag{6-6}$$

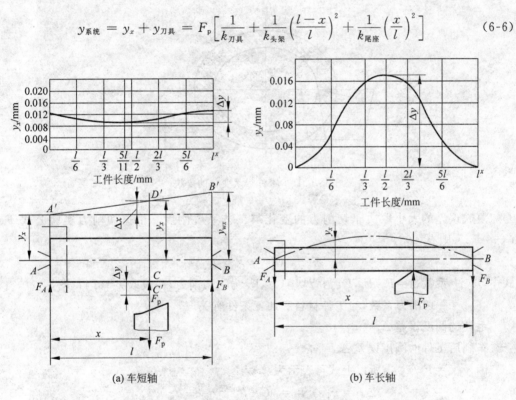

图 6.12　双顶尖装夹车轴时的受力变形

(2) 用两顶尖装夹车细长轴

此模式与上例正好相反。由于工件细长，刚度小，在车削过程中工件产生的变形量远大于工艺系统中其他部分的变形。因此，机床、夹具和刀具的变形忽略不计，工艺系统的变形主要取决于工件的变形，车刀处于图 6.12(a)所示位置时，工件的轴线产生弯曲变形，其切削点的变形量可按简支梁计算：

$$y_{工件}=\frac{F_p}{3EI}\frac{(l-x)^2 x^2}{l} \tag{6-7}$$

式中，E——工件材料的弹性模量，N/mm²；

I——工件截面的惯性矩，mm⁴。

当刀尖处于中间位置时,工件在该点产生的变形量最大,两端的变形量为 0(见图 6.12(b)),工件加工后的轮廓形状为腰鼓形。

2) 切削过程中力的大小变化引起的加工误差

在切削加工过程中,由于被加工表面的几何形状误差及材料硬度不均,引起切削力的变化,从而使受力变形随之变化,产生加工误差。这种误差与工件表面加工前的形状误差相似,误差值减小,好似原误差的残留,称为"误差复映",引起的加工误差称为"复映误差"。

以车削为例,工件的毛坯假如为椭圆形误差(见图 6.13),刀具按调整应切在虚线位置,实际切削在实线位置。车削时,实际背吃刀量 a_p 在 a_{p1} 和 a_{p2} 之间变化(忽略加工后的误差)。因切削力变化引起的工艺系统的变形量 y 也在 y_1 和 y_2 之间变化,使工件产生圆度误差。

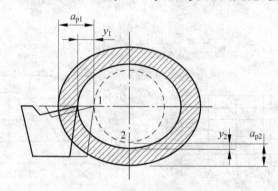

图 6.13　零件形状变化的复映

复映误差的大小取决于切削力的变化与工艺系统刚度。根据切削力实验公式 $F_c = C_{F_c} f^{0.75} a_p$,则有

$$F_p = \lambda F_c = \lambda C_{F_c} f^{0.75} a_p$$

式中,λ——系数,$\lambda = F_p/F_c$,F_p 为背切削力,F_c 为主切削力,一般取 $\lambda = 0.4$;

C_{F_c}——切削力系数,与工件材料和加工条件有关。

毛坯的圆度误差 $\Delta_m = a_{p1} - a_{p2}$

车削后工件的圆度误差 $\Delta_w = y_1 - y_2$

因 $y_{系统} = F_p/k_{系统}$,所以上式可表示为

$$\Delta_w = y_1 - y_2 = \lambda C_{F_c} f^{0.75} (a_{p1} - a_{p2})/k_{系统}$$

误差复映系数 ε 为

$$\varepsilon = \Delta_w/\Delta_m = \lambda C_{F_c} f^{0.75}/k_{系统} \tag{6-8}$$

误差复映系数 ε 反映了毛坯误差对加工误差的影响程度,它相当于经一次切削加工后,工件原有形状误差的残留比例。ε 与影响 F_p 力(除 a_p 外)的因素成正比,与工艺系统的刚度成反比。为减少复映误差,除了设法提高工艺系统的刚度及减少 F_p 力外,另一个有效的方法是增加进给次数,即

第一次进给 $\Delta_{w1} = \varepsilon_1 \Delta_m$

第二次进给 $\Delta_{w2} = \varepsilon_2 \Delta_{w1} = \varepsilon_1 \varepsilon_2 \Delta_m$ $\qquad$ (6-9)

第三次进给 $\Delta_{w3} = \varepsilon_3 \Delta_{w2} = \varepsilon_1 \varepsilon_2 \varepsilon_3 \Delta_m$

由于 ε 是一个远小于 1 的数,几次的乘积就更小,所以,一般经过 2~3 次切削后,就可

使残留的复映误差控制在要求的范围内。

毛坯的各种形状误差(圆度、圆柱度、平面度等)都会以一定的复映系数,复映成工件的加工误差。另外,毛坯材料的不均匀,硬度有变化,同样会引起背向力的变化,产生加工误差。

增加走刀次数,可减小误差复映,提高加工精度,但降低了生产率。提高工艺系统刚度,对减小误差复映系数具有重要意义。

3) 切削过程中受力方向变化引起的加工误差

在切削过程中,如果有方向周期性变化的力(旋转力)作用于刀具和工件之间,工艺系统随之产生一定量的变形。当误差敏感方向的分力变化时,实际背吃刀量也发生变化,造成工件的形状误差(一般为心形圆度误差)。

如图 6.14 所示,在车床上,使用花盘安装大型连杆工件,车削大头孔时,转动件质量不平衡,惯性力方向不断变化,虽然其大小保持不变,但在误差敏感方向的分力大小呈周期性变化。假定连杆质量为 m,质量中心距回转中心距离 r,花盘转速为 ω,工艺系统刚度为 k。

惯性力在误差敏感方向的投影　　$P_y = mr\omega^2 \cos\theta$

变形量　　$y = mr\omega^2 \cos\theta / k$

最大变形量　　$y_{max} = mr\omega^2 / k$

最小变形量　　$y_{min} = -mr\omega^2 / k$

若孔的设计半径为 R,则加工后孔的圆度误差 $\Delta = (R + mr\omega^2/k) - (R - mr\omega^2/k) = 2mr\omega^2/k$。

图 6.14(c)所示为系统刚度与加工形状之间的关系。系统刚度越小,圆度误差越大,心形越明显。

提高系统刚度、降低转速、增加平衡块等措施都可以减少圆度误差,提高加工精度;而以添加平衡块,减少或消除惯性力的办法最为有效与可行。

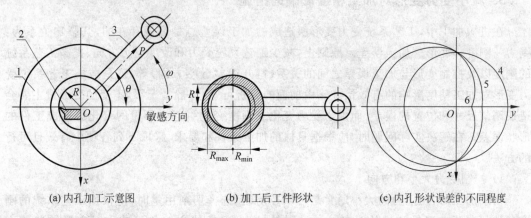

(a) 内孔加工示意图　　　　(b) 加工后工件形状　　　　(c) 内孔形状误差的不同程度

图 6.14　惯性力所引起的加工误差

1—花盘;2—刀具;3—连杆;4—圆度误差很小时;5—圆度误差较小时;6—圆度误差很大时

4) 其他力引起的加工误差

在工艺系统中,由于机床零部件的自重会产生变形,如龙门铣床、龙门刨床刀架横梁向下弯曲变形,镗床镗杆伸长下垂变形等,都会造成加工误差。

此外,被加工工件在装夹过程中,由于夹紧力过大、工件刚度较低或着力点不当,也会引起工件的变形,造成加工误差,如图 6.15 和图 6.16 所示。

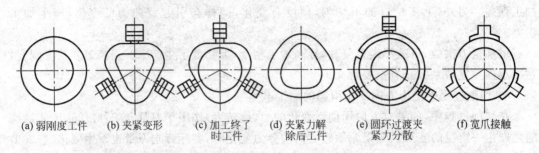

(a) 弱刚度工件　(b) 夹紧变形　(c) 加工终了　(d) 夹紧力解　(e) 圆环过渡夹　(f) 宽爪接触
　　　　　　　　　　　　　　时工件　　　除后工件　　紧力分散

图 6.15　夹紧力引起的加工误差

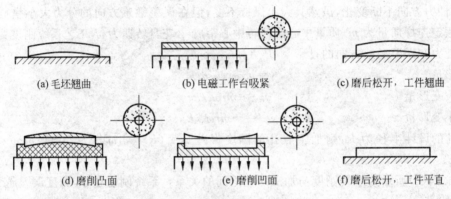

(a) 毛坯翘曲　　　　(b) 电磁工作台吸紧　　　(c) 磨后松开,工件翘曲

(d) 磨削凸面　　　　(e) 磨削凹面　　　　(f) 磨后松开,工件平直

图 6.16　薄片工件的磨削

3. 减小受力变形对加工精度影响的措施

在机械加工中,工艺系统受力变形所造成的加工误差总是客观存在的,其影响关系为:受力—刚度—变形—加工误差。原则上,减少工艺系统受力和改变受力方向、提高工艺系统的刚度以及控制变形与加工误差之间的关系(避开误差敏感方向)等,都是减小工艺系统受力变形对加工精度影响的有效措施。由前面的分析可知,一般情况下,不变的变形量主要会造成调整尺寸和位置的误差,而由于受力变化或刚度变化引起变形量的变化会造成工件的形状误差。在解决实际问题时,应根据具体的加工条件和要求,采取下列各项中有效且可行的方法。

1) 控制受力大小和方向

切削加工时,切削力的大小通常是可以控制的,选择切削用量时,应根据工艺系统的刚度条件限制背吃刀量和进给量的大小;同时,增大刀具的主偏角可减小对变形敏感的力 F_p;采用浮动镗刀或双刃镗刀,可使力 F_p 自行封闭或抵消,从而消除其不良影响。对不平衡的转动件,必要时须设置平衡块,以消除离心力的作用;针对拨销的传动力造成的形状误差,可采用双拨盘或柔性连接装置使传动力平衡。

2) 提高工艺系统的刚度

提高工艺系统的刚度是减少受力变形最直接和有效的措施,具体有以下措施。

（1）提高机床结合面刚度。在切削加工中，机床结合面刚度存在问题，使工艺系统产生变形和振动，动态特性差，影响加工精度和生产率的提高。

固定结合面、滑动结合面及滚动结合面是机床最为常见的三种结合面，结合面间具有刚度与阻尼，是既存储能量又消耗能量的"柔性结合"。大量试验及理论分析证明，结合面的动静态刚度与阻尼等参数对机床，特别是对高档数控机床的整机性能影响极大。但以往在设计、制造及进行相关力学分析时，认为结合面的刚度很大，将多个连接件视为刚体，这与实际情况相差很大。结合面的刚度对工艺系统的影响不容忽视，应注意提高零件表面的接触刚度。滑动结合面和固定结合面需进行精磨或配对刮研，以增加真实的接触面积，提高接触刚度。理论及试验证明，采用固定结合面间注胶工艺既能提高接触刚度，又能降低结合面的加工要求，减少加工成本。

（2）提高机床部件刚度。在切削加工中，有时由于机床部件刚度低而产生变形和振动，影响加工精度和生产率的提高，比如可以对滚动轴承施加预紧力，消除传动间隙，增大其刚度。图 6.17 所示为提高机床部件刚度的装置。

（3）提高刀具和夹具的刚度，减少受力变形。

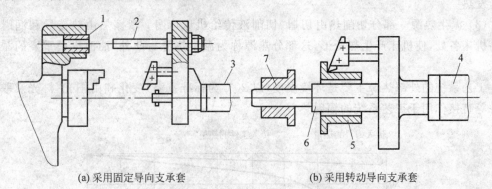

(a) 采用固定导向支承套　　　　　(b) 采用转动导向支承套

图 6.17　提高机床部件刚度的装置

1—固定导向支承套；2,6—加强杆；3,4—转塔刀架；5—工件；7—转动导向支承套

3）合理装夹工件，减少受力变形

当工件本身的刚度低、易变形时，应采用合理的装夹方式。如在车削细长轴时增设中心架或跟刀架等，用增加支承的方法减少变形；减小夹紧力作用点至加工表面的距离，以提高工件刚度。图 6.18 所示为用反拉法切削细长轴，以减少工件变形。

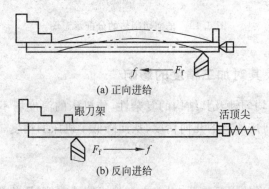

(a) 正向进给

(b) 反向进给

图 6.18　反拉法切削细长轴

6.2.4　工艺系统的热变形

1. 概述

在机械加工过程中,工艺系统在各种热源的作用下,都会产生一定的热变形,由于热变形及其不均匀性,使刀具和工件之间的准确位置和运动关系遭到破坏,产生加工误差。随着高效、高精度、自动化加工技术的发展,工艺系统热变形问题变得更为突出。在精密加工中,由于热变形引起的加工误差,已占到加工误差总量的40%~70%。

加工过程中,工艺系统的热源有内部热源和外部热源两大类。内部热源来自于切削过程,它包括以下几个方面。

(1) 切削热。切削热以不同的比例传给工件、刀具、切屑及介质,如图6.19所示。

(2) 摩擦热。机床中的各种运动副,如齿轮副、导轨副、丝杠螺母副、蜗轮蜗杆副、摩擦离合器等,在相对运动时因摩擦生热;机床的各种动力源如液压系统、电机等,工作时因能耗而发热。

(3) 派生热源。部分切削热由切屑、切削液传给机床床身;摩擦热由热传导和润滑液传给机床各处,使机床产生热变形,这部分热源称为派生热源。此外,油池也是重要的派生热源。

工艺系统的外部热源主要是环境温度(以20℃为标准室温)变化和由阳光、灯光及取暖设备等直接作用于工艺系统的辐射热。

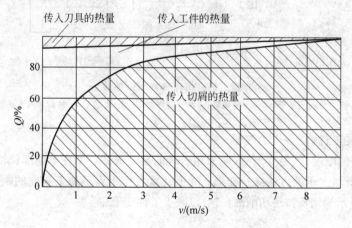

图6.19　车削切削热的分配示意图

2. 机床热变形及其对加工精度的影响

由于机床热源的不均匀性及其结构的复杂性,使机床的温度场不均匀。机床各部分的变形程度不等,破坏了机床原有的几何精度,从而降低了机床的精度,如图6.20所示。

3. 工件热变形

切削热是工件热变形的主要热源,对于大型件或较精密件,外部热源也不可忽视。由于

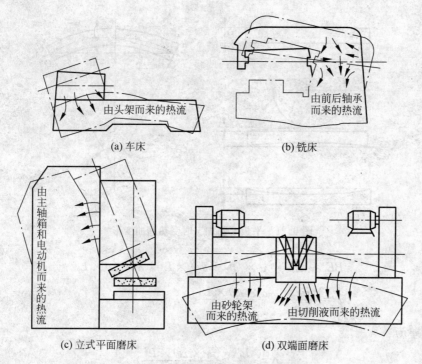

图 6.20　几种机床的热变化趋势

工件形状和受热程度的不同,工件的变形情况也不同。一些几何形状简单并且对称的工件,在受热较均匀的情况下,热变形基本均匀,其变形量可按热膨胀原理直接计算:

长度热伸长量

$$\Delta L = \alpha \Delta\theta \times L \qquad (6\text{-}10)$$

直径热胀量

$$\Delta D = \alpha \Delta\theta \times D \qquad (6\text{-}11)$$

式中,α——工件材料的线膨胀系数(钢,$1.17 \times 10^{-5}/℃$;铸铁,$1 \times 10^{-5}/℃$;黄铜,$1.7 \times 10^{-5}/℃$);

$\Delta\theta$——工件温升;

L,D——室温下的工件长度和直径。

以加工长度为 1500mm 的丝杠为例,若 $\Delta\theta$ 为 3℃,则 $\Delta L = 1500 \times 1.17 \times 10^{-5} \times 3 = 0.05$mm,可见在仅 3℃ 的温升下便有 0.05mm 的伸长量,而 6 级精度丝杠的螺距累积误差在此全长上仅允许 0.021mm。

在刨削、铣削、磨削加工平面时,工件单面受热,上下平面间产生温差,导致工件向上凸起,凸起部分被工具切去,加工完毕冷却后,加工表面就产生了中凹,造成了几何形状误差,如图 6.21 所示。

由于中心角 φ 很小,故中性层的弦长可近似为原长 L,于是:

$$\Delta = \Delta_y = \frac{L}{2}\sin\frac{\varphi}{4} \approx \frac{L\varphi}{8}$$

作 $\overline{AE}//\overline{CD}$,$\overline{BE}$ 可近似等于 L 的热伸长量 ΔL,则有

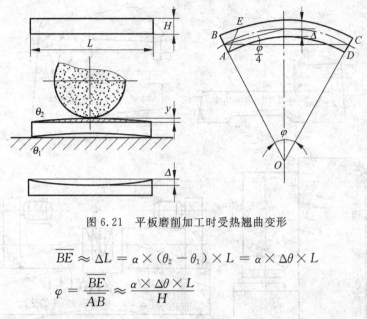

图 6.21　平板磨削加工时受热翘曲变形

$$\overline{BE} \approx \Delta L = \alpha \times (\theta_2 - \theta_1) \times L = \alpha \times \Delta\theta \times L$$

$$\varphi = \frac{\overline{BE}}{AB} \approx \frac{\alpha \times \Delta\theta \times L}{H}$$

平面度误差为

$$\Delta \approx \frac{L\varphi}{8} \approx \frac{\alpha \times \Delta\theta \times L^2}{8H}$$

当工件受热不均匀或工件结构较复杂时,其热变形会导致工件弯曲或其他形式变形,可能造成更大的加工误差。因此,工件的加工精度要求越高,加工时就越要严格控制工件的热变形。控制工件的热变形的最基本方法是使用大量的切削液冷却。

4. 刀具热变形

刀具在切削时受切削热的作用,由于刀具实体一般较小,热容量小,所以温升很高。当刀具长时间切削大面积工件表面时,刀具的升温会给工件带来较大的形状误差;而短时间间断切削时,刀具热变形对加工精度影响不大。

图 6.22 所示为车削时车刀的热变形与切削时间的关系曲线。曲线 1 是刀具连续切削时的热变形曲线,刀具受热变形在切削初始阶段变化很快,随后比较缓慢,经过较短时间便趋于热平衡状态。此时,车刀的散热量等于传入热量,车刀不再伸长。曲线 2 所示为车削短轴类零件时的情况。由于车刀不断有短暂的冷却时间,所以是一种断续切削。断续切削比连续切削时车刀达到热平衡所需要的时间要短,热变形量也小。曲线 3 表示在切削停止后,车刀温度立即下降,开始冷却较快,以后便逐渐减慢。

因此,在开始切削阶段,刀具热伸长较显著,车削加工时会使工件尺寸逐渐减小,当达到热平衡后,其热变形趋于稳定,对加工精度的影响不明显。

5. 减少工艺系统热变形的主要途径

1) 直接减少热源的发热及其影响

除了使用切削液进行冷却、减少切削热以外,为减少机床的热变形,还应尽可能将机床中的电动机、变速箱、液压系统、切削液系统等热源从机床主体中分离出去。对于不能分离

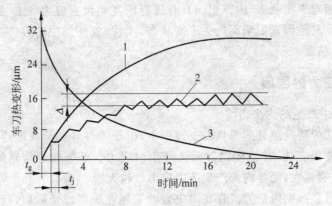

图 6.22 车刀热变形曲线

t_g—切削时间；t_j—停止切削时间

的热源,如主轴轴承、传动系统、高速运动导轨副等,可以从结构、润滑等方面采取一些措施,以减少摩擦热的产生。例如,采用静压轴承、静压导轨,使用低黏度的润滑油等;也可用隔热材料将发热部件和机床基础件(床身、立柱等)隔离开来。对发热量大,又无法隔离的热源,可采取有效的冷却措施,如增加散热面积或使用强制式的风冷、水冷、循环润滑等。一些大型精密加工机床还采用冷冻机,将润滑液、切削液强制冷却。

2) 热补偿

减热降温的直接措施有时效果不理想或难以实施。而热补偿则是反其道而行之,将机床上的某些部位加热,使机床温度场均匀,从而产生均匀的热变形。从前述例子中可见,对加工精度影响比较大的往往是机床形状的变化,如主轴箱上翘、床身弯曲等(见图 6.20),如将主轴箱的左部和床身的下部用带有余热的回油流过加热(或用热风加热),则热变形成为平行的变形,对加工精度的影响要小得多。

3) 热平衡

工艺系统受热源影响,温度逐渐升高,到一定温度时达到平衡,温度场处于稳定状态,热变形也不再变化,这种情况称为热平衡。热平衡后加工的零件几何精度相对稳定,因此精加工一般都要求在热平衡后进行。为使工艺系统尽快达到热平衡,缩短预热期,一种方法是加工前让机床高速空转;另一种方法是在机床适当部位增设附加热源,在预热期内人为向机床供热,加速其热平衡。同时,精密加工机床应尽量避免中途停车。

4) 控制环境温度

精密机床一般安装在恒温车间,其恒温精度一般控制在 $\pm 1℃$ 以内,精密级为 $\pm 0.5℃$。恒温室平均温度一般为 20℃,冬季可取 17℃,夏季取 23℃。机床的安放位置应注意避免日光直射及受周围其他热源影响。

6.2.5 工件内应力引起的变形

1. 内应力及其作用

工件的内应力,是指当外载荷去除后仍存在于工件内部的应力。存在内应力时,工件处于一种不稳定的相对平衡状态,内部组织具有强烈恢复到没有应力状态的趋势。随着内应力的自然释放或受其他因素影响而失去平衡状态,工件(或使用中的零件)将产生相应的变形,破坏其原有的精度。

2. 产生内应力的原因

1) 毛坯制造中产生的内应力

在铸造、锻造、焊接及热处理等热加工过程中,由于工件各部分热胀冷缩的不均以及金相组织转变时的体积变化,在毛坯内部就会产生内应力。毛坯的结构越复杂,壁厚越不均匀,散热条件的差别越大,毛坯内部产生的内应力就越大。

铸件在凝固时会产生内应力。存在内应力的毛坯在表层被切除后,就会因内应力的重新分布而产生弯曲变形。图 6.23(a)为一个内外壁厚相差较大的铸件,外壁 1、2 较薄,在浇铸后的冷却过程中率先冷却,内壁 3 较厚,冷却收缩时受到早已冷却的 1、2 的阻碍,产生拉应力,而在薄壁 1,2 处产生压应力,图 6.23(b)为零件切削后的变形情况。

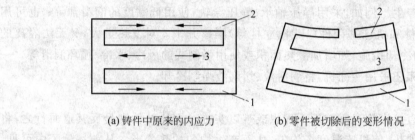

(a) 铸件中原来的内应力   (b) 零件被切除后的变形情况

图 6.23   铸件残余应力引起的变形

2) 冷校直引起的内应力

一些刚性较差、容易变形的细长工件(如丝杠等),常采用冷校直的方法纠正其弯曲变形。如图 6.24 所示,在弯曲的反向加外力 F(见图 6.24(a)),在 F 力作用下,工件轴线以上产生压应力,轴线以下产生拉应力。在轴线和双点划线之间是弹性变形区域,在双点划线外是塑性变形区域(见图 6.24(b))。当外力 F 去除后,外层的塑性变形部分阻止内部弹性变形的恢复,使内应力重新分布(见图 6.24(c))。此时,工件的弯曲虽然纠正了,但其内部却产生了内应力,处于不稳定状态。工件如再次加工,将会产生新的变形。因此,精度高、稳定性好的工件不允许冷校直,而是采用多次切削消除复映误差,其间穿插多次时效来消除内应力。

3) 切削加工中产生的内应力

切削加工时,在切削力和切削热的作用下,工件也会出现不同程度的塑性变形,产生一定的内应力。这种内应力大小和方向的分布情况由加工时的工艺因素决定。粗加工时,由于切削力和切削热大,工件容易产生内应力。

3. 消除或减少残余应力的措施

(1) 合理设计零件结构。如铸件、锻件要壁厚均匀。

(2) 尽量不采用冷校直。精密零件禁止使用冷校直,多用热校直。

(3) 合理安排时效处理。毛坯铸、锻、焊以及零件粗加工后都应进行时效处理。精密零件在切削工序之间有时安排多次时效处理。常用的时效处理方法有自然时效、人工时效和

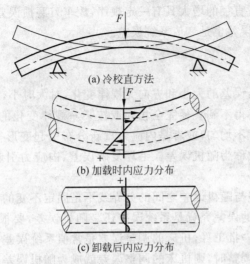

(a) 冷校直方法

(b) 加载时内应力分布

(c) 卸载后内应力分布

图 6.24　冷校直引起的内应力

振动时效三种。

（4）合理地安排工艺流程。例如，粗、精加工工序分开，使切削力、夹紧力等能够充分释放。加工大型零件时，由于粗、精加工往往在同一个工序中进行，应在粗加工后松开工件，使其能够自然变形，然后再用较小的夹紧力夹紧工件，进行精加工。

6.3　加工误差的综合分析

前面对影响加工精度的各种主要因素分别进行了讨论，从分析方法上来讲，属于单因素法。而实际生产中影响加工精度的因素多样且错综复杂。为此，生产中常采用统计分析法进行综合分析，通过对一批工件进行检查测量，将所测得的数据进行处理，寻找误差分布与变化的规律，从而找出解决问题的途径。

6.3.1　加工误差的性质

实际生产中，影响加工精度的工艺因素错综复杂，区分加工误差的性质是研究和解决加工精度问题的重要环节。各种因素的加工误差，按它们在一批工件中出现的规律，可分为两大类，即系统误差和随机误差（又称偶然误差）。

1. 系统误差

顺序加工一批工件时，其大小和方向保持不变的误差，或者是有规律变化的误差，称为系统误差。前者称为常值系统误差，后者称为变值系统误差。

例如，铰刀直径尺寸小于规定的加工孔直径 0.02mm，则所有铰出的孔直径都比规定的小 0.02mm，这时的常值系统误差为 0.02mm。原理误差，机床、夹具、刀具和量具的制造误差都是常值系统误差。用调整法车削轴的外圆时，由于磨损，车刀的尺寸将逐步减少，对应轴的直径会逐步增大,且直径的增大具有一定规律,故车刀磨损误差是变值系统误差。热平衡前工艺系统的热变形误差也是变值系统误差。

2. 随机误差

在加工一批工件时,误差的大小和方向无规律变化,时大时小,时正时负。例如,用一把铰刀加工一批孔时,始终得不到直径完全相同或按某一规律变化的直径。这可能是加工余量有差异、毛坯材质硬度不均匀,或者是内应力重新分布引起变形等因素而造成,这些误差因素都是变化不定的,故称为随机误差。毛坯复映误差、内应力引起的误差、定位误差这类误差都属随机误差。

必须指出,系统误差与随机误差之间的分界线不是固定不变的,随机误差有时也可以成为系统误差。某一具体的误差究竟是系统误差还是随机误差,要根据实际情况决定。例如在机床一次调整中加工一批工件,机床的调整误差是常值系统误差,但当考虑一个月内或一年内该机床进行若干次调整时,则机床的调整误差就成为随机误差。

加工误差可以通过分布图法和点图法进行分析,而分布图法又包括实际分布图法和理论分布图法。

6.3.2　直方图分析法

1. 直方图

直方图又称质量分布图、柱状图,是表示有关数据变化情况的一种主要工具,由一系列高度不等的纵向条纹或线段表示数据分布的情况。一般用横轴表示数据类型,纵轴表示分布情况。用直方图可以解析出资料的规则性,比较直观地看出产品质量特性的分布状态,判断其总体质量分布情况。加工误差的实际分布可以用直方图来分析。

2. 直方图的作法

(1) 集中和记录数据,求出其最大值和最小值。数据的数量应在 100 个以上,在数量不多的情况下,至少也应在 50 个以上。把分成组的个数称为组数,每一个组的两个端点的差称为组距。

(2) 将数据分成若干组,并做好记号。分组的数量在 5～12 之间较为适宜。

(3) 计算组距的宽度。最大值和最小值之差除以组数,可得组距的宽度。

(4) 计算各组的界限位。各组的界限位可以从第一组开始依次计算,第一组的下界为最小值减去最小测定单位的一半,第一组的上界为其下界值加上组距。第二组的下界限位为第一组的上界限值,第二组的下界限值加上组距,就是第二组的上界限位。

(5) 统计各组数据出现频数,作频数分布表。

(6) 作直方图。以组距为底长,以频数为高,作各组的矩形图。

3. 直方图示例

精镗活塞销孔的工序尺寸及公差为 $\phi 28_{-0.015}^{\ 0}$,加工后其销孔直径的检查结果列于表 6.1。由表 6.1 可见,实际加工尺寸是各不相同的,并各处在一定的尺寸范围内,同一尺寸范围内

的工件数量 m 为频数,频数 m 与一该批工件总数 n 之比为频率。

表 6.1　活塞销孔直径检查结果

组别	尺寸范围/mm	中点尺寸 x/mm	组内工件数 m	频率 m/n
1	27.992～27.994	27.993	4	4/100
2	27.994～27.996	27.995	16	16/100
3	27.996～27.998	27.997	32	32/100
4	27.998～28.000	27.999	30	30/100
5	28.000～28.002	28.001	16	16/100
6	28.002～28.004	28.003	2	2/100

尺寸分布范围 = 最大孔径－最小孔径 = 28.004－27.992=0.012mm

尺寸分布范围中心(即平均孔径)$= \dfrac{\sum mx}{n} = 27.9979$mm

公差带中点 $= 28 - \dfrac{0.015}{2} = 27.9925$mm

根据数据,遵循直方图的作图方法,可得如图 6.25(a)所示直方图。以 m 或 m/n 为纵坐标,以每组中点尺寸 x 为横坐标,可得折线图(见图 6.25(b))。

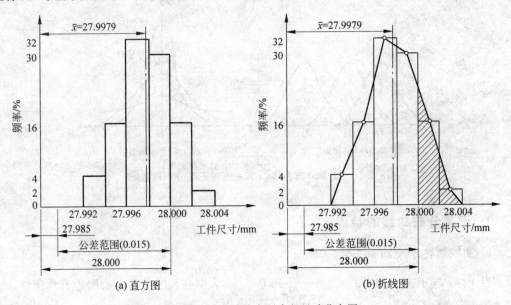

图 6.25　活塞销孔实际直径尺寸分布图

图 6.25(b)中阴影部分表示部分工件尺寸已超出了公差范围(28.000～28.004,约占 18%),成了废品。但是,从图上也可看出,这批工件的分布范围 0.012mm 比公差带 0.015mm 小,如果能设法将尺寸分布范围中心调整到公差带中点,工件就会完全合格。在实际上,将镗刀伸出量调短一些,即可消除或减少常值系统误差。

6.3.3　理论分布图法

研究加工误差时,常常应用数理统计学中一些理论分布曲线来近似代替实际分布曲线。

实践证明,在正常的加工条件下,用调整法加工一批工件,加工误差是由许多相互独立的因素引起的,所得的尺寸分布曲线符合正态分布,这里主要介绍正态分布图法。

1. 正态分布曲线

如图 6.26 所示正态分布曲线,其数学方程式为

$$y = \frac{1}{\sigma\sqrt{2\pi}}\exp\left[-\frac{(x-\bar{x})^2}{2\sigma^2}\right]$$ (6-12)

式中,x——工件尺寸;

$\bar{x}$——一批工件尺寸的算术平均值(即尺寸分布中心),$\bar{x} = \dfrac{\sum\limits_{i=1}^{n} x_i}{n}$;

σ——一批工件尺寸的均方根偏差,$\sigma = \sqrt{\sum\limits_{i=1}^{n}(x_i - \bar{x})^2 / n}$;

n——一批工件的总数;

y——工件尺寸为 x 时所出现的概率。

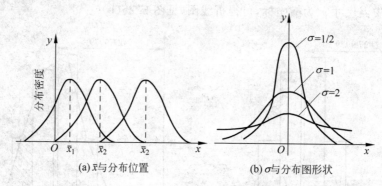

(a) $\bar{x}$ 与分布位置   (b) σ 与分布图形状

图 6.26   正态分布曲线($\bar{x}$ 和 σ 值对正态分布的影响)

2. 正态分布曲线的特点

1) 曲线对称于 y 轴

当 $x = \bar{x}$,y 有极大值,即 $y_{\max} = \dfrac{1}{\sigma\sqrt{2\pi}} \approx 0.4\dfrac{1}{\sigma}$,表明在尺寸分布中心附近有聚集性。

2) 参数 $\bar{x}$ 表示分布曲线位置

改变 $\bar{x}$ 值,分布曲线沿横坐标轴移动,但形状不变,见图 6.26(a)。

3) 参数 σ 表示分布曲线的形状

曲线两端与 x 轴相交于无穷远,σ 减小时分布曲线变陡,σ 增大时曲线变平坦并沿横轴伸展,即曲线有分散特性。参数 σ 表征分布曲线形状,见图 6.26(b)。

曲线在 $x = \bar{x} \pm \sigma$ 处有两个拐点,它们之间的曲线是上凸的,它们以外的曲线是下凹的。

当 $\bar{x} = 0$,$\sigma = 1$ 时,分布称为标准正态分布。

4) 正态分布图的面积

曲线与 x 轴及对称轴所包含的面积可按下式确定:

$$F = \int_{\bar{x}}^{x} y \, \mathrm{d}x \qquad (6\text{-}13)$$

通过下列变换,非标准正态分布可以转化为标准正态分布,如图 6.27 所示。设 $z = \dfrac{x - \bar{x}}{\sigma}$,则

$$\phi(z) = \frac{1}{\sqrt{2\pi}} \int_{0}^{z} \exp\left(-\frac{z^2}{2}\right) \mathrm{d}z \qquad (6\text{-}14)$$

$$\phi(z) = \frac{1}{\sqrt{2\pi}} \int_{0}^{\infty} \exp\left(-\frac{z^2}{2}\right) \mathrm{d}x = 0.5 \qquad (6\text{-}15)$$

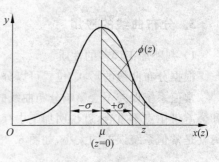

图 6.27　正态分布图

正态分布的总面积为 1,每边的面积为 0.5。

当 $z = \pm 3$ 时,即 $x - \bar{x} = \pm 3\sigma$,工件尺寸出现在 $x - \bar{x} = \pm 3\sigma$ 以内的概率占 99.73%,以外的概率只占 0.27%。因此,在 $\pm 3\sigma$ 范围内可认为已包含了整批工件,故可取 6σ 等于整批工件加工尺寸的分散范围。此时可能只有 0.27% 的废品,可忽略不计,这就是所谓的 $\pm 3\sigma$ 原则。标准正态分布中曲线、x 轴及对称轴(y 轴,$x=0$)、$x=z$ 直线所包含的面积见表 6.2。

表 6.2　$\phi(z) = \dfrac{1}{\sqrt{2\pi}} \int_{0}^{z} \exp\left(-\dfrac{z^2}{2}\right) \mathrm{d}z$ 值

z	$\phi(z)$	z	$\phi(z)$	z	$\phi(z)$	z	$\phi(z)$	z	$\phi(z)$
0.00	0.0000	0.23	0.0910	0.46	0.1772	0.88	0.3106	1.85	0.4678
0.01	0.0040	0.24	0.0948	0.47	0.1808	0.90	0.3159	1.90	0.4713
0.02	0.0080	0.25	0.0987	0.48	0.1844	0.92	0.3212	1.95	0.4744
0.03	0.0120	0.26	0.1023	0.49	0.1879	0.94	0.3264	2.00	0.4772
0.04	0.0160	0.27	0.1064	0.50	0.1915	0.96	0.3315	2.10	0.4821
0.05	0.0199	0.28	0.1103	0.52	0.1985	0.98	0.3365	2.20	0.4861
0.06	0.0239	0.29	0.1141	0.54	0.2054	1.00	0.3413	2.30	0.4893
0.07	0.0279	0.30	0.1179	0.56	0.2123	1.05	0.3231	2.40	0.4918
0.08	0.0319	0.31	0.1217	0.58	0.2190	1.10	0.3643	2.50	0.4938
0.09	0.0359	0.32	0.1255	0.60	0.2257	1.15	0.3749	2.60	0.4953
0.10	0.0398	0.33	0.1293	0.62	0.2324	1.20	0.3849	2.70	0.4965
0.11	0.0438	0.34	0.1331	0.64	0.2389	1.25	0.3944	2.80	0.4974
0.12	0.0478	0.35	0.1368	0.66	0.2454	1.30	0.4032	2.90	0.4981
0.13	0.0517	0.36	0.1406	0.68	0.2517	1.35	0.4115	3.00	0.498 65
0.14	0.0557	0.37	0.1443	0.70	0.2580	1.40	0.4192	3.20	0.499 31
0.15	0.0596	0.38	0.1480	0.72	0.2642	1.45	0.4265	3.40	0.499 66
0.16	0.0636	0.39	0.1517	0.74	0.2703	1.50	0.4332	3.60	0.499 841
0.17	0.0675	0.40	0.1554	0.76	0.2764	1.55	0.4394	3.80	0.499 928
0.18	0.0714	0.41	0.1591	0.78	0.2823	1.60	0.4452	4.00	0.499 968
0.19	0.0753	0.42	0.1628	0.80	0.2881	1.65	0.4506	4.50	0.499 997
0.20	0.0793	0.43	0.1664	0.82	0.2939	1.70	0.4554	5.00	0.499 999 97
0.21	0.0832	0.44	0.1700	0.84	0.2995	1.75	0.4599		
0.22	0.0871	0.45	0.1736	0.86	0.3051	1.80	0.4641		

3. 分布曲线的应用

1) 判断加工误差的性质

根据分布曲线的形状、位置可以分析各种误差的影响。

常值系统误差不会影响分布曲线的形状,只会影响它的位置。所以当分布曲线的中心和公差带中点不重合,就说明加工中存在常值系统误差,分布曲线的中心与公差带中点的距离就是常值系统误差的大小,如图 6.28 中的"Δ"。

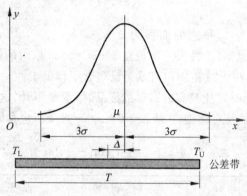

图 6.28　公差带与布曲线之间关系

变值系统误差将会影响分布曲线的形状。如果分布曲线不符合正态分布,可能存在变值系统误差。

随机误差可能造成分布曲线的 6σ 分散范围大于公差带,因而出现废品。分布曲线的 6σ 大,加工尺寸的分散范围大,随机误差也大。

2) 计算工序能力系数,确定工序精度

工件的公差 T 与工艺能力 6σ 之比,称为工序能力系数 C_p,表示工序能力满足加工精度要求的程度。

$$C_p = \frac{T}{6\sigma} \tag{6-16}$$

如表 6.3 所示,根据 C_p 的大小,将工艺分为 5 级,不产生废品的必要条件之一是 $C_p \geqslant 1$。

表 6.3　工序能力等级

工序能力系数	工序等级	说　　　明
$C_p > 1.67$	特级工艺	工序能力过高,允许外来波动,加工不经济
$1.67 \geqslant C_p > 1.33$	一级工艺	工序能力足够,可以允许一定的外来波动
$1.33 \geqslant C_p > 1.00$	二级工艺	工序能力勉强,必须密切注意工艺过程
$1.00 \geqslant C_p > 0.67$	三级工艺	工序能力不足,可能出现少量废品,应采取改进措施
$C_p < 0.67$	四级工艺	工序能力很差,必须加以改进

3) 计算一批工件的合格品率和废品率

若 $C_p \geqslant 1$,只能说明该工序的能力足够,加工中是否会出现废品,还要看是否存在常值系统误差。对应公差带以内的尺寸为合格尺寸,在公差带以内的分布图的面积就是合格品率,在公差带以外的分布图的面积就是废品率,合格品率与废品率的总和为 1。

例 车削一批小轴,直径为 $\phi 20_{-0.1}^{0}$ mm,测量结果表明该小轴尺寸符合正态分布(见图 6.29),均方根偏差 $\sigma = 0.025$ mm,曲线顶峰位置与公差中点相差 0.03mm,且偏向公差带的右边。试求:

(1) 是否存在常值系统误差? 如果存在,为多少?

(2) 工序能力系数多大? 是否充足?

(3) 该批工件的合格率和废品率。

解:首先应根据题意画出分布曲线与公差带位置,计算 A、B 两部分面积之和即为合格率,其余为废品率。

(1) 分布曲线的中心与公差带中心不重合,有常值系统误差,大小为 0.03mm。

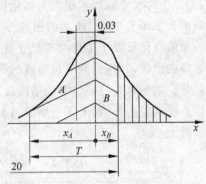

图 6.29 利用正态分布曲线计算
合格品率和废品率

(2) $C_p = \dfrac{T}{6\sigma} = \dfrac{0.1}{6 \times 0.025} = 0.667$,工序能力不足。

(3) 计算合格率与废品率:

$$z_A = \frac{x_A}{\sigma} = \frac{\frac{1}{2}T + 0.03}{\sigma} = \frac{0.05 + 0.03}{0.025} = 3.2$$

根据 $z_A = 3.2$ 查表 6.2 得 $F_A = 0.499$。

$$z_B = \frac{x_B}{\sigma} = \frac{\frac{1}{2}T - 0.03}{\sigma} = \frac{0.05 - 0.03}{0.025} = 0.8$$

根据 $z_B = 0.8$ 查表 6.2 得 $F_B = 0.288$。

合格品率 $F = F_A + F_B = 0.499 + 0.288 = 0.787$,即 78.7% 为合格品率;

废品率 $P = 1 - F = 1 - 0.787 = 0.213$,即 21.3% 为废品率,其中绝大部分是可以修复的。

由于分布曲线是在一批零件加工完以后才能画出,没有考虑工件加工的先后次序,因此不能看出误差的发展趋势和变化规律,也很难把变值系统性误差和随机性误差清楚地区别开来,从而不能及时采取措施,主动控制加工精度。而在此基础上发展起来的点图法,基本上可以弥补分布图法的缺点。

6.3.4 点图法

点图又称控制图,可以在加工过程中观察误差的变化,便于及时调整机床,控制加工误差,弥补分布曲线分析法的不足。点图法的种类很多,生产中常用单值控制图(单值点图)和均值-极差控制图($\bar{x}$-R 图)。工艺过程稳定性可以用点图法来分析。

1. 单值点图

按加工顺序逐个测量工件尺寸,横坐标代表加工顺序,纵坐标表示工件尺寸或加工误差,作出如图 6.30 所示的单值点图。单值点图需逐件画点,长度过大,并可能因个别工件受偶然因素影响而判别工艺过程失真。单值控制图多用于测量时间长、费用高或样品数据不便分组,希望尽早发现并消除异常现象的场合。

为减少单值点图的长度,可将顺次加工出的若干个工件编为一组,以工件组序为横坐标,仍以工件尺寸或加工误差为纵坐标,同组内各工件尺寸分别点在同一组号的垂直线上,就可得到如图 6.30(b)所示的图形。

单值点图反映了工件加工尺寸或误差与时间的关系。如果将点图上下极限点包络成两条光滑的曲线,并作出两条包络线的平均值曲线,则可以反映加工过程中误差的性质及其变化趋势。如图 6.31 所示,平均值曲线 OO' 表示某瞬时尺寸的分散中心,起始点 O 则可看出常值系统误差的影响,上下包络线 AA' 和 BB' 之间的距离表示瞬时的分散程度,也就是随机误差的大小。

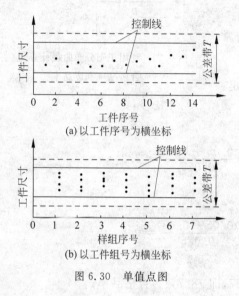

图 6.30   单值点图

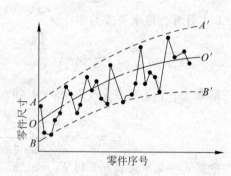

图 6.31   单值点图上反映误差变化趋势

2. $\bar{x}$-R 图

如果横坐标为按加工顺序排列的组号,纵坐标为每组的平均值 $\bar{x}$ 和每组的极差 R,可作出 $\bar{x}$-R 图。该图由 $\bar{x}$ 图(平均值控制图)和 R 图(极差控制图)联合组成,如图 6.32 所示。

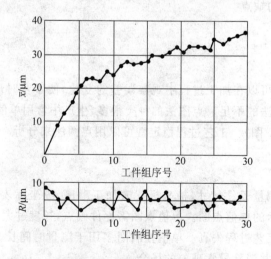

图 6.32 $\bar{x}$-R 控制图

均值控制图的中心线为

$$CL = \bar{\bar{x}} = \frac{\bar{x}_1 + \bar{x}_2 + \cdots + \bar{x}_j}{j} = \frac{\sum\limits_{i=1}^{j} \bar{x}_i}{j}$$

极差控制图的中心线为

$$CL = \bar{R} = \frac{R_1 + R_2 + \cdots + R_j}{j} = \frac{\sum\limits_{i=1}^{j} R_i}{j}$$

式中，j——组数；

　　$\bar{x}_i$——第 i 组的平均值；

　　R_i——第 i 组的极差。

$\bar{x}$图的上控制线 $UCL = \bar{\bar{x}} + A_2\bar{R}$，下控制线 $LCL = \bar{\bar{x}} - A_2\bar{R}$；$R$ 图的上控制线 $UCL = D_4\bar{R}$。

式中系数 A_2 及 D_4 按表 6.4 选取。

表 6.4　A_2 及 D_4 系数

每组工件个数 m	A_2	D_4
4	0.73	2.28
5	0.58	2.11

利用 $\bar{x}$-R 图，可以同时观察质量特性值的集中趋势，即平均值的变化，以及其离中趋势，即极差的变化，判别工艺过程是否稳定，波动情况是否正常，进而查找原因，提出对策。

6.4　机械加工表面质量

零件的加工质量包括加工精度和加工表面质量两方面的内容。加工表面质量是指零件加工后的表面层状态。机械零件的磨损、腐蚀和疲劳破坏等都是从零件表面开始的，所以加工表面质量直接关系到零件的工作性能、可靠性和使用寿命。为此，加工表面质量问题越来越受重视，要求也越来越高。

6.4.1　表面质量的基本概念

1. 表面的几何形状特性

经机械加工后的工件表面，总存在峰谷交替的波纹。这种表面的不平整性，可根据其波高和波距的特征（见图 6.33）划分为 3 种情况。

（1）表面粗糙度：$L/H < 50$，为表面微观几何形状误差，属于表面质量的范畴，如图 6.36 中的 L_3 和 H_3。

（2）表面波度：$L/H = 50 \sim 1000$，一般由加工时的低频振动造成，也属于表面质量的范

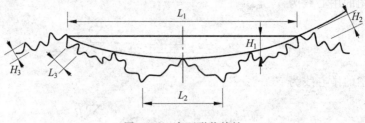

图 6.33　表面形状特性

畴,是表面微观几何形状误差到表面形状误差的过渡。如图 6.36 中的 L_2 和 H_2。

（3）表面形状误差：$L/H>1000$,是宏观的表面形状误差,是加工误差的一种,不属表面质量范畴,如图 6.33 中 L_1 和 H_1。

2．表面质量的含义

任何机械加工所得到的表面都不可能是绝对理想的光滑表面,加工表面质量主要包括两方面的内容:加工表面的微观几何形状和表面层金属的物理、力学性能。

1）表面的微观几何形状

表面的微观几何形状包括表面粗糙度和表面波度,但由于目前尚无统一的表面波度相关标准,因而,该部分内容主要研究表面粗糙度问题,对表面波度不作讨论。

2）表面层的物理、力学性能

表面层的物理、力学性能主要有下列 3 种:

（1）表面层加工硬化。加工后表面层强度、硬度提高的现象。

（2）表面层金相组织变化。加工后表面层的金相组织发生改变,不同于基体组织。

（3）表面层残余应力。加工后表面层与基体间存在内应力。

3．表面质量对零件使用性能的影响

1）对零件耐磨性的影响

（1）表面粗糙度的影响。两接触表面相互滑动时,由于表面粗糙度的存在,使实际接触面积比理论接触面积小得多,而单位接触面积上的压力很大。因此,轮廓上的凸峰磨损很快。这种磨损其实质就是磨损过程中的初期磨损。表面越粗糙,磨损量越大。

另一方面,如果摩擦表面过于光滑,则表面间分子引力增加,容易挤破润滑膜而形成干摩擦,使摩擦系数和磨损量都增大。因此,就耐磨性而言,粗糙度值过大过小都不利,在一定工作条件下,摩擦副表面的粗糙度总存在一个最佳值,为 $Ra\ 1.25\sim0.32\mu m$。图 6.34 所示为表面粗糙度与初期磨损量的关系。

（2）表面加工硬化的影响。表面层的加工硬

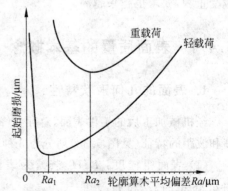

图 6.34　表面粗糙度与初期磨损量的关系

化一般能提高耐磨性 0.5～1 倍。但过度的加工硬化会使金属组织疏松,甚至出现裂纹、剥落,使耐磨性反而下降。所以,适度的加工硬化对耐磨性有利。

(3) 金相组织变化的影响。金相组织的变化使工件硬度变化(大多是下降)而影响耐磨性。

2) 对疲劳强度的影响

疲劳破坏是在交变载荷作用下,零件表面微观不平的凹谷处应力集中,形成裂纹并不断扩展,导致零件突然的脆性断裂。因此,表面缺陷和交变应力中的拉应力大小是影响疲劳强度的主要因素。粗糙的表面存在许多凹谷,为疲劳破坏创造了条件。因此,表面粗糙度值越小,疲劳强度越高。

表面加工硬化对疲劳强度影响也很大,表面层强度、硬度的提高,使微观裂纹的形成和扩展受阻,提高了疲劳强度。但加工硬化过量反而会造成裂纹,使疲劳强度降低,故加工硬化的程度及其深度应控制在一定范围内。

零件表层中存在压应力时,能部分抵消交变载荷中的拉应力,减少裂纹产生的趋势,对提高疲劳强度有利,反之表层中存在拉应力时疲劳强度降低。

3) 对配合性质的影响

零件的配合关系用过盈量或间隙值表示,表面粗糙度的存在使实际过盈量或有效间隙值发生改变,从而影响配合性质。对于间隙配合,粗糙的表面使初期磨损量加大,增大了间隙值;对过盈配合来说,装配时配合表面的凸峰被压平,减小了实际过盈量,降低了连接强度。因此,设计零件时,应注意零件的表面粗糙度与公差、配合的对应关系。

4) 对耐腐蚀性的影响

表面粗糙度值越大,其凹谷处越容易积聚腐蚀性介质,腐蚀作用增强。因此,减小表面粗糙度值可提高零件的耐腐蚀性,如图 6.35 所示。

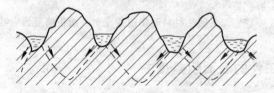

图 6.35 表面粗糙度与耐腐蚀性

零件表层存在压应力时,其组织较致密,腐蚀介质不易渗透,可增强耐腐蚀性;而存在拉应力时,耐腐蚀性有所降低。

6.4.2 影响加工表面粗糙度的主要因素及其控制

1. 切削加工时工件的表面粗糙度

用各种刀具切削工件时,造成工件表面粗糙度的原因主要有:残留面积、物理因素和工艺系统的高频振动等。减少残留面积及其高度,可以减少粗糙度值,生产中,可以采用减少进给量、增大刀尖圆弧半径等工艺方法。物理因素主要有积屑瘤、鳞刺、切屑拉毛等,工件材料塑性越大,积屑瘤、鳞刺越容易生成和长大,加工表面越粗糙。因而加工塑性材料时,要注意避开中等切削速度,以免产生积屑瘤,造成加工表面粗糙。

　　图 6.36 为车削加工的残留面积,图 6.37 为加工塑性材料时切削速度对表面粗糙度的影响。

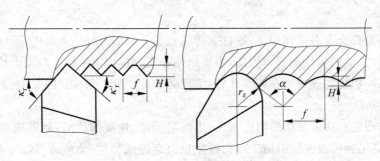

图 6.36　车削加工的残留面积

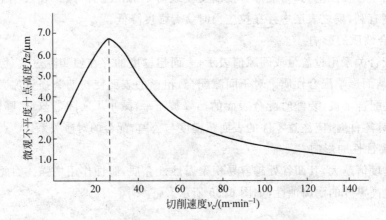

图 6.37　加工塑性材料时切削速度对表面粗糙度的影响

2. 磨削加工时工件的表面粗糙度

　　磨削过程中,影响表面粗糙度的因素主要有磨削用量、砂轮选择、磨削方法以及润滑条件等。一般而言,单位时间内经过工件表面的磨粒数多、每颗磨粒切入工件表面的厚度小而均匀,则磨削后的表面粗糙度值较小。所以,采用砂轮速度高,磨削进给量小,砂轮的粒度号大,砂轮硬度适当,砂轮及时修整等措施均有利于减小工件表面粗糙度值。

　　在磨削后期采用无(工件表面法向)进给磨削(又称清磨,由工艺系统弹性变形的恢复而维持磨削,到火花消失),既能消除复映误差、提高形状精度,又能有效降低磨削表面的粗糙度。

　　因此,为获得良好的表面质量而又保持较高的生产效率,宜选用较高的工件转速、较小的背吃刀量,提高砂轮的转速。此外,合理选择切削液、提高润滑效果以及注意防止磨削中的振动,都对降低磨削表面粗糙度有重要作用。

6.4.3　影响表面物理、力学性能的因素及其控制

1. 表面层的加工硬化

1）加工硬化的产生

机械加工时,工件表层金属产生严重的塑性变形,金属晶体产生剪切滑移、晶格扭曲,使金属表层的强度、硬度提高,塑性下降,这种现象称为加工硬化(冷作硬化)。

2）表面层加工硬化的衡量指标

衡量工件表面层加工硬化的指标有下列 3 项:

(1) 表面层的显微硬度 HV;

(2) 硬化层深度 h;

(3) 硬化程度 N,有

$$N = \frac{HV - HV_0}{HV_0} \times 100\%$$

式中,HV_0——金属原来的显微硬度。

3）影响加工硬化的主要因素

在切削加工过程中,凡使第Ⅲ变形区的挤压、摩擦和塑性变形增加的因素都使加工硬化程度增大。增加刀具后角,减小刀具钝圆半径,有利于减轻加工硬化。增大切削速度一方面可使塑性变形不充分,另一方面使工件温度上升,增加了回复作用,对减小加工硬化程度有双倍作用。

2. 表面金相组织变化和磨削烧伤

1）金相组织变化的产生

金相组织变化主要发生在磨削过程中。磨削时,由于切削微刃有很大的负前角,且磨削速度很高,所以切除单位体积材料所耗的能量为车削的几十倍,造成工件表面很大的温度变化(磨削区瞬间可达 1000℃以上),因而容易造成工件表层金相组织变化,表层显微硬度增加,并伴随产生表层残余应力,甚至还有显微裂纹,同时出现彩色氧化膜,又称磨削烧伤。

磨削烧伤发生后,工件表面会生成黄、褐、紫、青等氧化膜颜色。氧化膜颜色可能在清磨时被磨去,但磨削烧伤层并未被完全磨去,应予注意。磨削烧伤作为磨削加工的缺陷之一,严重时将使零件的使用寿命成倍下降,甚至无法使用,生产中应尽量避免磨削烧伤。

2）影响磨削烧伤的因素

(1) 磨削用量。以常用的外圆磨削和平面周磨为例,砂轮径向进给量 f_r 增大,则表面及表层下不同深度处的温度都升高,烧伤会明显增加。其他的磨削进给量(如 v_w、f_a)增加时,每颗磨粒的切削负荷增加,发热增加,但热作用的时间却减少了,磨削烧伤反而减少。增大这些进给量,会使磨削表面粗糙度值也增大,通常可用提高砂轮速度来弥补。实践中,用同时提高工件速度和砂轮速度的方法,既可避免磨削烧伤,并得到较小的表面粗糙度值,又能提高生产率。

（2）砂轮的选择。砂轮硬度过高,钝化严重的磨粒使磨削温度大大升高,最容易引起磨削烧伤;组织紧密的砂轮以及粒度号大的砂轮,容屑空间小,砂轮易堵塞,也容易产生磨削烧伤。此外,砂轮结合剂最好采用具有一定弹性的材料,如树脂、橡胶等,这样当由于某种原因导致磨削力增大时,砂轮能产生一定的弹性退让,避免烧伤。使用开槽砂轮(见图 6.38)也有利于减少磨削烧伤,提高表面质量。

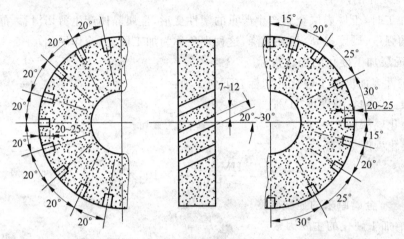

图 6.38　开槽砂轮

（3）工件材料。工件材料的力学性能和导热系数都影响磨削区温度。力学性能越好,磨削力越大,发热就多;导热性较差的材料,磨削区温度高,易产生烧伤。此外,工件硬度若过低,切屑易堵砂轮,也容易产生烧伤。

（4）冷却条件。磨削液越能渗入磨削区,避免烧伤的效果就越好。内冷却砂轮,其孔隙很大(占体积的 34%～70%),磨削液从砂轮内部在离心力作用下送入磨削区,对防止磨削烧伤效果非常好。图 6.39 为一种带有挡板的冷却液喷嘴,可使磨削液能够集中施加在磨削区。

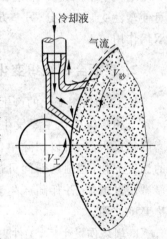

图 6.39　带有挡板的
冷却液喷嘴

3. 表面层的残余应力

表面层的残余应力是指没有外力情况下,零件加工表面层的残余应力。表面层的残余应力分为残余拉应力和残余压应力。残余拉应力会使工件表面产生微裂纹,降低零件的耐磨性、抗疲劳性和耐腐蚀性;而适当的残余压应力可以提高抗疲劳性和耐腐蚀性。所以,在加工过程中,总是设法减轻残余拉应力,或者使表面产生残余压应力。

1) 冷态塑性变形引起的残余压应力

在切削加工过程中,工件表面受到刀具的挤压和摩擦(第Ⅲ变形区)而发生塑性变形。这种变形大多是在工件表面的法向被压缩、切向伸长;基体在阻碍塑性变形时,自身也发生弹性变形;当刀具的作用过去后,基体弹性恢复,使塑性变形后的表层与基体之间产生内应力。一般冷态塑性变形会造成残余压应力。

2）热态塑性变形引起的残余拉应力

在切削热作用下，工件表层受热膨胀并处于热塑性状态（塑性提高、强度下降），受温度较低的基体金属牵制而产生塑性变形。表层降温时，其冷缩又受基体阻碍而产生残余拉应力。磨削时，工件表层温度越高，热塑性变形就越大，所造成的残余拉应力可能导致磨削裂纹的产生。

3）金相组织变化引起的残余应力

切削时产生的高温会引起表层金相组织的变化。不同的金相组织有不同的密度，表层金属组织的变化结果造成体积的变化，表层金属体积膨胀时，受到基体的限制，产生压应力。反之，体积缩小，则表层形成残余拉应力。

一般情况下，用刀具进行的切削加工以冷态塑性变形为主，所形成的残余应力大小取决于塑性变形和加工硬化程度；磨削时，上述 3 种形式的残余应力均有可能出现，但总以其中的一种或两种占主导地位，所形成的残余应力也是它们的综合结果。

4. 提高和改善零件表面层物理、力学性能的措施

表面层物理、力学性能对零件的使用性能及寿命有很大影响，尤其对于承受高负荷和交变载荷的零件，要求表面有高的强度以及残余压应力，无屑加工是提高表面层物理、力学性能的有效方法。如挤压齿轮、冷打花键、冷轧丝杠等都通过表面塑性变形最终成形，经变形强化的零件表面同时具有残余压应力，耐磨性和疲劳强度均较高。此外，还可对切削加工后的零件表面进行抛丸强化、滚压、金刚石压光等工艺，改善零件表面层物理和力学性能也大有益处。

1）喷丸

喷丸是一种用压缩空气或离心力将大量直径细小的丸粒（钢丸、玻璃丸）以 35～50m/s 的速度向零件表面喷射的方法。如图 6.40 所示，无数丸粒高速且连续喷射，锤打到零件表面，从而在表面产生一个残余压应力层。因为当每颗钢丸撞击金属零件上，宛如一个微型棒敲打表面，锤出小压痕或凹陷。为形成凹陷，金属表层必定会产生拉伸。表层下，压缩的晶粒试图将表面恢复到原来形状，从而产生一个高度压缩力作用下的半球。无数凹陷重叠形成均匀的残余压应力层。最终，零件在压应力层保护下，极大程度地改善了抗疲劳强度，延长了安全工作寿命。

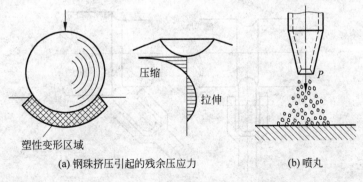

(a) 钢珠挤压引起的残余压应力　　(b) 喷丸

图 6.40　表面强化工艺

喷丸强化主要用于强化形状复杂或不宜用其他方法强化的工件,如板弹簧、螺旋弹簧、连杆、齿轮、焊缝等。经喷丸加工后的表面,硬化层深度可达0.7mm,零件表面粗糙度值可由$Ra\,5\sim2.5\mu m$减小到$Ra\,0.63\sim0.32\mu m$,可几倍甚至几十倍地提高零件的使用寿命。

2) 滚压

滚压加工是利用经过淬火和精细研磨过的滚轮或滚珠,在常温状态下对金属表面进行挤压,使受压点产生弹性和塑性变形,表层的凸起部分向下压,凹下部分向上挤,逐渐将前工序留下的波峰压平,形成新的光洁表面,降低了表面粗糙度;同时它还能使工件表面产生硬化层和残余压应力,如图6.41所示。因此滚压加工可以提高零件的承载能力和疲劳强度。

滚压加工可以加工外圆、孔、平面及成形表面,通常在普通车床、转塔车床或自动车床上进行。如图6.42、图6.43和图6.44所示为典型的滚压加工示意图。

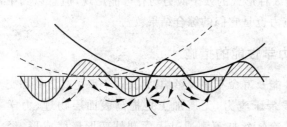

图6.41　滚压加工原理

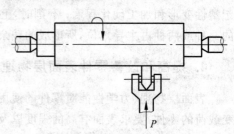

图6.42　单柱滚压外圆

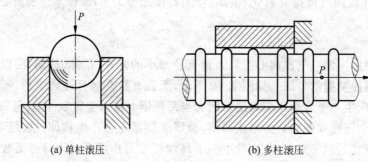

(a) 单柱滚压　　　　　　　(b) 多柱滚压

图6.43　滚压内孔

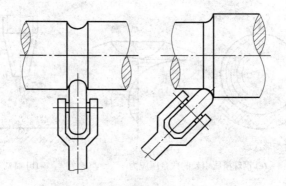

图6.44　槽与轴肩的滚压

3）金刚石压光

金刚石压光是一种用金刚石挤压加工表面的新工艺，国外已在精密仪器制造业中得到较广泛的应用。压光后的零件表面粗糙度值可达 $Ra\ 0.4\sim0.02\mu m$，耐磨性比磨削加工提高 $1.5\sim3$ 倍，虽然比研磨低 $20\%\sim40\%$，但生产率却远高于研磨。金刚石压光用的机床必须是高精度机床，它要求机床刚性好、抗振性好，以免损坏金刚石。此外，它还要求机床主轴精度高，径向跳动和轴向窜动在 $0.01mm$ 以内，主轴转速能在 $2500\sim6000r/min$ 的范围内无级调速。机床主轴运动与进给运动应分离，以保证压光的表面质量。图 6.45 为在车床上使用金刚石压光头，对工件的外圆、内孔和端面同时进行压光工艺。

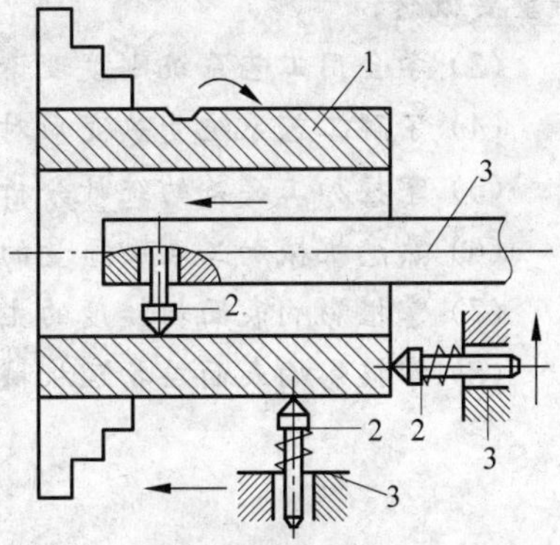

4）液体磨料强化

液体磨料强化是利用液体和磨料的混合物高速喷射到已加工表面，以强化工件表面，提高工件的耐磨性、抗蚀性和疲劳强度的一种工艺方法。如图 6.46 所示，液体和磨料在 $400\sim800Pa$ 压力下，经过喷嘴高速喷出，射向工件表面，借磨粒的冲击作用，碾压加工表面，工件表面产生塑性变形，变形层仅为几十微米。加工后的工件表面具有残余压应力，提高了工件的耐磨性、抗腐蚀性和疲劳强度。

图 6.45 金刚石压光

1—工件；2—金刚石压头；3—心轴

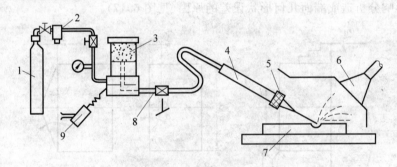

图 6.46 液体磨料喷射强化原理图

1—压气瓶；2—过滤器；3—磨料室；4—导管；5—喷嘴；6—集收器；7—工件；8—控制阀；9—振动器

本章小结及学习要求

学习本章内容，明确加工质量的本质与内涵，应学会用单因素法分析加工误差产生的原因，从而找出控制加工误差的方法。学会运用数理方法对加工误差进行统计分析，按照加工误差的统计特征，确定加工误差的变化规律及可能采取的控制方法，以保证机械加工精度。在影响机械加工精度的诸多误差因素中，机床的几何误差、工艺系统的受力变形和受热变形占有突出的位置，应了解这些误差因素是如何影响加工误差的。

在影响机械加工表面质量的诸多因素中，切削用量、刀具几何角度以及工件、刀具材料

等起重要作用,应了解这些因素对加工表面质量的影响规律。重点掌握以下内容:

(1) 了解机械加工精度的概念及获得加工精度的方法;

(2) 了解影响加工精度的原始误差因素并掌握单因素分析的方法,掌握误差敏感方向等重要概念;

(3) 学会用工艺系统刚度理论分析工艺系统受力变形对加工精度的影响;

(4) 了解工艺系统受热变形对加工精度的影响规律;

(5) 掌握加工误差的统计分析方法及在生产中的应用;

(6) 熟悉机械加工表面质量的含义;

(7) 掌握影响表面粗糙度的主要因素及控制;

(8) 掌握影响表面层物理机械性能的因素及控制。

习题与思考题

6-1　加工精度、加工误差、公差的概念是什么? 它们之间有何区别?

6-2　零件的加工精度包括哪三个方面? 它们之间的联系和区别是什么?

6-3　什么是原始误差? 机械加工工艺系统原始误差来源有哪些?

6-4　横磨法磨外圆时使用死顶尖的目的是什么? 哪些因素会引起外圆的圆度和锥度误差?

6-5　在车床上车削外圆端面时,出现加工后端面内凹或外凸的形状误差,试从机床几何误差的影响分析造成端面几何形状误差的原因(见图 6.47)。

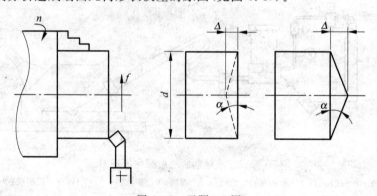

图 6.47　习题 6-5 图

6-6　为什么卧式车床床身导轨在水平面内的直线度要求高于在垂直面内的直线度要求? 而对平面磨床的床身导轨的要求却相反?

6-7　在车床上使用横向进给法加工短粗工件的端面。已知工件直径 100mm,进刀方向与机床主轴成 85°夹角,且刀尖偏向床头方向,若不计工艺系统的受力变形,则:

(1) 端面加工后会出现什么样的形状误差?

(2) 形状误差的大小是多少?

(3) 画出加工后的端面形状。

6-8　在车床上车削加工光轴的外圆,加工后发现工件外圆有下列几何形状误差(见图 6.48),试分别说明产生相应误差的各种可能原因。

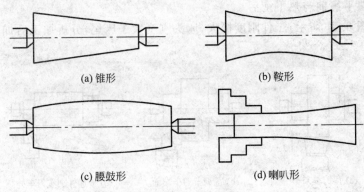

(a) 锥形　　　　　　　　　(b) 鞍形

(c) 腰鼓形　　　　　　　　(d) 喇叭形

图 6.48　习题 6-8 图

6-9　在车床上用双顶尖安装,加工一短而粗的轴。已知机床床头刚度 90 000N/mm,床尾刚度 50 000N/mm,刀架刚度 40 000N/mm,背向切削力 240N。试:

(1) 计算加工后轴的形状误差;

(2) 画出加工后轴的形状,并标出形状误差及其在轴上的部位。

6-10　什么是误差复映?设已知一工艺系统的误差复映系数为 0.25,工件在本工序前有圆度误差 0.45mm,若本工序形状精度规定允许为 0.01mm,至少应走刀几次方能使形状精度合格?

6-11　何谓接触刚度?试分析影响连接表面接触刚度的主要因素有哪些?为了减少接触变形通常采取哪些措施?

6-12　用小直径钻头加工深孔时,在钻床上常发现孔轴线偏弯,在车床上常发现孔径扩大,试分析其原因。

6-13　用双轴组合镗床同时镗削连杆大小头孔,采用如图 6.49 所示夹紧方案。加工后发现二孔轴线平行度误差很大,试分析其原因并提出改进措施。

6-14　分析图 6.50 所示床身铸坯形成残余应力的原因,并确定 A、B、C 各点残余应力的符号。当粗刨床面切去 A 层后,床面会产生怎样的变形?

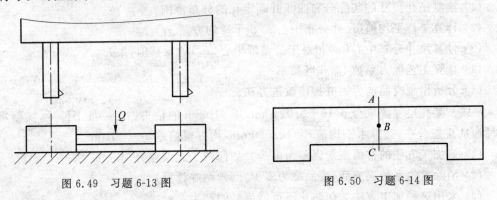

图 6.49　习题 6-13 图　　　　　　　图 6.50　习题 6-14 图

6-15　试分别说明下列各种加工条件对加工误差的影响有何不同?

(1) 刀具连续切削与间断切削;

(2) 加工时工件均匀受热与不均匀受热;

(3) 机床热平衡前与热平衡后。

6-16　如图 6.51 所示,工件刚度极大,床头刚度大于床尾,分析加工后加工表面的形状误差。

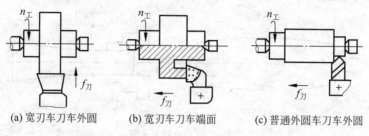

(a) 宽刃车刀车外圆　　(b) 宽刃车刀车端面　　(c) 普通外圆车刀车外圆

图 6.51　习题 6-16 图

6-17　车削一批轴的外圆,其尺寸为 $\phi(25\pm0.05)$mm,已知此工序的加工误差分布曲线是正态分布,其标准差 $\sigma=0.025$mm,曲线的顶峰位置与公差带的中值差为 $+0.03$mm,即顶峰位置偏于公差带中值的右侧。试求:

(1) 这批零件的合格率、废品率;

(2) 工艺系统的工艺能力如何? 能否满足加工要求?

(3) 经过怎样的调整可使废品率降低?

6-18　测量一批活塞销孔,图纸要求销孔尺寸为 $\phi28_{-0.015}^{\ 0}$mm,抽查件数为 100 件,若测量结果按尺寸大小分组(组距为 0.002mm),所测数据如表 6.5 所示。

表 6.5　习题 6-18 表

尺寸间隔	自/mm	27.992	27.994	27.996	27.998	28.000	28.002
	到/mm	27.994	27.996	27.998	28.000	28.002	28.004
零件件数 n_i		4	16	32	30	16	2

试:

(1) 绘制销孔尺寸的实际分布曲线并确定孔的分布范围;

(2) 计算子样平均值(尺寸分布中心 $\bar{x}$)和子样均方差 σ;

(3) 计算尺寸分布中心($\bar{x}$)相对于公差带中心(x_m)的偏移值(Δ_0);

(4) 计算工艺能力系数 C_p 和废品率;

(5) 分析出现废品的原因并提出改进办法。

6-19　某孔尺寸要求为 $\phi(10\pm0.02)$mm,用 $\phi10$mm 的钻头加工一批工件后,实测零件尺寸服从正态分布,其算术平均值 $\bar{x}=10.080$mm,均方根偏差 $\sigma=0.010$mm。问:

(1) 该加工方法的常值系统误差为多少? 如何减少此误差?

(2) 消除常值系统误差后,废品率为多少?(画图并计算)

(3) 采用这种加工方法如何防止不可修废品的产生?

(4) 若想不产生废品,应选用 σ 值等于多少的加工方法或设备?

6-20　在车床上车削一批轴,图样要求为 $\phi25_{-0.1}^{\ 0}$mm,已知轴径尺寸误差按正态分布,平均值 $\bar{x}=24.96$mm,标准差 $\sigma=0.02$mm。试:

（1）画出工件尺寸分布曲线图和尺寸公差范围；

（2）计算该系统的工艺能力系数；

（3）废品率是多少？能否修复？

6-21　机械加工表面质量的含义包括哪些内容？为什么零件的表面质量与加工精度具有同等重要的意义？

6-22　表面粗糙度对零件使用性能有什么影响？

6-23　为什么会产生磨削烧伤？磨削烧伤对零件的使用性能有何影响？举例说明减少磨削烧伤的方法有哪些？

6-24　说明机械加工零件表面层产生残余应力的原因及在磨削中如何减小残余应力？

6-25　表面强化工艺的目的是什么？常用的表面强化工艺有哪些？

7

机器的装配工艺

内容提要：机器的质量是以机器的工作性能、可靠性、使用效果和寿命等综合指标来评定的。这些指标除了和产品结构设计的优劣及材质选择的好差有关外，还取决于零件的制造质量（包括加工精度、表面质量和热处理性能等）和机器的装配质量。装配是机器制造的最后环节，直接影响机器的总体性能。本章主要介绍装配概念、装配组织形式、保证装配精度的工艺方法及装配工艺规程制定、装配结构工艺性等内容。

7.1 装配概述

7.1.1 装配的概念与装配单元

机械产品一般都是由许多零件和部件组成的，这些零件和部件通过配合和连接而构成机器。装配是机械制造的最后一个环节，通过装配可以对产品的设计和零件的加工，进行一次总的检验，以发现问题，加以改进。从这一点上讲，研究装配方法、制定合理的装配工艺规程对保证产品质量、提高设计水平都具有重要的意义。

为了制造合格的产品，必须抓住三个重要环节：一是产品结构设计的正确性；二是组成产品各零件的加工质量；三是装配质量。

1. 装配

通常机器是由数十个甚至几千个零件组成的，其装配工作是一个相当复杂的过程。按照规定的技术要求，将若干个零件组合成组件、部件或将若干个零件、部件组合成产品的过程，称为装配。前者称为部件装配，后者称为总装配。

2. 装配的意义

装配是机器制造过程中最后一个阶段的工作。机器能否保证良好的工作性能和经济性以及可靠地运转，很大程度上取决于装配工作的好坏，即装配工艺过程对产品质量起决定的影响。因此，为了提高装配质量和生产率，必须对与装配工艺有关的问题（如装配精度、装配方法、装配组织形式、装配工艺过程及其应注意的问题和装配技术规范等）进行分析研究。

3. 装配单元

通常装配单元可划分为 5 个等级：零件、套件（合件）、组件、部件和机器。

（1）零件是组成机械产品的最基本的单元。一般零件预先装成套件、组件或部件后才能进入总装配,直接装入机器的零件不太多。

（2）套件也称为合件,是由若干个零件永久连接而成（如铆、焊、热压装配等）或是连接在一个"基准零件"上少数零件的组合。套件组合后,有的可能还需要加工,如连杆孔中压入衬套后再精镗孔。图 7.1（a）所示属于合件,两个单齿轮通过热压形成双联齿轮。套件是最小的装配单元,为此而进行的装配称为套装。

（3）组件是一个或几个合件与若干个零件的组合。如图 7.1（b）所示的轴承件即属于组件,为组件装配进行的工作称为组装。

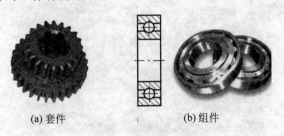

(a) 套件　　　　　　(b) 组件

图 7.1　套件与组件

（4）部件是由一个基准件和若干个组件、套件与零件组合而成,该项装配工作称为部装。部件在机器中能完成一定的、完整的功用,如主轴箱、走刀箱等。

（5）机器或称为产品,它是由上述全部装配单元组合而成的整体,这种将零件和部件等装配成最终产品的过程称为总装。

同一装配单元在进入总装配之前互不相关,可同时独立进行装配,实行平行作业,可缩短装配周期,提高装配效率。在装配工作中,常用装配单元系统图表示零、部件的装配流程和零、部件之间的装配关系。图 7.2 为表示各装配单元间关系的装配单元系统图。

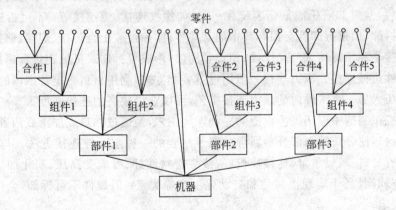

图 7.2　装配单元系统

7.1.2　装配工作的基本内容

装配不只是将合格零件简单地连接起来,它包括装配前的对零件的清洗、连接、校正等工作,套装、组装、部装与总装工作,以及装配后的调整、检验和试验等一系列内容。

1. 清洗

经检验合格的零件,装配前要经过认真清洗,其目的是去除黏附在零件上的灰尘、切屑和油污,并使零件具有一定的防锈能力。清洗对轴承、配偶件、密封件、传动件等特别重要。

清洗的方法有擦、浸、喷和超声波振动等,常用的清洗液有煤油、汽油、碱液和化学清洗液等。如图7.3所示为零件清洗机。

图7.3 零件清洗机

2. 连接

采用连接工艺,将不同的装配单元按照要求连接成一体,这是装配工作的主要内容。连接工艺主要指将单个工件连接成组件或最终产品,如机械连接、焊接、粘接和装配等工艺。制造时先分别加工单个零件,然后用连接工艺将其结合成一个完整的产品。产品在使用、维护和修理时,经常需要拆卸装配,同样离不开连接工艺。

机械连接包括可拆连接和不可拆连接两种。可拆连接在装配后可以很容易拆卸而不致损坏任何零件,且拆卸后仍能重新装配在一起,如螺纹连接、键连接等;不可拆连接在装配后一般不再拆卸,如果拆卸就会损坏其中的某些零件,如过盈配合连接、焊接、铆接等。

螺栓连接是利用螺栓、螺母、螺纹、销等紧固件,形成可拆卸式机械连接。铆接是一种永久或半永久性机械连接。压力连接一般用过盈装配方式,利用材料一定范围内的弹性,将一个工件强行压入另一个工件内的压力连接工艺,可以获得较高的连接强度。

焊接是机械制造中应用极为广泛的一种连接工艺,是通过加热或加压或两者并用(用或不用填充材料),使分离的两部分金属形成原子结合的一种永久性连接方法。与铆接比较,焊接具有节省材料、减轻重量、连接质量好、接头密封性好、可承受高压、简化加工与装配工序、缩短生产周期、易于实现机械化和自动化生产等优点;但焊件不可拆卸,会产生焊接变形、裂纹等缺陷。

金属与非金属的连接或非金属异种材料之间的连接经常采用粘接工艺实现。在被粘接表面涂一层很薄的粘接剂,粘接剂固化后即形成很强的粘接力。

3. 校正、调整和配作

在机器装配过程中,特别是在单件小批生产条件下,完全靠零件互换装配以保证装配精度往往是不经济的,甚至是不可能的,所以在装配过程中常需做校正、调整和配作工作。

（1）校正，指相关零、部件间相互位置的找正、找直、找平及相应的调整工作，如床身导轨扭曲的校正，卧式车床主轴中心与尾座套筒中心等高的校正等。图7.4所示为用弯曲法校直零件。

(a) (b)

图7.4 用弯曲法校直

（2）调整，指相关零、部件间相互位置的调节工作，如轴承间隙、导轨副间隙的调整等。

（3）配作，指几个零件配钻、配铰、配刮和配磨等，这是装配中间附加的一些钳工和机械加工工作。配钻和配铰要在校正、调整后进行。配刮和配磨的目的是为增加相配表面的接触面积和提高接触刚度。图7.5为零件图上的配作要求，零件加工时，该孔不需加工。

一般情况下在装配中有多个配合或者要求某个零件的装配精度时采用配作，一旦配作完成，即使拆装后重新安装，也能达到要求的安装精度，配作可降低成本，不必使用高精度的加工设备来保证安装精度。

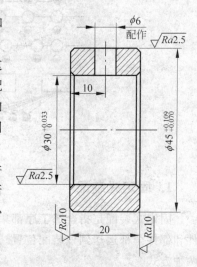

图7.5 零件图上的配作要求

4. 平衡

对转速较高、旋转平稳性要求较高的机器，如精密磨床、电动机和高速内燃机等，为了防止运转中发生振动，应对其旋转零、部件进行平衡。平衡有静平衡和动平衡两种。对于直径较大、长度较小的零件如飞轮、带轮等，一般采用静平衡法，以消除质量分布不均所造成的静力不平衡；对于长度较大的零件如机床主轴、电动机转子等，需要采用动平衡法，以消除质量分布不均所造成的力偶不平衡。

旋转体的不平衡可用以下方法校正：

（1）加重法：用补焊、铆接、粘接或螺纹连接等方面在超重处对面加配质量。

（2）减重法：用钻、锉和磨等方法去除超重处的质量。图7.6为经去除超重质量的飞轮。

（3）调节法：在预置的平衡槽内改变平衡块的位置和数量（砂轮静平衡常用此法）。

5. 试验与验收

机器装配完成以后，要按照有关技术标准和规定进行试验和验收。如发动机需进行特性试验、寿命试验，机床需进行温升试验、振动和噪声试验等。又如机床出厂前需

图7.6 动平衡后的飞轮

进行相互位置精度和相对运动精度的验收等。

7.1.3 装配的组织形式

装配的组织形式主要取决于生产规模、装配过程的劳动量和产品的结构特点等因素。目前,在一般的机器制造中,装配的组织形式主要有两种,即固定式装配和移动式装配,如图7.7所示。

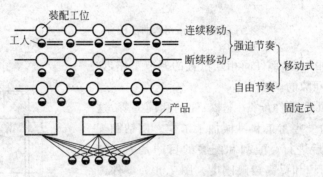

图 7.7 装配的组织形式

1. 固定式装配

固定式装配是指全部工序都集中在一个工作地点(装配位置)进行,这时装配所需的零件和部件全部运送到该装配位置。固定式装配又可分为按集中原则进行和按分散原则进行两种方式。

(1) 按集中原则进行的固定式装配。全部装配工作都由一组工人在一个工作地点上完成。由于装配过程有各种不同的工作,所以这种组织形式要求有技术水平较高的工人和较大的生产面积,装配周期一般也较长。因此,这种装配组织形式只适用于单件小批生产、试制产品以及修理车间等的装配工作。

(2) 按分散原则进行的固定式装配。把装配过程分为部件装配和总装配,各个部件分别由几组工人同时进行装配,而总装配则由另一组工人完成。这种组织形式的特点是工作分散,允许有较多的工人同时进行工作,使用的专用工具较多,装配工人能得到合理分工,易于实现专业化,技术水平和熟练程度容易提高。所以,装配周期可缩短,并能提高装配车间的生产率。因此,在单件小批生产条件下,也应尽可能地采用按分散原则进行的固定式装配。当生产批量大时,这种方式的装配过程可分成更细的装配工序,每个工序只需一组工人或一个工人来完成。这时工人只完成一个工序的同样工作,并可从一个装配台转移到另一个装配台。这种产品(或部件)固定在一个装配位置而工人流动的装配形式称为固定式流水装配,或称固定装配台的装配流水线。

固定式流水装配生产时装配台安排在一条线上,装配台的数目由装配工序数目来决定,装配时产品不动,装配所需的零件不断地运送到各个装配台。

固定装配台的装配流水线是固定式装配的高级形式。由于装配过程的各个工序都采用了必要的工夹具,工人又实现了专业化工作,因此,产品的装配时间和工人的劳动量都有所减少,生产率得以显著提高。这种装配方式在柴油机的成批生产中已广泛采用。

2. 移动式装配

移动式装配是指所装配的产品(或部件)不断地从一个工作地点移到另一个工作地点,在每一个工作地点上重复地进行着某一固定的工序,在每一个工作地点都配备有专用的设备和工夹具;根据装配顺序,不断地将所需要的零件及部件运送到相应的工作地点。这种装配方式称为移动式装配流水线。

根据产品移动方式不同,移动式装配可分为下列两种形式。

(1)自由移动式装配。自由移动式装配的特点是,装配过程中产品是用手推动(通过小车或辊道)或用传送带和起重机来移动,产品每移动一个位置,即完成某一工序的装配工作。

在拟定自由移动式装配工艺规程时,装配过程中的所有工序都按各个工件地点分开,并尽量使在各个工作地点所需的装配时间相等。

(2)强制移动式装配。强制移动式装配的特点是,装配过程中产品由传送带或小车强制移动,产品的装配直接在传送带或小车上进行。它是装配流水线的一种主要形式。强制移动式装配在生产中又有两种不同的形式:一种是连续运动的移动式装配,装配工作在产品移动过程中进行;另一种是周期运动的移动式装配,传送带按一定节拍定时移动。这种装配方式,在小型机器大量生产中被广泛采用。

各种装配组织形式及其特点如表 7.1 所示。

表 7.1　装配组织形式的选择与比较

生 产 规 模	装配方式与组织形式	自动化程度	特　　点
单件生产	手工(使用简单工具)装配,无专用或者固定工作台位	手工	生产率低,装配质量取决于装配工人的技术水平和责任心
成批生产	装配工作台位固定,备有装配夹具、模具和各种工具,可分部件装配和总装配,也可组成装配对象固定而装配工人流动的流水线	手工为主,部分使用工具和夹具	有一定生产率,能满足装配质量要求,需用设备不多;工作台位之间一般不用机械化输送
成批生产轻型产品	每个工人只完成一部分工作,装配对象用人工依次移动(可带随行夹具),装备按装配顺序布置	人工流水线	生产率较高,对工人技术水平要求相对较低,装备费用不高;装配工艺相似的多品种流水线可采用自由节拍移动
成批或大批生产	一种或几种相似装配对象专用流水线,有周期性间歇移动和连续移动两种方式	机械化传输	生产率高,节奏性强,待装零、部件不能脱节,装备费用较高
大批大量生产	半自动或全自动装配线,半自动装配线部分上下料和装配工作采用人工方法	半自动、全自动装配	生产率高,质量稳定,产品灵活性差,装备费用昂贵

7.2 装配精度及装配方法

7.2.1 装配精度

机械制造时,不仅要保证各组成零件具有规定的精度,而且还要保证机器装配后能达到规定的装配技术要求,即达到规定的装配精度。机器的装配精度既与各组成零件的尺寸精度和形状精度有关,也与各组成部件和零件的相互位置精度有关。尤其是作为装配基准面的加工精度,对装配精度的影响最大。

例如,为了保证机器在使用中工作可靠,延长零件的使用寿命以及尽量减少磨损,应使装配间隙在满足机器使用性能要求的前提下尽可能小。这就要求提高装配精度,即要求配合件的规定尺寸参数同装配技术要求的规定参数尽可能相符合。此外,形状和位置精度也尽可能同装配技术要求中所规定的各项参数相符合。

为了提高装配精度,应采取以下一些措施:

(1) 提高零件的机械加工精度;

(2) 提高机器各部件的装配精度;

(3) 改善零件的结构,使配合面尽量减少;

(4) 采用合理的装配方法和装配工艺过程。

机器及其部件中的各个零件的精度,很大程度上取决于它们的制造公差。为了在装配时能保证各部件和整台机器达到规定的最终精度(即各部分的装配技术要求),有必要利用尺寸链的原理来确定机器及其部件中各零件的尺寸和表面位置的公差,确定最适当的装配方法和工艺措施。

7.2.2 装配尺寸链及其建立

1. 装配尺寸链

任何一个机构,如活塞连杆机构、配气机构等,都是由若干个相互关联的零件所组成,这些零件的尺寸就反映它们之间的关系,并形成尺寸链。这种表示机构中各零件之间相互关系的尺寸链,称为装配尺寸链。

装配尺寸链可由装配图得出,图 7.8(a)为活塞与气缸配合的装配关系,图 7.8(b)为相应的尺寸链简图。

正确地建立装配尺寸链是运用尺寸链原理分析和解决零件精度与装配精度关系问题的基础。装配尺寸链的封闭环为产品或部件的装配精度,找出对装配精度有直接影响的零部件尺寸和位置关系,即可查明装配尺寸链的各组成环,然后确定保

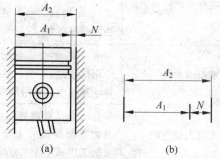

图 7.8 活塞与气缸的装配尺寸链

证装配精度的工艺方法和进行必要的计算。

2. 查明和建立装配尺寸链的步骤

（1）确定封闭环。在装配过程中，要求保证的装配精度就是封闭环。装配尺寸链中的封闭环在装配前是不存在的，而是在装配后才形成的，如图 7.8(b)中的 N。封闭环通常就是装配技术要求。

（2）查明组成环，画装配尺寸链图。从封闭环任意一端开始，沿着装配精度要求的位置方向，将与装配精度有关的各零件尺寸依次首尾相连，直到与封闭环另一端相接为止，形成一个封闭的尺寸图，图上的各个尺寸皆是组成环。

（3）判别组成环的性质。画出装配尺寸链图后，要判别组成环的性质，即增、减环，判别方法与工艺尺寸链相同。如果某组成环的尺寸增大（其他各组成环不变情况下），使封闭环的尺寸也随之增大，则此组成环称为增环；如果某组成环尺寸增大，使封闭环的尺寸随之减少，则此组成环称为减环。

（4）按封闭环的不同位置和方向，分别建立装配尺寸链。

在建立装配尺寸链时，除满足封闭性、相关性原则外，还应符合组成环数最少原则。从工艺角度出发，在结构已经确定的情况下，标注零件尺寸时，应使一个零件仅有一个尺寸进入尺寸链，即组成环数目等于有关零件数目。

7.2.3　装配尺寸链的计算

装配尺寸链主要应用于两方面：

（1）正计算——用于验算零件设计尺寸，特别是公差的正确性，校核能否满足机器精度的设计要求；

（2）反计算——用于设计，即已知机器的设计精度，求解各组成零件的公差，在满足装配精度的前提下，合理确定零件的加工精度。

装配尺寸链的计算方法有极值法和概率法，相关公式与工艺过程尺寸链完全相同。

1. 装配尺寸链反计算的特点

在装配尺寸链的反计算中，由于未知数数目远多于方程个数，可能存在无数组解。为简化计算，可以采用等公差原则，即视各组成环的公差值相等，而后按各零件的加工难度进行适当的调整，但各组成环的公差之“和”（极值法求解为代数和，概率法求解为平方和的平方根）应保持不大于封闭环的公差。若组成环数目为 n，则其中 $n-1$ 个组成环的公差分布可以按入体原则直接标注，即包容面（孔）下偏差为零，被包容面（轴）上偏差为零。但必须预留一个组成环的偏差要经过计算获得，这个预留的组成环称为“协调环”，其尺寸也称为“相依尺寸”。

“协调环”的选取应该考虑加工的难易程度和设计要求等方面，多取尺寸加工容易或生产上受限制较少的组成环为“协调环”。

2. 极值法求解装配尺寸链反问题示例

例 1　如图 7.9(a)所示双联转子泵，冷态下的轴向装配间隙要求为 0.05～0.15mm，已

知 $A_1 = 41$mm，$A_2 = A_4 = 17$mm，$A_3 = 7$mm，求各组成环的公差及偏差。

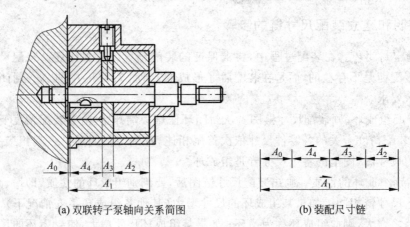

(a) 双联转子泵轴向关系简图   (b) 装配尺寸链

图 7.9   双联转子泵装配关系及装配尺寸链图

（1）分析和建立尺寸链

如图 7.9(b)所示，装配间隙为封闭环，尺寸及偏差为

$$A_0 = 0^{+0.15}_{+0.05}$$

（2）按等公差原则初步确定各组成环公差

$$T_{cp}(A_i) = \frac{T(A_0)}{n} = \frac{0.1\text{mm}}{4} = 0.025\text{mm}$$

选择 A_1 为"协调环"，其他组成环偏差按入体原则标注，有

$$A_2 = A_4 = 17^{0}_{-0.018}\text{mm（IT7 级）}$$

$$A_3 = 7^{0}_{-0.015}\text{mm（IT7 级）}$$

（3）计算协调环偏差

$$\text{ES}(\overrightarrow{A_1}) = \text{ES}(A_0) + \text{EI}(\overleftarrow{A_2}) + \text{EI}(\overleftarrow{A_3}) + \text{EI}(\overleftarrow{A_4})$$

$$= 0.15\text{mm} + (-0.018)\text{mm} + (-0.015)\text{mm} + (-0.018)\text{mm}$$

$$= 0.099\text{mm}$$

$$\text{EI}(\overrightarrow{A_1}) = \text{EI}(A_0) + \text{ES}(\overleftarrow{A_2}) + \text{ES}(\overleftarrow{A_3}) + \text{ES}(\overleftarrow{A_4})$$

$$= +0.05\text{mm} + 0 + 0 + 0 = 0.05\text{mm}$$

则"协调环"：$\overrightarrow{A_1} = 41^{+0.099}_{+0.05}$ mm

表 7.2 为双联转子泵中垫片等 4 个零件的最终（轴向）尺寸及其偏差，供标注零件时使用。

表 7.2   各组成环的尺寸及偏差   mm

基本尺寸		ES	EI
A_1	41	+0.099	+0.05
A_2	17	0	−0.018
A_3	7	0	−0.015
A_4	17	0	−0.018

3. 概率法求解装配尺寸链反问题示例

例 2　利用概率法求解图 7.9 所示尺寸链,确定各组成环公差及上下偏差(设各零件加工误差符合正态分布)。

解:(1) 分析和建立装配尺寸链

封闭环尺寸为
$$A_0 = 0^{+0.15}_{+0.05} \text{mm}$$

(2) 分配各组成环公差
$$T_{cp}(A_i) = \frac{T(A_0)}{\sqrt{n}} = \frac{0.1}{\sqrt{4}} \text{mm} = 0.05 \text{mm}$$

确定协调环(A_1)以外的其余组成环公差为
$$A_2 = A_4 = 17^{0}_{-0.043} \text{mm}$$
$$A_3 = 7^{0}_{-0.037} \text{mm}$$

"协调环"(A_1)公差为
$$T(A_1) = \sqrt{T(A_0)^2 - T(A_2)^2 - T(A_4)^2 - T(A_3)^2}$$
$$= \sqrt{0.1^2 - 0.043^2 - 0.043^2 - 0.037^2} \text{mm}$$
$$= 0.07 \text{mm}$$

(3) 计算"协调环"的平均尺寸
$$A_{0M} = \frac{0.15 + 0.05}{2} \text{mm} = 0.1 \text{mm}$$
$$\overrightarrow{A_{2M}} = \overrightarrow{A_{4M}} = \frac{17 + 17 - 0.043}{2} \text{mm} = 16.8785 \text{mm}$$
$$\overleftarrow{A_{3M}} = \frac{7 + 7 - 0.037}{2} \text{mm} = 6.9815 \text{mm}$$
$$\overrightarrow{A_{1M}} = A_{0M} + \overrightarrow{A_{2M}} + \overrightarrow{A_{4M}} + \overleftarrow{A_{3M}} = 41.0385 \text{mm}$$

(4) 计算"协调环"及其偏差
$$\overrightarrow{A_1} = \overrightarrow{A_{1M}} \pm \frac{T(A_1)}{2} = 41.0385^{+0.035}_{-0.035} \text{mm} = 41^{+0.0735}_{+0.0035} \text{mm}$$

4. 极值法与概率法求解装配尺寸链反问题的比较

在相同的装配精度下,极值法求解装配尺寸链反问题时,各组成环获得的公差比概率法小,组成环数目越多,其差别越明显。极值法的优点是简单可靠;缺点是在封闭环公差较小且组成环数量较多时,各组成环公差会很小,使零件加工困难,增加零件制造成本。通常在一个稳定的工艺系统中进行较大批量加工时,零件的加工误差出现极值的可能性很小,装配时各零件误差同时出现极值的"最坏组合"的可能性就更小。组成环数较多,装配时零件出现"最坏组合"的机会就更加微小。因而,极值法虽可保证装配精度 100% 合格,但以缩小组成环公差为代价,换取装配中极少出现的极端情况下的产品合格是不经济的。

因此,在成批生产或大量生产中,当装配精度要求高,组成环数目又较多时,应用概率法解尺寸链比较合理。

7.2.4　保证装配精度的方法

装配方法与解装配尺寸链的方法密切相关。为了达到规定的装配技术要求,解尺寸链确定部件或机器装配中各个零件的公差时,必须保证它们在装配后所形成的累积误差不大于部件或机器按其工作性能要求所允许的数值。

常用的装配方法有互换装配法、选择装配法、修配装配法、调整装配法 4 种。

1. 互换装配法

互换装配法又分为完全互换装配法和不完全互换装配法。

1) 完全互换装配法

完全互换装配法的实质是:以完全互换为基础来确定机器中各个零件的公差,装配时零件不需要作任何挑选、修配或调整,装配成部件或机器后就能保证达到预先规定的装配技术要求。用完全互换装配法时,解尺寸链的基本要求是:各组成环的公差之和不得大于封闭环的公差,多用极值法解装配尺寸链。可用下式表示:

$$\sum_{i=1}^{n-1} T_i \leqslant T_0 \tag{7-1}$$

为了实现上述装配方法,应将每个零件的制造公差预先给予规定,实践中常采用等公差法和等精度法来解决这个问题。用完全互换装配法的主要优点是:可以保证完全互换性,装配过程较简单;可以采用流水装配作业,生产率较高;不需要技术水平高的工人;机器的部件及其零件的生产便于专业化,容易解决备件的供应问题。

但是,这种方法也存在一定的缺点:对零件的制造精度要求较高,当环数较多时有的零件加工显得特别困难。因此,这种方法只适用于装配精度较高而环数少的情况,或装配精度要求不高的多环情况中。而对生产批量大、多环且装配精度要求高的场合,可采用不完全互换装配法。

2) 不完全互换装配法

不完全互换装配法又称部分互换装配法、大数互换装配法。这种方法虽然各组成环的公差比用完全互换装配法时的公差大些,但考虑到组成环的尺寸分布及封闭环的尺寸分布情况,在装配时,大部分零件不需要经过挑选、修配或调整也能达到规定的装配技术要求。该方法的缺点是有很少一部分零件要加以挑选、修配或调整才能达到规定的装配技术要求。换句话说,用这种装配方法时,有很少一部分的装配误差将超过规定的公差范围,但可将这部分尺寸控制在一个很小的百分数之内,此百分率称为"危率"(或"冒险率")。这样,根据封闭环的公差计算组成环的公差时,必须考虑到危率和组成环的尺寸分布曲线的形状。不完全互换装配法对应装配尺寸链的解法是概率法。

不完全互换装配法在大批量生产、装配精度要求高和尺寸链环数较多的情况下显得更加优越。

2. 选择装配法

选择装配法就是将尺寸链中组成环(零件)的公差放大到经济可行的程度,然后从中选择合适的零件进行装配,以达到规定的装配技术要求。用此法装配时,可在不增加零件机械加工的困难和费用情况下,使装配精度提高。

选择装配法在实际使用中又有两种不同的形式:直接选配法和分组装配法。

1) 直接选配法

所谓直接选配就是从许多加工好的零件中任意挑选合适的零件来配套。一个不合适再换另一个,直到满足装配技术要求为止。例如,在柴油机活塞组件装配时,为了避免机器运转时活塞环在环槽内卡住,可以凭经验直接挑选易于嵌入环槽的合适尺寸的活塞环。

这种方法的优点是不需要预先将零件分组,但挑选配套零件的时间较长,因而装配工时较长,而且装配质量在很大程度上取决于装配工人的经验和技术水平。

2) 分组装配法

分组装配法又称分组互换法,它是将组成环的公差放大数倍,使其能按经济精度进行加工。装配时先测量尺寸,根据尺寸大小将零件分组,然后按对应组分别进行装配来达到装配精度的要求。

这种方法,同一组内的零件可以互换,分组数越多,则装配精度就越高。零件的分组数要根据使用要求和零件的经济公差来决定。

下面以汽车发动机中活塞与活塞销装配为例说明分组装配法的原理及过程。

图 7.10 (a)为活塞与活塞销装配关系,按装配要求,活塞销与活塞孔在冷态装配时过盈量为 $0.0025 \sim 0.0075$ mm,即封闭环公差为 $T_0 = 0.0075 - 0.0025 = 0.0050$ mm。

若采用完全互换法装配,活塞销与活塞孔的平均公差为 $T_m = 0.0025$ mm,若采用基轴制配合,则活塞销尺寸为

$$d = 28^{0}_{-0.0025} \, \text{mm}$$

相应地,通过尺寸链计算可求得销孔的尺寸为

$$D = 28^{-0.0050}_{-0.0075} \, \text{mm}$$

显然,按这样的尺寸精度制造活塞销与活塞销孔很困难(相当 IT2 级公差),也很不经济。在实际生产中,采用分组装配法进行装配,即将活塞销与活塞销孔的公差同向放大 4 倍(相当 IT5 级公差),放大后公差带如图 7.10(b)所示,活塞销与活塞销孔尺寸变化情况如下:

$$d = 28^{0}_{-0.0025} \, \text{mm} \rightarrow d = 28^{0}_{-0.01} \, \text{mm}$$

$$D = 28^{-0.0050}_{-0.0075} \, \text{mm} \rightarrow D = 28^{0}_{-0.0150} \, \text{mm}$$

这样,活塞销可用无心磨,销孔可用金刚镗分别加工达到精度要求。加工后使用精密量具测量,并按尺寸大小分组,涂上不同的颜色加以区别,以便同组零件进行装配。

分组情况见表 7.3,可以看出,各组的公差和配合性质与原来的要求相同。

采用分组装配法应注意以下几点:

(1) 配件的公差应相等,公差放大的方向应相同,增大倍数要等于分组数。

(2) 分组数不宜过多,只要能放大到经济精度即可,否则会增加分组测量的工作量,使零件的分类、存储、运输及装配工作复杂化,造成生产过程的混乱。

(3) 加工时应采取措施,使相互配合的零件尺寸符合正态分布,防止因同组零件数量不配套而造成部分零件积压浪费。

(4) 配合件的表面粗糙度、形位公差保持原设计要求,不能随尺寸公差放大而放大。

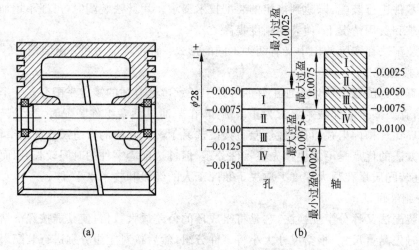

图 7.10　活塞与活塞销装配关系

表 7.3　活塞销与活塞销孔的分组尺寸

组别	活塞销直径/mm $d = 28^{0}_{-0.0025}$	活塞销孔直径/mm $D = 28^{-0.0050}_{-0.0075}$	配合情况		标志颜色
			最小过盈量/mm	最大过盈量/mm	
1	$\phi 28^{0}_{-0.0025}$	$\phi 28^{-0.0050}_{-0.0075}$			红
2	$\phi 28^{-0.0025}_{-0.0050}$	$\phi 28^{-0.0075}_{-0.0100}$	0.0025	0.0075	白
3	$\phi 28^{-0.0050}_{-0.0075}$	$\phi 28^{-0.0100}_{-0.0125}$			蓝
4	$\phi 28^{-0.0075}_{-0.0100}$	$\phi 28^{-0.0125}_{-0.0150}$			绿

　　分组装配方法因将零件公差放大,降低了加工成本,在不减小零件的制造公差的前提下而显著地提高装配精度,但它也存在一些缺点:需测量分组,增加了装配时间及量具损耗,增加了检验工时和费用,在对应组内的零件才能互换,因而可能会剩下多余的零件不能进行装配等,并造成零件的堆积。因此,该法只适用于成批或大量生产、装配精度高、配合件数少的情况,主要用以解决装配精度要求高、环数少(一般不超过 4 个环)的尺寸链的部件装配问题。

3. 修配装配法

　　当装配尺寸链中封闭环的精度要求很高且环数较多,采用上述各种装配方法都不适合时,可采用修配法。

　　修配法的实质是:为使零件易于加工,有意地将零件的公差加大。在装配时则通过补充机械加工或手工修配的方法,改变尺寸链中预先规定的某个组成环的尺寸,以达到封闭环所规定的精度要求。这个预先被规定要修配的组成环称为"补偿环"。

　　如果将尺寸中各组成环按经济公差 $\delta'_{A_1}, \delta'_{A_2}, \delta'_{A_3}, \cdots, \delta'_{A_{n-1}}$ 进行加工,则装配后的封闭环的实际变动量(以 Δ_N 表示)为

$$\Delta_N = \sum_{i=1}^{n-1} \delta'_{A_i} \qquad (7-2)$$

这时,装配后 Δ_N 将比允许变动量(规定的封闭环的公差 Δ_N)大,其差值 Δ_K 为

$$\Delta_K = \Delta_N - \delta_N = \sum_{i=1}^{n-1} \delta'_{A_i} - \delta_N \tag{7-3}$$

差值 Δ_K 称为"尺寸链的最大补偿量",即装配时的最大修配量。装配时,修配尺寸链中某一预先被规定作为补偿环的那个组成环的尺寸,以达到封闭环的精度要求。

用修配法解装配尺寸链时,一方面要保证各组成环有经济的公差,另一方面不要使补偿量 Δ_K 过大,以免造成修配工作量过大。此外,还必须选择容易加工的组成环作为补偿环。图 7.11 所示卧式车床装配中,为保证在竖直方向前后顶尖的精度 A_0,可选择底板 3 为修配件。

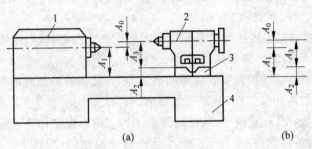

图 7.11 修配装配法
1—主轴箱;2—尾座;3—底板;4—床身

例3 普通车床主轴孔轴线与尾座套筒锥孔轴线对床身导轨的等高要求为 0~0.06mm(只许尾座高)。为简化计算,略去相关零件的同轴度误差,得到一个由 A_1、A_2、A_3 三个组成环组成的尺寸链,如图 7.11 所示。已知 $A_1 = 202$mm,$A_2 = 46$mm,$A_3 = 156$mm,用修配法进行装配,试确定修配环及其尺寸偏差。

解:

(1) 建立装配尺寸链

如图 7.11(b) 所示,其中 A_0 是封闭环,A_3、A_2 是增环,A_1 是减环。

$$A_0 = 0^{+0.06}_{0}$$

(2) 选择修配环

从图中可看出,尾座底板较小且易拆装,修刮尾座底板较为方便,故选 A_2 作修配环。

(3) 确定其他组成环的公差及偏差

A_1 和 A_3 两尺寸均采用镗模加工,根据经济加工精度取 $T_1 = T_3 = 0.1$mm,因 A_1、A_3 均是孔距尺寸,公差按对称原则标注,则 $A_1 = (202 \pm 0.05)$mm,$A_3 = (156 \pm 0.05)$mm。

(4) 确定修配环尺寸偏差

A_2 采用精刨加工,按所能达到的经济精度取 $T_2 = 0.14$mm。修配底板时使尺寸 A_2 变小,应先计算其下偏差(若修配环尺寸越修越大,则应先计算其上偏差),然后加上(或减去)其公差求出另一偏差。

由 $\mathrm{EI}_{A_0} = \mathrm{EI}_{A_2} + \mathrm{EI}_{A_3} - \mathrm{ES}_{A_1}$

得 $\mathrm{EI}_{A_2} = \mathrm{EI}_{A_0} - \mathrm{EI}_{A_3} + \mathrm{ES}_{A_1} = 0 - (-0.05) + 0.05\,\mathrm{mm} = 0.10\,\mathrm{mm}$

所以 $\mathrm{ES}_{A_2} = \mathrm{EI}_{A_2} + T_2 = (0.1 + 0.14)\,\mathrm{mm} = 0.24\,\mathrm{mm}$

所以　$A_2 = 46{}^{+0.24}_{+0.10}\,\text{mm}$

(5) 校核修配环尺寸

按照算出的修配环尺寸计算实际封闭环的最大尺寸 $A'_{0\max}$、最小尺寸 $A'_{0\min}$，看最小修配余量是否大于或等于零以及最大修配量是否过大？

$$A'_{0\max} = A_{2\max} + A_{3\max} - A_{1\min} = (46.24 + 156.05 - 201.95)\text{mm} = 0.34\text{mm}$$

$$A'_{0\min} = A_{2\min} + A_{3\min} - A_{1\max} = (46.10 + 155.95 - 202.05)\text{mm} = 0\text{mm}$$

与要求的 A_0 比较可知，当 A_2 和 A_3 做得最小、A_1 做得最大时，刚好能保证装配要求而不用修配；当 A_2 和 A_3 做得最大、A_1 做得最小时，可将 A_2 修去 $(0.34-0.06)\text{mm} = 0.28\text{mm}$ 而达到装配要求，最大修配量是 0.28mm。

考虑到车床总装时尾座底板与床身配合的导轨面必须配刮，取其最小修配量为 0.1mm，修正后 $A_2 = 46{}^{+0.34}_{+0.20}\,\text{mm}$，此时最大修配量是 0.38mm。

修配法的优点是：可以扩大组成环的制造公差，并且能够得到高的装配精度，特别对于装配技术要求很高的多环尺寸链，效果更为显著。

修配法的缺点是：没有互换性，装配时增加了钳工的修配工作量，需要技术水平较高的工人，由于修配工时难以掌握，不能组织流水生产等。因此，修配法主要用于单件小批生产中，在通常情况下，应尽量避免采用修配法，以减少装配中钳工工作量。

4. 调整装配法

调整法是将尺寸链中各组成环按经济精度加工，装配时，通过更换尺寸链中某一预先选定的组成环零件或调整其位置来保证装配精度的方法。调整法与修配法基本原理类似，都是应用补偿件的方法，但具体方法不同。调整法的实质是：装配时不是切除多余材料，而是改变补偿件的位置或更换补偿件来改变补偿环的尺寸，以达到封闭环的精度要求。装配时进行更换或调整的组成环零件叫调整件，该组成环称调整环。用调整法装配时，常用的补偿件有螺钉、垫片、套筒、楔子以及弹簧等。

根据调整方法的不同，调整法可分为可动调整法、固定调整法和误差抵消调整法 3 种。

1) 可动调整法

在装配时，通过调整、改变调整件的位置来保证装配精度的方法称为可动调整法。可动调整法不仅能获得较理想的装配精度，而且在产品使用中，由于零件磨损使装配精度下降时，可重新调整使产品恢复原有精度，所以该法在实际生产中应用较广。在调整过程中，不需拆卸零件，应用方便，能获得较高的装配精度。图 7.12 为可动调整法实例，图(a)是车床中滑板丝杠调整机构，通过调整螺钉使楔块上下移动来调整螺母与丝杠的轴向间隙；图(b)是用螺栓调整压盖的位置，实现轴承间隙的调整。

2) 固定调整法

在装配时，通过更换尺寸链中某一预先选定的组成环零件来保证装配精度的方法称为固定调整法。预先选定的组成环零件即调整件，需要按一定尺寸间隔制成一组专用零件，以备装配时根据各组成环所形成累积误差的大小进行选择，故选定的调整件应形状简单、制造容易、便于装拆。常用的调整件有垫片、套筒等。

如图 7.13 所示，根据对装配间隙 A_0 的要求，选择不同厚度的调整垫圈，来满足装配精度的要求。固定调整法常用于大批大量生产和中批生产中装配精度要求较高的多环尺寸链。

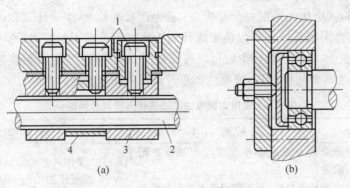

图 7.12　可动调整法实例

1—调整螺钉；2—丝杠；3—螺母；4—楔块

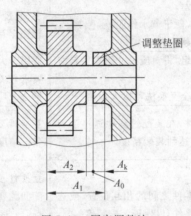

图 7.13　固定调整法

3）误差抵消调整法

在产品或部件装配时，通过调整有关零件的相互位置，使其加工误差相互抵消一部分，以提高装配的精度的方法称为误差抵消调整法。该方法在机床装配时应用较多，如在机床主轴装配时，通过调整前后轴承的径向跳动方向来控制主轴的径向跳动。

调整法装配有如下优点：可加大组成环的尺寸公差，使组成环各个零件易于制造；用可调整的活动补偿件（如上例所述调整螺钉）使封闭环达到任意精度；装配时不用钳工修配，工时易掌握，易于实现流水生产；在装配过程中，通过调整补偿件的位置或更换补偿件的方法来保证机器正常工作性能。

尽管调整装配法拥有众多优点，也存在缺点，由于存在补偿件，增加了装配尺寸链中组成环的数目，增加了机器的组成件数。调整法适用于封闭环精度要求高的尺寸链，或者在使用中零件因温升及磨损等原因其尺寸有变化的尺寸链。

7.2.5　装配方法的选用

在机械产品装配时，应根据产品的结构、装配精度要求、装配尺寸链环数的多少、生产类型及具体生产条件等因素合理选择装配方法（见表 7.4）。一般情况下，只要组成环的加工比较经济可行时,就应优先采用完全互换法;若生产批量较大,组成环又较多时应考虑采用不完全互换法;当采用互换法装配使组成环加工比较困难或不经济时,可考虑采用其他方法,如大批大量生产,组成环数较少时可以考虑采用分组装配法,组成环数较多时应采用调整法;单件小批生产常用修配法,成批生产也可酌情采用修配法。

表 7.4　常用装配方法的工艺特点及其适用场合

装配方法	工艺特点	适用场合
完全互换法	① 配合件公差之和小于或等于规定装配公差; ② 装配操作简单,便于组织流水作业和维修工作	互换性要求高;大批量生产中零件数较少、零件可用加工经济精度制造,或零件数较多但装配精度要求不高的场合
不完全互换法	① 配合件公差平方和的平方根小于或等于规定的装配公差; ② 装配操作简单,便于流水作业; ③ 会出现极少数超差件	互换性要求高;大批量生产中零件数略多、装配精度有一定要求,零件加工公差较完全互换法可适当放宽
分组选配法	① 零件按尺寸分组,将对应尺寸组零件装配在一起; ② 零件误差较完全互换法可以大数倍	适用于大批量生产中零件数少、装配精度要求较高又不便采用其他调整装置的场合
修配法	预留修配量的零件,在装配过程中通过手工修配或机械加工,达到装配精度	互换性要求低;用于单件小批量生产中装配精度要求高的场合
调整法	装配过程中调整零件之间的相互位置,或选用尺寸分级的调整件,以保证装配精度	互换性要求低;可动调整法多用于对装配间隙要求较高并可以设置调整机构的场合;固定调整法多用于大批量生产中零件数较多、装配精度要求较高的场合

7.3　装配工艺规程

　　装配工艺规程是用文件形式规定下来的装配工艺过程。装配工艺规程对装配工作的重要性等同于机械加工中的加工工艺规程,是指导装配工作的技术文件,也是装配生产计划及技术准备的主要依据,又是设计或改建装配车间的基本文件。

7.3.1　拟定装配工艺规程的依据和原始资料

1. 拟定装配工艺规程的依据

　　拟定装配工艺规程时,必须考虑几个原则:
　　(1) 产品质量应能满足装配技术要求;
　　(2) 钳工修配工作尽可能减到最少,以缩短装配周期;
　　(3) 装配成本低;

（4）单位车间面积的生产率最高；

（5）充分使用先进的设备和工具。

2. 拟定装配工艺规程的原始资料

拟定装配工艺规程时，必须根据产品的特点和要求、生产规模和工厂具体情况来进行，不能脱离实际。因此，必须掌握足够的原始资料，主要的原始资料如下：

（1）产品的总装图、部件装配图以及主要零件的工作图（施工图）；

（2）产品验收技术条件；

（3）所有零件的明细表；

（4）工厂生产规模和现有生产条件；

（5）同类型产品工艺文件或标准工艺等参考资料。

通过对产品总装图、部装图和主要零件图的分析，可以了解产品每一部分的结构特点、用途和工作性能，了解各零件的工作条件以及零件间的配合要求，从而在装配工艺规程拟定时，采用必要措施，使之完全达到图纸要求。分析装配图还可以发现产品结构的装配工艺性是否合理，并提出改进产品设计的建议。

产品的验收技术条件是机器装配中必须保证的。熟悉验收技术条件，是为了更好地采取措施，使制定的装配工艺规程更加合理，达到预定的装配质量要求。生产规模和工厂条件，决定了装配组织形式和装配方法以及采用的装配工具。

7.3.2 装配工艺规程的内容及其拟定步骤

1. 装配工艺规程的内容

装配工艺规程是组织和指导生产过程的技术文件，也是工人进行装配工作的依据。因此，它必须包含以下几个方面内容：

（1）合理的装配顺序和装配方法；

（2）装配组织形式；

（3）划分装配工序和规定工序内容；

（4）选择装配过程中必需的设备和工夹具；

（5）规定质量检查方法及使用的检验工具；

（6）确定必需的工人等级和工时定额。

2. 拟定装配工艺规程的步骤

（1）分析研究装配图及技术要求。从中了解机器的结构特点，查明尺寸链和确定装配方法，选择解尺寸链的方法。

（2）确定装配的组织形式。根据生产规模和产品的结构特点，就可以确定装配组织形式。例如，大批量生产的中、小型机器，可采用移动式装配流水线；小批生产的中型机器，可采用固定式装配流水线。

（3）确定装配顺序，也就是确定装配过程，安排套件、组件和部件等装配单元装配的先后次序。

（4）划分工序和确定工序内容。在划分工序时必须注意：前一工序的活动应保证后一工序能否顺利地进行，应避免有妨碍后一工序进行的情况，采用移动式流水线装配时，工序的划分必须符合装配节拍的要求。

（5）选择装配工艺所需的设备和工夹具。应根据产品的结构特点和生产规模，尽可能地选用最先进的合适的装配工夹具和设备。

（6）确定装配质量的检验方法及检验工具。

（7）确定工人等级及工时定额。应根据工厂具体情况和实际经验及统计资料来确定工人等级和制定工时定额。

（8）确定产品、部件和零件在装配过程中的起重运输方法。

（9）编写装配工艺文件。在单件及小批生产中，通常只需绘制装配系统图（见图7.2及图7.14），装配时，按产品装配图及装配系统图进行。成批生产时，通常还需制订装配工艺过程卡（见表7.5），过程卡是为整台机器而编写，它包括完成装配工艺过程所必需的一切资料，如工序次序、简要工序内容、设备名称、工夹具名称与编号、工人技术等级和时间定额等项目。在大批大量生产中，不仅要制订工艺过程卡，而且还要制订装配工序卡（见表7.6）和操作指导卡等。装配工序卡及操作指导卡是专为某一个较复杂的装配工序或检验工序而编写的，它包括完成此工序的详细操作指示。

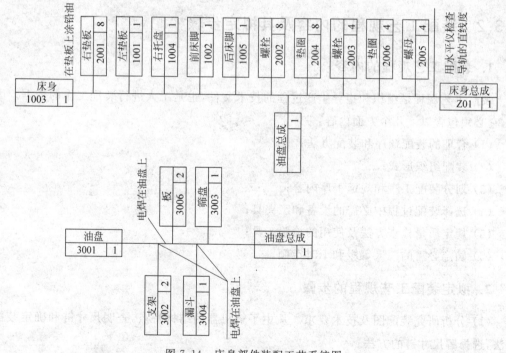

图7.14　床身部件装配工艺系统图

（10）确定产品的试验方法并拟定试验大纲。按产品图样要求，制订装配检验及试验卡（见表7.7）。

表 7.5　装配工艺过程卡

（厂名全称）	装配工艺过程卡片		产品型号		零件图号			
			产品名称		零件名称		共　页	第　页
工序号	工序名称	工序内容		装配部门	设备工艺装备	辅助材料		工时定额（min）

描图			
描校			
底图号			
装订号			

									设计（日期）	审核（日期）	标准化（日期）	会签（日期）
标记	处数	更改文件号	签字	日期	标记	处数	更改文件号	签字	日期			

表 7.6　装配工序卡片

（厂名全称）	装配工艺卡片		产品型号		零件图号			
			产品名称		零件名称		共　页	第　页
工序号	工序名称		车间	工段	设备		工序工时	

工步号	工步内容	工艺装备	辅助材料	工时定额（min）

描图			
描校			
底图号			
装订号			

									设计（日期）	审核（日期）	标准化（日期）	会签（日期）
标记	处数	更改文件号	签字	日期	标记	处数	更改文件号	签字	日期			

表 7.7　检查卡片

(厂名全称)	装配工艺卡片		产品型号		零件图号				
			产品名称		零件名称			共　页	第　页
工序号	工序名称	车间	检验项目	技术要求	检测手段	检验方案	检验操作要求		
			简图						
描图									
描校									
底图号									
装订号									
					设计 (日期)	审核 (日期)	标准化 (日期)	会签 (日期)	
标记	处数	更改文件号	签字	日期	标记	处数	更改文件号	签字	日期

3. 确定装配工序顺序的原则

装配工序顺序基本上是由机器的结构特点和装配形式决定的。可以按照由下部到上部、由固定件到运动件、由内部到外部等规律来安排装配顺序。在确定装配工序顺序时应遵循以下原则:

(1) 预处理工序先行。如零件的去毛刺、清洗、防锈、涂装、干燥等应先安排,在装配前进行。

(2) 先基础后其他。为使产品在装配过程中重心稳定,应先进行基础件及重大件的装配。装配顺序总是先确定一个零件作为基准件,然后将其他零件依次装到基准件上去,也就是先下后上,自下而上。例如,柴油机的总装顺序总是以机座为基准件,其他零件(或部件)逐次往上装。

(3) 先难后易。先安排精密件、复杂件等装配难度大的零部件,后装配简单件、一般件。这样便于集中技术力量进行技术攻关,保证装配精度,合理利用设备及工艺装备,利于实施并行工程,节省时间,减少窝工,提高生产效率。

(4) 先内后外。刚开始装配时基础件内的空间较大,便于安装、调整和检测,避免前面工序妨碍后续工序的操作,做到前后工序互不影响、互不妨碍。

(5) 先进行易破坏后续装配质量的工作。将容易破坏装配质量的工序(如需要敲击、加压、加热等的装配)安排在前面,以免操作时破坏前工序的装配质量。

(6) 需重点防护的物件后行。易燃、易碎、易爆及有毒部件的装配尽可能放在最后,以减少安全防护工作。

检验、试运转、油漆、包装等为装配后的工作内容。

7.3.3 装配结构工艺性

机器的装配工艺性指的是零件结构是否方便装配和维修。装配结构工艺性对于产品的整个生产过程有很大影响。它是评定机器设计好坏的标志之一,装配过程的难易、劳动量的多少、成本的高低、装配周期的长短以及机器使用质量是否良好,在很大程度上取决于装配结构工艺性。为此,应考虑以下几个方面。

1. 将结构分拆成若干个独立的装配单元

为了多快好省地装配机器,必须最大限度缩短装配周期,而把机器分成若干个装配单元是缩短装配周期的基本措施。因为机器分拆成若干个装配单元后,可以在装配工作中组织平行装配作业,扩大装配工作面,而且能使装配按流水线组织生产。同时,各装配单元能预先调整试验。各部分能以较完善的状态送去总装,有利于保证机器的最终质量。

以机床生产为例,一般机床都是由若干个部件组成,如普通车床由床头箱、进给箱、溜板箱、刀架、尾架和床身等部件组成。在装配时可以对各部件(装配单元)平行进行装配,而互不干扰。这些独立的部件,装配好之后,便可到专门的试验台上试车和试验,合格后送去进行总装配。

图 7.15 所示传动轴系的结构,图(a)中齿轮直径大于轴承外径,必须先放入箱体内,再逐个将轴和其他零件装上;图(b)齿轮直径小于轴承外径,且轴上零件自左向右,其外径尺寸逐步递减。这样,轴系各零件就可以轴为基础件组成一个独立组件,作为一个独立的装配单元,可以单独进行检验和调试,更好地保证总装质量,减少装配时间。

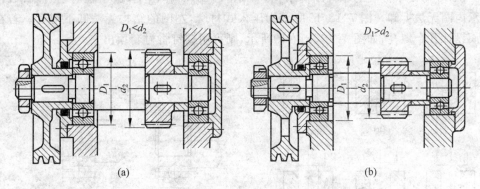

图 7.15 传动轴的装配工艺性

将机器分拆成若干独立装配单元,除上述优点外,还有:

(1) 便于部件规格化、系列化和标准化,并可减少劳动量,提高装配生产率和降低成本。

(2) 有利于机器质量不断的改进和提高。这对重型机器尤为重要,因为它们寿命周期较长,不会轻易报废,在使用过程中需加以改进。若机器具有独立装配单元,则改进起来很方便。

(3) 便于协作生产。可由各专业工厂分别生产独立单元,然后再集中进行装配。

(4) 给重型机械包装运输带来很大方便。

(5) 装配工作中,可在组织平行装配作业基础上安排流水作业生产。

（6）各独立装配单元可预先进行调整实验，各部分以比较完善状态进入总装，有利于保证产品质量和总装顺利进行。

2. 尽量减少装配时的修配和机械加工

装配时的修配工作，不仅要求技术高，而且多半是手工操作，既费工又难以确定工作量，即使采用机械修配，也不利于装配流水作业，延长了装配周期。因此，在结构设计中就应考虑到如何将装配时的修配工作减少到最低限度。图7.16为两个零件配合，在轴向具有两个结合面，为保证两个零件在同一方向两个结合面同时接触的办法只有两个：一是提高零件的轴向尺寸精度，增加加工成本；二是装配时现场修磨，增大装配工作量。因此，同一方向只能有一个接触表面，图7.16(a)不合理，图7.16(b)为合理的结构。

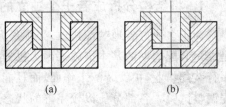

图7.16　两个零件在同一方向的结合面

3. 尽量使装配和拆卸方便

设计机器结构时，必须考虑装配工作简单方便。零件的结构应便于装配和维修时的拆装。如图7.17(a)左图结构无透气口，销钉孔内的空气难于排出，故销钉不易装入。改进后的结构如图7.17(a)右图。在图7.17(b)中为保证轴肩与支承面紧贴，可在轴肩处切槽或孔口处倒角。

在图7.17(c)中，左图螺钉装配空间太小，螺钉装不进。改进后的结构如图7.17(c)右图。

图7.18为便于拆装的零件结构示例。在图7.18(a)左图中，由于轴肩超过轴承内圈，故轴承内圈无法拆卸。图7.18(b)所示为压入式衬套，左图的结构无法卸下衬套。若在外壳端面设计几个螺孔，如图7.18(b)右图所示，则可用螺钉将衬套顶出。

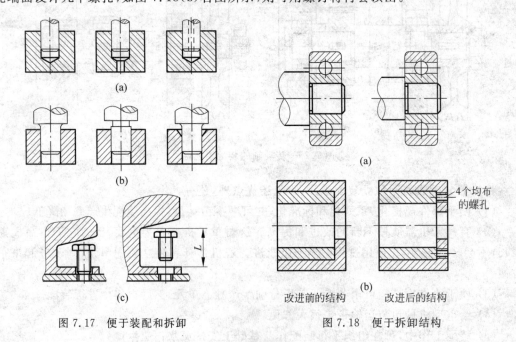

图7.17　便于装配和拆卸　　　　　图7.18　便于拆卸结构

综上所述，一般装配和维修对零件结构工艺性的要求主要包括：能够组成单独的部件或装配单元、应具有合适的装配基面、考虑装配和拆卸的方便性、考虑设备维护的方便性、选择合理的调整或补偿环以及尽量减少修配工作量等。表 7.8 为便于装配操作和调整的图例。

表 7.8 便于装配操作和调整的图例

序号	改 进 前	改 进 后	说 明
1	(a)	(b)　　　　(c)	改进前装配困难。图（b）开工艺孔较好；图（c）更好
2	(a)	(b)　　　　(c)	改进前空气无法排出，装配困难。可改为图（b）的通孔或图（c）的排气孔结构
3			铰链螺栓机构不便拆卸。改进后可直接拆卸，可作为一独立组件装配
4			轴承内圈外径应大于轴肩，以便拆卸
5			圆锥滚子轴承外圈内锥的小端直径应小于箱体的靠肩通孔直径，以便拆卸

续表

序号	改　进　前	改　进　后	说　明
6		15°～30°	锥销应有倒角，便于压入
7			改进前轴承座 2 两段外圆柱面须同时进入壳体 1 的相配孔；改进后可以先后进入，装配容易
8			缸盖采用螺纹连接，不能保证同轴度；应改成有配合要求的光孔
9		a　b	对于有相对位置要求的，应设置调整环节。为保证锥齿轮装配要求，设置调整环 a、b

本章小结及学习要求

　　装配是按规定的技术要求将零、部件进行配合连接的工艺过程，合理的产品结构有助于装配的组织实施。互换装配、分组装配、修配装配和调整装配是保证装配精度的常用工艺方法，应根据不同情况合理选择及完成相应尺寸链计算。大批量生产情况下，应制定严格的装配工艺规程，规程的制定按相应的原则和步骤进行。学习本章，重点掌握以下内容：

（1）熟悉装配的概念及内容；

（2）掌握装配精度的含义；

（3）掌握装配尺寸链的建立及计算方法；

（4）掌握保证装配精度的 4 种装配法的本质、特点及应用场合；

（5）了解装配工艺规程设计的基本思路和设计步骤；

（6）了解装配对结构工艺性的要求。

习题与思考题

7-1 何谓零件、组件和部件？何谓机器的总装配？

7-2 什么叫装配单元？为什么要把机器分成许多独立的装配单元？

7-3 何谓装配精度？包括哪些内容？影响装配精度的主要因素是什么？

7-4 装配尺寸链是如何形成的？

7-5 保证装配精度的方法有哪些？在装配精度高、产量大、组成环数目多时，应采用何种装配方法？

7-6 何为分组装配法？使用该法应注意哪些问题？

7-7 有一轴、孔配合，配合间隙为（+0.04～+0.26）mm，已知轴的尺寸为 $50_{-0.1}^{0}$ mm，孔的尺寸为 $50_{0}^{+0.02}$ mm，用完全互换法进行装配，能否保证装配精度？

7-8 完全互换法、不完全互换法、分组互换法、修配装配法、调整装配法各有什么特点？各应用于什么场合？

7-9 试述调整装配法的基本原理。常见的调整方法有哪 3 种？

7-10 一装配尺寸链如图 7.19 所示，按等公差分配，用极值法求出各组成环公差并确定上下偏差。

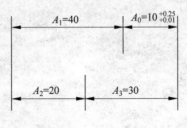

图 7.19 习题 7-10 图

7-11 一批工件，有 10 000 件，轴与孔的配合间隙要求为 −0.03～0.07mm。加工后发现轴的外圆直径 $\phi(11\pm0.03)$mm，孔直径为 $\phi(11\pm0.04)$mm，均按正态分布，试求装配后不合格品的件数。（要求使用概率法求解尺寸链）

7-12 在查找装配尺寸链时，应遵循什么原则？当大量生产且组成环数目较多时应用什么法解尺寸链？

7-13 有一对 $\phi10$ 轴与孔的配合偶件，配合间隙要求为 0.025～0.030mm，现采用分组装配法装配,假定轴与孔的经济精度均为 6 级,试确定分组数目及扩大后的尺寸偏差,并绘图表示装配关系。

7-14　试述制订装配工艺规程的主要内容及步骤。

7-15　确定装配顺序的原则是什么?

7-16　何为装配结构工艺性? 装配和维修对零件结构工艺性的主要要求有哪些?

现代制造技术

内容提要：为适应现代机械产品"高、精、尖、细"的需要及微电子技术和计算机技术的发展，以提高机械产品生产效率和加工质量为主要目标，出现了一系列先进制造技术和生产模式。本章主要介绍特种加工技术、增材制造技术（3D 打印）、精密加工与细微加工技术、绿色制造及少无切削加工、智能制造等内容。

8.1 特 种 加 工

8.1.1 特种加工的概念

1. 特种加工的出现

特种加工是指直接利用电能、热能、电化学能、光能、声能、化学能以及特殊机械能对材料进行加工。

20 世纪 40 年代，苏联科学家拉扎连柯夫妇研究开关触点遭受火花放电腐蚀损坏的现象和原因，发现电火花的瞬时高温可使局部的金属熔化、气化而被腐蚀掉，开创和发明了电火花加工。后来，由于各种加工技术的不断应用，产生了多种有别于传统机械加工的新加工方法。这些新加工方法从广义上定义为特种加工（non-traditional machining，NTM），也被称为非传统加工技术。

2. 特种加工的特点

与传统的机械加工相比，特种加工的不同点有以下几方面。

(1) 不是主要依靠机械能，而是主要用其他能量（如电、化学、光、声、热等）进行加工。

(2) 加工过程中工具和工件之间不存在显著的机械切削力。因此可加工细微表面（如窄缝和小孔）和柔性零件（如细长件、薄壁件和弹性元件等），能获得较好的表面质量，热应力、残余应力、冷作硬化、热影响区以及毛刺均较小。

(3) 加工的难易与工件硬度无关，刀具硬度可以低于工件硬度。因此，可加工超硬的、耐热的、高熔点的金属以及软的、脆的非金属材料。

(4) 能用简单的运动加工复杂的型面。使得工件与工具之间的运动简单，可以简化特种加工所用的机床传动系统。

由于具有上述特点，理论上特种加工可以加工任何硬度、强度、韧性、脆性的金属或非金属材料，且专长于加工复杂、微细表面和低刚度的零件。

3. 特种加工解决的问题

特种加工技术在国际上被称为 21 世纪的技术,对新型机械设备的研制和生产,起到举足轻重的作用。随着新型机械设备的发展,国内外对特种加工技术的需求日益迫切。不论飞机、导弹,还是其他作战平台都要求降低结构重量,提高飞行速度,增大航程,降低燃油消耗,达到战技性能高、结构寿命长、经济可承受性好的各项指标。武器系统和作战平台都要求采用整体结构、轻量化结构、先进冷却结构等新型结构,以及钛合金、复合材料、粉末材料、金属间化合物等新材料。为此,需要采用特种加工技术,以解决武器装备制造中用常规加工方法无法实现的加工难题。此外,特种加工在工具、模具等行业也有广泛的应用,主要用于解决下列三类问题。

(1) 难加工材料的加工。如钛合金、耐热不锈钢、高强钢、复合材料、工程陶瓷、金刚石、红宝石、硬化玻璃等高硬度、高脆性、高韧性、高强度、高熔点材料。

(2) 难加工零件的加工。解决特殊复杂表面和低刚度零件的加工问题,如复杂零件三维型腔、型孔、群孔和窄缝等的加工,薄壁零件、弹性元件等零件的加工。

(3) 超精、光整及具有特殊要求的表面加工。此外,利用特种加工中的高能量密度束流,可以实现焊接、切割、制孔、喷涂、表面改性、刻蚀和精细加工。

4. 特种加工的分类

特种加工的分类还没有明确的规定,一般按能量来源和作用形式以及加工原理可分为表 8.1 所示的形式。

表 8.1　常用特种加工方法的分类

加工方法		主要能量形式	作用形式
电火花加工	电火花成形加工	电能、热能	熔化、气化
	电火花线切割加工	电能、热能	熔化、气化
电化学加工	电解加工	电化学能	金属离子阳极溶解
	电解磨削	电化学能、机械能	阳极溶解、磨削
	电解研磨	电化学能、机械能	阳极溶解、研磨
	电铸	电化学能	金属离子阴极沉淀
	涂镀	电化学能	金属离子阴极沉淀
高能束加工	激光束加工	光能、热能	熔化、气化
	电子束加工	光能、热能	熔化、气化
	离子束加工	电能、机械能	切蚀
	等离子弧加工	电能、热能	熔化、气化
物料切蚀加工	超声加工	声能、机械能	切蚀
	磨料流加工	机械能	切蚀
	液体喷射加工	机械能	切蚀
化学加工	化学铣削	化学能	腐蚀
	化学抛光	化学能	腐蚀
	光刻	光能、化学能	光化学腐蚀
复合加工	电化学电弧加工	电化学能	熔化、气化腐蚀
	电解电化学机械磨削	电能、热能	离子溶解、熔化、切割

5. 特种加工的意义

(1) 提高了材料的可加工性；

(2) 试制新产品时可以省去刀、夹、模具设计制造的时间及费用；

(3) 改变了零件的典型工艺路线；

(4) 对零件结构工艺性的评价标准要重新衡量。

8.1.2　电火花加工

电火花加工是利用电能和热能进行加工的方法，国外称为放电加工。

1. 电火花加工原理

电火花加工的原理是利用工具和工件(正、负电极)之间脉冲性火花放电时的电腐蚀现象来去除多余的金属，以达到对零件尺寸、形状和表面质量的要求。

如图 8.1 所示，加工时工具电极 2 和工件电极 3 浸在绝缘工作液 4(常用煤油和去离子水等)中。将脉冲电压加至两电极间，并使工具电极向工件电极逐渐靠拢，当两电极间达到一定距离时，极间电压将在某一最接近点处使绝缘介质被击穿而电离。电离后的电子和正离子在电场力的作用下，向着相反极性的电极做加速运动，最终轰击电极(工件)，形成了放电通道，同时产生大量热，瞬时高温可达 10 000℃以上，使放电点周围的金属迅速熔化和汽化，将熔化的金属屑抛离工件表面，在工件的表面就形成一个微小、带电、凸边的凹坑，至此，完成了一次脉冲放电。如此不断地进行放电腐蚀，工具电极持续向工件进给，只要维持一定的放电间隙，就会在工件表面上腐蚀出无数微小的圆形凹坑，放电过程多次重复进行(每秒钟几万次)，随着工具电极不断进给，材料逐渐被蚀除，工具电极的轮廓开始复印在工件上。

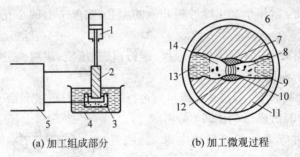

(a) 加工组成部分　　　　(b) 加工微观过程

图 8.1　电火花加工原理

1—自动进给；2—工具；3—工件；4—煤油；5—脉冲电源；6—阴极；

7—从阴极上抛出金属的区域；8—熔化金属微粒；9—在工作液中凝固的区域；

10—放电通道；11—阳极；12—从阳极上抛出金属的区域；13—工作液；14—气泡

2. 电火花加工的条件

电火花加工必须满足下列 3 个条件：

(1) 工具电极与工件被加工表面保持一定的间隙;

(2) 火花放电必须是脉冲性放电;

(3) 放电必须在一定绝缘性液体介质中进行。

为了保持工具和工件之间合适的间隙(间隙过大,两极间电压不能击穿极间介质;间隙过小则易短路,都不能产生所需的火花放电),目前电火花加工机床上都采用计算机自动调整间隙的伺服进给系统。为了减少工具电极的损耗,采用紫铜和石墨作电极。当采用高频脉冲电源时,工件接正极;当采用低频脉冲电源时,工件接负极。

3. 电火花加工的特点

(1) 可以加工任何硬、脆、软、韧、高熔点的导电材料,而且在一定条件下还可加工半导体材料和非导体材料。

(2) 加工时无切削力,有利于窄槽、小孔、薄壁以及各种复杂形状型孔、型腔的加工,特别有利于低刚度零件和精密、细微表面的加工。

(3) 由于脉冲放电持续时间很短,工件加工表面几乎不受热影响,不会产生热变形,故尤其有利于加工热敏性材料。

(4) 由于脉冲参数可以任意调节,加工中只要更换工具电极或采用阶梯形电极,就可在同一台机床上通过改变电压、电流、脉宽和脉间等参数连续进行粗、半精和精加工。一般电火花加工的尺寸精度可达 0.01mm,表面粗糙度值为 Ra 0.8μm。

(5) 直接使用电能加工,便于实现自动控制和加工自动化。

(6) 与切削加工相比,生产效率较低。加工质量和加工效率是一对矛盾,要保证加工质量则加工速度很慢;要提高加工速度则加工质量较差。

(7) 工具电极有损耗,影响成形精度,型腔最小角部半径也不能太小。

4. 电火花加工的应用

(1) 电火花穿孔:常用于加工冷冲模凹模的型孔,喷丝头上的小孔、微孔,以及弯孔、螺旋孔等。

(2) 电火花型腔加工:常用于加工锻模、压铸模、挤压模、注射模、胶木模等的型腔以及叶片和整体式叶轮的曲面等。

(3) 电火花线切割加工:通过往复或单向运行的线状工具电极和沿 x、y 坐标移动的工件间的电火花加工,切割出成形的工件(见图 8.2)。在线状电极 4 和工件 5 之间接通脉冲电源 6。线状电极事先穿过工件上预钻好的一个小孔,经导轮 3 由储丝筒 1 带动走丝。放置工件 5 的工作台在 x、y 两个坐标方向分别安装有步进电动机或伺服电动机 2,由计算机数控按预先编好的程序作轨迹运动,于是工件被割出所需的形状。电火花线切割加工多用于切割冲裁模的凹模和凸模、样板、成形刀具以及窄缝、栅网和形状复杂的各种平面成形件。

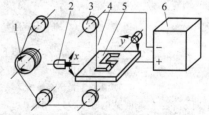

图 8.2　电火花线切割加工原理

1—储丝筒;2—步进电动机或伺服电动机;
3—导轮;4—线状电极;5—工件;6—脉冲电源

8.1.3 电化学加工

电解加工与电铸加工是利用电化学能进行加工的方法,统称为电化学加工。

1. 电化学加工原理

图 8.3 所示为电化学加工的原理。两片金属铜(Cu)板浸在导电溶液(氯化铜($CuCl_2$)的水溶液)中,此时水(H_2O)离解为氢氧根负离子 OH^- 和氢正离子 H^+,$CuCl_2$ 离解为两个氯负离子 $2Cl^-$ 和二价铜正离子 Cu^{2+}。当两个铜片接上直流电形成导电通路时,导线和溶液中均有电流流过,在金属片(电极)和溶液的界面上会有交换电子的反应。溶液中的离子将作定向移动,Cu^{2+} 正离子移向阴极,在阴极上得到电子而进行还原反应,沉积出铜。在阳极表面铜原子失掉电子而成为 Cu^{2+} 正离子进入溶液。溶液中正、负离子的定向移动称为电荷迁移。在阳、阴电极表面发生得失电子的化学反应称为电化学反应。这种利用电化学反应原理对金属进行加工的方法即电化学加工。

2. 电解加工及其应用

1) 电解加工

电解加工是利用金属在电解液中的"电化学阳极溶解"来将工件成形的。如图 8.4 所示,在工件(阳极)与工具(阴极)之间接上直流电源,使工具阴极与工件阳极间保持较小的加工间隙($0.1\sim0.8$mm),间隙中通过高速流动的电解液。这时,工件阳极开始溶解。开始时,两极之间的间隙大小不等,间隙小处电流密度大,阳极金属去除速度快;而间隙大处电流密度小,去除速度慢。

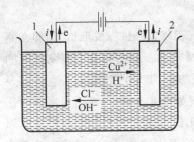

图 8.3 电化学加工原理图
1—阳极;2—阴极

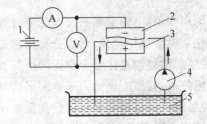

图 8.4 电解加工原理图
1—直流电源;2—工具阴极;3—工件阳极;4—电解液泵;5—电解液

随着工件表面金属材料的不断溶解,工具阴极不断地向工件进给,溶解的电解产物不断地被电解液冲走,工件表面也就逐渐被加工成接近于工具电极的形状,如此下去直至将工具的形状复制到工件上。

2) 电解加工的特点

电解加工与其他加工方法相比较,具有下列特点:

(1) 能加工各种硬度和强度的材料。只要是金属,不管其硬度和强度多大,都可加工。

(2) 生产率高,为电火花加工的 $5\sim10$ 倍,在某些情况下,比切削加工的生产率还高,且加工生产率不直接受加工精度和表面粗糙度的限制。

(3) 表面质量好,电解加工不产生残余应力和变质层,又没有飞边、刀痕和毛刺。在正常情况下,表面粗糙度值可达 $Ra\ 1.25\sim0.2\mu m$。

(4) 阴极工具在理论上不损耗,基本上可长期使用。

(5) 电解加工当前存在的主要问题是加工精度难以严格控制,尺寸精度一般只能达到 $0.15\sim0.30mm$。此外,电解液对设备有腐蚀作用,电解液的处理也较困难。

3) 电解加工的应用

目前,电解加工主要应用于深孔加工,如枪筒、炮筒的膛线以及花键孔等型孔加工;还可用于成形表面的加工,如模具型腔、涡轮叶片等;以及管件内孔抛光、各种型孔的倒圆和去毛刺、整体叶轮的加工等方面。图 8.5 所示为微细电解加工的整体叶片。

图 8.5　微细电解加工的整体叶片

3. 电铸加工

与电镀原理相似,电铸成形利用电化学过程中的阴极沉积现象来进行成形加工,即在原模上通过电化学方法沉积金属,然后分离以制造或复制金属制品。但电铸与电镀又有不同之处,电镀时要求得到与基体结合牢固的金属镀层,以达到防护、装饰等目的。而电铸则要电铸层与原模分离,其厚度也远大于电镀层。电铸加工原理如图 8.6 所示,在直流电源的作用下,金属盐溶液中的金属离子在阴极获得电子而沉积在阴极母模的表面。阳极的金属原子失去电子而成为正离子,源源不断地补充到电铸液中,使溶液中的金属离子浓度保持基本不变。当母模上的电铸层达到所需的厚度时取出,将电铸层与型芯分离,即可获得型面与型芯凹、凸相反的电铸模具型腔零件的成形表面。

电铸具有如下特点:

(1) 复制精度高,可以做出机械加工不可能加工出的细微形状(如微细花纹、复杂形状等),表面粗糙度值可达 $Ra\ 0.1\mu m$,一般不需抛光即可使用。

(2) 母模材料不限于金属,有时还可用制品零件直接作为母模。

(3) 表面硬度可达 $35\sim50HRC$,所以电铸型腔使用寿命长。

(4) 电铸可获得高纯度的金属制品。如电铸铜,纯度高,具有良好的导电性能,十分有利于电加工。

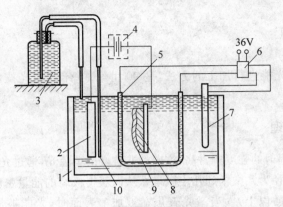

图 8.6　电铸加工原理图

1—镀槽；2—阳极；3—蒸馏水瓶；4—直流电源；5—加热管；

6—恒温装置；7—温度计；8—母模；9—电铸层；10—玻璃管

（5）电铸时，金属沉积速度缓慢，制造周期长。如电铸镍，一般需要一周左右。

（6）电铸层厚度不易均匀，且厚度较薄，仅为 $4\sim8\mathrm{mm}$。电铸层一般都具有较大的应力，所以大型电铸件变形显著，且不易承受大的冲击载荷。这样，就使电铸成形的应用受到一定的限制。

4. 涂镀加工

涂镀也称为电刷镀，又称无槽电镀，是一种在工件的某些表面上应用电化学原理快速沉积金属离子的修复工艺。电刷镀原理见图 8.7，其原理是将专用的直流电源负极接到工件 1 上，正极与刷镀笔 5 连接，刷镀笔 5 的石墨极上包裹着棉套；将棉套上蘸有金属刷镀液的刷镀笔 5 在被镀工件（阴极）上移动（即涂抹）；在电场力的作用下，使刷镀液中的合金离子沉积在工件表面上。这种方法适合对零件的某些部位进行修复。

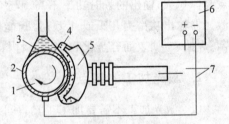

图 8.7　电刷镀原理的示意图

1—工件（接阴极）；2—刷镀层；3—刷镀液；

4—阳极包套；5—刷镀笔；6—电源；7—导线

电刷镀具有如下优点：

（1）适用范围广。电刷镀不需要电镀槽，不受工件尺寸的限制；可以刷镀不同金属或合金的镀层，同一种金属也可获得不同性能的镀层。

（2）镀层质量好。电刷镀的镀层与金属基体（零件表面）结合强度较高，对于难于焊接的部位和热处理层也可以进行刷镀。镀层具有耐磨、防腐和抗氧化的性能。电刷镀后，工件的形状和金相组织不发生改变。

（3）经济效益高。电刷镀的金属层可以控制在 $0.01\mathrm{mm}$ 的范围以内，镀后无须机械加工，特别适于修复精密零件，广泛用于修复各类金属零件，如修复磨损的零件表面、改善零件表面层的质量等。

8.1.4　激光加工

激光加工是利用光能进行加工的方法,是 20 世纪 60 年代激光技术发展以后形成的一种新的加工方法。

1. 激光加工原理

激光是一种受激辐射的强度非常高、方向性非常好的单色光,通过光学系统可以使它聚焦成一个极小的光斑(直径为几微米到几十微米),从而获得极高的能量密度($10^7 \sim 10^{10}$ W/cm²)和极高的温度(10 000℃以上)。当激光聚焦在被加工表面时,光能被加工表面吸收并转换成热能,使工件材料在千分之几秒时间内熔化和气化或改变物质性能,以达到加工或使材料局部改性的目的。

图 8.8 为激光加工机示意图。典型的激光加工机主要包括激光器、光源、光学系统和机械系统部分。

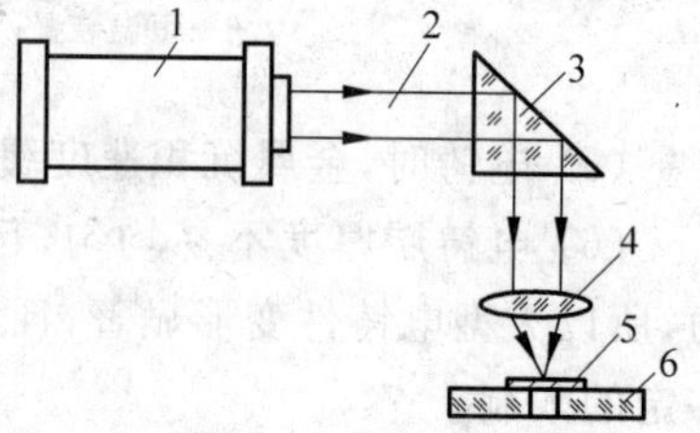

固体激光器具有输出能量较大、峰值功率高、结构紧凑、牢固耐用、噪声小等优点;但其能量效率低,YAG 为 1%～2%。目前固体激光器输出功率为几百瓦到几千瓦,用于打孔、刻线、切割和焊接等场合。

图 8.8　激光加工示意图

1—激光器;2—激光束;3—全反射棱镜;
4—聚焦物镜;5—工件;6—工作台

CO_2 激光器具有能量效率高(可达 20%～25%)、工作物质 CO_2 来源丰富、结构简单、造价低廉等优点;但缺点是体积大、输出的瞬时功率不高、噪声较大。目前 CO_2 激光器输出功率为几千或几万瓦,既能连续工作,又能脉冲工作,用于金属热处理、钢板切割、焊接、金属表面合金化和难加工材料的加工等方面。

2. 激光加工的特点

(1) 激光加工不需要加工工具,所以不存在工具损耗问题,同时也不存在断屑、排屑的麻烦,这对高度自动化的生产系统非常有利。

(2) 激光加工功率密度高,因而几乎能加工所有的材料(不像电火花加工和电解加工要求加工材料具有导电性),如金属、陶瓷、石英、金刚石、橡胶等。即使是玻璃等透明材料,在采取色化和打毛措施后仍能加工。

(3) 因激光能聚焦成极细的光束,所以能加工深而小的微孔和窄缝(直径或宽度仅几微米),适合于精微加工。

(4) 激光加工速度快,效率高,热影响区小,加工精度高(孔的尺寸精度可达±3μm)。

(5) 激光加工不存在明显的切削力,可加工低刚度的薄壁零件。

(6) 激光可透过透明材料(如玻璃)对工件进行加工,这对某些特殊情况(如工件只能在真空环境中加工)十分方便。

(7) 激光加工机技术高精、复杂,但设备价格昂贵。

3. 激光加工的应用

（1）激光打孔。激光打孔是激光加工中应用最广的一种。激光打孔速度快、效率高，可打很小的孔和在超硬材料上打孔。目前已应用于柴油机喷油嘴和化学纤维喷丝头上打孔（ϕ100mm 喷丝头有 1.2 万个直径 0.06mm 的小孔）、钟表钻石轴承和仪表宝石轴承上打孔以及金刚石拉丝模上打孔等。

（2）激光切割。激光切割时工件要移动。为了提高切割速度，大多采用重复频率较高的脉冲激光器或连续振荡的激光器。

（3）激光雕刻。激光雕刻所需能量密度较低，安装工件的工作台由二维数控系统传动。激光雕刻多用于印染行业及工艺美术行业。

（4）激光焊接。激光焊接所需能量密度也较低，只需使被焊工件在焊接处局部熔化，使两者结合在一起即可。焊接迅速，生产率高，适应性好。

（5）激光表面处理。用大功率激光器对金属表面扫描，使工件表面在极短时间内加热到相变温度，并由于热量迅速向工件内部传导而使表面冷却，使工件表层材料相变硬化。还可用激光在普通金属表层熔入其他元素，使其具有优良合金的性能。

8.1.5　超声波加工

1. 超声波加工原理

超声波加工（ultrasonic machining，USM）是利用声能进行加工的方法。

如图 8.9 所示，利用工具端面的超声频振动（16～25kHz），使工作液中的悬浮磨粒对工件表面冲击琢磨的加工称为超声波加工，国外又称为冲击磨削。超声波发生器产生 16kHz 以上的高频交流电源，输送给超声换能器，使由镍片组成的换能器产生超声频纵向振动，再通过变幅杆把振幅扩大到 0.05～0.1mm，使装在变幅杆下端的工具产生强烈振动。工作液由磨粒悬浮在水中组成。工具的强烈振动迫使磨粒以很大的速度和加速度撞击加工表面，从工件上琢磨下大量微粒。微粒被循环的工作液带走。工具连续向下进给，冲击磨削继续进行，工具的形状便复印到工件上，直至达到要求的尺寸。为了冷却超声换能器，需用冷却水循环散热。

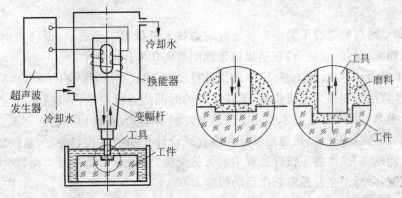

图 8.9　超声波加工原理

2. 超声波加工的特点

(1) 超声波加工适合于各种工件材料,可加工高韧性的合金、淬硬钢和硬质合金等硬材料,也可加工塑料、石墨等软材料。玻璃、陶瓷、宝石、金刚石等,以及半导体材料如锗、硅等的非金属硬脆不导电材料的加工,电火花、电解加工无法完成,而使用超声波加工则容易得多。

(2) 超声波加工靠极细磨粒进行琢磨,加工精度可达 $0.006 \sim 0.025$mm,表面粗糙度值仅为 $Ra\ 0.2 \sim 0.8 \mu$m。

(3) 超声波加工的工具可用较软的材料制成,工具和工件间只有简单的相对运动,因而机床结构比较简单,操作、维修较方便,加工成本较低。

(4) 超声波加工材料去除率不及电火花加工和电解加工,生产率较低。

(5) 超声波加工时,工具损耗率较高。

3. 超声波加工的应用

(1) 超声波可以加工硬脆材料的孔和型面。

(2) 充分利用超声波加工精度高的优点,在电火花、电解加工模具的型面后,用超声波加工来研磨抛光。

(3) 在清洗的溶剂中引入超声波,可强化清洗喷油嘴、喷丝板、微型轴承和手表机芯等。

(4) 利用超声波高频振动的撞击能量,可以焊接尼龙、塑料制品,特别是表面易产生氧化层的难焊金属材料。

(5) 超声波加工可以和其他加工方法结合,构成复合加工方法。如用超声波振动车削难加工材料,用超声波振动攻螺纹,以及超声波电火花加工、超声波电解加工和超声波调制激光打孔等。

8.2　增材制造(3D 打印)

8.2.1　3D 打印技术及其产生

3D 打印是增材制造技术的俗称。增材制造技术是依据三维 CAD 设计数据,采用离散材料(液体、粉末、丝片、板块等)逐层累加原理制造实体零件的技术。

3D 打印借助计算机、激光、精密传动、数控技术等现代手段,将 CAD 和 CAM 集成于一体,根据在计算机上构造的三维模型,能在很短的时间内直接制造出产品样品,无须传统的刀具、夹具、模具。增材制造技术创立了产品开发的新模式,使设计师以前所未有的直观方式体会设计的感觉,感性地、迅速地验证和检查所设计产品的结构和外形,从而使设计工作进入一种全新的境界,改善了设计过程中的人机交流,缩短了产品开发周期,加快了产品更新换代的速度,降低了企业投资新产品的风险。

增材制造技术彻底摆脱了传统的"去除"加工法,而基于"材料逐层堆积"的制造理念,将复杂的三维加工分解为简单的材料二维添加的组合,它能在 CAD 模型的直接驱动下,快速制造任意复杂形状的三维实体,是一种全新的制造技术。自20世纪80年代以来,增材制造技术逐步发展,期间也被称为材料累加技术、快速原形技术、快速成形技术、实体自由制造技术、3D喷印等,名称的各异从不同侧面表达了该制造工艺的技术特点。

8.2.2　3D打印技术原理及分类

3D打印技术的基本原理都是叠层制造,由快速原型机在 X-Y 平面内通过扫描形式形成工件的截面形状,而在 Z 坐标间断地作层面厚度的位移,最终形成三维制件。自从1988年世界上第一台快速成形机问世以来,各种不同的3D打印工艺相继出现并逐渐成熟。下面简要介绍几种典型的3D打印工艺的基本原理。

1. 光固化成形(SL)

图8.10为SL工艺原理图。液槽中盛满液态光敏树脂,氦-氖激光器或氩离子激光器发出的紫外激光束在偏转镜作用下,能在液体表面进行扫描,扫描的轨迹及光线的有无均按零件的各分层截面信息由计算机控制,光点扫描到的地方液体就固化。成形开始时,工作平台在液面下一个确定的深度,聚焦后的光斑在液面上按计算机的指令逐点扫描,即逐点固化。当一层扫描完成后未被照射的地方仍是液态树脂。然后工作台下降一个层厚的高度,已成形的层面上又布满一层液态树脂,刮刀将黏度较大的树脂液面刮平,进行下一层的扫

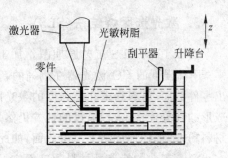

图 8.10　光固化成形(SL)原理

描加工,新固化的一层牢固地黏在前一层上,如此重复直到整个零件制造完毕,得到一个三维实体原型。

SL方法是目前3D打印技术领域中研究得最多的方法,也是技术最为成熟的方法。SL工艺成形的零件精度较高。多年的研究改进了截面扫描方式和树脂成形性能,使该工艺的加工精度能达到0.1mm。但这种方法也有自身的局限性,比如需要支撑;树脂收缩导致精度下降等。

2. 分层实体制造(LOM)

分层实体制造也称叠层法、薄板叠层制造,图8.11为LOM工艺原理图。加工时,热黏压机构热压片材,使之与下面已成形的工件部分黏结,然后用 CO_2 激光器按照分层数据,在刚黏结的新层上切割出零件当前层截面的内外轮廓和工件外框,并在截面轮廓与外框之间多余的区域切割出上下对齐的网格以便在成形之后能剔除废料;激光切割完成后,工作台带动已成形的工件下降一个纸厚的高度,与带状片材(料带)分离;原材料存储及送进机构转动收料轴和供料轴,带动料带移动,使新层移到加工区域,工件的层数增加一层,高度增加一个料厚;再在新层上切割截面轮廓。如此反复直至零件的所有截面粘接、切割完,得到分层制造的实体零件。

LOM工艺只需在片材上切割出零件截面的轮廓,而不用扫描整个截面。因此成形厚

壁零件的速度较快,易于制造大型零件。工艺过程中不存在材料相变,不易引起翘曲变形,零件的精度较高。工件外框与截面轮廓之间的多余材料在加工中起到了支撑作用,所有 LOM 工艺无须另加支撑。

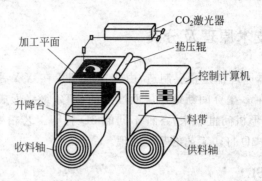

图 8.11　叠层法(LOM)成形原理

3. 激光选区烧结法(SLS)

图 8.12 为 SLS 工艺原理图。加工时,将材料粉末铺撒在已成形零件的上表面,并刮平;用高强度的 CO_2 激光器在刚铺的新层上以一定的速度和能量密度按分层轮廓信息扫描出零件截面,材料粉末在高强度的激光照射下被烧结在一起,得到零件的截面,并与下面已成形的部分连接,未扫描过的地方仍然是松散的粉末;当一层截面烧结完后,铺上新的一层材料粉末,选择地烧结下一层截面,如此反复直到整个零件加工完毕。

SLS 工艺的特点是材料适应面广,不仅能制造塑料零件,还能制造陶瓷、蜡等材料的零件。特别是可以直接制造金属零件。这使 SLS 工艺颇具吸引力。SLS 工艺无需加支撑,因为没有烧结的粉末起到了支撑作用。

4. 熔融沉积法(FDM)

图 8.13 为 FDM 原理图。该工艺使用的材料一般为金属丝、ABS 塑料、尼龙等热塑性材料,以丝状供料。材料通过送丝机构被送进带有一个微细喷嘴的喷头,并在喷头内被加热熔化。在计算机的控制下,喷头沿零件分层截面轮廓和填充轨迹运动,同时将熔化的材料挤出。材料挤出喷嘴后迅速凝固并与前一层熔结在一起。一个层片沉积完成后,工作台下降一个层厚的距离,继续熔喷沉积下一层,如此反复直到完成整个零件的加工。

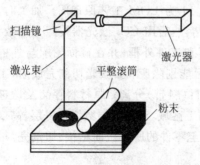

图 8.12　烧结法(SLS)成形原理

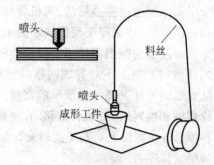

图 8.13　熔融沉积法(FDM)成形原理

FDM 工艺不用激光,因此使用、维护简单,成本较低。用蜡成形的零件原型,可以直接用于失蜡铸造。用 ABS 制造的原型因具有较高强度而在产品设计、测试与评估等方面得到广泛应用。由于以 FDM 工艺为代表的熔融材料堆积成形具有一些显著优点,该工艺发展极为迅速。

5. 立体喷印(3DP)

立体喷印也称三维印刷,是一种利用微滴喷射技术的增材制造方法,过程类似于打印机。如图 8.14 所示,喷头在计算机控制下,按照当前分层截面的信息,在事先铺好的一层粉末材料上,有选择地喷射黏结剂,使部分粉末未黏结,形成一层截面薄层;一层打印完后,然后将已打印的粉末平面下降一定高度并在上面铺上一层粉末,准备下一截面图的打印。如此循环,逐层黏结堆积,直到整个 CAD 模型的所有截面图全部打印完成,经过加热处理,除去未粘结的粉末,形成实体三维模型。

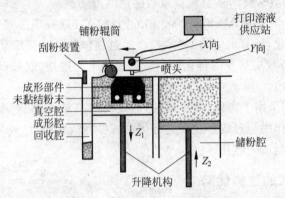

图 8.14　立体喷印(3DP)成形原理

立体喷印是较为成熟的喷印技术,可形成彩色零件,模型样品所传递的信息较大。喷印粘结剂时可形成多种打印材料,直接喷印光敏树脂材料可形成高性能塑料零件。系统无须激光器等高成本元器件,成形环境无真空等严格条件,系统成本低。不足之处是喷印黏结剂时零件致密度不高,需要后烧结、液相渗透等后处理,另外喷头容易发生堵塞,需要定期维护。

6. 选择性激光熔化(SLM)

选择性激光熔化(selective laser melting,SLM)是将激光能量转化为热能使金属粉末成型,工作原理与 SLS 相似。其主要区别在于 SLS 在制造过程中,金属粉末并未完全熔化,而 SLM 在制造过程中,金属粉末加热到完全熔化后成形。

SLM 工作流程为打印机控制激光在铺设好的粉末上选择性地进行照射,金属粉末加热到完全熔化后成形。然后工作台降低一个单位的高度,新的一层粉末铺撒在已成形的当前层之上,设备调入新一层截面的数据进行激光熔化,与前一层截面黏结,此过程逐层循环直至整个物体成形。SLM 的整个加工过程在惰性气体保护的加工室中进行,避免金属在高温下氧化。

SLM 在加工的过程中用激光使粉体完全熔化,不需要黏结剂,成形精度和力学性能都比 SLS 好,被称为不可替代的金属 3D 打印技术。SLM 主要优点有:成形的金属零件致密度高,可达 90% 以上;抗拉强度等力学性能指标优于铸件,甚至可达到锻件水平;显微维氏硬度可高于锻件;由于打印过程中材料完全熔化,尺寸精度较高。

8.2.3　3D 打印技术的特点

1. 3D 打印技术的主要特征

(1) 高度柔性,可以制造任意复杂形状的三维实体。

(2) CAD 模型直接驱动,设计制造高度一体化。

(3) 成形过程无须专用夹具或工具。

(4) 无须人员干预或较少干预,是一种自动化的成形过程。

(5) 成形全过程的快速性,适合现代激烈的产品市场。

直接 CAD 制造(direct CAD manufacturing)反映了 3D 打印是 CAD 模型直接驱动,实现了设计与制造一体化,计算机中的 CAD 模型通过接口软件直接驱动成形设备,接口软件完成 CAD 数据向设备数控指令的转化和成形过程的工艺规划,成形设备像打印机一样"打印"零件,完成三维输出。

3D 打印技术由于采用了离散/堆积工艺,CAD 和 CAM 能够很顺利地结合在一起,3D 打印的工艺规划主要作用是对成形过程进行优化以提高造型精度、速度和质量,所以 3D 打印可容易地实现设计制造一体化。

2. 3D 打印技术的独特优势

(1) 产品制造过程几乎与零件的复杂性无关,可实现自由制造(free fabrication),这是传统方法无法比拟的。

(2) 产品的单价几乎与批量无关,特别适合于新产品的开发和单件小批量零件的生产。

(3) 由于采用非接触加工的方式,没有工具更换和磨损之类的问题,可做到无人值守,对操作者机加工方面的专业知识要求不多。

(4) 无切割、噪声和振动等,有利于环保。

(5) 整个生产过程数字化,与 CAD 模型具有直接的关联,零件可大可小,所见即所得,可随时修改、随时制造。

(6) 与传统方法结合,可实现快速铸造,快速模具制造,小批量零件生产的功能,为传统方法注入新活力。

3D 打印技术尤其适合于新产品的开发与管理。目前,就 3D 打印技术发展而言,国内主要是应用于新产品(包括产品的更新换代)的开发设计、验证和模拟样品的试制上,即完成从产品的概念设计(或改型设计)—造型设计—结构设计—基本功能评估—模拟样件试制这一段开发过程。对某些以塑料结构为主的产品还可以进行小批量试制,或进行一些物理方面的功能测试、装配试验,实际外观效果审视,甚至小批量组装产品进行投放市场,达到投石问路的目的。

8.2.4 3D 打印技术的应用

3D 打印技术可广泛用于汽车、家电、电动工具、医疗、机械加工、精密铸造、航空航天、工艺品制作以及儿童玩具等行业,目前已经在以下几个方面起到重要作用。

（1）汽车、摩托车:外形及内饰件的设计、改型、装配试验、发动机、汽缸头试制。

（2）家电:各种家电产品的外形与结构设计,装配试验与功能验证,市场宣传,模具制造。

（3）通信产品:产品外形与结构设计,装配试验、功能验证、模具制造。

（4）航空、航天:特殊零件的直接制造,叶轮、涡轮、叶片的试制、发动机的试制、装配试验。

（5）轻工业:各种产品的设计、验证、装配、市场宣传、玩具、鞋类模具的快速制造。

（6）医疗:根据 CT 扫描信息,应用熔融挤压快速成形的方法可以快速制造人体的骨骼（如颅骨、牙齿）和软组织（如肾）等模型,并且不同部位采用不同颜色的材料成形,病变组织可以用醒目颜色,可以进行手术模拟、人体骨关节的配制、颅骨修复。

在康复工程上,采用熔融挤压成形的方法制造人体假肢具有最快的成形速度,假肢和肌体的结合部位能够做到最大程度的吻合,减轻了假肢使用者的痛苦。

（7）国防:各种武器零件的设计、装配、试制,特殊零件的直接制作,遥感信息的模拟。

图 8.15 为利用 3D 打印技术制作的各种制品。

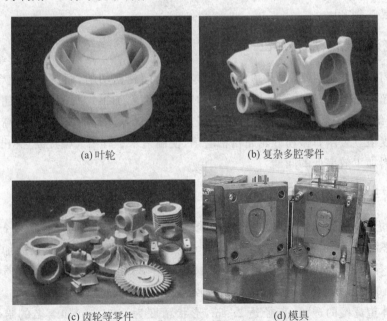

(a) 叶轮　　　　　　　　　　　(b) 复杂多腔零件

(c) 齿轮等零件　　　　　　　　(d) 模具

图 8.15　利用 3D 打印技术制作的各种制品

8.3　精密、超精密加工与微纳米制造技术

8.3.1　精密、超精密加工

1. 精密、超精密加工与加工精度

精密和超精密加工代表了加工精度发展的不同阶段,通常按加工精度划分,可将机械加工分为一般加工、精密加工、超精密加工3个阶段。其中,加工精度为 $0.1\sim1\mu m$,加工表面粗糙度值为 $Ra\,0.1\sim0.02\mu m$ 的加工方法称为精密加工;加工精度高于 $0.1\mu m$,加工表面粗糙度值小于 $Ra\,0.01\mu m$ 的加工方法称为超精密加工(微细加工、超微细加工、光整加工、精整加工等)。

2. 超精密切削

超精密切削是使用精密的单晶天然金刚石刀具加工有色金属和非金属,可以直接加工出超光滑的加工表面(粗糙度值为 $Ra\,0.02\sim0.005\mu m$,加工精度 $<0.01\mu m$)。

超精密切削也是金属切削的一种,服从金属切削的普遍规律。金刚石刀具的超精密加工技术主要应用于单件大型超精密零件的切削加工和大量生产中的中小型超精密零件加工。金刚石刀具切削刃钝圆半径的大小是金刚石刀具超精密切削的一个关键技术参数,目前世界水平已达到 2nm。

3. 精密和超精密磨料加工

金刚石刀具主要是对铝、铜及其合金等材料进行超精密切削,而对于黑色金属、硬脆材料的精密与超精密加工,则主要是应用精密和超精密磨料加工。所谓精密和超精密磨料加工,就是利用细粒度的磨粒和微粉对黑色金属、硬脆材料等进行加工,以得到高加工精度和低表面粗糙度值。金刚石微粉砂轮超精密磨削,使制造水平有了大幅提高,突出地解决了超精密磨削磨料加工效率低的问题。

4. 精密与超精密加工的应用

超精密加工所能达到的精度、表面粗糙度、加工尺寸范围和几何形状是一个国家制造技术水平的重要标志之一。超精密加工技术与国防工业关系密切,如陀螺仪的加工涉及多项超精密加工,导弹系统的陀螺仪质量直接影响其命中率,1kg 的陀螺转子,其质量中心偏离其对称轴 $0.0005\mu m$,则会引起 100m 的射程误差和 50m 的轨道误差。

大型天体望远镜的透镜、直径达 2.4m,形状精度为 $0.01\mu m$,如著名的哈勃太空望远镜,能观察 140 亿光年的天体(六轴 CNC 研磨抛光机)。红外线探测器反射镜,其抛物面反射镜形状精度为 $1\mu m$,表面粗糙度为 $Ra\,0.01\mu m$,其加工精度直接影响导弹的引爆距离和命中率。激光核聚变用的曲面镜,其形状精度小于 $1\mu m$,表面粗糙度值小于 $Ra\,0.01\mu m$,其质量直接影响激光的光源性能。

计算机上的芯片、磁板基片、光盘基片等都需要超精密加工技术来制造。录像机的磁鼓、复印机的感光鼓、各种磁头、激光打印机的多面体、喷墨打印机的喷墨头等都必须进行超精密加工,才能达到质量要求。

现代小型、超小型的成像设备,如摄像机、照相机等上的各种透镜,特别是光学曲面透镜,激光打印机、激光打标机等上的各种反射镜都要靠超精密加工技术来完成。至于超精密加工机床、设备和装置当然更需要超精密加工技术才能制造。

5. 精密、超精密加工对加工设备的要求

近年来,在传统加工方法中,金刚石刀具超精密切削、金刚石微粉砂轮超精密磨削、精密高速切削、精密砂带磨削等已占有重要地位;在非传统加工中,出现了电子束、离子束、激光束等高能加工、微波加工、超声加工、蚀刻、电火花和电化学加工等多种方法,特别是复合加工,如磁性研磨、磁流体抛光、电解研磨、超声珩磨等,在加工机理上均有所创新。精密、超精密加工对加工设备的要求是:

(1) 高精度;

(2) 高刚度;

(3) 高稳定性;

(4) 高自动化。

加工设备的质量与基础元部件,如主轴系统、导轨、直线运动单元和分度转台等密切相关,应注意这些元部件质量。此外,夹具、辅具等也要求有相应的高精度、高刚度和高稳定性。

6. 精密、超精密加工的研究内容与方向

(1) 超精密加工的加工机理。“进化加工”及“超越性加工”机理研究;微观表面完整性研究;在超精密范畴内的对各种材料(包括被加工材料和刀具磨具材料)的加工过程、现象、性能以及工艺参数进行提示性研究。

(2) 超精密加工设备制造技术。纳米级超精密车床工程化研究;超精密磨床研究;关键基础件,如轴系、导轨副、数控伺服系统、微位移装置等研究;超精密机床总成制造技术研究。

(3) 超精密加工刀具、磨具及刃磨技术。金刚石刀具及刃磨技术、金刚石微粉砂轮及其修整技术研究。

(4) 精密测量技术及误差补偿技术。纳米级基准与传递系统建立;纳米级测量仪器研究;空间误差补偿技术研究;测量集成技术研究。

(5) 超精密加工工作环境条件。超精密测量、控温系统、消振技术研究;超精密净化设备,新型特种排屑装置及相关技术的研究。

8.3.2　微米及纳米技术

自微电子技术问世以来,人们不断追求越来越完善的微小尺度结构的装置,并对生物、环境控制、医学、航空航天、先进传感器与数字通信等领域,不断提出微小型化方面的更新更

高的要求。微米及纳米技术已成为现代科技研究的前沿,成为世界先进国家科技发展竞争的科技高峰之一。按照习惯的划分,微米技术是指在微米级($0.1\sim100\,\mu m$)的材料、设计、制造、测量、控制和应用技术。

微米及纳米技术研究的技术途径亦可分为两类:一种是分子、原子组装技术的办法,即把具有特定理化性质的功能分子、原子,借助分子、原子内的作用力,精细地组成纳米尺度的分子线、膜和其他结构,再由纳米结构与功能单元进而集成为微米系统,这种方法称为由小到大的方法;另一种是用刻蚀等微细加工方法,将大的材料割小,或将现有的系统采用大规模集成电路中应用的制造技术,实现系统微型化,这种方法亦称为由大到小的方法。从目前的技术基础分析,由大到小的方法可能是我们主要应用的方法。

微米及纳米技术作为21世纪的高技术,发展十分迅猛。美、日及欧洲一些国家均投入相当的人力与财力进行开发。美国国家关键技术委员会将微米和纳米级制造列为国家重点支持的22项关键技术之一,在许多著名大学都设有纳米技术研究机构,如北卡罗来纳大学的精密工程中心、路易斯安那大学的微米制造中心、康奈尔大学的国家纳米加工实验室、亚利桑那大学的纳米工程工作站(NEWS)等。美国国家基金会亦将微米及纳米技术列为优先支持的关键技术,特别是美国国防部高级研究计划局支持并建造了一条微型机电系统(MEMS)工艺线,来促进微米及纳米技术的开发与研究。日本亦将微米及纳米技术列为高技术探索研究计划(ERATO)中6项优先支持的高技术探索研究项目之一,投资2亿美元发展该技术,其筑波科学城的交叉学科研究中心把微米及纳米技术列为两个主要发展方向之一。英国国家纳米技术(NION)计划已开始实施,并成立了纳米技术战略委员会,由英国科学与工程研究委员会(SERC)支持的有关纳米技术的合作研究计划(LINK计划)已于1990年开始执行,并正式出版了《纳米技术》学术期刊。在英国的Cranfield研究院建立了世界著名的以微米及纳米技术为研究目标的精密工程中心。欧洲其他国家也不甘示弱,将微米及纳米技术列入"尤里卡计划"。

8.4　绿色制造及少无切削加工

8.4.1　绿色制造

绿色制造(green manufacturing)是综合考虑环境影响和资源消耗的现代制造模式,其目标是使得产品从设计、制造、包装、运输、使用到报废处理的整个生命周期中,对环境负面影响最小、资源利用率最高,并使企业经济效益和社会效益协调优化。

1. 绿色制造的内容

绿色制造的内容涉及产品整个生命周期的所有问题,主要应考虑的是"五绿"(绿色设计、绿色材料选择、绿色工艺、绿色包装、绿色处理)问题。"五绿"问题应集成考虑,其中绿色设计是关键,这里的"设计"是广义的,它不仅包括产品设计,也包括产品的制造过程和制造环境的设计。绿色设计在很大程度上决定了材料、工艺、包装和产品寿命终结后处理的绿色性。

1) 绿色设计

绿色设计即在产品的设计阶段,就将环境因素和防止污染的措施纳入产品设计中,将产品的环境属性和资源属性,如可拆卸性、可回收性、可制造性等作为设计的目标,并行地考虑并保证产品的功能、质量、寿命和经济性。绿色设计要求在产品设计时,选择与环境友好的材料、机械结构和制造工艺,在使用过程中能耗最低,不产生或少产生毒副作用;在产品生命终结时,要便于产品的拆卸、回收和再利用,所剩废弃物最少。

2) 绿色材料

材料,特别是一些不可再生的金属材料大量消耗,将不利于全社会的持续发展。绿色设计与制造所选择的材料既要有良好的使用性能,又要与环境有较好的协调性。为此,可改善机电产品的功能,简化结构,减少所用材料的种类;选用易加工的材料,低耗能、少污染的材料,可回收再利用的材料,如铝材料,若汽车车身改用轻型铝材制造,重量可减少 40%,且节约了燃油量;采用天然可再生材料,如丰富的柳条、竹类、麻类木材等用于产品的外包装。

绿色制造所选择的材料既要有良好的使用性能,又要满足制造工艺特性以及与环境有较好的协调性,选择绿色材料是实现绿色制造的前提和关键因素之一。绿色制造要求选择材料应考虑以下几个原则:

(1) 优先选用可再生材料,尽量选用可回收材料,提高资源利用率,实现可持续发展;

(2) 选用原料丰富、低成本、少污染的材料代替价格昂贵、污染大的材料;

(3) 尽量选择环境兼容性好的材料,避免选用有毒、有害和有辐射性的材料。这样有利于提高产品的回收率,节约资源,减少产品毁弃物,保护生态环境。

3) 低物耗的绿色制造技术

绿色制造工艺技术是以传统的工艺技术为基础,并结合材料科学、表面技术、控制技术等新技术的先进制造工艺技术。其目的是合理利用资源及原材料,降低零件制造成本,最大限度地减少对环境的污染程度。

(1) 少无切削。随着新技术、新工艺的发展,精铸、冷挤压等成形技术和工程塑料在机械制造中的应用日趋成熟,从近似成形向净成形仿形发展。有些成形件不需要机械加工就可直接使用,不仅可以节约传统毛坯制造时的能耗、物耗,而且减少了产品的制造周期和生产费用。

(2) 节水制造技术。水是宝贵的资源,在机械制造中起着重要作用。但由于我国北方缺水,从绿色可持续发展的角度,应积极探讨节水制造的新工艺。干式切削就是一例,它可消除在机加工时使用切削液所带来的负面效应,是理想的机械加工绿色工艺。它的应用不局限于铸铁的干铣削,也可扩展到机加工的其他方面,但要有其特定的边界条件,如要求刀具具有较高的耐热性、耐磨性和良好的化学稳定性,机床则要求高速切削,有冷风、吸尘等装置。

(3) 减少加工余量。若机件的毛坯粗糙,机加工余量较大,不仅消耗较多的原材料,而且生产效率低下。因此,有条件的地区可组织专业化毛坯制造,提高毛坯精度。另一方面,采用先进的制造技术,如高速切削,随着切削速度的提高,则切削力下降,且加工时间短,工件变形小,以保证加工质量。在航空工业上,特别是铝的薄壁件加工目前已经可以切除出厚度为 0.1mm、高为几十毫米的成形曲面。

（4）新型刀具材料。减少刀具，尤其是复杂、贵重刀具材料的磨耗是降低材料消耗的另一重要途径，对此可采用新型刀具材料，发展涂层刀具。

（5）回收利用。绿色设计与制造，非常看重机械产品废弃后回收利用，它使传统的物料运行模式从开放式变为部分闭环式。

4）低能耗的绿色制造技术

机械制造企业在生产机械设备时，需要大量钢铁、电力、煤炭和有色金属等资源，随着地球上矿物资源的减少和国际市场石油价格的不断波动，节能降耗已经迫在眉睫，对此可采取以下绿色技术。

（1）技术节能。加强技术改造，提高能源利用率，如采用节能型电机、风扇，淘汰能耗大的老式设备。

（2）工艺节能。改变原来能耗大的机械加工工艺，采用先进的节能新工艺和绿色新工装。

（3）管理节能。加强能源管理，及时调整设备负荷，消除滴、漏、跑、冒等浪费现象，避免设备空车运转和机电设备长期处于待电状态。

（4）适度利用新能源。可再生利用、无污染的新能源是能源发展的一个重要方向，如把太阳能聚焦，可以得到利用辐射加工的高能量光速。太阳能、天然气、风扇、地热能等新型洁净的能源还有待于进一步开发。

（5）绿色设备。机械制造装备将向着低能耗、与环境相协调的绿色设备方向发展，现在已出现了干式切削加工机床、强冷风磨削机床等。绿色化设备减少了机床材料的用量，优化了机床结构，提高了机床性能，不使用对人和生产环境有害的工作介质。

5）废弃物少的绿色制造技术

机械制造目前多是采用材料去除的加工方式，产生大量的切屑、废品等废弃物，既浪费了资源，又污染了环境，对此可采取以下绿色技术。

（1）切削液的回收再利用。已使用过的废乳化液中，如直接排放或燃烧，将造成严重的环境污染，绿色制造对切削液的使用、回收利用或再生非常重视。

（2）磨屑二次资源利用。在磨削中，磨屑的处理有些困难，若采用干式磨削，磨屑处理则较为方便，由于CBN砂轮的磨削硬度比较高，磨屑中很少有砂轮的微粒，磨屑纯度很高，可通过一定的装置，收集被加工材料的磨粒，作二次资源利用。

（3）3D打印制造技术。应用材料堆积成形原理，突破了传统机加工去除材料的方法，采用分层实体法、熔化沉积法等，能迅速制造出形状复杂的三维实体和零件，可节约资源，又能减少加工废弃物的处理，是很有发展前途的绿色制造技术。

6）少污染的绿色制造技术

（1）大气污染。机械制造中的大气污染主要来自工业窑炉（如铸造的冲天炉、烘干炉等）、工业锅炉和热处理车间的炉具等，它们在生产加热时产生大量的烟尘，含硫、含氮化合物，对人身健康造成危害，为此可采取以下绿色工艺技术。

① 改变节能结构和燃烧方式。对煤进行脱硫处理或采用天然气、水煤浆、太阳能等新能源作为燃料。

② 集中供热：随着城区污染严重的老厂大量外迁，在工厂新区的布局上，可考虑集中供热、供暖。

（2）水污染。机械制造业的废水主要有含油废水、含酸（碱）废水、电镀废水和洗涤废水等，由于工业废水处理难度大、费用高，综合防治是现阶段处理水污染较为有效的措施。不过这仍是末端治理技术，绿色化程度不高，还需要从源头上治理。

（3）其他污染。除了上述污染源外，机械制造还存在振动污染、噪声污染、热污染、射频辐射污染、光污染等其他的污染源，应积极研究，采取相应的防护和改善措施。

2. 绿色制造技术的应用

若从节能、降耗、缩短产品开发周期的角度出发，诸如 3D 打印技术、并行工程及敏捷制造、虚拟制造、智能制造和网络制造等先进制造技术都可纳入绿色制造技术的应用范畴。不过目前能将绿色制造技术真正应用于企业生产的，也是较为成功的应用，主要集中在汽车、家电等支柱产业上，如绿色制造技术在汽车行业上的应用。

（1）节约资源方面：将绿色燃料天然气作为汽车的能源，它的燃料同汽油相比，CO 降低 70%，非甲烷类降低 80% 等，同时也消除了铅、苯等有害物质的产生。

（2）采用新设计的加工工艺方面：2000 年 3 月，博世、康明斯、卡特彼勒等国外著名的汽车发动机公司，发动了绿色柴油机行动，在技术上作了较大的改进，大大降低了汽车尾气的排放。

（3）适用于环境友好的材料方面：世界上著名的汽车生产企业，使用新材料来替代以前使用的石棉、汞、铅等有害物质，采用轻型材料——铝材制造车身，使汽车重量减少 40%，能耗也降低了。

（4）部件回收再制造方面：从 20 世纪 90 年代中期，美国仅汽车零件回收、拆卸、翻新、出售一项，当时每年就可获利数十亿美元。

8.4.2　少无切削加工

少无切削加工（chipless forming）是机械制造中用精确成形方法制造零件的工艺，也称少无切屑加工。传统的生产工艺最终多应用切削加工方法来制造有精确的尺寸和形状要求的零件，生产过程中坯料质量的 30% 以上变成切屑。这不仅浪费大量的材料和能源，而且占用大量的机床和人力。采用精确成形工艺，工件不需要或只需要少量切削加工即可成为机械零件，可大大节约材料、设备和人力。

少无切削加工工艺包括精密锻造、冲压、精密铸造、粉末冶金、工程塑料的压塑和注塑等。型材改制，如型材、板材的焊接成形，有时也被归入少无切削加工。20 世纪以来，人们开始探索各种减少切削或不切削的精密成形新方法和新材料，以减少工时和材料耗费。例如，采用挤压、冷镦、搓丝等工艺生产螺栓、螺母和机械配件，使材料利用率大大提高，有时可完全不需要切削；采用金属模压力铸造制造铝合金件，与普通铸造相比，制件质量提高，且可基本不用切削加工；采用粉末冶金方法可制造高强度、高密度的机械零件，如精密齿轮等。工程塑料的压塑和注塑件强度高、成形容易，基本上没有加工余量。其他传统的铸造、锻压工艺也都能提高精度、减少加工余量，实现毛坯精化。焊接结构的应用，改变了过去整体铸造、整体锻造的传统结构，使构件重量大大减轻。

与传统工艺相比，少无切削加工具有显著的技术经济效益，有利于合理利用资源及原材料、降低零件制造成本,最大限度地减少对环境的污染程度;能实现多种冷、热工艺综合交叉、多种材料复合选用,把材料与工艺有机地结合起来,是机械制造技术的一项突破。少无切削加工技术是精密锻造、冷温挤压等精密成形技术的总称,该技术最适合用于加工异形孔类零件、端面爪齿件、齿轮花键、台阶轴类件及其类似零件,特别适合有色金属制件。该技术较传统的"锻造-机械切削"工艺节约材料 30%～70%,成本降低 20%～70%。因此,一般批量较大的机械切削或电加工零件均应优先考虑采用少无切削加工工艺。

8.5　智　能　制　造

8.5.1　引言

　　面对新一轮工业革命,《中国制造 2025》明确提出,要以新一代信息技术与制造业深度融合为主线,以推进智能制造为主攻方向。世界各国都在积极采取行动,美国提出"先进制造业伙伴计划"、德国提出"工业 4.0 战略计划"、英国提出"英国工业 2050 战略"、法国提出"新工业法国计划"、日本提出"超智能社会 5.0 战略"、韩国提出"制造业创新 3.0 计划",都将发展智能制造作为本国构建制造业竞争优势的关键举措。

　　21 世纪以来,新一代信息技术呈现爆发式增长,数字化网络化智能化技术在制造业广泛应用,制造系统集成式创新不断发展,形成了新一轮工业革命的主要驱动力。特别是新一代智能制造作为新一轮工业革命的核心技术,正在引发制造业在发展理念、制造模式等方面重大而深刻的变革,正在重塑制造业的发展路径、技术体系以及产业业态,从而推动全球制造业发展步入新阶段。

8.5.2　智能制造基本范式

　　广义而论,智能制造是一个大概念,是先进信息技术与先进制造技术的深度融合,贯穿于产品设计、制造、服务等全生命周期的各个环节及相应系统的优化集成,旨在不断提升企业的产品质量、效益、服务水平,减少资源消耗,推动制造业创新、绿色、协调、开放、共享发展。

　　数十年来,智能制造在实践演化中形成了许多不同的相关范式,包括精益生产、柔性制造、并行工程、敏捷制造、数字化制造、计算机集成制造、网络化制造、云制造、智能化制造等,在指导制造业技术升级中发挥了积极作用。但同时,众多的范式不利于形成统一的智能制造技术路线,给企业在推进智能升级的实践中造成了许多困扰。面对智能制造不断涌现的新技术、新理念、新模式,有必要归纳总结提炼出基本范式。

　　智能制造的发展伴随着信息化的进步。全球信息化发展可分为 3 个阶段:从 20 世纪中叶到 90 年代中期,信息化表现为以计算、通信和控制应用为主要特征的数字化阶段;从 20 世纪 90 年代中期开始,互联网大规模普及应用,信息化进入了以万物互联为主要特征的网络化阶段;当前,在大数据、云计算、移动互联网、工业互联网集群突破、融合应用的基础上,人工智能实现战略性突破,信息化进入了以新一代人工智能技术为主要特征的智能化阶段。

综合智能制造相关范式,结合信息化与制造业在不同阶段的融合特征,可以总结、归纳和提升出3个智能制造的基本范式(见图8.16):数字化制造、数字化网络化制造、数字化网络化智能化制造——新一代智能制造。

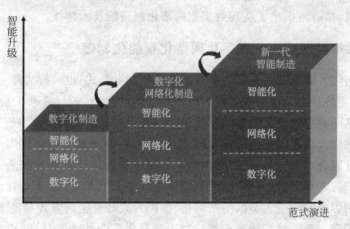

图 8.16   智能制造 3 个基本范式演进

1. 数字化制造

数字化制造是智能制造的第一个基本范式,也可称为第一代智能制造。

智能制造的概念最早出现于 20 世纪 80 年代,但是由于当时应用的第一代人工智能技术还难以解决工程实践问题,因而那一代智能制造主体上是数字化制造。

20 世纪下半叶以来,随着制造业对于技术进步的强烈需求,以数字化为主要形式的信息技术广泛应用于制造业,推动制造业发生革命性变化。数字化制造是在数字化技术和制造技术融合的背景下,通过对产品信息、工艺信息和资源信息进行数字化描述、分析、决策和控制,快速生产出满足用户要求的产品。

数字化制造的主要特征表现为:第一,数字技术在产品中得到普遍应用,形成"数字一代"创新产品;第二,广泛应用数字化设计、建模仿真、数字化装备、信息化管理;第三,实现生产过程的集成优化。

需要说明的是,数字化制造是智能制造的基础,其内涵不断发展,贯穿于智能制造的 3 个基本范式和全部发展历程。这里定义的数字化制造是作为第一种基本范式的数字化制造,是一种相对狭义的定位。国际上也有若干关于数字化制造的比较广义的定义和理论。

2. 数字化网络化制造

数字化网络化制造是智能制造的第二种基本范式,也可称为"互联网+制造",或第二代智能制造。

20 世纪末互联网技术开始广泛应用,"互联网+"不断推进互联网和制造业融合发展,网络将人、流程、数据和事物连接起来,通过企业内、企业间的协同和各种社会资源的共享与集成,重塑制造业的价值链,推动制造业从数字化制造向数字化网络化制造转变。

数字化网络化制造主要特征表现为:第一,在产品方面,数字技术、网络技术得到普遍应用,产品实现网络连接,设计、研发实现协同与共享;第二,在制造方面,实现横向集成、纵向集成和端到端集成,打通整个制造系统的数据流、信息流;第三,在服务方面,企业与用户通过网络平台实现连接和交互,企业生产开始从以产品为中心向以用户为中心转型。

德国"工业4.0战略计划"报告和美国GE公司"工业互联网"报告完整地阐述了数字化网络化制造范式,精辟地提出了实现数字化网络化制造的技术路线。

3. 新一代智能制造——数字化网络化智能化制造

数字化网络化智能化制造是智能制造的第三种基本范式,也可称为新一代智能制造。

近年来,在经济社会发展的强烈需求以及互联网的普及、云计算和大数据的涌现、物联网的发展等信息环境急速变化的共同驱动下,大数据智能、人机混合增强智能、群体智能、跨媒体智能等新一代人工智能技术加速发展,实现了战略性突破。新一代人工智能技术与先进制造技术深度融合,形成新一代智能制造——数字化网络化智能化制造。新一代智能制造将重塑设计、制造、服务等产品全生命周期的各环节及其集成,催生新技术、新产品、新业态、新模式,深刻影响和改变人类的生产结构、生产方式乃至生活方式和思维模式,实现社会生产力的整体跃升。新一代智能制造将给制造业带来革命性的变化,将成为制造业未来发展的核心驱动力。

智能制造的3个基本范式体现了智能制造发展的内在规律:一方面,3个基本范式次第展开,各有自身阶段的特点和重点解决的问题,体现着先进信息技术与先进制造技术融合发展的阶段性特征;另一方面,3个基本范式在技术上并不是绝对分离的,而是相互交织、迭代升级,体现着智能制造发展的融合性特征。对中国等新兴工业国家而言,应发挥后发优势,采取3个基本范式"并行推进、融合发展"的技术路线。

8.5.3　新一代智能制造

1. 引领和推动新一轮工业革命

1) 发展背景

当今世界,各国制造企业普遍面临着提高质量、增加效率、降低成本、快速响应的强烈需求,还要不断适应广大用户不断增长的个性化消费需求,应对资源能源环境约束进一步加大的挑战。然而,现有制造体系和制造水平已经难以满足高端化、个性化、智能化产品和服务增值升级的需求,制造业的进一步发展面临巨大瓶颈和困难。解决问题,迎接挑战,迫切需要制造业的技术创新、智能升级。

新一轮工业革命方兴未艾,其根本动力在于新一轮科技革命。21世纪以来,移动互联、超级计算、大数据、云计算、物联网等新一代信息技术日新月异、飞速发展,并极其迅速地普及应用,形成了群体性跨越。这些历史性的技术进步,集中汇聚在新一代人工智能技术的战略性突破,实现了质的飞跃。新一代人工智能呈现出深度学习、跨界协同、人机融合、群体智能等新特征,为人类提供认识复杂系统的新思维、改造自然和社会的新技术。当然,新一代人工智能技术还处在极速发展的进程中,将继续从"弱人工智能"迈向"强人工智能",不断拓展人类"脑力",应用范围将无所不在。新一代人工智能已经成为新一轮科技革命的核心技术,为制造业革命性的产业升级提供了历史性机遇,正在形成推动经济社会发展的巨大引擎。世界各国都把新一代人工智能的发展摆在了最重要的位置。

新一代人工智能技术与先进制造技术的深度融合,形成了新一代智能制造技术,成为了新一轮工业革命的核心驱动力。

2) 新一代智能制造是新一轮工业革命的核心技术

科学技术是第一生产力,科技创新是经济社会发展的根本动力。第一次工业革命和第二次工业革命分别以蒸汽机和电力的发明和应用为根本动力,极大地提高了生产力,人类社会进入了现代工业社会。第三次工业革命以计算、通信、控制等信息技术的创新与应用为标志,持续将工业发展推向新高度。

21世纪以来,数字化和网络化使得信息的获取、使用、控制以及共享变得极其快速和普及,进而,新一代人工智能突破和应用进一步提升了制造业数字化网络化智能化的水平,其最本质的特征是具备认知和学习的能力,具备生成知识和更好地运用知识的能力,这样就从根本上提高工业知识产生和利用的效率,极大地解放人的体力和脑力,使创新速度大大加快,应用范围更加泛在,从而推动制造业发展步入新阶段,即数字化网络化智能化制造——新一代智能制造。如果说数字化网络化制造是新一轮工业革命的开始,那么新一代智能制造的突破和广泛应用将推动形成新工业革命的高潮,将重塑制造业的技术体系、生产模式、产业形态,并将引领真正意义上的"工业4.0",实现新一轮工业革命。

3) 愿景

制造系统将具备越来越强大的智能,特别是越来越强大的认知和学习能力,人的智慧与机器智能相互启发性地增长,使制造业的知识型工作向自主智能化的方向转变,进而突破当今制造业发展所面临的瓶颈和困难。

新一代智能制造中,产品呈现高度智能化、宜人化,生产制造过程呈现高质、柔性、高效、绿色等特征,产业模式发生革命性的变化,服务型制造业与生产型服务业大发展,进而共同优化集成新型制造大系统,全面重塑制造业价值链,极大提高制造业的创新力和竞争力。

新一代智能制造将给人类社会带来革命性变化。人与机器的分工将产生革命性变化,智能机器将替代人类大量体力劳动和相当部分的脑力劳动,人类可更多地从事创造性工作;人类工作生活环境和方式将朝着以人为本的方向迈进。同时,新一代智能制造将有效减少资源与能源的消耗和浪费,持续引领制造业绿色发展、和谐发展。

2. 技术机理:人-信息-物理系统

智能制造涉及智能产品、智能生产以及智能服务等多个方面及其优化集成。从技术机理角度看,这些不同方面尽管存在差异,但本质上是一致的,下面以生产过程为例进行分析。

1) 传统制造与"人-物理系统"

传统制造系统包含人和物理系统两大部分,是完全通过人对机器的操作控制去完成各种工作任务(见图8.17(a))。动力革命极大地提高了物理系统(机器)的生产效率和质量,物理系统(机器)代替了人类大量体力劳动。传统制造系统中,要求人完成信息感知、分析决策、操作控制以及认知学习等多方面任务,不仅对人的要求高,劳动强度大,而且系统工作效率、质量还不够高,完成复杂工作任务的能力还很有限。传统制造系统可抽象描述为图8.17(b)所示的"人-物理系统"。

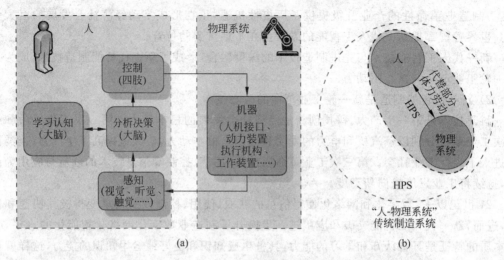

图 8.17　传统制造系统与"人-物理系统"

2）数字化制造、数字化网络化制造与"人 - 信息 - 物理系统"

与传统制造系统相比,第一代和第二代智能制造系统发生的本质变化是,在人和物理系统之间增加了信息系统,信息系统可以代替人类完成部分脑力劳动,人的相当部分的感知、分析、决策功能向信息系统复制迁移,进而可以通过信息系统来控制物理系统,以代替人类完成更多的体力劳动,如图 8.18 所示。

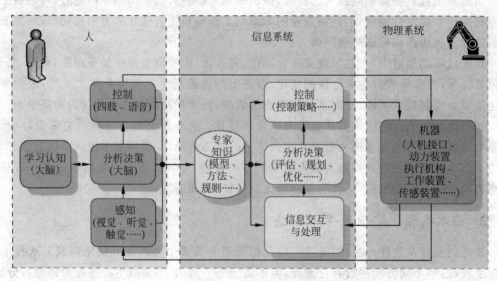

图 8.18　第一代和第二代智能制造系统

第一代和第二代智能制造系统通过集成人、信息系统和物理系统的各自优势,系统的能力尤其是计算分析、精确控制以及感知能力都得以很大提高。一方面,系统的工作效率、质量和稳定性均得以显著提升;另一方面,人的相关制造经验和知识转移到信息系统,能够有效提高人的知识的传承和利用效率。制造系统从传统的"人-物理系统"向"人-信息-物理系统"的演变可进一步用图 8.19 抽象描述。

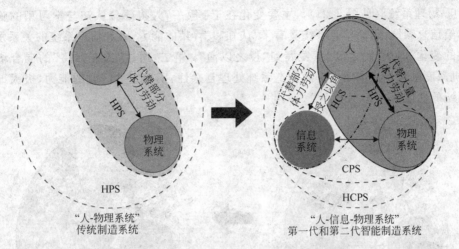

图 8.19 从"人-物理系统"到"人-信息-物理系统"

信息系统(cyber system)的引入使得制造系统同时增加了"人-信息系统"(human-cyber systems，HCS)和"信息-物理系统"(cyber-physical systems，CPS)。其中，CPS 是非常重要的组成部分。美国在 21 世纪初提出了 CPS 理论，德国将其作为"工业 4.0"的核心技术。CPS 在工程上的应用是实现信息系统和物理系统的完美映射和深度融合，"数字孪生"(digital twin)即是其最为基本且关键的技术，由此，制造系统的性能和效率可大大提高。

3) 新一代智能制造与新一代"人 - 信息 - 物理系统"

新一代智能制造系统最本质的特征是其信息系统增加了认知和学习的功能，信息系统不仅具有强大的感知、计算分析与控制能力，更具有学习提升、产生知识的能力，如图 8.20 所示。

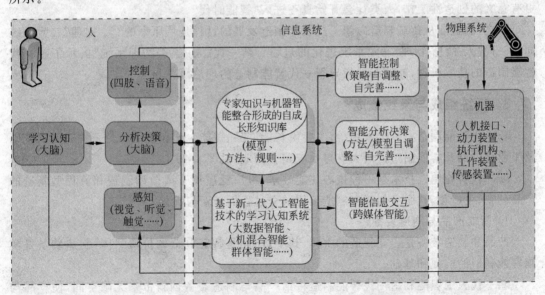

图 8.20 新一代智能制造系统的基本机理

在这一阶段，新一代人工智能技术将使"人-信息-物理系统"发生质的变化，形成新一代

"人-信息-物理系统"(见图 8.21)。主要变化在于：第一，人将部分认知与学习型的脑力劳动转移给信息系统，因而信息系统具有了"认知和学习"的能力，人和信息系统的关系发生了根本性的变化，即从"授之以鱼"发展到"授之以渔"；第二，通过"人在回路"的混合增强智能，人机深度融合将从本质上提高制造系统处理复杂性、不确定性问题的能力，极大地优化制造系统的性能。

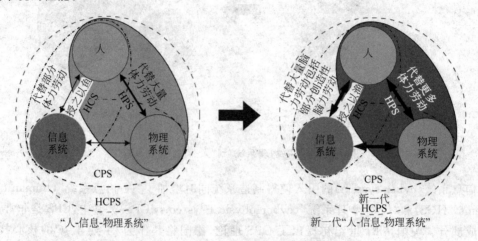

图 8.21　新一代"人-信息-物理系统"

新一代"人-信息-物理系统"中，HCS、HPS 和 CPS 都将实现质的飞跃。

新一代智能制造进一步突出了人的中心地位，是统筹协调"人""信息系统""物理系统"的综合集成大系统；将使制造业的质量和效率跃升到新的水平，为人民的美好生活奠定更好的物质基础；将使人类从更多体力劳动和大量脑力劳动中解放出来，使得人类可以从事更有意义的创造性工作，人类社会开始真正进入"智能时代"。

总之，制造业从传统制造向新一代智能制造发展的过程是从原来的"人-物理"二元系统向新一代"人-信息-物理"三元系统进化的过程。新一代"人-信息-物理系统"揭示了新一代智能制造的技术机理，能够有效指导新一代智能制造的理论研究和工程实践。

3. 系统组成与系统集成

新一代智能制造是一个大系统，主要由智能产品、智能生产和智能服务三大功能系统以及工业智联网和智能制造云两大支撑系统集合而成(见图 8.22)。

新一代智能制造技术是一种核心使能技术，可广泛应用于离散型制造和流程型制造的产品创新、生产创新、服务创新等制造价值链全过程的创新与优化。

1) 智能产品与制造装备

产品和制造装备是智能制造的主体，其中，产品是智能制造的价值载体，制造装备是实施智能制造的前提和基础。

新一代人工智能和新一代智能制造将给产品与制造装备创新带来无限空间，使产品与制造装备产生革命性变化，从"数字一代"整体跃升至"智能一代"。从技术机理看，"智能一代"产品和制造装备也就是具有新一代 HCPS 特征的、高度智能化、宜人化、高质量、高性价比的产品与制造装备。

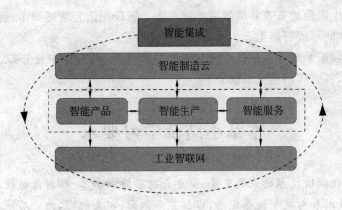

图 8.22　新一代智能制造的系统集成

设计是产品创新的最重要环节,智能优化设计、智能协同设计、与用户交互的智能定制、基于群体智能的"众创"等都是智能设计的重要内容。研发具有新一代 HCPS 特征的智能设计系统也是发展新一代智能制造的核心内容之一。

2）智能生产

智能生产是新一代智能制造的主线。

智能产线、智能车间、智能工厂是智能生产的主要载体。新一代智能制造将解决复杂系统的精确建模、实时优化决策等关键问题,形成自学习、自感知、自适应、自控制的智能产线、智能车间和智能工厂,实现产品制造的高质、柔性、高效、安全与绿色。

3）智能服务

以智能服务为核心的产业模式变革是新一代智能制造的主题。

在智能时代,市场、销售、供应、运营维护等产品全生命周期服务,均因物联网、大数据、人工智能等新技术而赋予其全新的内容。

新一代人工智能技术的应用将催生制造业新模式、新业态:一是,从大规模流水线生产转向规模化定制生产;二是,从生产型制造向服务型制造转变,推动服务型制造业与生产性服务业大发展,共同形成大制造新业态。制造业产业模式将实现从以产品为中心向以用户为中心的根本性转变,完成深刻的供给侧结构性改革。

4）智能制造云与工业智联网

智能制造云和工业智联网是支撑新一代智能制造的基础。

随着新一代通信技术、网络技术、云技术和人工智能技术的发展和应用,智能制造云和工业智联网将实现质的飞跃。智能制造云和工业智联网将由智能网络体系、智能平台体系和智能安全体系组成,为新一代智能制造生产力和生产方式变革提供发展的空间和可靠的保障。

5）系统集成

新一代智能制造内部和外部均呈现出前所未有的系统"大集成"特征:一方面是制造系统内部的"大集成"。企业内部设计、生产、销售、服务、管理过程等实现动态智能集成,即纵向集成;企业与企业之间基于工业智联网与智能云平台,实现集成、共享、协作和优化,即横向集成。

另一方面是制造系统外部的"大集成"。制造业与金融业、上下游产业的深度融合形成服务型制造业和生产性服务业共同发展的新业态。智能制造与智能城市、智能农业、智能医疗等交融集成,共同形成智能生态大系统——智能社会。

新一代智能制造系统大集成具有大开放的显著特征,具有集中与分布、统筹与精准、包容与共享的特性,具有广阔的发展前景。

本章小结及学习要求

本章结合现代制造技术的最新发展,简要介绍了特种加工、精密与超精密加工、3D 打印技术、绿色制造技术和智能制造等理念,以拓宽知识面,扩大视野,为以后学习相关课程打下基础。学习本章,重点掌握以下内容:

(1) 了解先进制造技术的概念及特点;

(2) 熟悉各类特种加工技术的基本原理、特点、工艺方法及应用;

(3) 了解超精密加工技术和微细加工技术;

(4) 了解 3D 打印技术的基本原理、特点、工艺方法;

(5) 了解智能制造的基本范式以及新一代智能制造的系统组成。

习题与思考题

8-1　什么叫特种加工? 它与传统的机械加工有何区别? 有何应用?

8-2　电火花成形加工与电火花线切割加工有何区别? 各有何应用?

8-3　各种特种加工方法中,哪些可以用来加工工程陶瓷材料?

8-4　什么是精密与超精密加工? 它与普通的精加工有何不同?

8-5　金刚石刀具为何可进行超精密切削? 主要用于什么材料的超精密(高速)切削加工?

8-6　超精密加工所涉及的技术范围包含哪些?

8-7　什么是 3D 打印? 3D 打印的工艺主要有哪些? 其原理是什么?

8-8　试论述绿色制造的内涵及关键技术。

8-9　智能制造的 3 个基本范式是什么?

8-10　新一代智能制造大系统由哪些系统构成?

习题与思考题参考答案

第 2 章

2-11

切削速度 $v_c=1.04\text{m/s}$,进给量 $f=0.15\text{mm/r}$,背吃刀量 $a_p=5\text{mm}$;

切削层参数 $h_D=0.13\text{mm}$,$b_D=5.774\text{mm}$,$A_D=0.75\text{mm}^2$。

第 3 章

3-3

(2)输出轴Ⅵ的转速级数:理论级数 5 级,其中有二级转速相同;

(3)轴Ⅵ的极限转速:$n_{\text{Ⅵ}_{min}}=4.2\text{r/min}$,$n_{\text{Ⅵ}_{max}}=189\text{r/min}$。

3-4

(2)输出轴Ⅱ的转速级数:12 级;

(3)轴Ⅱ的极限转速:$n_{\text{Ⅱ}_{min}}=32.6\text{r/min}$,$n_{\text{Ⅱ}_{max}}=879.7\text{r/min}$。

3-5

(2)输出轴ⅩⅢ的转速级数:20 级;

(3)轴ⅩⅢ的极限转速:$n_{\text{ⅩⅢ}_{min}}=56.25\text{r/min}$,$n_{\text{ⅩⅢ}_{max}}=1518.75\text{r/min}$。

第 4 章

4-14　$L=16_{-0.05}^{0}\text{mm}$。

4-15　$87.8_{+0.035}^{+0.212}$ 即 $87.835_{0}^{+0.177}$。

4-16　$21.7_{-0.0935}^{-0.03}\text{mm}$ 即 $21.67_{-0.0635}^{0}\text{mm}$。

4-17　可以,$15_{-0.05}^{0}\text{mm}$。

4-18　$A=6_{+0.05}^{+0.1}\text{mm}$;$H=25_{-0.06}^{-0.02}=24.98_{-0.04}^{0}\text{mm}$。

第 5 章

5-22

其中符号:Δ_{JB} 表示基准不重合误差,Δ_{JW} 表示基准位置误差,Δ_{DW} 表示定位误差。

(a) $\Delta_{JB_n}=0,\Delta_{JW_n}=0,\Delta_{DW_n}=0$;

$\Delta_{JB_m}=\dfrac{\delta_d}{2},\Delta_{JW_m}=0,\Delta_{DW_m}=\dfrac{\delta_d}{2}$;

$\Delta_{JB_s}=\delta_d,\Delta_{JW_s}=0,\Delta_{DW_s}=\delta_d$。

(b) $\Delta_{JB_n}=\dfrac{\delta_d}{2},\Delta_{JW_s}=0,\Delta_{DW_n}=\dfrac{\delta_d}{2}$;

$\Delta_{JB_m}=0,\Delta_{JW_s}=0,\Delta_{DW_m}=0$;

$\Delta_{JB_s}=\dfrac{\delta_d}{2},\Delta_{JW_s}=0,\Delta_{DW_s}=\dfrac{\delta_d}{2}$。

(c) $\Delta_{JB_n}=\dfrac{\delta_d}{2},\Delta_{JW_n}=\dfrac{\delta_d}{2\sin\dfrac{\alpha}{2}},\Delta_{DW_n}=\Delta_{JB_n}-\Delta_{JW_n}=\dfrac{\delta_d}{2}\left(1-\dfrac{\delta_d}{\sin\dfrac{\alpha}{2}}\right)$;

$\Delta_{JB_m}=0,\Delta_{JW_m}=\dfrac{\delta_d}{2\sin\dfrac{\alpha}{2}},\Delta_{DW_m}=\dfrac{\delta_d}{2\sin\dfrac{\alpha}{2}}$;

$\Delta_{JB_s}=\dfrac{\delta_d}{2},\Delta_{JW_s}=\dfrac{\delta_d}{2\sin\dfrac{\alpha}{2}},\Delta_{DW_s}=\Delta_{JB_n}+\Delta_{JW_n}=\dfrac{\delta_d}{2}\left(1+\dfrac{\delta_d}{\sin\dfrac{\alpha}{2}}\right)$。

5-23

其中符号：$\Delta_\odot$ 表示加工孔与外圆同轴度误差。

(a) $\Delta_\odot=\dfrac{\delta_d}{2\sin\dfrac{\alpha}{2}}$;

(b) $\Delta_\odot=\delta_d$;

(c) $\Delta_\odot=\dfrac{\delta_d}{2\sin\dfrac{\alpha}{2}}$;

(d) $\Delta_\odot=\delta_d$。

5-24

其中符号：Δ_{JB} 表示基准不重合误差，Δ_{JW} 表示基准位置误差，Δ_{DW} 表示定位误差。

(a) 支撑板定位

水平方向：$\Delta_{JB}=0,\Delta_{JW}=0,\Delta_{DW}=0<\dfrac{1}{3}\delta_d(0.1)$,满足;

垂直方向：$\Delta_{JB}=0,\Delta_{JW}=0,\Delta_{DW}=0<\dfrac{1}{3}(0.1)$,满足。

(b) V 形块定位

水平方向：$\Delta_{JB}=\dfrac{1}{2}(0.2)=0.1,\Delta_{JW}=0,\Delta_{DW}=0.1>\dfrac{1}{3}$,满足;

垂直方向：$\Delta_{JB}=\dfrac{1}{2}(0.2)=0.1,\Delta_{JW}=\dfrac{0.2}{2\sin45°}=0.141$;

$\Delta_{DW}=0.141-0.1=0.041>\dfrac{1}{3}$,不满足。

（c）心轴定位

水平方向：$\Delta_{JB}=\dfrac{1}{2}(0.2)=0.1$，$\Delta_{JW}=0$，$\Delta_{DW}=0.1>\dfrac{1}{3}$，不满足。

垂直方向：$\Delta_{JB}=\dfrac{1}{2}(0.2)=0.1$；

$$\Delta_{JW}=\dfrac{1}{2}(T_D+T_d)=\dfrac{1}{2}(0.1+0.05)=0.075;$$

$$\Delta_{DW}=0.175>\dfrac{1}{3}，不满足。$$

5-25

其中符号：Δ_{JB}表示基准不重合误差，Δ_{JW}表示基准位置误差，Δ_{DW}表示定位误差。

（1）V形块定位

上下孔定位误差：

$\Delta_{JB}=0$，$\Delta_{JW}=\dfrac{0.046}{2\sin45°}=0.033$，$\Delta_{DW}=0.033$。

左右孔定位误差：

$\Delta_{JB}=0$，$\Delta_{JW}=0$，$\Delta_{DW}=0$。

（2）可涨心轴定位

四孔对中心线定位误差：

$\Delta_{JB}=0$，$\Delta_{JW}=0$，$\Delta_{DW}=0$。

5-26

其中符号：Δ_{JB}表示基准不重合误差，Δ_{JW}表示基准位置误差，Δ_{DW}表示定位误差。

（2）$\Delta_{JW}H_1=0$，$\Delta_{JB}H_1=\dfrac{\delta_d}{2}$，$\Delta_{DW}H_1=\dfrac{\delta_d}{2}$；

$\quad\Delta_{JW}H_2=0$，$\Delta_{JB}H_2=\dfrac{\delta_d}{2}$，$\Delta_{DW}H_2=\dfrac{\delta_d}{2}$；

$\quad\Delta_{JW}H_3=0$，$\Delta_{JB}H_3=0$，$\Delta_{DW}H_3=0$。

（3）$\Delta_{JW}H_1=\dfrac{1}{2}(\delta_D+B_{sd}-B_{xd})$，$\Delta_{JB}H_1=\dfrac{\delta_d}{2}$，$\Delta_{DW}H_1=\dfrac{1}{2}(\delta_D+\delta_d+B_{sd}-B_{xd})$；

$\quad\Delta_{JW}H_2=\dfrac{1}{2}(\delta_D+B_{sd}-B_{xd})$，$\Delta_{JB}H_2=\dfrac{\delta_d}{2}$，$\Delta_{DW}H_2=\dfrac{1}{2}(\delta_D+\delta_d+B_{sd}-B_{xd})$；

$\quad\Delta_{JW}H_3=\dfrac{1}{2}(\delta_D+B_{sd}-B_{xd})$，$\Delta_{JB}H_3=0$，$\Delta_{DW}H_3=\dfrac{1}{2}(\delta_D+B_{sd}-B_{xd})$。

（4）$\Delta_{JW}H_1=\delta_D+B_{sd}-B_{xd}+D-d+B_{sd}$，$\Delta_{JB}H_1=\dfrac{\delta_d}{2}$；

$$\Delta_{DW}H_1=\delta_D+2B_{sd}-B_{xd}+D-d+\dfrac{\delta_d}{2};$$

$\quad\Delta_{JW}H_2=\delta_D+B_{sd}-B_{xd}+D-d+B_{sd}$，$\Delta_{JB}H_2=\dfrac{\delta_d}{2}$；

$$\Delta_{DW}H_2=\delta_D+2B_{sd}-B_{xd}+D-d+\dfrac{\delta_d}{2};$$

$\quad\Delta_{JW}H_3=\delta_D+B_{sd}-B_{xd}+D-d+B_{sd}$，$\Delta_{JB}H_3=0$；

$$\Delta_{DW}H_3 = \delta_D + 2B_{xd} - B_{xd} + D - d \text{。}$$

第 6 章

6-7

(1) 中心凹外缘凸,平面度误差;

(2) 4.37mm。

6-9

(1) 圆柱度误差,0.00618mm(直径方向);

(2) $X = 0.357L$ (X 距离床头长度,L 工件轴向长度)。

6-10　3 次。

6-17

(1) 合格率 78.81%,废品率 21.19%;

(2) 工艺能力 0.667,不能满足加工要求。

6-18

(1) 尺寸分布范围 30.990~31.002mm;

(2) 均值 30.9959mm,方差 0.00218mm;

(3) 偏移值(常值系统误差) 0.0034mm;

(4) 工序能力系数 1.396,废品率 2.28%。

6-19

(1) 常值系统误差 0.08mm;

(2) 消除常值系统误差后,废品率 4.56%;

(4) 0.0066mm。

6-20

(2) 系统的工艺能力系数 0.833;

(3) 废品率 2.28%,可以修复。

第 7 章

7-7　实际配合间隙范围 0~0.12mm,有部分间隙超差,不能满足。

7-8　该题答案不唯一,以下是取 A_3 为协调环,其余组成环公差按对称分布情况的结果。

$A_1 = 40 \pm 0.04$,$A_2 = 20 \pm 0.04$,$A_3 = 30^{+0.17}_{+0.09}$。

7-11　废品率 11.51%,不合格品件数 1151 件。

7-13　$\phi 10h6(^{0}_{-0.009})$;

原定孔尺寸及偏差:$\phi 10^{+0.0025}_{0}$,轴尺寸及偏差:$\phi 10^{-0.025}_{-0.0275}$;

分组数目 4,扩大后,孔尺寸及偏差:$\phi 10^{+0.01}_{0}$,轴尺寸及偏差:$\phi 10^{-0.025}_{-0.035}$。

参 考 文 献

[1] 傅水根.机械制造工艺基础[M].北京:清华大学出版社,1998.

[2] 吉卫喜.机械制造技术基础[M].北京:机械工业出版社,2010.

[3] 张世昌.机械制造技术基础[M].天津:天津大学出版社,2002.

[4] 张鹏,孙有亮.机械制造技术基础[M].北京:北京大学出版社,2009.

[5] 杨坤怡.制造技术[M].北京:国防工业出版社,2010.

[6] 王先逵.机械制造工艺学[M].2版.北京:机械工业出版社,2007.

[7] 王先逵,等.机械加工工艺手册[M].2版.北京:机械工业出版社,2007.

[8] 刘晋春,赵家齐,赵万生.特种加工[M].3版.北京:机械工业出版社,2002.

[9] 张纪真.机械制造工艺标准[M].北京:机械工业出版社,1997.

[10] 艾兴,肖诗纲.切削用量简明手册[M].北京:机械工业出版社,1994.

[11] 关慧贞,冯辛安.机械制造装备设计[M].3版.北京:机械工业出版社,2010.

[12] 卢秉恒.机械制造技术基础[M].3版.北京:机械工业出版社,2011.

[13] 王光斗,王春福.机床夹具设计手册[M].上海:上海科学技术出版社,2000.

[14] 苑伟政,马炳和.微机械与微细加工技术[M].西安:西北工业大学出版社,2000.

[15] 庞滔,等.超精密加工技术[M].北京:国防工业出版社,2000.

[16] 张世昌.先进制造技术[M].天津:天津大学出版社,2004.

[17] 王忠.机械工程材料[M].北京:清华大学出版社,2005.

[18] 韩楚生.机械制造技术基础[M].重庆:重庆大学出版社,2000.

[19] 陈德生.机械制造工艺学[M].杭州:浙江大学出版社,2007.

[20] 陈明.机械制造工艺学[M].北京:机械工业出版社,2005.

[21] 赵长法.机械制造工艺学[M].哈尔滨:哈尔滨工程大学出版社,2004.

[22] 倪森寿.机械制造工艺与装备[M].北京:化学工业出版社,2003.

[23] 徐佳元,曾加驹.机械制造工艺学[M].北京:机械工业出版社,2004.

[24] 张世昌.机械制造技术基础[M].北京:高等教育出版社,2001.

[25] 颜永年.先进制造技术[M].北京:化学工业出版社,2002.

[26] 王晓慧.尺寸设计理论及应用[M].北京:国防工业出版社,2004.

[27] 阎光明,侯忠滨,张云朋.现代制造工艺基础[M].西安:西北工业大学出版社,2007.

[28] 黄健求.机械制造技术基础[M].北京:机械工业出版社,2005.

[29] 施平.先进制造技术[M].哈尔滨:哈尔滨工业大学出版社,2006.

[30] 方子良.机械制造技术基础[M].上海:上海交通大学出版社,2004.

[31] 邓志平.机械制造技术基础[M].成都:西南交通大学出版社,2004.

[32] 王启平.机械制造工艺学[M].哈尔滨:哈尔滨工业大学出版社,2004.

[33] 冯之敬.机械制造工艺基础[M].北京:清华大学出版社,1998.

[34] 陈宏钧.实用机械加工工艺手册[M].北京:机械工业出版社,2005.

[35] 袁哲俊.精密和超精密加工技术[M].北京:机械工业出版社,2002.

[36] 刘极峰.计算机辅助设计与制造[M].北京:高等教育出版社,2004.

[37] 乐克谦.金属切削刀具[M].2版.北京:机械工业出版社,2002.

[38] 周骥平,林岗.机械制造自动化技术[M].北京:机械工业出版社,2003.

[39] 王润孝.先进制造技术导论[M].北京:科学出版社,2004.

[40]　朱林泉.快速成型与快速制造技术[M].北京：国防工业出版社,2003.

[41]　周世学.机械制造工艺与夹具[M].北京：北京理工大学出版社,1999.

[42]　王启平.机床夹具设计[M].2版.哈尔滨：哈尔滨工业大学出版社,2005.

[43]　张学政.机械制造工艺基础习题集[M].2版.北京：清华大学出版社,2008.

[44]　京玉海.机械制造基础学习指导与习题[M].重庆：重庆大学出版社,2006.

[45]　范孝良,尹明富.机械制造技术基础[M].北京：机械工业出版社,2008.

[46]　晏初宏.金属切削机床[M].北京：机械工业出版社,2007.

[47]　中国机械工程学会.3D打印　打印未来[M].北京：中国科学技术出版社,2014.

[48]　周济,李培根,周艳红,等.走向新一代智能制造[J].Engineering,2018,4(1)：11-20.

[49]　袁军堂.机械制造技术基础[M].北京：清华大学出版社,2013.